Fritz Leonhardt

Brücken/Bridges

Fritz Leonhardt

Brücken Bridges

Ästhetik und Gestaltung Aesthetics and Design

The Architectural Press: London

To my dear wife Liselotte,
who without jealousy has encouraged me
in my passion for bridge building.

Published in Great Britain by
The Architectural Press Ltd: London

ISBN 0 85139 764 6

Printed in Germany

Inhalt

Contents

Vorwort

Im Jahr 1936 haben Karl Schaechterle und Fritz Leonhardt das Buch »Die Gestaltung der Brücken« geschrieben, um bei dem damals beginnenden Bau der Autobahnen eine Hilfe für das Entwerfen der vielen Brücken zu geben. In den inzwischen vergangenen 46 Jahren hat der Brückenbau eine beeindruckende Entwicklung genommen, die technischen Möglichkeiten haben sich gewaltig erweitert, viel Neues wurde entwickelt, das die Gestaltung der Brükken beeinflußt. An diesem Fortschritt war ich mit Entwürfen für viele hundert Brücken beteiligt, oft mit Neuerungen, oft in Zusammenarbeit mit Architekten. Was wir hierbei für die formschöne Gestaltung gelernt und erfahren haben, soll in diesem Buch zum Nutzen für die Kunst des Brückenbaus mitgeteilt werden. Gleichzeitig wird versucht, einen weltweiten Überblick über den heutigen Brückenbau zu geben.
Fragen der Gestaltung können nur anhand von Bildern und Zeichnungen behandelt werden. Deshalb habe ich seit Jahren geeignete Bilder für dieses Buch gesammelt, aber die Qualität entsprach oft nicht mehr den heutigen Ansprüchen, zudem ich weitgehend Farbbilder verwenden wollte, weil die Farbe den ästhetischen Ausdruck stark bestimmt. Freunde und Kollegen bat ich um Aufnahmen schöner Brücken und erhielt so manches gute Bild. Ihnen allen sei hier gedankt.
Viele Brücken habe ich zum Schluß noch selbst fotografiert, um das zu zeigen, was für die Gestaltung wesentlich ist. Dies war vor allem für einige alte Brücken, zum Beispiel die schönsten französischen Brücken, nötig. Leider ist es nicht in allen Fällen gelungen, die erwünschte Qualität der Bilder zu erhalten.
Die Zahl der als Beispiele gewählten Brücken mußte natürlich stark beschränkt werden. Mancher Brückeningenieur wird »seine Brücke« vermissen, obwohl sie gut gestaltet ist. Ich hoffe auf Verständnis für die getroffene Wahl und bedauere vielleicht wesentliche Lücken.
Ursprünglich war geplant, in einem letzten Kapitel Sonderfälle, wie bewegliche Brücken, Anpassung neuer Brücken an alte, Lärmschutz auf Brücken, zu behandeln, doch aus Umfangsgründen mußte darauf verzichtet werden. Auch die Entwicklung der neuen Eisenbahnbrücken für hohe Geschwindigkeit fehlt. Vielleicht kann dies später ergänzt werden.
Am Schluß des Buches befindet sich ein alphabetisch geordnetes Verzeichnis der beschriebenen Brücken mit Angaben über den für den Entwurf verantwortlichen Ingenieur und den beratenden Architekten, soweit diese mir bekannt oder genannt wurden. Bei verschiedenen älteren Brücken habe ich die Beteiligten im Text erwähnt. Häufig ist es schwierig, die Entwurfsverfasser zu ermitteln, weil vor allem in Deutschland die Namen der Entwerfenden

Preface

In the year 1936, Karl Schaechterle and Fritz Leonhardt published the book 'Die Gestaltung der Brücken' with the intention of providing an aid for the design of the many bridges which had to be built for the construction of the German Autobahn, begun at the time. Meanwhile 46 years have passed, during which the art of building bridges has undergone an impressive development and technical possibilities have been considerably widened by numerous innovations which have influence on the design of bridges. I participated in this development by designing many hundreds of bridges, often with new ideas and often in collaboration with architects. What we have learned and experienced hereby for aesthetically good design will be dealt with in this book as a contribution to the art of building bridges. Simultaneously an attempt is made to give a worldwide survey of the present state of this art.
Problems of design can only be treated with the help of pictures and drawings. Therefore I have collected photos of bridges for this book over the years, although their quality has often failed to meet increasingly high standards; especially as I wished to use mainly colour photos, because colour plays a distinct part in aesthetic expression. I asked many friends and colleagues for colour photos of beautiful bridges and I received several good pictures in this way. I wish to thank them here. Towards the end I took many photos myself in order to show specific features of design. This was especially necessary for some of the old bridges, e. g. beautiful old French bridges. Unfortunately, I did not succeed in all cases to get the desired quality.
The number of bridges chosen as examples had, of course, to be limited. There is bound to be a bridge engineer who will miss 'his favourite bridge' in spite of its good design. I hope for understanding of the choice which I had to make and regret any important omissions.
Originally it was planned to deal in a 15th chapter with special cases like movable bridges, new bridges close to old ones, noise protection on bridges etc., but the available time ran out. The development of new types of railroad bridges for high speed traffic also remained behind. Perhaps a supplement can be written later.
At the end of the book there is a list of the bridges described in alphabetical order with the names of the engineers responsible for the design and the architectural advisors, in as far as they were known to me or where their names could be obtained. With some older bridges I have given these names in the text. It is often difficult to find the names of the design engineers because, especially in Germany, their names are hidden behind State departments or names of construction firms which is most regrettable. Quite often it is not a single engineer but teams who do the creative work of design. I beg those who are

unter Behörden- oder Firmennamen verdeckt werden, was sehr bedauerlich ist. Oftmals sind es auch nicht einzelne, sondern Teams, die hier schöpferisch gestalten. Die aus Unkenntnis nicht oder irrtümlich Genannten bitte ich im voraus um Entschuldigung.

Da das Thema weltweit von Interesse ist, aber erfahrungsgemäß im Bereich der Bauingenieure selten englische Ausgaben deutscher Fach- oder Sachbücher erscheinen, legte ich Wert darauf, daß das Buch zweisprachig – deutsch und englisch – erscheint. Dem Verlag danke ich für die Zustimmung.

Die Übersetzung des Kapitels 2, das sich mit den Grundfragen der Ästhetik beschäftigt, übernahm freundlicherweise Herr Professor Dr. George Burden, ein Engländer, der an der Kunstakademie in Stuttgart tätig ist. Die übrigen Kapitel erfordern Fachkenntnisse im Brückenbau, sie habe ich deshalb selbst übersetzt, die Kapitel 4 bis 9 wurden von Professor Ed Happold, University of Bath, Kapitel 10 bis 14 von Holger Svensson und dem jungen Iren Fergus O'Neill überarbeitet. Der Gesamttext wurde abschließend von Timothy Dyas redigiert. Ihnen allen sei gedankt. Wenn es auch nicht immer gelungen ist, ein »flowing English« zu schreiben, so hoffe ich doch, daß alles verständlich ist.

Im Jahr 1978 gründete die Internationale Vereinigung für Brücken- und Hochbau, IVBH, Zürich, auf meine Veranlassung eine Arbeitsgruppe »Ästhetik der Ingenieurbauwerke«. Den Diskussionen in diesem Kreis verdanke ich manche Anregungen, die hier eingeflossen sind. Unsere japanischen Freunde haben 1982 ein »Manual for Aesthetic Design of Bridges« veröffentlicht. Ich hoffe, daß Mitglieder dieser Arbeitsgruppe auch in anderen Ländern Anstoß zu ähnlichem Wirken geben mögen und daß dabei auch dieses Buch einen Einfluß ausüben wird.

Die Farbbilder verteuern das Buch so sehr, daß ein erheblicher finanzieller Zuschuß nötig war, um einen marktfähigen Ladenpreis zu erhalten. An diesem Zuschuß beteiligten sich folgende Brückenbaufirmen:

Bilfinger + Berger Bauaktiengesellschaft, Dyckerhpff und Widmann AG, Hochtief AG, Philipp Holzmann AG, Alfred Kunz GmbH & Co., Polensky und Zöllner Baugesellschaft mbH & Co., Strabag Bau AG, Thyssen Stahlbau, Wayss & Freytag AG, Ed. Züblin AG.

Außerdem haben die Gemeinschaft Beratender Ingenieure Leonhardt, Andrä und Partner und der Verfasser selbst erhebliche Kosten übernommen.

Zum Schluß sei noch Dank gesagt

meinen Sekretärinnen Renate Lingk und Uta Siebert für die umfangreiche Schreibarbeit der Korrespondenz und Texte, Arnold Frank für die Zeichnungen, Dr.-Ing. H. P. Andrä für Korrekturlesen und Erstellen des Verzeichnisses.

Dem Verlag, vertreten durch Renate Jostmann und Karl M. Nestele, gebührt besonderer Dank für die mühevolle und gut gelungene Arbeit an dem Buch.

not named owing to lack of knowledge or to error to pardon me in advance.

The subject is of worldwide interest. Knowing however by experience that it is difficult to get English editions of books written in German in the field of civil engineering, I asked the editor to publish this book bilingually – in German and English – and I thank the editor for his approval.

Professor Dr. George Burden, an Englishman working at the Academy of Arts in Stuttgart, was kind enough to undertake the translation of chapter 2, dealing with the basics of aesthetics. The other chapters require knowledge of the technical terms in bridge engineering and were therefore translated by myself. This translation was checked and improved by Professor Ed Happold, University of Bath, for chapter 4 to 9 and by Holger Svensson and Fergus O'Neill for chapter 10 to 14. The total text was finally revised by Timothy Dyas. I wish to thank them all. The translation might not be the "flowing English" all through, but I hope that it will be understandable.

In 1978, the 'International Association of Bridge and Structural Engineering' (IABSE) founded on my request a task group known as 'Aesthetics in Structural Engineering'. I owe many suggestions to the discussions in this group which have found their way into this book. Our Japanese friends published in 1982 a 'Manual for Aesthetic Design of Bridges'. I hope that members of this task group will take similar initiatives in other countries and that this book may provide a stimulus in this direction.

The coloured photos were so expensive to reproduce that a large subsidy was needed to keep the retail price of the book down to a reasonable level.

The following bridge construction firms contributed to this subsidy.

Bilfinger + Berger Bauaktiengesellschaft, Dyckerhoff und Widmann AG, Hochtief AG, Philipp Holzmann AG, Thyssen Stahlbau, Alfred Kunz GmbH & Co, Polensky und Zöllner Baugesellschaft mbH & Co, Strabag Bau AG, Wayss & Freytag AG, Ed. Züblin AG.

Besides the author's consulting firm, Leonhardt, Andrä und Partner, has contributed considerably.

Finally I would like to thank my secretaries Mrs. Renate Lingk and Miss Uta Siebert for the extensive typing of correspondence and texts, Mr. Arnold Frank for the drawings, Dr. Ing. H. P. Andrä and Mr. Holger Svensson for proof reading and establishing the index.

Special thanks are due to the publishers, represented by Miss Renate Jostmann and Mr. Karl M. Nestele, for the laborious and successful work in putting together this book and for its good reproduction.

1. Einleitung

Brücken haben stets eine gewisse Faszination auf die Menschen ausgeübt, einerlei, ob es sich um primitive Brücken über einen reißenden Bach oder eine tiefe Schlucht oder um die beinahe unheimlich großen Spannweiten heutiger Meisterwerke handelt. Eine Brücke zu bauen erfordert beachtliche Kenntnisse, den Mut zur kühnen Tat und die Fähigkeit, die große Mannschaft der Mitwirkenden zum Gelingen des Werkes zu führen. Brückenbauen gehört zu den schwierigen baumeisterlichen Aufgaben, die den kraftvollen, selbstbewußten Ingenieur anziehen und herausfordern. Dem Rang der Aufgabe entspricht dann auch die Freude und Befriedigung am Gelingen. Brückenbauen kann eine große Leidenschaft und Liebe werden, die ein Leben lang jung bleibt und begeistert.

Was in diesem Buch niedergeschrieben wird, sind Früchte einer solchen großen Liebe zum Brückenbau, die nun schon über fünfzig Jahre dauert. Dabei ging es mir stets darum, schöne Brücken zu bauen, was nicht immer gelungen ist, weil oftmals die Mächtigen, die entschieden, kein Gefühl für Wert und Wesen der Schönheit hatten. Weil dieser Sinn für Schönheit in unserer so materialistisch eingestellten Zeit verkümmert ist, habe ich eine Betrachtung über die Grundfragen der Ästhetik an den Anfang gestellt, die aufzeigen soll, daß der Mensch ein ausgeprägtes Empfinden für Schönheit hat und daß er sich durch Häßliches verletzt fühlt. Menschliches Wohlbefinden, Freude am Leben und seelische Gesundheit hängen stark von den schönheitlichen Qualitäten der Umwelt ab, in der wir leben. Diese Umwelt ist heute für die meisten Menschen eine »gebaute Umwelt«, nicht nur als Siedlung oder Stadt mit Wohnung und Arbeitsstätte, sondern auch unterwegs auf Straßen und Bahnen. Die vielen tausend Brücken, die wir für unsere Mobilität und für unsere Versorgung in den letzten hundert Jahren gebaut haben, gehören zu dieser Umwelt. Manche sind schön geworden, manche andere häßlich, wieder andere fallen nicht auf und gehen unter durch die Wirkung anderer Bauwerke. Alles Gebaute hat aber schönheitliche Eigenschaften, die bewußt oder unbewußt auf uns Menschen wirken. Es kam mir darauf an, diese schönheitlichen Qualitäten zu analysieren und daraus Merkmale abzuleiten, die eine Hilfe für formschöne Gestaltung unserer Bauwerke sein sollen und können. Diese Merkmale werden hier an Brücken dargestellt, sie gelten aber auch für andere Bauten.

Beim Entwerfen von Brücken muß vielerlei beachtet werden. Zunächst sind funktionelle Anforderungen zu erfüllen. Dafür stehen mehrere Tragwerksarten – Balken, Bogen, Hängewerke usw. – zur Verfügung, die aus Holz, Stahl, Stein oder Beton gebaut werden können. Die Einflüsse dieser Anforderungen und der gewählten Baustoffe

1. Introduction

Bridges have always fascinated people, be it a primitive bridge over a torrent or a deep gorge or one of the magnificent modern bridges whose immense spans almost defy the imagination. A variety of qualities are called for to build a modern bridge; a considerable amount of knowledge, the courage to take daring decisions and the ability to lead a large team of fellow workers to the successful completion of the project. Bridge building is one of those difficult constructional endeavours that both attract and challenge the energetic and self-confident engineer. The importance of bridge building gives rise to a correspondingly intense joy and satisfaction when successfully completed. Bridge building can grow into a passion that never loses its freshness and stimulus throughout a man's life.

The contents of this book are the fruit of my own passion for bridge building, a passion which has lasted for more than fifty years. My aim has been always to build bridges that are beautiful, though I have not always been successful, since those in power, who made the decisions, often lacked any feeling for the value and essence of beauty. This sense of beauty has become atrophied in our materialistic age and for this reason I have begun this book with a consideration of the fundamentals of aesthetics; this is intended to demonstrate that mankind has a deeply engrained sensitivity to beauty and can be harmfully affected by ugliness. Human happiness, joy in living and psychic health depend to a large extent upon the aesthetic quality of the environment in which we live. Nowadays for most people environment means "the built environment" and this consists not only of urban developments and cities, where people live and work, but also of the road and railway systems on which they travel. The many thousands of bridges built during the last hundred years for the purposes both of mobility and supply form a part of this environment. Many are beautiful and many others ugly, while some make no impression and are overshadowed by other structures. All buildings, however, have aesthetic qualities that affect us either at a conscious or subconscious level. My aim has been to analyse these aesthetic qualities and so form criteria that should and can serve as an aid to the design of aesthetically pleasing structures. Here these criteria are applied to bridges, but they are equally valid for other types of building.

Many factors must be taken into account when designing bridges. First of all functional requirements have to be met. Several different types of structure are available: beam, arch, suspended structures etc. which can be built of timber, stone, steel or concrete. I will deal with the influence on design necessitated by these functional requirements and also by the building material selected. I will then give

werden behandelt. Aus langer Erfahrung werden dann Gestaltungsregeln für verschiedene Tragwerksarten in Skizzen dargestellt und erläutert.

In einem Kapitel wird an besonders schöne alte Steinbrükken erinnert. Ihre Schönheit soll Anreiz geben, den großen Baumeistern alter Zeiten, welche die Harmoniegesetze wohl kannten, mit heutigen Mitteln nachzueifern.

Danach wird an zahlreichen Brückenbildern aufgezeigt, worauf es ankommt, um das Prädikat »schön« zu erreichen, so daß man beim Anblick der Brücke angenehm berührt oder sogar erfreut ist. Häßliche Brücken werden absichtlich nicht gezeigt, obwohl es deren viele gibt, mit denen man Schwarz-weiß-Malerei betreiben könnte. Die guten Beispiele sollen wirken, und nur in wenigen Fällen wird Mißlungenes zur Bekräftigung der Gestaltungsregeln herangezogen.

Die Brücken werden nach ihrem Zweck und nach den Tragwerksarten eingeteilt. Meist wird auch die Entwicklung zur heutigen Form kurz dargestellt, die vom Entwicklungsstand der Bautechnik geprägt ist.

Man möge mir verzeihen, daß ich viele Brücken ausgewählt habe, die ich entwerfen oder bei denen ich maßgebend mitwirken durfte. Bei diesen Brücken haben mehrfach Architekten beraten, die bereit waren, von der technisch günstigen Zweckform auszugehen und diese nur durch die Wahl günstiger Proportionen und durch Ordnung schön zu gestalten. Sinnwidrige Formen und Zutaten sind hier von Übel. Der Ingenieur entwirft die Brücken, und der Architekt hilft als künstlerischer Berater. Unter dieser Devise begann eine fruchtbare Zusammenarbeit von Ingenieur und Architekt beim Bau der ersten großen Autobahnbrücken etwa ab 1934, die bis heute nachwirkt. Sie war von Dr.-Ing. Fritz Todt gefordert worden. Die Erfolge verdanken wir hauptsächlich Prof. Paul Bonatz, Prof. Friedrich Tamms, Dr.-Ing. E. h. Gerd Lohmer und Prof. Wilhelm Tiedje.

Der freundschaftlichen Zusammenarbeit mit diesen Architekten verdanke ich manche hier dargestellten Erkenntnisse. Die künstlerische Beratung durch geeignete Architekten sollte auch in Zukunft für das Entwerfen der Brükken gepflegt, ja sogar gefordert werden.

Auch wenn die Grundformen der Brückentragwerke einfach und nicht gerade zahlreich sind, so zeigt dieses Buch eindrucksvoll, wie reichhaltig die Gestaltungsmöglichkeiten sind. Zum Entwerfen von Brücken muß man die breite Palette dieser Möglichkeiten kennen, um die jeweils günstigste Lösung zu finden oder durch eine neue Variante zu entwickeln. Das Buch soll hierfür eine Hilfe sein, indem die Vielfalt zur Wahl vorgestellt wird und dabei Hinweise auf schönheitliche Kriterien gegeben werden.

Das Buch soll aber auch dem Laien die Faszination der heutigen Brückenbaukunst vor Augen führen, die es ihm möglich macht, in schnellen Wagen breite Flüsse, tiefe Täler, hohe Gebirgspässe oder gar weite Meeresarme mühelos zu überqueren und so die Weite dieser immer noch schönen Welt zu genießen – schön für denjenigen, der Schönheit zu sehen gelernt hat und der dann auch mithelfen wird, daß schön gebaut wird und Schönheit erhalten bleibt.

design guidelines, which have been evolved from long years of experience, for various types of structure and explain them with the help of sketches.

In one chapter I will take a look back at particularly beautiful old stone bridges. Their beauty should be a stimulus to emulate with modern technology these great master-builders of another age, who were so intimately acquainted with the laws of harmony.

Then a large number of photographs will be included so as to demonstrate the qualities needed to earn the description "beautiful", meaning that one is agreeably affected or even filled with joy at the sight of the bridge. Ugly bridges will deliberately not be shown, though there are, indeed, enough which could be used for black and white comparisons. The good examples should be allowed to exercise their influence upon the reader and the few unfortunate designs are shown merely as a contrast to the former.

The bridges are classified according to their function and type of structure. In most cases a short description will be given of the course of their development into their present-day form, which is determined by the level reached by civil engineering technology.

I hope I shall be forgiven for including many bridges, which I myself designed or in whose design I played an important part. Some of these bridges were built with the participation of architects who were prepared to accept the technically suitable structure and obtain beauty simply by choosing pleasing proportions and by creating order. Here meaningless shapes and additions are a curse. It is the engineer who designs the bridges and the architect gives his assistance as an artistic advisor. In this spirit there began an era of fruitful cooperation between engineer and architect at the time of the construction of the first large motorway bridges in Germany in about 1934, an approach which still remains effective. It was orginally instigated by Dr. Ing. Fritz Todt and those chiefly responsible for its successful application were Prof. Paul Bonatz, Prof. Friedrich Tamms, Dr.-Ing. E. h. Gerd Lohmer and Prof. Wilhelm Tiedje.

Many of the ideas put forward in this book owe their conception to friendly cooperation with these architects. Artistic advice from suitably qualified architects on the design of bridges should not only be cultivated in the future, but should even be actively encouraged.

Even though the basic shapes of bridge structures are simple and relatively limited in numbers, this book is nevertheless an impressive testimony to the enormous variety of design possibilities. When designing bridges one has to be familiar with this wide range of possibilities, in order to find the best solution in each case or to develop a new variant. This book is intended as an aid in this direction, by presenting a choice of many designs and by suggesting aesthetic criteria that should be used.

The book is, however, also aimed at revealing to the layman the fascination of the art of contemporary bridge building, an art which enables him to drive in fast cars across wide rivers, deep valleys, high mountain passes or even across estuaries. Because of bridges he can enjoy the broad expanse of this still beautiful world, beautiful for those who have learnt to perceive beauty and who will then play their part in ensuring that buildings are built according to aesthetic criteria and that beauty is preserved.

2. Zu den Grundfragen der Ästhetik

2.1. Vorbemerkung

Ästhetik gehört in die Gebiete der Philosophie, Physiologie und Psychologie. Wie kann ein Bauingenieur wagen, sich zu Grundfragen der Ästhetik zu äußern – dies muß in den Augen der Fachwissenschaftler laienhaft ausfallen. Dennoch sei es gewagt.
Ich habe mich über fünf Jahrzehnte mit den Fragen der Gestaltung von Bauwerken und mit der Beurteilung schönheitlicher Eigenschaften der Werke verschiedener Bereiche der darstellenden Künste beschäftigt und vieles hierüber gelesen. Philosophische Abhandlungen über Ästhetik haben mich dabei mit wenigen Ausnahmen enttäuscht, wie ich überhaupt mit den geistesakrobatischen Auslassungen vieler Philosophen – zum Beispiel ob das Sein das Sein des Seienden sei – nichts anzufangen weiß. Philosophie soll unter anderem Liebe zur Weisheit sein, doch Weisheit ist so selten und schwer zu erreichen. Wohl aber fanden sich in Büchern großer alter Baumeister Beobachtungen und Betrachtungen, die auch heute nachvollziehbar sind und sich bestätigen. Desgleichen sind Beobachtungen und Folgerungen heutiger Naturwissenschaftler hilfreich.
Meine Äußerungen zur Ästhetik beruhen vorwiegend auf eigenen Beobachtungen, auf den Ergebnissen jahrelangen Fragens – warum empfinde ich dies als schön und jenes als häßlich? – und auf vielen Diskussionen mit befreundeten Architekten, die sich nicht mit Schlagwörtern und Ismen begnügten, sondern auch bemüht waren, kritisch und logisch zu denken.
Die Fragen der Ästhetik kann man nicht erschöpfend mit kritischem Verstand ausloten, sie reichen zu tief in Gefühlsbereiche, in denen Logik und Ratio oft verschwimmen. Dennoch soll versucht werden, diesen für das menschliche Wohl so wichtigen Fragen soweit wie möglich rational nachzugehen, wobei die seelischen Belange wohl beachtet werden müssen.
Ich beschränke mich dabei auf die Ästhetik der Bauwerke, also auf von Menschen geschaffene Objekte, wenngleich gelegentliche Seitenblicke auf die Schönheit der von Gott geschaffenen Wunder der Natur die Erkenntnisse unterbauen sollen.
Mängel, die durch meine laienhafte Außenseiterposition entstehen, möge man mir verzeihen. Diese Arbeit soll in erster Linie anregen, den Fragen der Ästhetik mit den Methoden des Naturwissenschaftlers (Beobachtung, Versuche, Analyse, Hypothese, Theorie) nachzugehen und der Ästhetik die ihr zukommende Beachtung und Wertung wieder zu verschaffen, die sie in vielen Hochkulturen hatte.

2. The basics of aesthetics

2.1. Foreword

Aesthetics falls within the scope of philosophy, physiology, and psychology. How then, may you ask, can I as an engineer presume to express an opinion on aesthetics, an opinion which must seem to the experts to be that of a layman. Nevertheless, I will try.
For over fifty years I have been concerned with, and read a great deal about questions concerning the aesthetic design of building projects and the judgement of the aesthetic qualities of works in various areas of the performing arts. I have been disappointed by all but a few philosophical treatises on aesthetics, perhaps because I find the mental acrobatics of many philosophers – whether for example existence is the existence of the existing – difficult to follow. Philosophy should be among other things the love of truth, but truth is so rare and hard to reach. The books of the great old building masters were, however, full of observations and considerations which today's architects can also follow and find confirmed. In the same way the studies and conclusions of modern natural scientists are helpful.
My ideas on aesthetics are based largely on my own observations, on the results of years of questioning – why do I find this beautiful and that ugly? – and on innumerable discussions with architect friends who also were not content with the slogans and "isms" of the times, but tried to think critically and logically.
Questions of aesthetics cannot be understood with critical reasoning alone, they reach too deeply into the regions of feeling, where logic and rationality lose their precision. Despite this we will attempt to pursue these questions, so important for humanity's well-being, as rationally as possible, while giving the spiritual side as much consideration as possible.
I will confine myself to the aesthetics of building works, of man-made objects, although from time to time a glance at the beauty of Nature as created by God may help us to reinforce our findings.
I would beg you to pardon deficiencies which have arisen because of my outside position as a layman. This work is intended to encourage people to study questions of aesthetics using the methods of the natural scientist (observation, experiment, analysis, hypothesis, theory), and to restore again to aesthetics the respect and value which it enjoyed in many cultures.

2.2. Zu den Begriffen

Ästhetik: Das griechische »aisthetiké« bedeutete Wissenschaft von den Sinneswahrnehmungen und wurde früh auf die Wahrnehmung des Schönen eingeengt.

Hier wollen wir wie folgt definieren:

Ästhetik = Wissenschaft oder Lehre von schönheitlichen Eigenschaften der Objekte und deren Wahrnehmung durch unsere Sinne (Ausdruck und Eindruck nach Ludwig Klages [1]),

ästhetisch = in bezug auf schönheitliche Eigenschaften oder Wirkungen, ästhetisch ist also nicht sofort gleich schön, es schließt die Möglichkeit negativer Schönheit, also unschön bis häßlich ein.

Ästhetik wird nicht auf Körper*formen* beschränkt, sondern umfaßt Umgebung, Licht, Schatten und Farbe.

2.2. The terms

Aesthetics: The Greek word aisthetiké meant the science of sensory perception and very early was limited to the perception of the beautiful.

Here we will define it as follows:

Aesthetics = the science or study of the qualities of beauty of an object, and of their perception through our senses (expression and impression according to Ludwig Klages [1]),

aesthetic = in relation to the qualities of beauty or its effects; aesthetic is not immediately beautiful, but includes the possibility of non-beauty or ugliness.

Aesthetics is not limited to *forms,* but includes surroundings, light, shadows, and colour.

2.3. Haben Objekte ästhetische Eigenschaften?

In alten philosophischen Betrachtungen zur Ästhetik wurden zwei verschiedene Meinungen vertreten:
1. Schönheit sei nicht den Dingen selbst eigen, sondern bestehe nur in der Vorstellung des Betrachters und sei von dessen Erfahrungen abhängig (*David Hume* 1757 [2]). Auch *Peter F. Smith* sagt in seinem 1979 veröffentlichten Plädoyer für die Ästhetik [3]: »Ästhetischer Wert ist keine angeborene Qualität der Dinge, sondern etwas vom Kopf des Betrachters Verliehenes, eine Deutung durch Verstand und Gemüt.« Doch wie kann man etwas deuten, was nicht ist? Manche Philosophen gingen so weit, die Existenz der Objekte in Frage zu stellen – es gäbe nur schwingende Atome und alles, was wir wahrnehmen, sei subjektiv, werde erst durch unsere Sinnesorgane abgebildet. Wie ist es dann möglich, Objekte durch Photoapparate auf Filmen mit ihren Formen und Farben abzubilden, wo doch diese Apparate bestimmt keine menschlichen Sinnesorgane besitzen?
2. Die zweite Denkschule behauptet: Die Dinge haben schönheitliche Qualitäten. *I. Kant* [4] sagt in seiner Kritik der Urteilskraft »Schön ist, was allgemein und ohne Begriff gefällt«. Was hier »ohne Begriff« bedeutet, ist nicht sofort klar – vielleicht, ohne daß man die schönheitliche Qualität erklärt und damit bewußt begreift. Was allgemein gefällt, bedeutet wohl, daß es der Mehrheit der Betrachter gefällt. Ähnlich äußerte sich *Jean Paul* [5] in seiner »Vorschule der Ästhetik« und bemerkt, daß die Kantsche Einschränkung »ohne Begriff« unnötig sei. *Thomas von Aquin* (1225–1274) sagte einfach: »Schön ist, was beim Anschauen gefällt. Das Schöne besteht im Vollendeten, in angemessenen Proportionen und im Glanz der Farbe.«
I. Kant sagte an anderer Stelle, daß Objekte unabhängig von ihrem Zweck oder Nutzen Wohlgefallen erregen können, er spricht von »interesselosem Wohlgefallen«, ein Wohlgefallen, das frei ist von irgendeinem Interesse an dem Objekt: »Bei der Wahrnehmung des Schönen habe ich kein Interesse an der Existenz des Gegenstandes«. Damit wird der subjektive Aspekt des ästhetischen Empfindens hervorgehoben, der aber vom Objekt ausgeht.
Wer hat hier recht? Jeder mit vertieften Beobachtungen und Erfahrungen, der sich diese Frage stellt, wird der Kantschen Auffassung recht geben. Alle Objekte haben ästhetische Eigenschaften, unabhängig davon, ob der einzelne Mensch diese wahrnimmt oder nicht. Die ästhetischen Werte werden von den Objekten gewissermaßen

2.3. Do objects have aesthetic qualities?

Two different opinions were expressed in old philosophical studies of aesthetics:
1. Beauty is not a quality of the objects themselves, but exists only in the imagination of the observer and is dependent on his experiences *(David Hume 1757)* [2], *Peter F. Smith* says in his Plea for Aesthetics [3] published in 1979: "Aesthetic value is not an inborn quality of things, but something lent by the mind of the observer, an interpretation by understanding and feeling." But how can we interpret what does not exist? Some philosophers went as far as questioning the existence of objects at all – there are only vibrating atoms, they said, and everything that we perceive is subjective, only pictured by our sensory organs. How then, is it possible to picture the forms and colours of objects on film using a camera? These machines definitely have no human sensory organs.
2. The second school of thought maintains that objects have qualities of beauty. *I. Kant* [4] in his "Critique of Pure Reason" says, "Beauty is what is generally and without definition pleasing". It is not immediately clear what is meant by "without definition", perhaps without explaining and grasping the qualities of beauty consciously. What is generally pleasing must mean that the majority of observers likes it. *Jean Paul* [5] expressed similar thoughts in his "Vorschule der Ästhetik" and remarks that the constraint "without definition" is unnecessary. *Thomas Aquinas* (1225–1274) simply says, "A thing is beautiful if it pleases when observed. Beauty consists of completeness, in suitable proportions, and in the lustre of colours." At another point Kant says that objects can arouse pleasure independently of their purpose or usefulness. He speaks of "disinterested pleasure", a pleasure which is free of any interest whatsoever in the object: "When perceiving beauty, I have no interest in the existence of the object." This emphasizes the subjective aspect of aesthetic perception, nonetheless originating with the object.
Who is right here? Anyone with experience who has observed such matters closely and who asks himself this question will admit that Kant's view is correct. All objects have aesthetic qualities, independent of whether the individual perceives these or not. Aesthetic values are transmitted by the object as a message or stimulation and it depends on how each person's senses are tuned for reception. This example drawn from modern technology

als Botschaft, als Reize ausgestrahlt, und es kommt nun darauf an, wie der Mensch mit seinen Sinnen auf Empfang eingestellt ist. Diese bildliche Vorstellung aus der heutigen Technik soll nur eine Hilfe für das Verstehen sein. Ist der Mensch empfangsbereit für schönheitliche Ausstrahlung, dann kommt es noch sehr darauf an, wieweit seine Sinnesorgane für den Empfang schönheitlicher Botschaft empfindsam und entwickelt sind, ob er überhaupt ein Qualitätsgefühl hat. Diese Frage will ich in Abschnitt 2.4. näher untersuchen.

H. Schmitz sieht allerdings in seiner »Neuen Phänomenologie« [6] in dieser einfachen Betrachtungsweise »eine der schlimmsten Ursünden der Erkenntnistheorie«. »Dieser ›Physiologismus‹ will die Information für den wahrnehmenden Menschen auf Botschaften einschränken, die durch physische Signale an die Sinnesorgane und ins Gehirn kommen und von dort metaphysisch in merkwürdig verwandelter Gestalt ins Bewußtsein gehoben werden.« Man muß allerdings die Zusammenhänge des Objekts mit Sachverhalten, Bezügen und Situationen sehen. Wichtiger noch ist die Situation und der Erfahrungshintergrund des beobachtenden Subjekts. Der Beobachtende ist »affektiv betroffen« (H. Schmitz), d. h. die Wirkung hängt von der Gesundheit seiner Sinne, von seinem Gemütszustand, von seiner seelischen Verfassung ab; er empfindet unterschiedlich, je nachdem, ob er traurig oder freudig ist. Sein Erfahrungshintergrund weckt Vorstellungen und Sachverhalte, auf die er unwillkürlich gefaßt ist oder die ihm aus der Situation heraus vorschweben. Solche »Protentionen« (H. Schmitz) beeinflussen die Wirkung des Wahrgenommenen. Dazu gehören auch Vorurteile, wie sie die meisten Menschen mit sich herumtragen und die objektives Erkennen und Beurteilen oft stark und anhaltend behindern. Solche Phänomenologie bestreitet jedoch das Vorhandensein ästhetischer Qualitäten der Objekte nicht.

Ästhetische Qualität ist weiter durch die Eigenschaften des Objekts nicht auf einen bestimmten Wert fixiert, sie unterliegt vielmehr in der Wertung einem Streubereich, der von weiteren Voraussetzungen beim Empfänger abhängig ist. Die Wertung kommt in einem kommunikativen Prozeß zustande.

Der Soziologe *H. P. Bahrdt* [7] sagt, »daß die ästhetische Wertung in der Regel in einem Kontext sozialer Situationen stehe, in denen die Empfänger sich gerade befinden. Die Empfänger können sich als aktuelle Gruppe, als präsentes Publikum verstehen oder auch als einzelne, die sich als Teil einer Gemeinde oder einer Öffentlichkeit fühlen. Die Situation kann bei gemeinsamer Arbeit, beim Feierabend oder in einer Verschnaufpause abseits der Alltagshetze sein. Je nachdem entsteht eine andere Empfängerperspektive und Interpretationsbasis und demnach auch ein anderes ästhetisches Erlebnis« (Eindruck).

Der Ausdruck ästhetischer Eigenschaften entsteht nicht nur durch Form, Farbe, Licht und Schatten des Objekts, sondern auch durch die unmittelbare Umgebung, in der das Objekt steht, er ist also auch objekt-/milieubedingt. Dieser Tatsache ist sich besonders der Photograph bewußt, der die Schönheit seines Objekts durch Beleuchtungseffekte und geeignete Wahl des Hintergrunds so sehr zu steigern weiß, daß gute Photographien von Kunstwerken oftmals mehr ansprechen – also eine stärkere ästhetische Botschaft ausstrahlen – als das zum Beispiel im Museum schlecht aufgestellte Objekt selbst. Bei Bauwerken hängt die Wirkung stark vom Wetter, vom Stand der Sonne und von der Wahl des Standorts im Hinblick auf Vorder- und Hintergrund ab.

Unwidersprochen ist die Feststellung, daß es in der Natur unendlich viele und vielartige Objekte gibt, die von jedem

should be seen only as an aid to understanding. If a person is receptive to transmissions of beauty, it then depends very largely on how sensitive and developed are his senses for aesthetic messages, as to whether he has any feeling for quality at all. We will look at this question more closely in section 2.4.

On the other hand *H. Schmitz*, in his "Neue Phänomenologie" [6], sees in this simple approach "one of the worst original sins in the theory of cognition." "This 'physiologism' would limit the information for human perception to messages that reach the sensory organs and the brain in the form of physical signals and are there metaphysically raised to consciousness in a strangely transformed shape." We must, though, see the relationships between the object and circumstances, associations, and situations. More important is the situation and the observer's background of experience. The observer is "affectively influenced" (H. Schmitz), i. e. the effect depends on the health of his senses, on his mood, on his mental condition; he will have different perceptions when he is sad or happy. His background experience arouses concepts and facts for which he is prepared subconsciously or which are suggested to him by the situation. Such "protensions" (H. Schmitz) influence the effects of the object perceived, and include prejudices, which are held by most people and which are often a strong and permanent hindrance to objective cognition and judgement. However, none of this phenomenology questions the existence of the aesthetic qualities of objects.

Furthermore, aesthetic quality is not limited to any particular fixed value by the characteristics of the object, but varies within a range of values dependent on a variety of characteristics of the observer. Judgement occurs during a process of communication.

H. P. Bahrdt, the sociologist, says [7] "as a rule aesthetic judgement takes place in a context of social situations in which the observers are currently operating. The observers may be a group, a public audience, or individuals who may be part of a community or public. The situation can arise at work together, during leisure time, or during a secluded break from the rush of daily life. In each of these different situations the observer has a different perspective and interpretation, and thus a different aesthetic experience (impression)."

Aesthetic characteristics are expressed not only by form, colour, light, and shadow of the object, but also by the object's immediate surroundings; they are thus also dependent on object environment. This fact is well known to photographers, who can make an object appear much more beautiful by the choice of suitable lighting and background. So much so that a good photograph of a work of art is often more impressive – and radiates a much stronger aesthetic message – than the object itself badly exhibited in a gallery. With buildings the effect is heavily dependent on weather, position of the sun, and on the foreground and background from any chosen observation point. It remains undisputed that there is an infinite number and an infinite variety of objects which all normal healthy human beings find beautiful, probably because mankind has been formed in and by Nature for aeons. Nature's beauty is the most powerful source of health for Man's sensitive soul. This fact alone proves that people have an inborn aesthetic sense, which can arouse feelings of satisfaction, joy or rejection.

The existence of aesthetic qualities in buildings is clearly demonstrated by the fact that there are many buildings, groups of buildings, or civic areas which are so beautifully designed that they have been admired by multitudes of people for centuries, and which today, despite our artless,

2.1 Wellenbilder mit und ohne gemeinsamen Knoten (Konsonanz und Dissonanz).

2.1 Wave diagrams for consonant and dissonant tones.

gesunden Menschen als schön empfunden werden, weil der Mensch seit Aeonen von der Natur geprägt ist. Die Schönheit der Natur ist geradezu der stärkste Kraftquell für die empfindsame Seele des Menschen. Diese Tatsache beweist eigentlich schon, daß Menschen ein angeborenes ästhetisches Empfinden haben, das Befriedigung und Freude oder Ablehnung bewirken kann.
Die Existenz schönheitlicher Qualitäten wird bei Bauwerken weiter dadurch bewiesen, daß es zahlreiche Gebäude, Bauwerksgruppen (Stadtteile) oder Kunstwerke gibt, die so schön gestaltet sind, daß sie durch Jahrhunderte hindurch die Bewunderung vieler Menschen erfuhren und auch trotz einer amusischen, materialistischen Lebenseinstellung jahraus, jahrein von vielen Menschen besucht werden und bleibende Eindrücke vermitteln. Man spricht von klassischer Schönheit. Solche Werke gibt es in allen Kulturen, und die Menschen sind zu großen Opfern bereit, um sie zu erhalten und zu bewahren – man denke nur an die hohen Spenden aus aller Welt zur Erhaltung des zauberhaft schönen Venedig, dessen Ausstrahlung so vielartig und stark ist.
Den Beweis für ästhetische Qualitäten von Objekten, zum Beispiel von gebauter Umwelt, kann man auch im negativen Bereich führen, wenn man an die Häßlichkeit von Slums in Großstädten oder an die abstoßende Wirkung monotoner Wohnhausgiganten oder schlecht proportionierter Betonstrukturen des bezeichnenderweise Brutalismus genannten architektonischen Stils denkt, die im letzten Jahrzehnt zu viel Kritik gegen die verantwortlichen Gestalter geführt haben. Diese negativen ästhetischen Eigenschaften vieler Bauwerke der letzten dreißig Jahre veranlaßten den Schweizer Architekten *Rolf Keller* zu seinem aufsehenerregenden Buch »Bauen als Umweltzerstörung«. [8]
All diese Beobachtungen und Erfahrungen bestätigen jedem realistisch Denkenden, daß Objekte ästhetische Eigenschaften haben. Nun ist die Frage zu klären, wie der Mensch die ästhetische Botschaft empfängt und verarbeitet.

materialistic attitudes to life, are still visited by thousands and still radiate vital power. We speak of classical beauty. All cultures have such works, and people will go to great lengths to preserve and protect them; substantial assistance has come from all over the world to help preserve Venice, whose enchanting beauty is so varied and persuasive.
We can also give negative evidence for the existence of aesthetic qualities in objects in our man-made environment. Think of the ugliness of city slums, or of the depressing effects of monotonous apartment blocks or of ill-proportioned concrete structures. The products of the aptly named "brutalist" school have provoked a stream of protest against their authors. These negative aesthetic qualities of many buildings erected during the last thirty years prompted the Swiss architect *Rolf Keller* to write his widely-read book "Bauen als Umweltzerstörung" [8].
All these observations and experiences confirm for all realistic thinkers that objects have aesthetic qualities. We must now look at the question of how Man receives and processes these aesthetic messages.

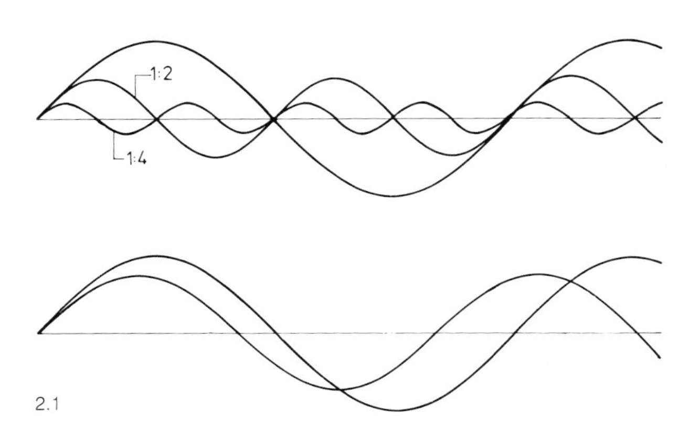

2.1

2.4. Wie empfindet der Mensch ästhetische Werte?

Der Mensch als Empfänger einer ästhetischen Botschaft! Er empfängt mit seinen Sinnesorganen, er sieht mit seinen Augen, hört mit seinen Ohren, fühlt durch Tasten und empfindet auch Wärme, Kälte oder andere Strahlungen mit Sensoren, die über seinen Körper verteilt sind, für die wir noch keinen allgemeinen Begriff haben. Die Sinnesorgane empfangen Strahlen unterschiedlicher Wellenlänge und Intensität. Die Körperformen lesen wir über Lichtstrahlen ab, deren Wellenlängen uns gleichzeitig die Farben der Teilchen des betrachteten Objekts vermitteln. Die Wellenlängen der sichtbaren Farben sind zwischen 400 (violett) und 700 (rot) μ (1 μ = 1 Millionstel mm).
Die Ohren empfangen Schallwellen mit Frequenzen von 20 bis 20 000 Hz.
Das Empfangene wird an das Gehirn weitergeleitet, und dort entsteht die ästhetische Reaktion – Befriedigung, Freude, Lust oder Ablehnung bis hin zum Ekel. In der modernen Gestalt-Psychologie (*R. Arnheim* [9]) erklärt man die Vorgänge im Gehirn mit dem Entstehen elektrochemischer Kraftfelder, die dem betrachteten Objekt topologisch ähnlich sind. Wenn sich ein solches Kraftfeld im Gleichgewicht befindet, dann fühle man ästhetische Befriedigung, im anderen Fall Unbehagen oder Schmerz. Solche Erklärungen der Vorgänge im Gehirn bedürfen wohl noch mancher Forschung. Ihre genaue Kenntnis ist für unsere Betrachtungen aber nicht nötig.

2.4. How does Man perceive aesthetic values?

Man as the receiver of aesthetic messages uses all of his senses: he sees with his eyes, hears with his ears, feels by touch, and also perceives temperature and other radiations through sensors distributed over his body, sensors for which we have no general name. Our sensory organs receive radiations of different waveforms, wavelengths and intensities. We read shapes by means of light rays, whose wavelengths give us information about the colours of objects at the same time. The wavelength of visible light ranges from 400 μ (violet) to 700 μ (red) (1 μ = 1 millionth of 1 mm). Our ears can hear frequencies from about 20 Hz to 20 000 Hz.
The signals received are transmitted to the brain and there the aesthetic reaction occurs – satisfaction, pleasure, enjoyment, disapproval or even disgust. Modern Gestalt psychology *(R. Arnheim)* [9] explains the processes of the brain as the creation of electro-chemical charge fields which are topologically similar to the observed object. If such a field is in equilibrium, the observer feels aesthetic satisfaction, in other cases he may feel discomfort or even pain. Much research needs to be done to verify such explanations of brain functions, but they do seem plausible. However, for our purposes we do not need to know brain functions exactly.
During the long course of evolution that has produced today's human beings, and which we assume to have taken

In der langen Evolutionsgeschichte der Lebewesen bis zum heutigen Menschen, die wir als viele Millionen Jahre annehmen, haben sich Augen und Ohren zu feinen Empfängern entwickelt, die je nach Art der Wellen unterschiedlich reagieren. Gewisse Tonfolgen können soviel Wohlbehagen wecken, daß wir sie immer wieder gern hören – sie stehen in Konsonanz oder Harmonie zueinander. Überlagern sich aber Schwingungen, die keine gemeinsamen Knoten im Wellenbild haben (Bild 2.1.), dann entstehen Dissonanzen oder Schwebungen, die dem menschlichen Ohr weh tun können. Dissonanzen werden in der Musik oft benützt, um aufrüttelnde Erregung und Spannung zu bewirken.

Die positive oder negative Wirkung beruht wohl nicht nur auf Zuständen der Kraftfelder im Gehirn, sondern auch auf der Anatomie unserer Ohren, die mit ihrer Basilarmembran hinter dem Trommelfell und der spiralförmigen Schnecke ein wahres Wunderwerk sind. Ob Töne als angenehm oder unangenehm empfunden werden, wäre dann physiologisch und damit genetisch bedingt, also angeboren und nicht etwa anerzogen. Dabei gibt es natürliche Unterschiede des Gehörsinns von Mensch zu Mensch – Unterschiede, die uns die Schöpfung in allen Bereichen der Natur auch bei Pflanzen und Tieren beschert.

Auch für die Augen gibt es angenehme und schmerzende Botschaften. Die Wirkung hängt unter anderem vom Zustand der Augen ab, zum Beispiel wenn wir aus einem dunklen Raum ins Helle treten. Doch wollen wir hier von Farbeffekten physiologischer Art absehen, die Goethe in seiner Farbenlehre so ausführlich beschreibt [10], und nur die Wirkungen physikalischer Farben auf das ausgeruhte, gesunde Auge betrachten. Wir wollen zunächst auch Farbwirkungen durch Brechung des Lichts oder durch Rückstrahlung ausschließen.

Manche grelle chemische Farbe tut weh. Die meisten in der Natur vorkommenden Farben werden als wohltuend, als schön empfunden. Auch hier sind Wellenbilder im Spiel. Die monotone Welle reiner Spektralfarben wirkt schwach, das Auge spricht auf überlagerte Wellenbilder oder auf das Zusammenklingen zweier Farben mit mehr Behagen an und hier besonders auf Komplementärfarben, die als harmonisch empfunden werden. Gemälde großer Künstler, deren Schönheit über Jahrhunderte anerkannt blieb, geben viele Beispiele solcher Farbenharmonien, so das Blau und Gelb am Mantel der »Madonna in der Felsengrotte« von Leonardo da Vinci.

Daß Farben auch psychisch unterschiedliche Wirkungen haben, ist wohlbekannt: grelles Rot reizt zur Aggression, Grün und Braun beruhigen. Es gibt mehrere Bücher über Farbpsychologie, die unter anderem bei der farblichen Abstimmung der Fabrikräume seit Jahren eine große Rolle spielt.

Man darf annehmen, daß auch bei den Augen die ästhetische Wertung der Farben genetisch und physiologisch bedingt ist, indem wir harmonische Wellenbilder angenehmer empfinden als dissonante.

Die Augen nehmen jedoch nicht nur Farben auf, sondern ermöglichen unserem Gehirn, die Körperformen mit ihren dreidimensionalen, räumlichen Abmessungen abzubilden, was für die Beurteilung der ästhetischen Wirkung von Bauwerken die wichtigste Botschaft ist. Hier reagiert der Mensch in erster Linie auf Proportionen zwischen den Abmessungen der Objekte, also auf Verhältnisse zwischen Breite und Länge oder zwischen Breite und Höhe und zwischen diesen Abmessungen und der räumlichen Tiefe. Die Körper können großflächig oder gegliedert sein. Belichtung oder Beleuchtung lassen Licht und Schatten spielen, die wieder in Proportionen zueinander stehen.

many millions of years, the eye and ear have developed into refined sensory organs with varied reactions to different kinds of waveforms.Special tone sequences can stimulate so much pleasure that we like to hear them – they are consonant or in harmony with one another. If, however, the waveforms have no common nodes (fig. 2.1) the result is dissonance or beats which can be painful to our ear. Dissonances are often used in music to create excitement or tension.

The positive or negative effects are a result not only of the charge fields in the brain, but also of the anatomy of our ear, a wonderful structure with drum oscular bones, spiral cochlea and basilar membrane. Whether we find tones pleasant or uncomfortable would seem to be physiological and thus genetically conditioned, hereditary and not learnt. There are naturally individual differences in the sense of hearing, differences which Nature in her wisdom has provided in all areas and in all forms of plant and animal life.

There are also pleasant and painful messages for the eye. The effects are partly dependent on the condition of the eye, as for example when we emerge from a dark room into the light. Here, though, we will not consider colour effects of a physiological nature, as described in so much detail by Goethe in his colour theory [10]. We shall deal only with the effects of physical colours on the rested, healthy eye, and will also neglect colour effects caused by the refraction or reflection of light.

Some bright chemical colours cause painful reactions, whereas most colours occurring naturally seem pleasant or beautiful. Again, the cause lies in waves. The monotonous waves of pure spectral colours have a weak effect. The eye reacts much more favourably to superimposed waves or to the interaction of two separate colours, especially to complementary colours.

We feel that such combinations of complementary colours are harmonious, and speak of colour harmony. Great masters whose paintings have been considered beautiful for centuries have given us many examples of colour harmony, such as the blue and yellow in the coat of Leonardo da Vinci's "Madonna of the Grotto".

We all know that colours can have different psychological effects; red spurs aggression, green and blue have a calming effect. There are whole books on colour psychology which have played an important role in the design of colour schemes in factories for many years.

We can assume that the eye's aesthetic judgement is also physiologically and genetically controlled, and that harmonic waveforms are perceived as more pleasant than dissonant ones.

Our eye senses not only colours but data which enables the brain to form images of the three-dimensional, spatial characteristic of objects, which is the most important piece of information required for judging the aesthetic effects of buildings. We react primarily to proportions of objects, to the relationships between width and length and between width and height or between these dimensions and depth in space. The objects can have unbroken surfaces or be articulated. Illumination gives rise to an interplay of light and shadow, whose porportions are also important.

Here the question of whether there are genetic reasons for perceiving certain proportions as beautiful or whether upbringing, education, or habit play a role cannot be answered as easily as for acoustic tones and colours. Let us first look at the role proportions have played, and always will play, throughout Man's history.

2.2 F. Giorgios Zahlenanalogie in Form des Λ.

2.2 F. Giorgio's numerical analogy in Λ-shape.

Hier ist die Frage, ob der Mensch auch gewisse Proportionen aus seiner genetischen Entwicklung heraus als schön empfindet oder ob hier Erziehung, Bildung oder Gewohnheit im Spiel sind, nicht so leicht zu beantworten wie bei der Wertung von Tönen und Farben. Doch wir wollen zuerst einmal betrachten, welche Rolle Proportionen in der Menschheitsgeschichte gespielt haben und immer wieder spielen werden.

2.2

2.5. Die kulturgeschichtliche Rolle der Proportionen

Proportionen bestehen nicht nur zwischen geometrischen Längen, sondern auch zwischen Tönen und Farben, wobei die Verhältnisse der Wellenlängen die Proportionen ergeben. Früh schon wurde eine Übereinstimmung harmonisch wirkender Proportionen bei Tönen, Farben und Längen gefunden, welche die großen Fragenden vieler Kulturepochen beschäftigt hat.
Der griechische Philosoph *Pythagoras* aus Samos (571 bis 497 v. Chr.) hat schon beobachtet, daß Proportionen zwischen niedrigen ganzen Zahlen (1:2 – 2:3 – 3:4 oder 4:3 und 3:2) sowohl bei Tönen als auch bei Längen angenehm wirken. Er demonstrierte dies mit dem *Monochord,* einer gespannten Saite, deren Länge er in gleiche Teile unterteilte und nun die Töne erklingen ließ, die sich bei Unterstützung der Saite in einem der Teilpunkte rechts und links oder im Verhältnis zum Grundton ergaben. (Als neuere Literatur siehe hierzu [11], [12] und [15].)
Von der Musik her sind diese harmonischen Tonintervalle, die Konsonanz oder Wohlklang ergeben, wohl bekannt. Zum Beispiel

Saitenlängen	Frequenzen		
1:2	2:1	=	Oktave
2:3	3:2	=	Quinte
3:4	4:3	=	Quarte
4:5	5:4	=	große Terz

In je mehr Obertönen ihres Grundtons zwei Töne übereinstimmen, um so besser ist ihre Konsonanz, im Wellenbild fallen dann Knoten der Obertöne mit den Knoten des Grundtons zusammen.
In der späteren Entwicklung entstanden verschiedene Tonleitern, die entsprechend dem Grad des Wohlklangs der Tonintervalle die Gefühle verschiedenartig ansprechen – man denke nur an Dur und Moll mit ihren unterschiedlichen emotionellen Wirkungen.
Frühzeitig wurde ein Zusammenhang zwischen harmonischen Proportionen der Tonintervalle und guten Proportionen der Längen in der Architektur vermutet und untersucht. Bei den griechischen Tempeln lassen sich viele Proportionen nachweisen, die den harmonischen Tonintervallen des Pythagoras entsprechen. *H. Kayser* hat dies für den Poseidon-Tempel in Paestum dokumentiert [13].
H. Kayser (1891–1964), hat seine ganze Lebensarbeit der Erforschung der »Harmonie der Welt« gewidmet. Für

2.5. The cultural role of proportions

Proportions exist not only between geometric lengt
also between the frequencies of musical tones aı
ours. An interplay between harmonic proportions in
colour, and geometric dimensions was discovere
early, and has preoccupied the thinkers of many d
cultural eras.
Pythagoras of Samos, the Greek philosopher (5
B. C.) already noted that proportions between sma
numbers (1:2, 2:3, 3:4, or 4:3, and 3:2) have a p
effect both for tones and lengths. He demonstra
with the monochord, a stretched string whose le
divided into equal sections, comparing the tones
ated by the portions of the string at either side of a
mediate support or with the open tone (in recent li
c. f. [11], [12], and [15].
In music these harmonic or consonant tone inte
well known; for example:

String length	Frequencies	
1:2	2:1	Octave
2:3	3:2	Fifth
3:4	4:3	Fourth
4:5	5:4	Major Third

The more the harmonies of two basic tones a
better their consonance; the nodes of the harm
congruent with the nodes of the basic tones.
Later, different tone scales were developed whi
to our feelings in different ways depending on tl
of consonance of the intervals. Think of major
keys with their different emotional effects.
A correspondence between harmonic prop
music and good geometric proportions in archite
suggested and studied at an early stage. In Gree
many proportions corresponding with Pythagora
intervals can be identified. *H. Kayser* has reco
relationships for the Poseidon temple in Paest
H. Kayser (1891–1964) dedicated his entire v
to researching the "harmony of the World". F
heart of the Pythagorean approach is the coup
tone of the monochord string with the lengths c
sections, which relates the qualitative (tone

ihn ist das Wesentliche des pythagoräischen Ansatzes die Kopplung vom Ton der Saite des Monochords mit den Längen der Saitenteile. Er sieht darin die Rückführung des Qualitativen (Tonempfindung) auf das Quantitative, Materielle (Maß – Zahl) und betrachtet das Qualitative (Töne) als die Wertung durch seelische Empfindung. Über diese Kopplung von Ton und Maß, von Empfinden und Denken, von Gefühl und Wissen entsteht seiner Meinung nach auch die seelische Empfindung für Proportionen von Bauwerken – Bauwerke tönen gewissermaßen.
H. Kayser weist auch nach, daß die pythagoräische Harmonik auf noch ältere Kulturen – Ägypten – Babylon bis China – zurückgehe und die Erkenntnisse über harmonische Proportionen in Ton und Maß schon rund 3000 Jahre alt sind. (Die Forschungsarbeit Kaysers wird von Professor R. Haase am Kayser-Institut für harmonikale Grundlagenforschung an der Wiener Hochschule für Musik und darstellende Kunst fortgeführt.)
Doch gehen wir zurück in die Geschichte: Marcus *Vitruvius Pollio* (84 bis 14 v. Chr.) hat in seinen berühmten zehn Büchern »De architectura« die Beziehung zwischen Musik und Architektur bei den Griechen erwähnt und seine Proportionslehre darauf aufgebaut.
R. Wittkower [12] berichtet über eine interessante Denkschrift des Mönches *Francesco Giorgio,* Venedig, aus dem Jahr 1535 zum Entwurf der Kirche S. Francesco della Vigna in Venedig (gekürzte Wiedergabe):
»Um die Kirche in jenen kunstgerechten, völlig harmonischen Proportionen zu erbauen, würde ich die Weite des Schiffes 9 Doppelschritte machen, welches das Quadrat von 3 ist, der vornehmsten und göttlichen Zahl. Die Länge des Schiffes soll 27 sein, das dreifache von 9, das ist eine Oktave und eine Quinte . . .
Wir haben es für notwendig gehalten, dieser Ordnung zu folgen, deren Meister und Urheber Gott selbst ist, der größte Baumeister, . . .
Wer auch immer sich unterfangen sollte, gegen diese Regel zu verstoßen, der würde eine Mißbildung schaffen, er würde gegen die Gesetze der Natur freveln.«
So streng wurden damals Harmoniegesetze beachtet – die göttliche Harmonie!
Francesco Giorgio hat seine mystischen Zahlenanalogien in seinem Buch »Harmonia« in Form des griechischen Buchstabens Λ dargestellt.
A. v. Thimus [34] hat dieses »Lambdoma« für unsere Zeit wieder aufbereitet (Bild 2.2).
Der für die heute notwendige Genesung der Architektur wiederentdeckte Andrea di Pietro da Padova – genannt *Palladio* (1508 bis 1580) [14] – war ein überzeugter Anhänger der harmonischen Proportionen. Er schrieb einmal:
»Die reinen Proportionen der Töne sind Harmonien für das Ohr, die entsprechenden der räumlichen Maße sind Harmonien für das Auge. Solche Harmonien geben uns das Gefühl der Beglückung, aber niemand weiß warum – außer dem, der die Ursachen der Dinge erforscht.«
Palladios Bauten und Entwürfe beweisen, daß mit diesen harmonikalen Proportionen schöne Bauwerke entstehen können, wenn sie der sensible Meister anwendet.
Palladio beschäftigte sich auch mit den Proportionen in räumlich perspektivischer Sicht, wo sich ja die Abmessungen in Sichtrichtung stetig verkleinern. Er fand die schon von Brunelleschi (1377–1446) getroffene Feststellung bestätigt, wonach objektive Harmoniegesetze auch im perspektivischen Raum gelten.
Noch vor Palladio hat sich *Leon Battista Alberti* (1404 bis 1472) zu den Proportionen der Bauwerke geäußert. In Anlehnung an Pythagoras sagte er:
»Die Zahlen, die durch Harmonie der Töne unser Ohr ent-

back to the quantitative (dimension) and he considers the qualitative factor (tones) as judgement by emotional feeling. It is from this coupling of tone and dimension, of perception and logic, of feeling and knowledge that the emotional sense for the proportions of buildings originates – the tones of buildings, if you will.
H. Kayser also shows that Pythagorean harmonies can be traced back to older cultures such as Egyptian, Babylonian, and Chinese, and that knowledge of harmonic proportions in music and building are about 3000 years old. Kayser's research is being continued by R. Haase at the Kayser Institute for Harmonic Research at the Vienna College of Music and Performing Arts.
Let us return to our historical survey:
In his famous ten books "De Architectura" Marcus *Vitruvius Pollio* (84–14 B. C.) noted the Grecian relationships between music and architecture and based his theories of proportion on these.
R. Wittkower [12] mentions an interesting text by the monk *Francesco Giorgio* of Venice. Writing in 1535 on the design of the Church of S. Francesco della Vigna in Venice (shortened extract):
"To build the church with correct, harmonic proportions, I would make the width of the nave 9 double paces, which is the square of 3, the most perfect and holy number. The length of the nave should be 27, three times 9, that is an octave and a fifth . . .
We have held it necessary to follow this order, whose master and author is God himself, the great master-builder . . .
Whoever should dare to break these rules, he would create a deformity, he would blaspheme against the laws of Nature."
So strictly were the laws of harmony – God's harmony – obeyed!
In his book "Harmonia" Francesco Giorgio represented his mystic number analogies in the form of the Greek letter Λ *A. v. Thimus* [34] has revised this "Lambdoma" for contemporary readers (fig. 2.2)
'Rediscovered' for curing the ills of today's architecture, Andrea di Pietro da Padova – known to us as *Palladio,* was a dedicated disciple of harmonic proportions. He wrote:
"The pure proportions of tones are harmonies for the ear, the corresponding harmonies of spatial dimensions are harmonies for the eye. Such harmonies give us the feeling of delight, but no-one knows why – except he who studies the causes of things."
Palladio's buildings and designs prove that beautiful structures can be created using these harmonic proportions when they are applied by a sensitive master.
Palladio also studied proportions in spatial perspective, where the dimensions are continuously reduced along the line of vision. He confirmed the view already stated by Brunelleschi (1377–1446) that objective laws of harmony also apply to perspective space.
Even before Palladio *Leon Battista Alberti* (1404–1472) had written about the proportions of buildings. Following Pythagoras he said:
"The numbers which thrill our ear with the harmony of tones are entirely the same as those which delight our eye and understanding . . . We shall thus take all our rules for harmonic relationships from the musicians who know these numbers well, and from those particular things in which Nature shows herself so excellent and perfect."
We can see how completely classical architecture, particularly during the Renaissance, was ruled by the harmonic proportions. In the Gothic age we find that master builders generally kept their canon of numbers secret. Not until a few years ago did the book "Die Geheimnisse der Kathe-

2.3 Das Villard-Diagramm im Rechteck 2:1.

2.3 The Villard diagram for a rectangle 2:1.

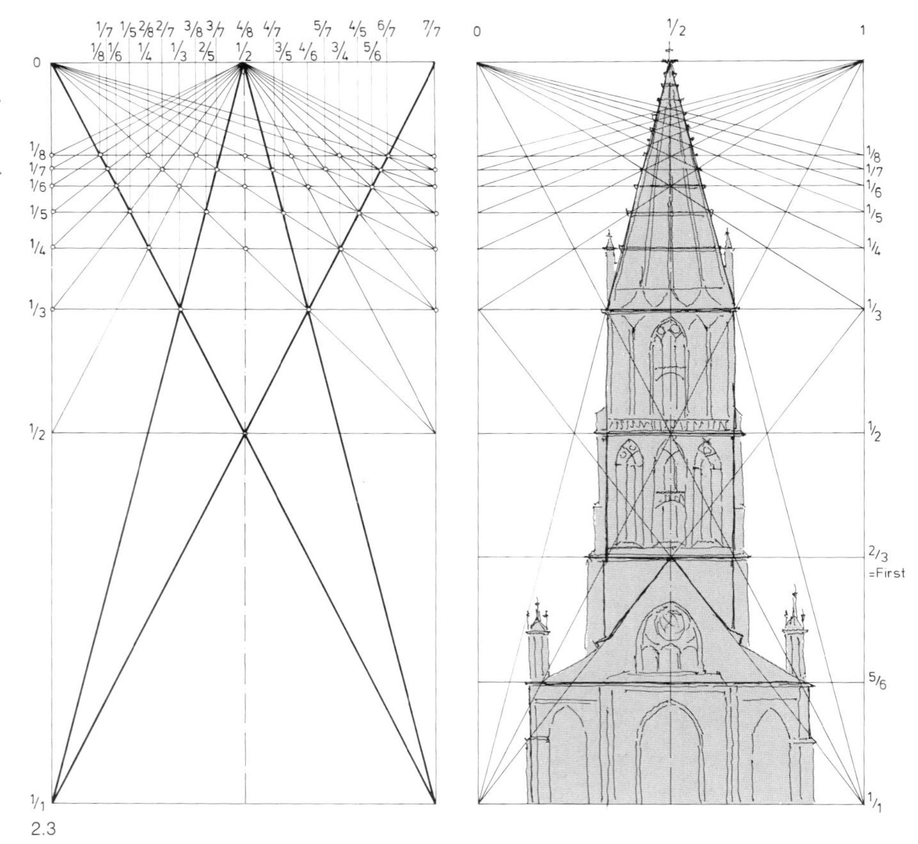

zücken, sind ganz dieselben, welche unsere Augen und unseren Verstand ergötzen . . . Wir werden daher alle unsere Regeln für harmonische Beziehungen von den Musikern entlehnen, denen diese Zahlen wohl bekannt sind, und von jenen besonderen Dingen, in denen die Natur selbst sich vortrefflich und vollkommen zeigt.«

So wurde die klassische Architektur, besonders der Renaissance, weitgehend von den harmonischen Proportionen beherrscht. In der Gotik finden wir von den Baumeistern meist geheimgehaltene Zahlen-Kanone. Erst vor wenigen Jahren erschien das Buch des Franzosen *L. Charpentier:* »Die Geheimnisse der Kathedrale von Chartres« [15], in dem er die Proportionen dieses berühmten Meisterwerks enträtselt. Es liest sich wie ein aufregender Roman. Die dortigen Proportionen entsprechen der ersten gregorianischen Tonleiter, basierend auf RE mit den Haupttönen RE – FA – LA. Bezüge zum Lauf der Sonne und der Sterne werden nachgewiesen.

Überhaupt beschäftigen sich die alten Philosophen viel mit dem Nachweis, daß in der göttlichen Schöpfung auch Sonne, Mond, Sterne und Planeten den harmonischen Gesetzen folgen. Auch Johannes Kepler (1571 bis 1630) konnte in seinem Hauptwerk »Harmonice mundi« nachweisen, daß im Planetensystem eine große Zahl musikalischer Harmonien besteht, ja er fand sein drittes Planetengesetz mit harmonikalen Überlegungen, den sogenannten Oktavoperationen. Man sprach von »kosmischer Musik der Sphären« (Boethius, Musica mundana).

Eine interessante Darstellung für einen harmonikalen Teilungskanon auf der Basis der Obertonreihe 1 – 1/2 – 1/3 – 1/4 usw. gab der Dombaumeister *Villard de Honnecourt* aus der Picardie im 13. Jahrhundert. Er ging für gotische Dome vom Rechteck 2:1 aus. Dieses Villard-Diagramm (Bild 2.3) [15 und 16] wurde vermutlich beim Entwurf des Münsters zu Bern benutzt. Auch am Ulmer Münster lassen sich ganzzahlige Proportionen der Viertel- und Drittelreihen für die Gliederungen der Höhe des Turms nachweisen. Das Villard-Diagramm kann auch für das Quadrat gezeichnet werden und paßt dann zum Beispiel zum Querschnitt der früheren Basilika St. Petri in Rom.

drale von Chartres" (The Secrets of Chartres Cathedral) by the Frenchman *L. Charpentier* appear [15], in which he deciphers the proportions of this famous work. It reads like an exciting novel. The proportions correspond with the first Gregorian scale, based on *re* with the main tones of re – fa – la. Relationships to the course of the Sun and the stars are demonstrated.

The ancient philosophers spent much time attempting to prove that in God's creation the Sun, the Moon, the stars, and the planets also obeyed the harmonic laws. In his major work "Harmonice Mundi" Johannes Kepler (1571–1630) was able to show that there ars a great number of musical harmonies. He discovered his third planetary law by means of harmonic deliberations, the so-called octavoperations. Some spoke of "the music of the sphere" (Boethius, Musica mundana).

Villard de Honnecourt, the 13th century cathedral builder from Picardy, gave us an interesting illustration of harmonic canon for division based on the upper tone series 1 – 1/2 – 1/3 – 1/4 etc. For gothic cathedrals he started with a rectangle of 2:1. This Villard diagram (fig. 2.3) [15] and [16] was probably used for the design of Bern cathedral. Whole number proportions of the fourth and third series can also be demonstrated in the articulation of the tower of Ulm Cathedral. A Villard diagram can also be drawn for a square and it then, for example, fits the cross-section of the earlier basilica of St. Peter's in Rome.

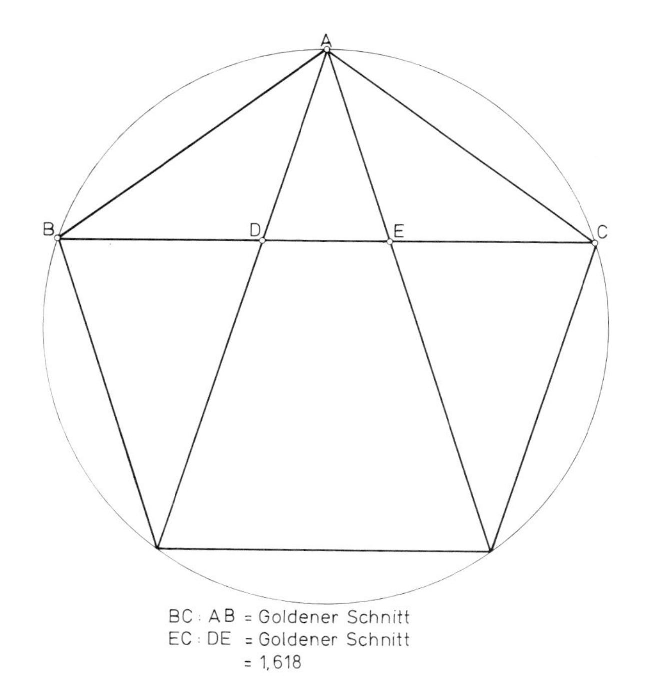

2.4

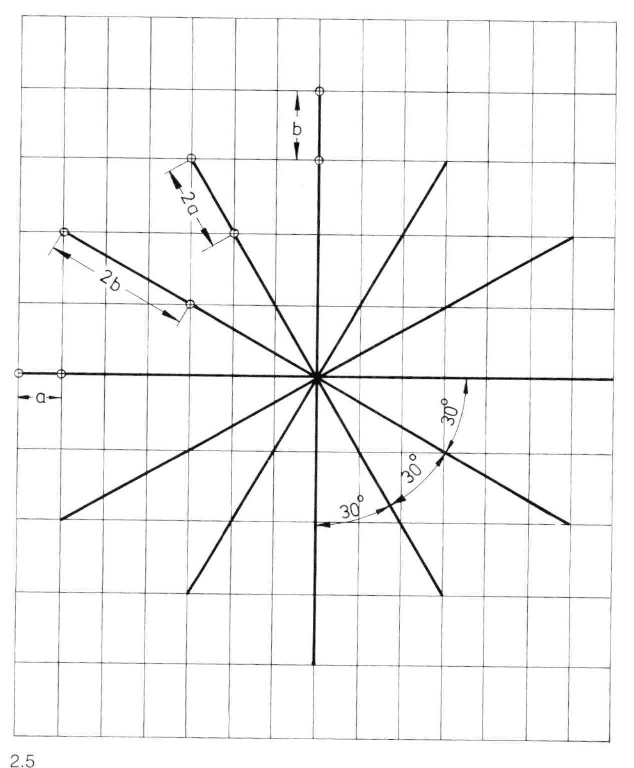

2.5

2.4 Der goldene Schnitt im Fünfeck.
2.5 Das Klöcker-Raster mit $a{:}b = 1{:}\sqrt{3}$.

2.4 The Golden Mean in a pentagon.
2.5 The Klöcker grid with $a{:}b = 1{:}\sqrt{3}$.

Wenn man von Proportionen spricht, denken viele an den *Goldenen Schnitt,* der jedoch nicht in die harmonische Reihe ganzzahliger Verhältnisse paßt und in der Architektur auch gar nicht die große Rolle spielte, wie man gemeinhin glaubt. Sein Verhältnis entsteht aus der Bedingung, daß eine Strecke

$a + b$ mit $b < a$ so geteilt wird, daß

$$\frac{b}{a} = \frac{a}{a+b}$$

ist. Dies ist der Fall, wenn

$$a = \frac{\sqrt{5}+1}{2}\,b = 1{,}618\,b \text{ ist.}$$

Der reziproke Wert ergibt für $b = 0{,}618a$; er liegt nahe an der kleinen Sexte mit $^5/_8 = 0{,}625$ oder $^8/_5 = 1{,}600$.
Der Goldene Schnitt ergibt sich auch als Konvergenz aus der Reihe von Fibonacci, die Verhältnisse von $a{:}b$, $b{:}(a + b)$ usw. bildet:

$a{:}b$	=	1: 2 = 0,500	= Oktave
$b{:}(a + b)$	=	2: 3 = 0,667	= Quinte
		3: 5 = 0,600	= große Sexte
		5: 8 = 0,625	= kleine Sexte
		8:13 = 0,615	
		13:21 = 0,619	
		21:34 = 0,618	= Goldener Schnitt

Der Zahlenwert ist auch insofern interessant, als

$$\frac{1{,}618}{1{,}618-1} = \frac{1{,}618}{0{,}618} = 2{,}618 \text{ ist und}$$

$$2{,}618 \cdot \frac{6}{5} = 3{,}1416 = \pi \text{ ist.}$$

Der Goldene Schnitt gibt damit den Schlüssel zu einer geometrischen Quadratur des Kreises, die bei der Kathedrale von Chartres zu finden ist. Er kann aus der Fünfteilung des Kreises konstruiert werden (Bild 2.4).
Die Fibonaccische Reihe wird übrigens auch zur Konstruktion der logarithmischen Spirale benutzt, die für Ornamente als besonders schön gilt und in der Natur bei Schnecken und Ammoniten vorkommt.

When speaking of proportions, many people think of the *Golden Mean,* but this does not fit into the series of whole number relationships and does not play the important role in architecture which is often ascribed to it. This proportion results from the division of a length

$a + b$ where $b < a$ so that

$$\frac{b}{a} = \frac{a}{a+b}$$

This is the case if

$$a = \frac{\sqrt{5}+1}{2}\,b = 1.618\,b$$

the reciprocal value is $b = 0.618\,a$, which is close to the value of the minor sixth at $^5/_8 = 0.625$ or $^8/_5 = 1.600$.
The Golden Mean is a result of the convergence of the Fibonacci series, which is based on the proportion of $a{:}b$, b: $(a{+}b)$, etc.:

$a{:}b$	=	1: 2 = 0.500	= octave
b: $(a{+}b)$	=	2: 3 = 0.667	= fifth
		3: 5 = 0.600	= major sixth
		5: 8 = 0.625	= minor sixth
		8:13 = 0.615	
		13:21 = 0.619	
		21:34 = 0.618	= Golden Mean

This numerical value is interesting in that:

$$\frac{1.618}{1.618-1} = \frac{1.618}{0.618} = 2.618 \text{ and}$$

$$2.618 \cdot \frac{6}{5} = 3.1416 = \pi$$

The Golden Mean thus provided the key to squaring the circle, as can be found in Chartres Cathedral. It can be constructed by dividing the circle into 5 (fig. 2.4).
The Fibonacci series is also used to construct a logarithmic spiral, which occurs in Nature in snail and ammonite shells, and which is considered particularly beautiful for ornaments.

Auch Le Corbusier (1887 bis 1965) hat seinen »Modulor« mit Hilfe des Goldenen Schnittes aus der mit 1,829 m angenommenen Körperhöhe abgeleitet; doch der Modulor allein gibt noch keine Gewähr für Harmonie.
Eine interessante Proportion ist $a:b = 1:\sqrt{3} = 1:1{,}73..$, sie liegt nahe am Goldenen Schnitt und hat für technische Anwendungen günstige Eigenschaften, indem die Winkel zu den Diagonalen 30° oder 60° sind (gleichseitiges Dreieck) und die Längen der Diagonalen 2a oder 2b werden (Bild 2.5). Ein Rasterpapier mit einem Netz mit Seitenlängen $1:\sqrt{3}$ wurde Johann Klöcker, Straßlach, am 8. 7. 1976 (Ausgabetag) patentiert! Er entwarf auf diesem Raster Teppiche, die ihrer harmonischen Wirkung wegen preisgekrönt wurden.
Viele Architekten haben in den letzten 50 Jahren weitgehend die Anwendung harmonikaler Proportionen abgelehnt. Das Ergebnis war bei vielen Bauten ein entsprechender Mangel an ästhetischer Qualität, sofern nicht intuitiv – aus gutem künstlerischem Gefühl heraus – doch gute Proportionen gewählt wurden. Ausnahmen gab es wie immer, so bauten der Schweizer Architekt *André M. Studer* [17] und der Finne *Aulis Blomstedt*, bewußt »harmonikal«. Im Zuge der Nostalgiewelle der 70er Jahre ist an vielen Orten eine Rückkehr zu solchen Grundlagen der Ästhetik festzustellen. Eine ausführliche Darstellung der harmonischen Proportionen gaben H. Kayser [13] und P. Jesberg in der Deutschen Bauzeitschrift DBZ 9/1977.

Le Corbusier (1887–1965) used the Golden Mean to construct his »Modulor« based on an assumed body height of 1.829 m, but the Modulor is in itself no guarantee for harmony.
An interesting proportion is $a:b = 1:\sqrt{3} = 1:1.73...$ It is close to the Golden Mean but for technical applications has the important characteristic that the angles to the diagonals are 30° or 60° (equilateral triangle) and that the length of the diagonal is 2a or 2b (fig. 2.5). The grid with sides in the ratio of $1:\sqrt{3}$ was patented on July 8, 1976 by Johann Klöcker of Strasslach. He used this grid to design carpets, which were awarded prizes for their harmonious appearance.
During the last 50 years architects have largely discarded the use of harmonic proportions. The result has been a lack of aesthetic quality in many buildings where the architect did not choose good proportions intuitively as a result of his artistic sensitivity. There were exceptions, as always. The Swiss architect *Andre M. Studer* [17] and the Finn *Aulis Blomstedt* consciously built "harmonically". One result of the wave of nostalgia of the 1970's is a return in many places to such basics of aesthetics. H. Kayser in [13] and P. Jesberg in the Deutsche Bauzeitschrift DBZ 9/1977 gave a full description of harmonic proportions.

2.6. Wie empfindet der Mensch geometrische Proportionen?

Für das Hören von Tönen gilt, daß das Gefühl und Empfinden für harmonische Tonfolgen genetisch und physiologisch durch angeborene Eigenschaften des Ohres bedingt ist. Wie steht es nun mit Proportionen von Längen, von Körperabmessungen, von Körpervolumen? Wir folgen hier dem Biologen und Anthropologen *J. G. Helmcke* [18], Technische Universität Berlin, der die genetische Grundlegung auch für das Schönheitsempfinden der Proportionen eindeutig bejaht, und dies wie folgt begründet:
»In der Evolution der Tiere und Menschen spielte zweifellos stets die Partnerwahl zur Fortpflanzung und Arterhaltung eine gewichtige Rolle. Seit Urzeiten wählt der Mann bevorzugt die in seinen Augen schönste, wohlproportionierte Frau als Partnerin, und die Frau gibt sich ebenso bevorzugt dem stärksten, kräftigsten, in ihren Augen schönsten Partner hin. So muß bei der Entstehung der Arten durch natürliche Zuchtwahl (Darwin) eine Evolution der ästhetischen Empfindungen und Gefühle stattgefunden haben mit dem Ergebnis, daß der Mensch ein Schönheitsideal des Partner-Menschen entwickelt hat, das erblich kodiert ist und von Generation zu Generation weitergegeben wird. Man verliebt sich bevorzugt in einen schönen Menschen. Liebe auf den ersten Blick entsteht meist durch diese angeborenen Schönheitsgefühle ohne Beteiligung des Verstandes. An der Tatsache, daß es ein angeborenes menschliches Schönheitsideal gibt, wird wohl niemand zweifeln, der die Menschen und die Menschheitsgeschichte kennt. In allen Kulturen wurde der ideal schöne Mensch dargestellt, und wenn man die berühmten Plastiken griechischer Künstler betrachtet, so muß man feststellen, daß sich das Schönheitsideal des weiblichen und des männlichen Körpers für uns Europäer in den letzten 3000 Jahren nicht verändert hat.«
Bei den Griechen spielte der erotische Charakter der Schönheit des menschlichen Körpers eine Rolle. Sokrates hielt bei dem Symposium von Xenophon (etwa 390 v. Chr.) eine Lobrede auf den Eros. Der Begriff »schön«

2.6. How do we perceive geometric proportions?

In music we can assert plausibly that a feeling and sense for harmonic tone series is controlled genetically and physiologically through the inborn characteristics of the ear. What about the proportions of lengths, dimensions of objects, and volumes? *J. G. Helmcke* [18] of the Technical University of Berlin wholeheartedly supports the idea of a genetic basis for the aesthetic perception of proportions and he argues as follows:
"During the evolution of animals and Man the choice of partner has undoubtedly always played an important role. Since ancient times men have chosen women as partners, who in their eyes were the most beautiful and well proportioned and equally women have chosen as partners the strongest and most well-built in their eyes. Through natural selection (Darwin) during the evolution of a species this must have led to the evolution of aesthetic perception and feeling and resulted in the development in Man of a genetically coded aesthetic ideal for human partners, passed on from generation to generation. We fall in love more easily with a beautiful partner; love at first sight is directed mostly by an instinctive feeling for beauty, and not by logic. Nobody who knows Man and his history will doubt that there is an inherited human ideal of beauty. Every culture has demonstrated its ideal of human beauty, and if we study the famous sculptures of Greek artists we recognize that the European ideal of beauty in female and male bodies has not changed in the last 3000 years."
For the Greeks the erotic character of the beauty of the human body played a role. At the Symposium of Xenophon (around 390 B. C.) Socrates made a speech in praise of Eros. According to Ernesto Grassi [19] the term beautiful is used preferentially for the human body.
The Spanish engineer *Eduardo Torroja* (1899–1961), whose structures were widely recognized for their beauty, wrote in his book "The Logic of Form" [20] that, "truly the most perfect and attractive work of Nature is woman . . ."
Helmcke says that "Man's aesthetic feeling, while per-

wurde bevorzugt auf den menschlichen Körper bezogen (nach Ernesto Grassi [19]).
Selbst der spanische Ingenieur *Eduardo Torroja* (1899 bis 1961), dessen Ingenieurbauwerke ihrer Schönheit wegen weite Anerkennung fanden, sagte in seinem Buch »Logik der Form« [20] daß »das wahrlich vollkommenste und anziehendste Werk der Natur das Weib ist . . .«
Helmcke sagt weiter, daß »das ästhetische Empfinden des Menschen beim Wahrnehmen bestimmter Proportionen eines Körpers sich im Gleichschritt mit der Evolution der menschlichen Gestalt entwickelte und als angeborener, auslösender Mechanismus in unseren Zellen genetisch programmiert ist.« Die Proportionen des schönen menschlichen Körpers wären demnach die Basis unseres angeborenen Schönheitsempfindens! Dies ist wohl zu einseitig gesehen, denn Tausende andere Objekte der Natur strahlen Schönheit aus, doch betrachten wir weiter zunächst den Menschen.
Glücklicherweise sind alle Menschen in ihrem Erbgut und in ihrem Erscheinungsbild voneinander verschieden – meist nur geringfügig. Der menschliche Schönheitskanon kann daher nicht auf eine strenge geometrische Form und ihre Proportionszahlen fixiert sein. Demnach muß hier ein gewisser Streubereich bestehen, der wohl für alle geometrischen harmonischen Proportionen gilt. Dieser Streubereich deckt auch die Unterschiede im Schönheitsideal verschiedener Rassen. Er sichert auch, daß das Wunschbild bei der Suche des Partners verschieden ist und dadurch die Kämpfe um den ersehnten Partner in erträglichen Grenzen bleiben.
Der Streubereich läßt sich auch physiologisch erklären. Die Augen haben weit mehr zu leisten als die Ohren. Die von den Augen zu verarbeitenden Wellenbotschaften dürften einen rund tausendfach größeren Bereich umfassen als die von den Ohren aufzunehmenden Töne. In den Farben und geometrischen Proportionen sind daher Harmonie und Disharmonie nicht so scharf getrennt wie bei den Tönen. Das Auge läßt sich leichter täuschen und ist nicht so schnell beleidigt oder verletzt wie das Ohr, das auf feinste Dissonanzen ärgerlich reagiert. Auch dies ist wohl eine weise Einrichtung der Natur.
Daß Schönheitsempfinden angeboren ist, geht auch daraus hervor, daß Kinder schon in den ersten Jahren Freude über schöne Sachen äußern und durch Häßliches abgestoßen, ja bis zum Weinen beleidigt werden. Wie strahlen Kinderaugen, wenn sie eine schöne Blume sehen.
Gegen die Annahme eines angeborenen Schönheitsempfindens spricht, daß Menschen soviel darüber streiten, ob etwas schön oder häßlich ist. In der Beurteilung ästhetischer Eigenschaften besteht also eine große Unsicherheit. Darauf wollen wir in Abschnitt 2.7 eingehen.
Auch bei den Oralsinnen (Schmecken und Riechen) hat sich genetisch die Unterscheidung zwischen gut und schlecht entwickelt, die – wieder mit einem gewissen Streubereich – für die Mehrzahl der Menschen die gleiche ist (vgl. H. Tellenbach [21]).
Aus dieser genetischen Entwicklung heraus ist es verständlich, daß die Proportionen des als schön empfundenen menschlichen Körpers zu allen Zeiten von suchenden Geistern studiert wurden. Der griechische Bildhauer *Polyklet* aus Kikyon (465 bis 420 v. Chr.) fand folgende Proportionen:

2 Handbreiten = Höhe des Gesichts und Höhe der Brust, Abstände Brust-Nabel und Nabel-Rumpfende
3 Handbreiten = Höhe des Schädels, Länge des Fußes
4 Handbreiten = Abstände Schulter–Armgelenk und Armgelenk–Fingerspitze
6 Handbreiten = Ohr-Nabel und Nabel-Knie, Länge des Rumpfes, Länge der Oberschenkel

ceiving certain proportions of a body, developed parallel to the evolution of Man himself and is programmed genetically in our cells as a hereditary trigger mechanism."
According to this the proportions of a beautiful human body would be the basis of our hereditary sense of beauty. This view is too narrow, because thousands of other natural objects radiate beauty, but let us continue to study Man for the time being.
Fortunately, all men differ in their hereditary attributes and appearance, though generally only slightly. This means that our canons of beauty cannot be tied to strictly specific geometric forms and their proportions. There must be a certain range of scatter.
This range of scatter also covers the differences in the ideals of beauty held by different races. Moreover it ensures that during their search for a partner each individual's ideal will differ, keeping the competition for available partners within reasonable bounds.
We can also explain this distribution physiologically. Our eyes have to work much harder than our ears. The messages received by the eye span a range about a thousand times wider than the scale of tones to be processed by the ear. This means that with colours and geometric proportions harmony and disharmony are not so sharply defined as with musical tones. The eye can be deceived more easily and is not as quickly offended or aggravated as the ear, which reacts sensitively to the smallest dissonance. This too is a wise disposition of Nature.
More evidence for a hereditary sense of beauty is provided by the fact that even during their first year children express pleasure at beautiful things and are offended, even to the point of crying by ugly objects. How a child's eyes sparkle when it sees a pretty flower.
Evidence against the idea that we have a hereditary sense of beauty is suggested by the fact that people argue so much about what is beautiful or ugly, demonstrating a great deal of insecurity in the judgement of aesthetic qualities. We will give this further thought in chapter 2.7.
Our ability to differentiate between good and bad using our senses of taste and smell has also developed genetically and with certain variations is the same for most people (c. f. H. Tellenbach) [21].
With this background of genetic development it is understandable that the proportions of those human bodies considered beautiful have been studied throughout the ages by all those with inquiring minds. The Greek sculptor *Polyklet* of Kikyon (465–420 B. C.) found the following proportions:

2 handbreadths = height of the face and height of the breast, distance breast – navel, navel – end of trunk
3 handbreadths = height of skull, length of foot
4 Handbreadths = distance sholder – elbow, elbow – fingertip
6 handbreadths = ear – navel, navel – knee, length of trunk, length of thigh

Polyklet based his "Canon for the ideal figure" on these relationships. These studies had the greatest influence on art during the age of humanism, for example through the "Vier Bücher von menschlicher Proportion" 1528 by *Albrecht Dürer* (1471–1528).
Vitruvius also dealt with the human body in his books "De architectura" and used the handbreadth as a unit of measure. *Leonardo da Vinci* followed Vitruvius' theories when drawing his image of man inscribed in a square (fig. 2.6). Leonardo's friend, the mathematician Luca Pacioli (about 1445–1514) began his work "De divina proportione" 1508 with the words:
"Let us first speak of the proportions of Man . . . because

2.6 Das Menschenbild im Kreis und Quadrat nach Leonardo da Vinci.

2.6 Image of man in circle and square according to Leonardo da Vinci.

Auf diesen Verhältnissen beruht Polyklets »Kanon für die ideale Körperfigur«. Den größten Einfluß auf die Kunst gewannen diese Studien zur Zeit des Humanismus, zum Beispiel durch die »Vier Bücher von menschlicher Proportion« 1528, von *Albrecht Dürer* (1471 bis 1528).
Auch Vitruv hat sich in seinen Büchern »De architectura« mit den Proportionen des menschlichen Körpers beschäftigt. Er mißt auch mit Handbreiten. Bei *Leonardo da Vinci* finden wir ein Menschenbild nach dem Vorbild Vitruvs in einen Kreis und ein Quadrat eingetragen (Bild 2.6). Leonardos Freund, der Mathematiker Luca Pacioli (um 1445 bis 1514), beginnt sein Werk »De divina proportione« (1508) mit den Worten:
»Zunächst wollen wir von den Proportionen des Menschen sprechen . . ., weil vom menschlichen Körper sich alle Maße und ihre Beziehungen ableiten und in ihm alle Zahlenverhältnisse zu finden sind, durch welche Gott die tiefsten Geheimnisse der Natur enthüllt . . . Nachdem die Alten das rechte Maß des menschlichen Körpers studiert hatten, proportionierten sie all ihre Werke, besonders die Tempel im Einklang damit«.
Zitiert nach Wittkower [12], S. 20.
Der menschliche Körper mit ausgestreckten Armen und Beinen im Quadrat und Kreis wurde ein bevorzugtes Emblem der humanistisch orientierten Künstler bis hin zu Le Corbusier und Ernst Neufert.
Diesen Abschnitt beschließen wir am besten mit Zitaten aus einer Arbeit *Helmckes* [18]:
»Es zeugt von der geistigen Höhe früherer Kulturepochen, wenn die Künstler, Architekten und Bauherren (bewußt oder unbewußt) den uns angeborenen, erblich programmierten Proportionskanon in ihren Werken verwirklichten; denn damit kamen sie unserem genetisch bedingten Suchen nach Befriedigung unseres ästhetischen Gefühls weitgehend entgegen. – Es zeugt aber auch von dem geistigen Tiefstand heutiger Künstler, Architekten und Bauherren, wenn sie trotz guter historischer Vorbilder und trotz fortgeschrittener Natur- und Geisteswissenschaften diese einfachsten biologisch-anatomisch-psychologisch und anthropologisch fundierten Zusammenhänge nicht kennen oder zu unbegabt sind, sie zu empfinden, zu verstehen und zu verwirklichen. – Wer das Suchen nach dem Formenkanon unseres ästhetischen Empfindens als törichte und daher entbehrliche Spielerei verurteilt, muß es sich gefallen lassen, wenn seine Einstellung auf überhebliche Unwissenheit und auf Mangel an instinktsicherem Schönheitsempfinden zurückgeführt wird, wie sie als Zerfallserscheinung infolge von Domestikation ethologisch bekannt ist.«
»Die einzige Kritik, die – nach meiner (Helmckes) Meinung – an den jahrtausendelangen Bestrebungen zum Festlegen des allgemeingültigen Formenkanons geübt werden kann, liegt in der Annahme, daß dieser Kanon aus festen Proportionen bestehen müsse und daher auch für alle Menschen gültig wäre . . .«
»Das, was uns fehlt, ist die fundierte Einsicht in Streuungsbereiche der Proportionsverhältnisse und in die Grenzen, innerhalb derer unser angeborenes Gefühl für ästhetisch schöne Formen noch anspricht, während es außerhalb dieser Grenzen in konträre Gefühle umschlägt.«

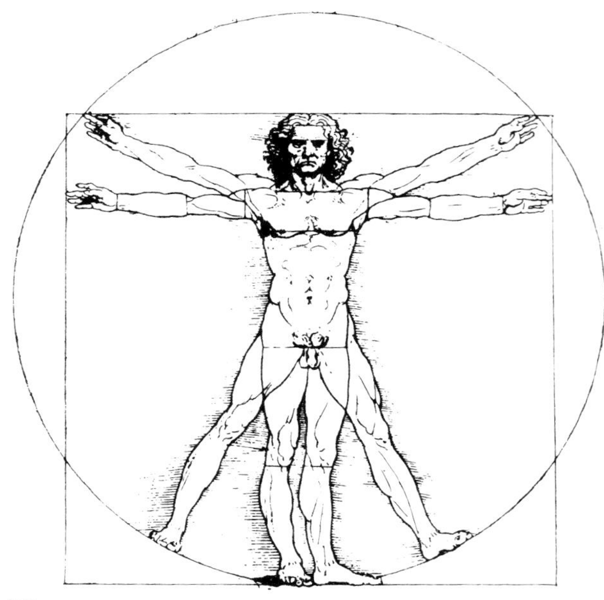

2.6

all measures and their relationships are derived from the human body and here are to be found all numerical relationships, through which God reveals the innermost secrets of Nature . . . Once the ancients had studied the correct proportions of the human body they proportioned all their works, particularly the temples, accordingly."
Quoted by Wittkower [12] p. 20.
The human body with outstretched arms and legs inscribed in a square and circle became a favorite emblem for humanistically oriented artists right up to Le Corbusier and Ernst Neufert.
Let us close this section with a quotation from one of Helmcke's [18] works:
"The intellectual prowess of earlier cultures is revealed to us whenever their artists, architects, and patrons succeeded in incorporating, consciously or unconsciously, our hereditary, genetically programmed canon of proportions in their works; in achieving this they come close to our genetically controlled search for satisfaction of our sense of aesthetics. It reveals the spiritual pauperism of today's artists, architects and patrons when, despite good historical examples and despite advances in the natural sciences and the humanities they do not know of these simple biologically, anatomically based relationships or are too ungifted to perceive, understand, and realize them. Those who deprecate our search for the formal canons of our aesthetic feelings as a foolish and thus unnecessary pastime must expect to have their opinion ascribed to arrogant ignorance and to the lack of a sure instinctive sense of beauty, already ethnologically known as a sign of decadence due to domestication."
"The only criticism which, in my (Helmcke's) opinion can be levelled at the thousands of years' old search for universally valid canons of form, lies in the assumption that these canons shall consist of fixed proportions and shall thus be valid for all mankind . . .
"What is needed is experience of and insight into the range of scatter of proportional relations and insight into the limits within which our hereditary aesthetic sense reacts positively, and beyond which it reacts negatively."

2.7. Schönheitsempfinden im Unterbewußtsein

Wir sind uns meist dessen nicht bewußt, wie stark unser Gefühlsleben, der Grad des Wohlbefindens, der Behaglichkeit oder der Unruhe und Abwehr im Unterbewußtsein von unserer Umgebung abhängig ist. Neurologen wissen, daß Teile unseres Gehirns imstande sind, auf äußere Reize ohne Bezugnahme auf das Bewußtsein zu reagieren und umfangreiche Informationen zu verarbeiten. Dies geschieht im sogenannten limbischen System der primitiven Strukturen des Mittel- und Stammhirns. Soweit es sich dabei um die Verarbeitung ästhetischer Botschaften im Unterbewußtsein handelt, spricht *P. F. Smith* [3] von »limbischer Ästhetik«.
Das Schönheitsempfinden im Unterbewußtsein ist eigentlich fast stets wirksam, einerlei ob wir uns »zu Hause«, in der Stadt auf einem Marktplatz, in einer Kirche, in schöner Landschaft oder in der Wüste befinden. Unsere Umgebung wirkt durch ihre ästhetischen Eigenschaften, auch wenn unsere bewußten Gedanken sich mit ganz anderen Fragen und Eindrücken beschäftigen.
Smith spricht vom sinnlichen Appetit dieser primitiven Gehirnteile nach schönem Milieu, nach urbanem Zauber, nach schöner Natur. Das limbische System reagiert aber auf ein Überangebot von Reizen mit Abwehr bis zur Ängstigung.
Im Unterbewußtsein wirken auch *Symbolwerte,* die mit gewissen Teilen unserer Umwelt gekoppelt sind. So hatten das Heim, die Kirche, die Schule, der Garten usw. stets Symbolwerte, die durch Lern- und Erfahrungsvorgänge entstanden sind. Sie beziehen sich meist auf menschliche Grundsituationen und geben gefühlsmäßige Reaktionen, ohne im Bewußtsein aufzutauchen.
Dieses Schönheitsempfinden im Unterbewußtsein spielt bei Bewohnern der Städte eine besonders starke Rolle. Ihr Grundgefühl des Wohlbefindens wird zweifellos auf diesem Weg von den ästhetischen Eigenschaften ihrer Umwelt beeinflußt. Dies hat soziale Folgen (siehe Abschnitt 2.10.). Es verstärkt unsere Verpflichtung, für die Schönheit der Umwelt zu sorgen.

2.7. Perception of beauty in the subconscious

We are not generally aware of how strongly our world of feelings, our degree of well-being, of comfort, or of disquiet or rejection is dependent on impressions from our surroundings. Neurologists know that parts of our brain are capable of reacting to external stimuli without reference to the conscious mind and of processing extensive amounts of information. This takes place in the limbic system of the primitive structures of the mid-brain and the brain stem. For all those activities of the subconscious which deal with the processing of aesthetic messages *P. F. Smith* [3] uses the phrase "limbic aesthetics" and dedicates a whole chapter of his very readable book to them.
Our subconscious sense of beauty is almost always active, whether we are at home, in the city market place, in a church, in a beautiful landscape or in the desert. Our surroundings affect us through their aesthetic characteristics, even if our conscious thoughts are occupied with entirely different matters and impressions.
Smith writes of the sensory appetite of these primitive parts of the brain for pleasant surroundings, for the magic of the city and for the beauty of Nature. The limbic system reacts to an over-supply of stimuli with rejection or anxiety.
Symbolic values connected with certain parts of our environment also act on the subconscious. The home, the Church, school, garden, etc., have always possessed symbolic values created by learning and experience. These are related mostly to basic human situations and cause emotional reactions, without ever reaching the conscious level.
This perception of beauty at the subconscious level plays a particularly strong role in city-dwellers. Their basic feeling of well-being is doubtless influenced by the aesthetic qualities of their environment in this way. This has social consequences (chapter 2.10).
This underlines our responsibility to care about the beauty of the environment.

2.8. Zum ästhetischen Urteilsvermögen, zum Geschmack

Wenn zwei Betrachter eines Kunstwerks in der Beurteilung nicht einig sind, dann wird die Diskussion nur zu gern mit dem alten Sprichwort beendet: »De gustibus non disputandum est«. Mit ein wenig Latein verweist man auf seine humanistische Bildung, die ja Kunstverständnis einschließen sollte. Dieses »über Geschmack läßt sich nicht streiten« ist ein schlimmes Ausweichen, das nur beweist, daß der Betreffende sich nie gründlich mit Ästhetik beschäftigt hat und damit im Bereich der Beurteilung von Kunst wohl Bildungsmängel aufweist.
Natürlich ist Geschmack auch einem ständigen Wandel unterworfen, der von den jeweiligen Lebensidealen, den Moden und den technischen Möglichkeiten abhängt. Er wird auch vom geschichtlichen, kulturellen Hintergrund beeinflußt. Der durchschnittliche Geschmack der Menschen einer gewissen Zeitperiode oder gar der Geschmack einzelner Individuen ist daher nie ein zuverlässiger Wertmaßstab für ästhetische Qualitäten.
Die genetische Betrachtung hat andererseits gezeigt, daß dem Menschen grundlegend ein gewisser Schönheitssinn angeboren ist. P. F. Smith sagt sogar, daß dieses ästhetische Empfinden sich zu einer der höchsten Fähigkeiten unseres zentralen Nervensystems entwickelt habe und eine Quelle tiefer Befriedigung und Freude sei [3].

2.8. Aesthetic judgement, taste

When two observers are not agreed in their judgement of a work of art, the discussion is all too often ended with the old proverb "De gustibus non disputandum est". We like to use a little Latin to show our classical education, which, as we know, is supposed to include an understanding of art. This "there's no accounting for taste" is an idle avoidance tactic, serving only to show that the speaker has never really made a serious effort to study aesthetics and thus has educational deficiencies in the realm of assessing works of art.
Of course taste is subject to continual change, which in turn depends on current ideals, fashions, and taste is also dependent on historical and cultural background. The average taste of people in any given period of time or even the taste of single individuals is thus never a reliable measure of aesthetic qualities.
On the other hand our genetic studies have shown that we have a certain basic hereditary sense of beauty. P. F. Smith even says that this aesthetic perception has developed into one of the highest capabilities of our central nervous system, and is a source of deep satisfaction and joy [3].
The judgement of aesthetic characteristics is largely dependent, however, on feelings which are derived from our

Die Beurteilung schönheitlicher Eigenschaften ist nun aber weitgehend von Gefühlen abhängig, die von den Sinnesempfindungen hervorgerufen werden. Schönheit ist daher entgegen mancher Thesen (Bense, Maser) nicht rational meßbar. Im Bereich der Gefühle stoßen wir aber auf die Tatsache, daß der Mensch trotz aller Forschung und Wissenschaft noch sehr wenig vom Menschen weiß. Wir können dennoch Beobachtungen und Erfahrungen ansprechen, die hilfreich sind.

Wir erleben immer wieder, daß Menschen sich in ihrer überwiegenden Mehrzahl über die Schönheit einer Landschaft, eines berühmten Bilds oder Bauwerks einig sind. Beim Eintritt in einen Raum, zum Beispiel in eine alte Kirche, oder beim Gang durch eine Straße werden Gefühle geweckt, die angenehm, wohlig, ja erhebend sind, wenn uns Schönheit anstrahlt. Kommen wir in ein Slum-Viertel, dann sind die Gefühle abstoßend, ja ängstigend, weil Unordnung und Verfall häßlich wirken. Wir können uns dieser Gefühle mehr oder weniger stark bewußt werden, je nachdem, ob unsere Gedanken frei oder anderweitig besetzt sind. Die Empfindsamkeit (Sensibilität) oder das Empfindungsvermögen für Schönheit ist außerdem von Mensch zu Mensch – wie viele andere Talente – von Natur aus verschieden. Diese Empfindsamkeit ist ferner von den Eindrücken der Umwelt, von Erfahrungen, vom Einwirken der Mitmenschen in Familie, Schule und im Freundeskreis abhängig. Das Urteil zweier Menschen über schönheitliche Qualitäten eines Objekts wird daher in der Regel unterschiedlich ausfallen.

Eine schöne Umgebung wird aber zweifellos bei fast allen Menschen ein Gefühl des Behagens auslösen, eine häßliche, schmutzige Umgebung dagegen Unbehagen. Nur das Maß des Behagens oder Unbehagens wird verschieden sein. Im Alltag bestehen solche Gefühle oft nur im Unterbewußtsein, ihre Ursachen werden erst durch nachträgliche Reflexionen wahrgenommen.

Ein klares Urteilsvermögen für schönheitliche Werte entsteht aber nur, wenn man sich bewußt mit der Botschaft beschäftigt und sich die Frage stellt, ob einem ein Bauwerk oder ein Raum gefällt oder nicht. Als nächstes muß man nach dem Warum fragen; warum gefällt mir dies oder mißfällt mir das? Erst durch oftmaliges Analysieren, Auswerten und Abwägen der bewußt wahrgenommenen ästhetischen Werte entsteht das Urteilsvermögen, das wir gemeinhin Geschmack nennen – Geschmack, über den wir also streiten müssen, damit er sich bildet und klärt. Geschmack erfordert also Selbstbildung, die durch kritische Aussprache mit anderen oder durch Anleitung Erfahrener gefördert werden kann. Urteilsvermögen für schönheitliche Werte setzt eine breite Bildung voraus, es ist einer Kunst vergleichbar und erfordert Können, das wie jede Kunst neben der Begabung viel Arbeit – Bildungsarbeit – erfordert.

Man braucht dabei nicht zu befürchten, daß solches Analysieren die kreativen Fähigkeiten schwächt – im Gegenteil, ist doch das Ziel der Analyse die Entdeckung der Wahrheit über kreatives Denken (Grimm [22]).

Da die Menschen unterschiedlich begabt und veranlagt sind, da sie in verschiedenem Milieu mit unterschiedlichem kulturellem Hintergrund aufwachsen, wird auch ihr Geschmack stets divergieren, dennoch stellt sich in einem bestimmten Kulturkreis eine gewisse Übereinstimmung der Mehrheit seiner Menschen in der schönheitlichen Beurteilung ein. Diese wird von Psychologen als »normales Verhalten, als normale Reaktion der Mehrheit« eingestuft. Dies entspricht wieder der Kantschen Auffassung, wonach schön ist, was allgemein, also von der Mehrheit, als schön empfunden wird.

Da Schönheit jedoch nicht streng beweisbar ist, müssen

sensory perceptions. Beauty, then, despite some theories (Bense, Maser) cannot be rationally measured. When looking at the nature of feelings we must admit the fact that despite all our research and science, we know very little about Man or about ourselves. We can, however, call upon observations and experiences which are helpful.

We experience repeatedly that the great majority of people are agreed that a certain landscape, great painting, or building is beautiful. When entering a room, for example in an old church, or while wandering through a street, feelings are aroused which are pleasant, comfortable, even elevating, if we sense a radiation of beauty. If we enter a slum area, we feel repulsion and alarm, as we perceive the disorder and decay. We can be more or less aware of these feelings, depending on how strongly our thoughts are occupied elsewhere. Our sensitivity, our ability to sense beauty also naturally differs from person to person, as is true of many other talents. This sensitivity is also influenced by impressions from our environment, by experience, by relationships with our companions at home, at school, and with our friends. Two people judging the qualities of beauty of an object are likely to give different opinions.

Beautiful surroundings arouse feelings of delight in almost all people, but an ugly, dirty environment causes discomfort. Only the degree of discomfort will differ. In our everyday life such feelings often occur only at a subconscious level and often their cause is only perceived after subsequent reflection.

We can develop a clear capacity for judging aesthetic qualities only when we study the message emanated by an object consciously, and ask ourselves whether or not we like a building or a room. Next, we must ask ourselves why; why do I like this and not that? Only through frequent analysis, evaluation and consideration of consciously perceived aesthetic values can we develop that capacity of judgement which we commonly call taste – taste about which we must argue, so that we can strengthen and refine it. Taste, then, demands self-education, which can be cultivated by critical discussion with others or by guidance from those more experienced. Good judgement of aesthetic values requires a broad education. It can be compared to an art and requires skill, and like any art it takes not only talent, but a lot of work.

We need not be afraid, that such analysis will weaken our creative skills, in fact the opposite is true; the goal of analysis is the discovery of the truth through creative thinking (Grimm [22]).

People have different talents and inclinations, since they grow up in different circles with different cultural backgrounds and therefore their tastes will always differ. However, in any given cultural circle there is always a certain majority agreement on the judgement of beauty. Psychologists call this agreement "normal behaviour", "a normal reaction of the majority". This again corresponds with Kant's view that beauty is what is generally thought to be beautiful by the majority of people.

Beauty cannot be strictly proven, however, so we must be tolerant in questions of taste and must leave a zone of freedom around what is generally felt to be beautiful and what is felt to be ugly.

That there is a generally recognized concept of beauty is proven by the consistent judgement of the classical works of art of all great cultures, visited year by year by thousands of people. Just think of the popularity of exhibitions of great historic art today. It is history which has the last word on the judgement of aesthetic values, long after fashions have faded and fallen into oblivion.

wir in allen geschmacklichen Fragen tolerant sein und eine Freiheitszone offenlassen um das, was allgemein als schön und allgemein als häßlich angesehen wird.
Daß es allgemein anerkannte Schönheit gibt, beweist die übereinstimmende Beurteilung der klassischen Kunstwerke aller großen Kulturen, die Jahr für Jahr von vielen Menschen besucht und bewundert werden. Man denke nur an den Massenandrang zu heutigen Ausstellungen großer alter Kunst. Die endgültige Beurteilung schönheitlicher Werte spricht daher die Geschichte, nachdem Modisches verblaßt und vergessen ist.

Moden

Künstlerisches Schaffen wird nie frei von Mode sein. Der Drang, Neues zu schaffen, ist gerade dem schöpferischen Menschen eigen. Gefällt Neues, dann wird es rasch nachgeahmt. So entstehen Moden. Sie entspringen gern dem Ehrgeiz und der Eitelkeit des Menschen und befriedigen auch beides. Oft spielt Imponiergehabe eine Rolle. Moden sind bis zu einem gewissen Grad notwendig, denn in mancher neuen Richtung wird über Modisches hinaus echte Kunst geboren, die nach einem gewissen Reifeprozeß Bestand hat und Modisches überdauert. Oft wird solch Neues zunächst abgelehnt, weil der Mensch stark vom Gewohnten, vom oft Gesehenen beeinflußt ist, und erst später wird der Wert erkannt.
Eine Verwirrung im Urteilen entsteht allerdings immer wieder dadurch, daß moderne Künstler oftmals bewußt das Häßliche darstellen, um damit ein Spiegelbild der kranken geistigen Verfassung heutiger Industriegesellschaften zu geben. Manches entbehrt dabei der Qualität und wird dennoch als moderne Kunst gepriesen. Die Mehrheit wagt nicht, sie in Frage zu stellen. Man könnte ja in den Verdacht geraten, von Kunst nichts zu verstehen.
Manches Werk, das bewußt Häßliches oder Abstoßendes wiedergibt, mag echte Kunst sein, wenn jedoch primitives Geschmier oder ein Schrottknäuel oder eine alte Kinderbadewanne mit Leukoplaststreifen beklebt (J. Beuys) noch als Kunstwerk ausgestellt wird, dann muß man ernsthaft prüfen, ob die Förderer solcher Exponate noch gesund und ehrlich sind. Der Mut, solche Zumutungen klar abzulehnen und in die richtige Ecke zu stellen, nimmt glücklicherweise zu, man braucht nur das Buch von *Claus Borgeest* »Das Kunsturteil« [23] zu lesen. Er sagt dort »Der Glaube an solche ›Kunst‹ ist eine moderne Form selbstverschuldeter Unmündigkeit, und ihr Preis ist die Selbstentmachtung der Vernunft, welche eigentlich das erhabene Wesensmerkmal des Menschen ist.«
Auf alle Fälle wäre es falsch, Werke, die bewußt Häßliches darstellen – auch wenn sie Kunstqualität haben –, als schön zu bezeichnen. Der Künstler will provozieren, zum Nachdenken anregen. Die erzieherische Wirkung solchen Kunstschaffens ist dennoch fraglich, denn man meidet die wiederholte Betrachtung. Maler oder Bildhauer sollten allerdings die Freiheit haben, so häßlich und abstoßend zu malen und zu formen, wie sie wollen, man muß ihre Werke ja nicht ansehen. Ganz anders liegt der Fall bei Bauwerken, sie sind keine Privatsache, sondern sind öffentlich. Entsprechend hat der Entwerfende eine Verantwortung seinen Mitmenschen gegenüber und die Pflicht, schön zu bauen. Die alten Griechen haben die öffentliche Darstellung des Häßlichen mit Recht verboten, weil vorwiegend negative Wirkungen davon ausgehen.
Man findet ja auch selten, daß jemand häßliche Bildwerke in seiner Wohnung aufhängt, denn es besteht kein Zweifel daran, daß sich der Mensch auf die Dauer nur in schöner Umgebung wohl fühlt und daß Schönheit eine wichtige Voraussetzung für die Gesundheit der Seele ist, die für das Glücklichsein der Menschen große Bedeutung hat.

Fashions

Artistic creation will never be entirely free from fashion. The drive to create something new is the hallmark of creative beings. If the new becomes popular, it is soon copied, and so fashions are born. They are born of the ambition and vanity of man and please both. The desire to impress often plays a role. Up to a certain point fashions are necessary; in certain new directions true art may develop through the fashionable, acquiring stability through a maturing process and enduring beyond the original fashion. Often, such new developments are rejected, because we are strongly influenced by the familiar, by what we are used to seeing and only later realize the value of the new. Again, history pronounces a balanced judgement.
Confusion is often caused in our sense of judgement by modern artists who deliberately represent ugliness in order to mirror the sick mental state of our industrial society. Some of this work has no real quality, but is nonetheless acclaimed as modern art. The majority dares not question this – they could run the danger of showing that they might understand nothing about art.
Whilst some works which consciously display ugliness or repulsiveness may well be art, we must seriously question the sanity and honesty of the patrons of primitive smearings, tangles of scrapiron, or old baby baths covered in Elastoplast strips *(J. Beuys)* when such efforts are exhibited as works of art. Happily, the courage to clearly reject such affronts and to put them in their place is on the increase. We only need to read *Claus Borgeest's* book "Das Kunsturteil" [23], in which he writes, "the belief in such 'art' is a modern form of self-inflicted immaturity, whose price is the self-deprivation of reason, man's supreme attribute."
In any case it would be wrong to describe as beautiful works, which consciously show ugliness, even if they have the quality of art. The artist intends to provoke and to encourage deliberation. However, the educational effects of such artistic creations are questionable, because we usually avoid their repeated study. Painters and sculptors, however should be free to paint and sculpt as hatefully and repulsively as they wish – we do not have to look at their works. It is an entirely different case with buildings; they are not a private affair, but a public one. It follows that the designer has a responsibility to the rest of mankind and a duty to produce beautiful buildings so that he does not give offence. Rightly, the ancient Greeks forbade public showings of ugliness, because their effects are largely negative.
We seldom find anyone who will hang ugly works of art in his home. It is beyond doubt that in the long term we feel comfortable only in beautiful surroundings and that beauty is a significant requirement for the well-being of our soul; this is much more important for Man's happiness than we today care to admit.

2.9. Merkmale schönheitlicher Qualität führen zu Regeln für die Gestaltung

Die Frage nach dem Warum, das Analysieren ästhetischer Werte, muß mindestens für die von Menschen geschaffenen Bauwerke zu verwertbaren Ergebnissen führen. Man sollte dabei versuchen, Gefühlsmäßiges, Affektives, in die Klarheit des Erkennens und Verstehens heraufzuheben.
Tun wir das, dann werden wir finden, daß Antworten auf die Frage »Warum schön?«, »Warum häßlich?« gefunden werden können. Für anerkannte Meisterwerke der Baukunst, die allgemein als schön gelten,gibt es solche Antworten schon seit alten Zeiten, z. B. in der bei der Behandlung der Proportionen angeführten Literatur. An solchen Bauwerken lassen sich Merkmale der Qualität und daraus Regeln der Formgebung ablesen, wie z. B. gewisse Proportionen, Symmetrie, Rhythmus, Wiederholungen, Kontrastwirkung. Alte Meisterschulen hatten solche Regeln und Anleitungen, wie sie bei Vitruv und Palladio zu finden sind. Zweifellos gelten solche Regeln auch heute noch, sie sind für die Gesundung der künftigen Baukunst erneut zu erarbeiten. Sie können für das Entwerfen von Bauwerken eine wertvolle Hilfe sein und wenigstens dazu beitragen, schlimme gestalterische Fehler zu vermeiden.
Viele Architekten und Ingenieure lehnen Regeln ab; in ihren Äußerungen über Bauwerke findet man dann aber doch Hinweise auf Harmonie, Proportion, Rhythmus, Dominanz, Funktion usw. Auch Torroja [20] verwarf Regeln und sagte dennoch: »Das Auskosten und bewußte Verständnis des ästhetischen Genusses werden aber zweifellos viel größer sein, wenn man durch die Kenntnis der Harmonielehre alle Feinheiten und Vollkommenheiten des dargebrachten Kunstwerkes genießen kann.« Harmonielehre beruht aber auf Regeln der Proportionen. Irgendwie steht der Drang nach individualistischer künstlerischer Freiheit in Abwehr zur Anerkennung von Bindungen, die uns die Ethik in vieler Hinsicht auferlegt.
Wir wollen also versuchen, solche Merkmale, Regeln oder Richtlinien mit dem Blick auf Bauwerke, im besonderen auf Brücken, versuchsweise zu formulieren.

2.9.1. Zweckerfüllung

Bauwerke werden für einen Zweck gebaut. Das Bauwerk muß deshalb so gestaltet sein, daß es diesen *Zweck* optimal *erfüllt.* Der Zweck bedingt gewisse Tragwerke – bei Brücken z. B. Bogen, Balken oder Hängewerke. Das Tragwerk sollte in reiner, klarer Form in Erscheinung treten und das Gefühl der Stabilität vermitteln. Dabei ist Einfachheit anzustreben. Die Tragwerksform muß auch dem verwendeten Baustoff entsprechen. Mauerwerk und Holz bedingen andere Formen als Stahl oder Stahlbeton. Man spricht von materialgerechter Form oder von der »Logik der Form« (Torroja). Dies erinnert an die Regel des Architekten Sullivan: form follows function – die *Form folgt der Funktion* –, die zu einem im Hochbau oft mißverstandenen Schlagwort wurde. Für Hochbauten besteht Funktion nicht allein im Tragwerk, sondern auch in der Erfüllung aller Bedürfnisse der Menschen als Nutzer der Bauwerke. Hierzu gehören Hygiene, Behaglichkeit, Geborgenheit, Schönheit. Die Erfüllung der Funktion schließt also im Hochbau günstige thermische, klimatische, akustische und ästhetische Eigenschaften ein. Sullivan hat zweifellos seine Formel so verstanden. Im Hochbau sind die Funktionsforderungen sehr komplex. Doch auch im Ingenieurbau sind neben der Tragfähigkeit weitere Funktionen zu erfüllen, z. B. Schutz gegen Wetter, Begrenzung der Verformung und Schwingungen, die sich auf die Gestaltung auswirken.

2.9. Characteristics of aesthetic qualities lead to guidelines for designing

The search for explanations, the analysis of aesthetic values are bound to lead to useful results, at least for man-made buildings and structures. We will now try to subject matters of feeling, emotions, to the clear light of recognition and understanding.
If we do this we can certainly find answers to the question "why is this beautiful and this ugly?" For recognized masterpieces of architecture which are generally considered to be beautiful, there have been answers since ancient times, many of which are given in the quoted literature on proportions. Such buildings reveal certain characteristics of quality and from these we can deduce guidelines for design, such as certain proportions, symmetry, rhythm, repeats, contrasts, and similar factors. The master schools of old had such rules or guidelines, such as those of Vitruvius and Palladio. Today these rules are surely still valid; they must only be rediscovered anew for the sake of the quality of future architecture. They can be a valuable help in the design of building structures and at the very least contribute towards the avoidance of the worst design mistakes.
Many architects and engineers reject rules, but in their statements about buildings we still find references to harmony, proportion, rhythm, dominance, function, etc. Torroja [20] also rejected rules, but said "the enjoyment and conscious understanding of aesthetic pleasure will without doubt be much greater if, through a knowledge of the rules of harmony, we can enjoy all the refinements and perfections of the building in question". The rules of harmony are, howerer, based on rules of proportion, and somehow the striving for individual artistic freedom prevents us from recognizing relationships often imposed upon us by ethics.
Let us then attempt to formulate such characteristics, rules or guidelines as they apply to building structures, particularly bridges.

2.9.1. Fulfillment of purpose-function

Buildings or structures are erected for a purpose. The first requirement is, therefore, that the building must be designed so that it fulfills this purpose in an optimum way. The specific purpose demands certain load-bearing structures; bridges for instance require arches, beams or suspensions. The structure should reveal itself in a pure, clear form and impart a feeling of stability. We must seek simplicity here. The form of the basic structure must also correspond with the materials used. Bricks or wood dictate different forms from those for steel or reinforced concrete. We speak of a form justified by the material, or of "logic of form" (Torroja). This reminds us of the architect Sullivan's rule "form follows function", which became an often misunderstood maxim for building design. The function of a building is not confined to the structural function. One must fulfill all the various requirements of the people who use the building. These include hygiene, comfort, shelter from weather, beauty, even cosiness. The fulfillment of functional requirements in buildings therefore includes favourable thermal, climatic, acoustic and aesthetic qualities. Sullivan has undoubtedly intended us to interpret his rule in this sense. Therefore in buildings the functional requirements are very complex. But also in engineering structures, functions besides load carrying capacity must be fulfilled, such as adequate protection against weather, limitation of deformation and oscillation amongst others, and all these factors affect design.

Gut und Schön müssen vereinbart werden, Gut steht an erster Stelle!

2.9.2. Proportionen

Ein wichtiges Merkmal der Schönheit eines Bauwerks sind *gute harmonische Proportionen,* und zwar dreidimensional im Raum. Gute Proportionen müssen zwischen den Baukörpern untereinander, zwischen Höhe, Breite und Tiefe, zwischen geschlossenen Flächen und Öffnungen sowie zwischen Hell und Dunkel durch Licht und Schatten bestehen. Sie sollten den Eindruck der Ausgewogenheit ergeben.
Tassios [24] bevorzugt die »*ausdrucksvolle Proportion*«, die den gewünschten Charakter des Bauwerks (siehe 2.9.8.) unterstreicht.
Bei Tragwerken genügt es nicht, daß sie »statisch richtig« konzipiert sind. Ein plumper Balken ist statisch so richtig wie ein schlanker Balken, und doch ist der Gestalt-Ausdruck ganz verschieden.
Es kommt aber nicht nur auf die Proportionen zwischen geometrischen Abmessungen einzelner Bauteile an, sondern auch auf Proportionen zwischen den Massen der Baukörper, bei Brücken zum Beispiel zwischen schwebendem Überbau und tragendem Pfeiler, zwischen Höhe und Spannweite der Träger oder zwischen Höhe, Länge und Breite der Öffnungen. Harmonie entsteht auch durch die Wiederholung gleicher Proportionen im Ganzen und in Teilen eines Bauwerks. Gelegentlich sind Kontrastproportionen ein geeignetes Gestaltungsmittel. Die Bedeutung guter Proportionen für Brücken wollen wir in Kapitel 4 und an den Beispielen erläutern.

2.9.3. Ordnung

Eine dritte wichtige Regel ist *Ordnung* bei den die Gestalt bestimmenden Linien und Kanten der Baukörper, Ordnung durch Beschränkung auf wenige Richtungen dieser Linien und Kanten im Raum. Zu viele Richtungen von Kanten, Stäben und dergleichen geben Unruhe, verwirren den Betrachter und erregen damit unangenehme Gefühle.
Die Natur gibt viele Beispiele dafür, wie das Prinzip Ordnung zu Schönheit führt – man denke nur an die bezaubernden Formen der Schnee-Kristalle und vieler Blumen [25] und [26].
Eine gute Ordnung muß auch zwischen den am Bauwerk vorkommenden Proportionen beachtet werden. Man sollte zum Beispiel nicht Rechtecke mit 0,8:1 neben flache Rechtecke mit 1:3 stellen.
Symmetrie ist ein bewährtes Ordnungselement, wenn die funktionalen Bedingungen Symmetrie ohne Zwang erlauben.
Unter die Regel der Ordnung kann man auch die Wiederholung gleicher Elemente einbringen. Sie geben Rhythmus, der aus sich heraus Befriedigung bewirkt. Eine zu große Zahl der Wiederholungen führt andererseits zur Monotonie, wie sie uns in der »Rasteritis-Architektur« vieler Hochhausfassaden begegnet. Zu viele Wiederholungen sollten daher durch andere Gestaltungselemente unterbrochen werden.
Zur Ordnung gehört auch die Wahl eines einheitlichen Tragwerksystems. Man sollte innerhalb eines Bauwerks das System nicht wechseln. Die Unterbrechung einer Bogenreihe durch einen Balken ist in gestalterischer Hinsicht schwierig zu lösen. Ebenso gehört die Forderung, auf unnötige Zutaten zu verzichten, dazu. Die Gestaltung sollte so ausgereift sein, daß nichts mehr hinzugefügt und nichts mehr weggenommen werden kann, ohne die Harmonie des Ganzen zu stören.

Quality and Beauty must be united, and quality takes first priority!

2.9.2. Proportion

An important characteristic necessary to achieve beauty of a building is good, harmonious proportions, in three-dimensional space. Good proportions must exist between the relative sizes of the various parts of a building, between its height, width and breadth, between masses and voids, closed surfaces and openings, between the light and dark caused by sunlight and shadow. These proportions should convey an impression of balance. Tassios [24] prefers *'expressive proportions'* which emphasize the desired character of a building (see fig. 2.9.8.).
For structures it is not sufficient that their designis 'statically correct'. A ponderous beam can be as structurally correct as a slender beam but it expresses something totally different.
Not only are the proportions of the geometric dimensions of individual parts of the building important, but also those of the masses of the structure. In a bridge, for instance, these relationships may be between the suspended superstructure and the supporting columns, between the depth and the span of the beam, or between the height, length, and width of the openings. Harmony is also achieved by the repetition of the same proportions in the entire structure or in its various parts. This is particularly true in buildings.
Sometimes contrasting proportions can be a suitable design element. We will use the examples in chapter 4 to show what good proportions can mean for bridges.

2.9.3. Order

A third important rule is the principle of order in the lines and edges of a building, an order achieved by limiting the directions of these lines and edges to only a few in space.
Too many directions of edges, struts, and the like create disquiet, confuse the observer and arouse disagreeable emotions.
Nature offers us many examples of how order can lead to beauty; just think of the enchanting shapes of snow crystals and of many flowers [25] and [26]).
Good order must be observed between the proportions occuring in a building; for instance rectangles of 0.8:1 should not be placed next to slim rectangles of 1:3.
Symmetry is a well-tried element of order whenever the functional requirements allow symmetry without constraint.
We can also include the repetition of equal elements under the rule of order. Repetition provides rhythm which creates satisfaction. Too many repetitions on the other hand lead to monotony, which we encounter in the modular architecture of many high-rise buildings. Where too many repetitions occur, they should be interrupted by other design elements.
The selection of one girder system throughout the structure is an element of good order. Interrupting a series of arches with a beam will give rise to aesthetic design problems.
Under the principle of order for bridges we may include the desire to avoid unnecessary accessories. The design should be so refined, that we can neither remove nor add any element without disturbing the harmony of the whole.

2.9.4. Verfeinerung der Form

In vielen Fällen wirken Körper, die durch parallele Gerade gebildet werden, steif und führen auch zu unangenehmen optischen Täuschungen. Hohe Brückenpfeiler oder Türme mit parallelen Kanten sehen von unten so aus, als ob sie oben dicker würden. Diese gleiche Dicke entspricht auch nicht unserer Regel der Funktions-Gerechtigkeit, denn die Kräfte nehmen ja von unten nach oben ab. Aus diesen Gründen haben schon die Ägypter und Griechen den Säulen ihrer Tempel einen Anlauf, eine leichte Neigung, gegeben, die vielfach sogar gekrümmt ist. Türme werden mit Anlauf oder mit Abstufungen gebaut. Bei hohen Türmen und Brückenpfeilern wirkt ein parabolischer Anlauf schöner als ein gerader.

Die Spannweiten von Talbrücken sollten an Hängen kleiner werdend abgestuft werden. Selbst die Höhe der Balken und Gesimse kann man den sich ändernden Spannweiten anpassen. Balken mit genau horizontaler unterer Kante sehen durch optische Täuschung so aus, als ob sie durchhängen würden, man gibt ihnen daher eine kleine Überhöhung.

Der Entwurf muß auch aus der Sicht vieler möglicher Standpunkte des späteren Betrachters überprüft werden. Oft ist die gezeichnete geometrische Ansicht ganz befriedigend, aber in der schrägen Sicht ergeben sich unschöne Überschneidungen. Auch die Wirkung von Licht und Schatten ist zu beachten. Mit einer weit auskragenden Platte kann man einen Brückenbalken ganz in den Schatten verdrängen und dadurch leicht erscheinen lassen, während dieser Schatten einem Gewölbe das Rückgrat bricht. Für solche Überprüfungen der Form in allen Perspektiven ist der Bau von Modellen dringend zu empfehlen.

Diese Verfeinerungen der Form beruhen auf alten Erfahrungen und müssen von Fall zu Fall am Modell untersucht und abgestimmt werden.

2.9.4. Refining the form

In many cases bodies formed by parallel straight lines appear stiff and static, producing uncomfortable optical illusions. Tall bridge piers or towers with parallel sides appear from below to be wider at the top than at the bottom, which would be unnatural. Nor does this uniform thickness conform to our concept of functionality, because the forces decrease with increasing height. For this reason the Egyptians and Greeks gave the columns of their temples a very slight taper, which in many cases is actually curved. Towers are built tapered or stepped. On high towers and bridge piers a parabolic taper looks better than a straight taper.

The spans of a viaduct crossing a valley should become smaller on the slopes, and even the depth of the girders or edge fascia can be adjusted to the varying spans. Long beams of which the bottom edge is exactly horizontal look as if they are sagging, and so we give them a slight camber.

We must also check the appearance of the design from all possible vantage points of the future observer. Often the pure elevation on the drawing board is entirely satisfactory, but in skew angle views unpleasant overlappings are found. We must also consider the effects of light and shadow. A wide cantilever deck slab can throw bridge girders into shadow and make them appear light, whereas similar shadows break the expressive character of an arch. Models are strongly recommended for checking a design from all possible viewpoints.

These refinements of form are based on long experience and must be studied with models from case to case.

2.9.5. Einpassung in die Umwelt

Als weitere Regel erkennen wir die Notwendigkeit der *Einpassung des Bauwerks in die Umwelt,* in die Landschaft oder Stadt, insbesondere hinsichtlich des *Maßstabes* des Bauwerks zur Umgebung. Gerade hier sind in den letzten Jahrzehnten viele Fehler gemacht worden, indem brutale Betonkisten mitten in alte Stadtteile gesetzt wurden. Mangelhafte Einpassung finden wir auch bei vielen Fabriken und Supermärkten. Selbst bei Brücken sind manchmal viel zu weit gespannte und schwere Balken einer lieblichen Tallandschaft oder einer Stadt mit alten Häusern am Flußufer störend aufgezwungen worden.

Die Abmessungen der Bauwerke müssen auch am Menschen Maß nehmen. Der Mensch fühlt sich zwischen gigantischen Hochhäusern geängstigt und unwohl. Grobe, brutale Formen, wie sie beim Bauen mit Betonfertigteilen von Architekten oft bewußt gewählt wurden, haben durch ihre Maßstabslosigkeit zu dem Aufstand gegen die Brutalität dieser Architektur geführt.

2.9.5. Integration into the environment

As the next rule we recognize the need to integrate a structure or a building into its environment, landscape or cityscape, particularly where its dimensional relationships and scale are concerned. In this respect many mistakes have been made during the past decades by placing massive concrete blocks in the heart of old city areas. Many factories and supermarkets also show this lack of sensitive integration. Sometimes long span bridges with deep, heavy beams spoil lovely valley landscapes or towns with old houses lining the river bank.

The dimensions of buildings must also be related to the human scale. We feel uneasy and uncomfortable moving between gigantic high-rise buildings. Heavy, brutal forms are often deliberately chosen by architects working with prefabricated concrete elements, but they are simply offensive. It is precisely their lack of scale and proportion which has led to the revolt against the brutality of this kind of architecture.

2.9.6. Oberflächentextur

Bei der Einpassung in die Umwelt kommt es auch sehr auf die *Wahl der Baustoffe,* auf die *Textur der Oberflächen* und besonders auf ihre *Farbe* an. Wie schön und lebendig kann Natursteinmauerwerk wirken, wenn ein geeigneter Stein ausgesucht wurde. Wie abstoßend sind dagegen viele Betonfassaden, die nicht nur von Anfang an ein häßliches Grau zeigen, sondern »schlecht patinieren« und schon nach wenigen Jahren in übler Weise verschmutzen. Rauhe Oberflächen sind für Pfeiler und Widerlager geeig-

2.9.6. Surface texture

When integrating a building with its surroundings a major role is played by the *choice of materials, the texture of the surfaces,* and particularly by *colour.* How beautiful and vital a natural stone wall can appear if we choose the right stone. By contrast how repulsive are many concrete facades; not only do they have a dull grey colour from the beginning, but they weather badly, producing an ugly patina and appear dirty after only a few years. Rough surfaces are suitable for piers and abutments, smooth sur-

net, glatte Oberflächen wirken gut an Gesimsen, Trägern und schlanken Säulen. Die Oberflächen sollten in der Regel matt – also nicht glänzend sein.

2.9.7. Farben

Farben sind ein wesentliches Element für eine schöne Gesamtwirkung. Schon viele Forscher haben sich mit den psychischen Wirkungen der Farben beschäftigt. Auch hier gelten alte Regeln für harmonische Farbkompositionen. Dennoch ist heute harmonische Farbgebung selten. Wir begegnen oft dem verderblichen Streben nach Sensation, nach Auffälligem und Aggressivem, das durch Dissonanz, besonders mit den heutigen synthetischen Schock- und Popfarben, leicht zu erreichen ist. Doch gibt es auch Beispiele harmonischer Farbgebung, vor allem bei Altstadtsanierungen z. B. in Bayern, wo beim Bauen in mancher Hinsicht ein guter Geschmack bewahrt wurde.

2.9.8. Charakter

Ein Bauwerk soll *Charakter* haben, soll bewußt in einer bestimmten Richtung auf den Menschen wirken. Die gewünschte Art der Einwirkung hängt von der Aufgabe, der Situation, von der Gesellschaftsform, von soziologischen Verhältnissen und Absichten ab. Monarchien und Diktaturen wollten durch Monumentalität einschüchtern, den Menschen sich klein und schwach fühlen lassen. Dies sollte der Vergangenheit angehören. Nur Großbanken und Konzerne versuchen heute noch manchmal, ihre Kunden durch Monumentalität zu beeindrucken. Kirchen sollten beim Betreten introvertierend, lösend oder – wie im Barock oder Rokoko – zur Lebensfreude anregend wirken. Einfache Wohnungen sollen Geborgenheit und Behaglichkeit ausstrahlen.

Die Bauten der letzten Jahrzehnte strahlen aber vorwiegend strenge Sachlichkeit – Monotonie – Kälte – Enge und im Stadtbild meist Wirrwarr, Unruhe und mangelnde Komposition, d. h. zuviel Individualismus und Egoismus aus.

Daß Menschen in der gebauten Umwelt auch Freude erleben wollen, scheint vergessen zu sein. Der Charakter der Heiterkeit, Beschwingtheit, der Anmut und Gelöstheit fehlt dem heutigen Bauen fast ganz. Lernen wir wieder, wie Gestaltungsmerkmale aussehen, die Heiterkeit ausstrahlen, ohne dabei in Barockschnörkel zurückzufallen.

2.9.9. Komplexität – Reize durch Verschiedenartigkeit

P. F. Smith [3] stellt eine »zweite ästhetische Ordnung« auf, die durch Erkenntnisse von Biologen und Psychologen angeregt wurde [27]. Demnach kann Schönheit durch Spannung zwischen Verschiedenartigkeit und Ähnlichkeit, zwischen Komplexität und Ordnung gesteigert werden. Auch A. G. Baumgarten hatte dies schon 1750 ausgedrückt: »Überfluß und Vielfalt sind mit Klarheit zu kombinieren. Schönheit biete zweierlei Belohnung: Wohlbehagen durch das Wahrnehmen von Neuartigkeit, Originalität und Abwechslung und zweitens durch Zusammenhang, Einfachheit und Klarheit.« Leibniz hatte 1714 für das Erlangen der Perfektion soviel Verschiedenartigkeit wie möglich verlangt, aber mit der größtmöglichen Ordnung. Auch nach Berlyne [28] ist die Folge von Spannung und Entspannung ein wesentliches Charakteristikum der ästhetischen Erfahrung. R. Venturi [29] – ein Rebell gegen die Mies-van-der-Rohe-Raster-Architektur – sagt: »Ein Ausbrechen aus der Ordnung – jedoch mit künstlerischem Gefühl – kann eine wohltuende poetische Spannung erzeugen«.

faces work well on fascia-beams, girders, and slender columns. As a rule surfaces should be matt and not glossy.

2.9.7. Colour

Colour plays a significant role in the overall aesthetic effect. Many researchers have studied the psychological effects of colour. Here too, ancient rules of harmonious colour composition apply, but today successful harmonious colour schemes are rare. Often we find the fatal urge for sensation, for startling aggressive effects, which can be satisfied all too easily with the use of dissonant colours, especially with modern synthetic pop – or shocking colours. We can find, though, many examples of harmonious colouring, generally in town renovation programmes. Bavaria has provided several examples where good taste has prevailed.

2.9.8. Character

A building should have character; it should have a certain deliberate effect on people. The nature of this desired effect depends on the purpose, the situation, the type of society and on sociological relationships and intentions. Monarchies and dictatorships try to intimidate by monumental buildings which make people feel small and weak. Hopefully this now belongs to the past. Nowadays only large banks and companies still make attempts to impress their customers with monumentalism. Churches should lead inwards to peace of mind or convey a sense of release and joy of life as in the Baroque or Rococo. Simple dwellings should radiate safety, shelter, comfort and warmth. Beautiful houses can stimulate happiness.

But buildings of the last few decades express an air of austere objectivity, monotony, coldness, confinement and in cities confusion, restlessness and lack of composition; there is too much individuality and egoism. All this dulls people's senses and saddens them.

We seem to have forgotten that people also want to meet with joy in their man-made environment. Modern buildings seem to lack entirely the qualities of cheerfulness, buoyancy, charm and relaxation. We should once again become familiar with design features, that radiate cheerfulness without lapsing into Baroque profusion.

2.9.9. Complexity – stimulation by variety

P. F. Smith [3] postulates a "second aesthetic order", suggested by findings made by biologists and psychologists. According to this, beauty can be enhanced by the tension between variety and similarity, between complexity and order. A. G. Baumgarten expressed this as early as 1750, "abundance and variety should be combined with clarity. Beauty offers a twofold reward: a feeling of well-being both from the perception of newness, originality and variation as well as from coherence, simplicity, and clarity". Leibniz in 1714 demanded for the achievement of perfection as much variety as possible, but with the greatest possible order.

Berlyne too [28] considers the sequence of tension and relaxation to be a significant characteristic of aesthetic experience. R. Venturi [29], a rebel against the "rasteritis" (modular disease)architecture of Mies van der Rohe, says "a departure from order – but with artistic sensitivity – can create pleasant poetic tension".

A certain amount of excitement caused by a surprising element is experienced as pleasant if neighbouring ele-

Ein gewisses Maß an Erregung durch ein überraschendes Element wird als angenehm empfunden, wenn benachbarte Elemente der Ordnung die Entspannung erleichtern. Wenn jedoch die Andersartigkeit überwiegt, wird der Orientierungsreflex überfordert und Mißvergnügen bis Ablehnung tritt ein. Unordnung kann nicht schön sein.
Dieses Spiel mit Komplexität setzt zweifellos künstlerisches Können voraus, wenn es gelingen soll. Im Brückenbau kann es gut angewandt werden, wenn z. B. im Zuge einer langen Brücke das Tragwerk für eine Hauptöffnung durch Andersartigkeit herausgehoben wird und so einen reizvollen Höhepunkt bildet. Das Spiel mit Komplexität und Ordnung verdient bei der Architektur und besonders bei der Stadtgestaltung Beachtung. Palladio war übrigens einer der ersten, die das klassische Harmonieverständnis durch Komplexität seiner Baukörper und Ornamente erweitert haben.

ments within the order ease the release of tension. If, however, variety dominates, then our orientation reflex is overtaxed and feelings ranging from distaste to rejection arise. Disorder cannot be beautiful.
This play with complexity doubtless requires artistic skill to be successful. It can be well used in bridge design if, for instance, in a long multi-span bridge the main span is accented by a variation in the girder form. The interplay of complexity and order is important in architecture, particularly in city-planning. Palladio was one of the first to extend the classical understanding of harmony by means of the complexity of architectural elements and ornamentation.

2.9.10. Einbeziehen der Natur

Das höchste Maß an Schönheit finden wir immer in der *Natur,* in Pflanzen, Blumen, Tieren, Kristallen und rundum im weiten Kosmos in einer solchen Vielfalt der Formen und Farben, daß hier der Ansatz zur Analyse vor Ehrfurcht und Bewunderung schwerfällt. Bei genauerer Beschäftigung mit der Schönheit finden wir auch dort in vielen Fällen Regeln und Ordnungen, doch stets mit Ausnahmen [26].
Die *Schönheit der Natur* ist andererseits auch ein reicher Quell für die seelischen Bedürfnisse des Menschen, für sein psychisches Wohlbefinden. Jedermann kennt die heilsame Wirkung der Natur gegen Leid und Kummer. Wanderungen und Spaziergänge in schöner Landschaft wirken oft Wunder. Der Mensch braucht die Verbindung mit der Natur, denn er ist ein Teil dieser Natur und in Jahrtausenden von ihr geprägt.
Aus diesem Wissen um die Wirkung der Schönheit der Natur müssen wir die Forderungen ableiten, ihr wieder mehr Raum in der gebauten Umwelt zu geben. Unsere Städte sind vielfach dabei, dies zu tun, doch müßten vermehrt Baumgruppen und Grünbereiche geschaffen werden. Auf das segensreiche Wirken eines *Alwin Seifert* [30] beim Bau der ersten Autobahnen im Dritten Reich sei hier hingewiesen.

2.9.10. Incorporating Nature

We will always find the highest degree of beauty in Nature, in plants, flowers, animals, crystals and throughout the Universe in such a variety of forms and colours that awe and admiration make it extremely difficult to begin an analysis. As we explore deeper into the realm of beauty we also find in Nature rules and order, but there are always exceptions. It must also remain possible to incorporate such exceptions in the masterpieces of art made by creative Man [26].
The beauty of Nature is a rich source for the needs of Man's soul, and for his psychic well-being. All of us know how Nature can heal the effects of sorrow and grief. Walk through beautiful countryside – it often works wonders. As human beings we need a direct relationship with Nature, because we are a part of her and for thousands of years have been formed by her.
This understanding of the beneficial effects of natural beauty should lead us to insist that Nature again be given more room in our man-made environment. This is already happening in many of our cities, but we must introduce many more green areas and groups of trees. Here we must mention the valuable work of *Alwin Seifert* [30] during the building of the first autobahns in Germany.

2.9.11. Schlußbemerkungen zu den Regeln

Nun darf man aber nicht glauben, daß das einfache Anwenden solcher Regeln beim Entwerfen schon zu schönen Bauwerken führen würde. Nach wie vor muß der Entwerfende Phantasie, Intuition, Formgefühl und Gefühl für Schönheit haben, was manchen als Gabe in die Wiege gelegt wird, aber zusätzlich geschult und gebildet sein muß. Auch sollte das Entwerfen stets in individueller Freiheit beginnen, die ohnehin stark eingeschränkt ist durch all die vielen funktionalen Zwänge, durch die Gegebenheiten des Ortes und nicht zuletzt durch meist zu enge Vorschriften. Regeln geben jedoch eine verbesserte Ausgangsbasis und können zur selbstkritischen Überprüfung der Entwürfe, besonders am Modell, dienen und dabei gestalterische Fehler bewußt werden lassen.
Der künstlerisch Begabte kann intuitiv Meisterwerke der Schönheit auch außerhalb aller Regeln und ohne rationale Vorgänge hervorbringen. Die vielen funktionalen Anforderungen an heutige Bauwerke bedingen jedoch, daß zu einem guten Teil strenges, vernunftmäßiges Denken, also die Ratio, beteiligt werden muß.

2.9.11. Closing remarks on the rules

We must not assume that the simple application of these rules will in itself lead to beautiful buildings or bridges. The designer must still possess imagination, intuition, and a sense for both form and beauty. Some are born with these gifts, but they must be practised and perfected. The act of designing must always begin with individual freedom, which in any case will be restricted by all the functional requirements, by the limits of the site and not least by building regulations that are usually too strict.
The rules, however, provide us with a better point of departure and help us with the critical appraisal of our design, particularly at the model stage, thus making us aware of design errors.
The artistically gifted may be able to produce masterpieces of beauty intuitively without reference to any rules and without rational procedures. However, the many functional requirements imposed on today's buildings and structures demand that our work must include a significant degree of conscious, rational and methodical reasoning.

2.10. Ästhetik und Ethik

Ästhetik und Ethik gehören irgendwie zusammen, wobei wir unter Ethik unsere moralische Verantwortung den Menschen und der Natur gegenüber verstehen wollen. Ethik bedeutet auch Demut und Bescheidenheit, Tugenden, die gerade den Bauenden in den letzten Jahrzehnten vielfach fehlten. Oft bestimmte ein Hang zum Auffälligen, Sensationellen, Gigantischen die Gestaltung. Imponiergehabe und übertriebener Ehrgeiz und Eitelkeit standen dabei Pate. So entstanden unnötige Superlative oder Modisches, das echte schönheitliche Qualitäten vermissen läßt. Meist fehlten wesentliche Eigenschaften, die nötig wären, um die Menschen bei der Nutzung dieser Bauwerke zufriedenzustellen.
Ethik als Verantwortung bedeutet eben auch gründliche Berücksichtigung aller funktionalen Anforderungen. Für die gebaute Umwelt muß man also die Kategorien *schön und gut* fordern.
Konrad Lorenz hat hierzu in seinen »Acht Todsünden der zivilisierten Menschheit« [31] einmal gesagt, daß ästhetisches und ethisches Empfinden offenbar sehr eng miteinander verknüpft sind, daß also ästhetische Qualitäten der Umwelt direkten Einfluß auf das ethische Verhalten des Menschen haben müssen. Er sagt weiter: »Schönheit der Natur und Schönheit der menschengeschaffenen kulturellen Umgebung sind offensichtlich beide nötig, um den Menschen geistig und seelisch gesund zu erhalten. Die totale Seelenblindheit für alles Schöne, die heute allenthalben so rapide um sich greift, ist eine Geisteskrankheit, die schon deshalb ernst genommen werden muß, weil sie mit einer Unempfindlichkeit gegen das ethisch Verwerfliche einhergeht.«
Auch *Erich Fromm* sagt in einer seiner letzten bedeutenden Schriften »Haben oder Sein« [32], daß die Kategorie »gut« eine wichtige Voraussetzung für die Kategorie »schön« sei, wenn schön von bleibendem Wert sein soll. Ethik ist also beinahe eine Voraussetzung für schönes Gestalten. Fromm geht so weit zu sagen, daß »das physische Überleben der Menschheit von einer radikalen seelischen Veränderung des Menschen abhängt.«
So ist die Forderung nach mehr Beachtung der Ästhetik nur ein Teil im großen Rahmen der zu fordernden Veränderungen in der Entwicklung der Menschheit, Veränderungen, wie sie der Humanismus mindestens teil- und zeitweise zuwege brachte, für die jedoch eine neue Art des Humanismus nötig ist – man lese hierzu Aurelio Pecceis erneuten Aufruf [33].

2.10. Aesthetics and ethics

Aesthetics and ethics are in a sense related; by ethics we mean our moral responsibility to Man and Nature. Ethics also infers humility and modesty, virtues which we find lacking in many designers of the last few decades and which have been replaced by a tendency towards the spectacular, the sensational and the gigantic in design. Due to exaggerated ambition and vanity and spurred by the desire to impress, unnecessary superlatives of fashions were created, lacking true qualities of beauty. Most of these works lack the characteristics needed to satisfy the requirements of the users of these buildings.
As a responsibility ethics also requires a full consideration of all functional requirements. In our man-made environment we must emphasize the categories of quality and beauty. In his "acht Todsünden der Menschheit" Konrad Lorenz [31] once said that "the senses of aesthetics and ethics are apparantly very closely related, so that the aesthetic quality of the environment must directly affect Man's ethical behaviour". He says further "the beauty of Nature and the beauty of the man-made cultural environment are apparently both necessary to maintain Man's mental and psychic health. Total blindness of the soul for all that is beautiful is a mental disease that is rapidly spreading today and which we must take seriously because it makes us insensitive to the ethically obnoxious".
In one of his last important works, in "To have or to be" [32] Erich Fromm also says that the category of "goodness" must be an important prerequisite for the category "beauty", if beauty is to be of enduring value. Fromm goes so far as to say that "the physical survival of mankind is dependent on a radical spiritual change in Man".
The demand for aesthetics is thus only a part of the general demand for changes in the development of Man. These changes have been called for at least in part and at intervals by humanism, but their full realization in turn demands a new kind of humanism, as we read in the appeal by Aurelio Peccei [33].

3. Wie entsteht der Entwurf einer Brücke?

3.1. Entwurfsdaten

Um mit dem Entwurf einer Brücke beginnen zu können, braucht man zahlreiche Daten:

1. *Lageplan* mit Angaben der zu überbrückenden Hindernisse, wie Flußlauf, Straßen, Wege, Eisenbahn, bei Tälern Höhenlinien. Gewünschte Linienführung des neuen Verkehrswegs.
2. *Längsschnitt* entlang der geplanten Brückenachse mit Bedingungen für Durchfahrtshöhen oder Durchflußbreiten, gewünschtes Längsprofil des zu bauenden Verkehrswegs.
3. *Brückenbreite* – Breite der Fahrspuren, Standspuren, Gehwege usw.
4. *Gründungsverhältnisse*, Bohrproben mit geologischem und bodenmechanischem Gutachten. Der Schwierigkeitsgrad der Gründungen hat beachtlichen Einfluß auf das Tragwerksystem und auf die wirtschaftlichen Spannweiten.
5. *Örtliche Verhältnisse*, Zufahrtsmöglichkeiten für Antransport der Geräte, Baustoffe und Bauteile. Welche Baustoffe sind im betreffenden Landesteil wirtschaftlich und technisch günstig zu erhalten? Sind reines Wasser und Strom da? Steht hochentwickelte Ausführungstechnik zur Verfügung oder muß mit primitiven Methoden und mit wenigen Facharbeitern gebaut werden?
6. *Wetter- und Umweltbedingungen* – Hochwasser – Tide-Wasserstände – Trockenperioden – mittlere und extreme Temperaturen – Frostperioden.
7. *Umwelt – Gestalt:* freie Landschaft – Flachland oder liebliches Bergland oder gar Gebirgstal. Stadt mit kleinmaßstäblichen Altbauten oder modernen Großbauten. Der Maßstab der Umwelt spielt eine wesentliche Rolle für den Entwurf.
8. *Umwelt – Anforderungen* an schönheitliche Qualitäten: Brücken im Stadtgebiet, die im Stadtbild wirken und häufig aus der Nähe gesehen werden, besonders Fußgängerbrücken, erfordern eine feinere Gestaltung als Brücken in freier großräumiger Landschaft. Sind Spritz- und Lärmschutz für Fußgänger nötig?

Der Entwerfende sollte unbedingt den Ort und die Umgebung der Brücke gesehen haben.

3.2. Der schöpferische Vorgang des Entwerfens bei großen Brücken

Die geschilderten Daten müssen aufmerksam erfaßt und im Kopf gespeichert sein. Dann muß die Brücke in der Phantasie, in der geistigen Vorstellung, eine erste Gestalt annehmen. Hierzu sollte der Entwerfende viele Brücken mit vollem Bewußtsein gesehen haben und so in einem langen Lernprozeß viele Lösungen und Lösungsmöglich-

3. How is a bridge designed?

3.1. Data for the design

A substantial amount of data is needed at the beginning of the design work for a bridge:

1. A plan of the site showing all obstacles to be bridged such as rivers, streets, roads or railroads, the contour lines of valleys and the desired alignment of the new traffic route.
2. Longitudinal section of the ground along the axis of the planned bridge with the conditions for clearances or required flood widths. Desired vertical alignment of the new route.
3. Required width of the bridge, width of lanes, median, walkways, safety rails etc.
4. Soil conditions for foundations, results of borings with a report on the geological situation and soil mechanics data. The degree of difficulty of foundation work has a considerable influence on the choice of the structural system and on the economical span length.
5. Local conditions like accessibility for the transport of equipment, materials and structural elements. Which materials are available and economical in that part of the country? Is water or electric power at hand? Can a high standard of technology be used or must the bridge be built with primitive methods and a small number of skilled labourers?
6. Weather and environmental conditions, floods, high and low tide levels, periods of drought, range of temperatures, length of frost periods.
7. Topography of the environment – open land, flat or mountainous land, scenic country. Town with small old houses or city with high rise buildings. The scale of the environment has an influence on the design.
8. Environmental requirements regarding aesthetic quality. Bridges in towns that affect the urban environment and that are frequently seen at close range – especially pedestrian bridges – need more delicate shaping and treatment than bridges in open country. Is protection of pedestrians against spray and noise needed? Is noise protection necessary for houses close to the bridge?

The designer should have seen the bridge site and its environment.

3.2. The creative process in designing large bridges

The data described in 3.1 must be fully assimilated and remembered. The bridge must then take its initial shape in the imagination of the designer. For this process to take place, the designer should have first consciously seen and studied many bridges in the course of a long learning process. He should know, when a beam bridge, an arch or a

keiten studiert und kritisch durchdacht haben. Er muß wissen, in welchen Fällen eine Balkenbrücke, eine Bogen- oder Hängebrücke günstig ist, welchen Einfluß Gründungsverhältnisse auf die Wahl der Spannweiten und des statischen Systems haben, welche Bauhöhen er für eine ihm vorschwebende Spannweite benötigen wird usw. Dies bedeutet, daß zum Konzipieren einer brauchbaren Entwurfsidee umfangreiche Brückenkenntnisse im Kopf gespeichert und griffbereit sein müssen. In Sternstunden kommt gelegentlich der zündende Funke für eine neue Lösung, die der Aufgabe besser gerecht wird als bekannte Bauarten (Intuition, Kreativität führt zu Innovation).
Sobald eine Entwurfsidee im Kopf Gestalt angenommen hat, kann mit dem Zeichnen begonnen werden – am besten auf Pauspapier über der Zeichnung des Längsschnittes –, und zwar gleich maßstäblich – aber freihändig – noch mit derben Strichen. Dazu sollte man in der Schule Freihand-Zeichnen gelernt haben! Bei einer Balkenbrücke (einfachstes System) beginnt man mit der voraussichtlichen Linie der Fahrbahn unter Beachtung der zweckmäßigen Balkenhöhe, dann werden Stellungen der Pfeiler und Widerlager probeweise angedeutet und die untere Kante des Balkens gezeichnet. Große Schlankheit wird gewählt, wenn technische Zwänge Schlankheit bedingen oder schönheitliche Ansprüche vorliegen – wenig Schlankheit, wenn die Kosten gering sein müssen.
Die erste Skizze wird dann in Ruhe kritisch betrachtet: Sind die Proportionen von Spannweiten zu lichtem Raum unter dem Balken gut? Stehen die Pfeiler günstig zur Umgebung? Wie sind die Gründungsverhältnisse an den für Pfeiler und Widerlager vorgesehenen Stellen? Ist die Ausrundung des Längsprofils angemessen? Verträgt sich der eventuell gewählte gekrümmte Untergurt (Balken mit Voute) mit einer Krümmung des Balkens im Grundriß?
Eine zweite, eine dritte Skizze wird folgen, jetzt mit Querschnitten des Überbaus und mit Überlegungen für die Pfeiler. Wie werden die Proportionen der Pfeiler, Höhe zu Breite, oder wirken mehrere Stützen nebeneinander besser? Die räumliche Betrachtung und Darstellung beginnt. Die Skizzen werden an die Wand gehängt, in Augenhöhe, um sie aus größerer Entfernung, auch in schiefwinkliger Sicht zu betrachten, um die Kritik von Mitarbeitern einzuholen, um Herstellungsverfahren abzuwägen.
Wenn das in der Ansicht und im Querschnitt in kleinem Maßstab (1:100 bis 1:500) skizzierte Bauwerk befriedigt, dann kann der Querschnitt im größeren Maßstab 1:50 bis 1:20 gezeichnet werden, um die zweckmäßige Balkenform (Platte, Einzelträger oder Kastenträger) abzuwägen. Auch hier sind mehrere Lösungen zu zeichnen, um die Verhältnisse von Balkenhöhe zu Kragplatte, zu Gesimshöhe usw. abzuwägen. Zu diesem Zeitpunkt werden auch schon Abmessungen, wie Dicken der Fahrbahnplatten, der Stege, der unteren Gurte, unter Benutzung von Erfahrungswerten angenommen. Solche Erfahrungswerte beruhen auf durchgearbeiteten früheren ähnlichen Entwürfen.
Mit diesen ersten Ergebnissen sollte der Entwerfende nun in Klausur gehen, darüber meditieren, einmal darüber schlafen, mit geschlossenen Augen konzentriert nochmals alles durchdenken. Sind alle Bedingungen erfüllt, wird die Ausführung gut, wäre nicht dies oder das besser im Aussehen oder für das spätere Detail usw.? (Ich nenne dies »mit einem Entwurf schwanger gehen.«) Man zeichnet dann neu, hört die Meinung von Mitarbeitern, Kunstverständigen, Beratern und auch Laien. Ist der Ingenieur gestalterisch wenig begabt und nicht geschult, dann sollte er spätestens jetzt, besser schon früher, einen mit Brükken vertrauten Architekten als Berater hinzuziehen und nicht aus falschem Ehrgeiz eine schlecht gestaltete

suspension bridge will be suitable, what influence foundation conditions have on the choice of spans and structural systems and which depths of girder he will need for a certain span etc.
This means that in order to design a feasible bridge, the designer must have an extensive knowledge of bridges that can be readily called to mind. At auspicious moments an intuitive flash may provide a new solution, which fulfills the task better than known conventional solutions (intuition, creativity leading to innovations).
As soon as a design idea has taken shape in the mind, then the first sketches can be drawn – best on tracing paper over the plan of the longitudinal section along the axis of the planned bridge, freehand with a soft pencil, but with the scale in hand. For this one should have learned sketching at school! For a beam bridge (simplest type) one begins with the probable line of the roadway taking into account a suitable beam depth, then the position of piers and abutments are assumed and the bottom edge of the beam is drawn. A high slenderness ratio is chosen, if required by technical constraints or for aesthetic reasons; a low slenderness ratio is chosen if low costs are decisive in competition.
The first sketch will then be critically regarded and questioned: are the proportions between spans and clearance under the beam good? Do the piers relate well to the surroundings? What are the soil conditions at the site of the piers and abutments? Is the curvature of the vertical alignment good? If a haunched girder is chosen, does the curved line of its bottom edge fit in with a possible curvature in plan?
A second – or even a third sketch may follow including the cross sections of the superstructure and concepts for the piers. How will the proportions of the piers be, height to width? Would two or three columns be better? The bridge is now considered and drawn 3-dimensionally. The sketches are hung up on a wall at eye-level, so that they may be looked at from a greater distance and at different angles, including at a slant; this encourages the criticism of colleagues, and in particular the comments of those who have to build it. Suitable construction methods may be discussed and considered.
If the bridge, as shown on these sketches in small scale, (1:100 to 1:500) looks satisfactory, then the cross section can be drawn on a larger scale 1:50 to 1:20, in order to choose a suitable shape for the beam (slab, T beam or box beam). Several solutions should be drawn for this also, in order to optimize the proportions of the beam's depth in relation to the width of the cantilevering slab and to the depth of the fascia rib etc. At this stage, the thicknesses of the deck slab, the webs, the flanges are assumed, making use of the experience gained from earlier designs that have been realized.
The designer should now shut himself away with these first results, meditate over them, thoroughly think over his concept and concentrate on it with closed eyes. Has every requirement been met, will it be well-built, would not this or that be better looking or better for later detailing? (I call this process that of being pregnant with a design.) One then begins to draw again, to listen to the opinions of colleagues, of art advisors and also of laymen. If the engineer is not gifted with a good artistic sense or not trained in this respect, then he should consult now – better at an earlier stage – an architect who has experience with bridges. Misguided ambition should not cause an engineer to inflict a badly designed bridge on the world, which will remain a lasting reproach over the years.
For larger bridges, one should work through one or two alternatives trying out other spans and other structural sys-

Brücke in die Welt setzen, die ihn dann später über Jahrzehnte vorwurfsvoll belastet.
Bei größeren Brücken sollte man in gleicher Weise noch ein bis zwei Varianten mit anderen Spannweiten und anderen Tragwerksarten durchspielen, um Vergleiche anzustellen und so die beste Lösung zu erhärten.
Die so mehrmals verbesserte Lösung (oder Lösungen) wird nun sauber aufgezeichnet. Erst jetzt sollte mit dem Berechnen begonnen werden, und zwar zunächst mit einfachsten Näherungen, um festzustellen, ob die angenommenen Abmessungen genügen, ob sich die erforderlichen Stahleinlagen, Spannglieder usw. so unterbringen lassen, daß sich der Beton noch gut einbringen und verdichten läßt.
Mit heutigen Computerprogrammen lassen sich in diesem Stadium schon einige Vergleichsrechnungen mit unterschiedlichen Bauhöhen oder anderen Variablen durchführen, um die wirtschaftlichsten Abmessungen abzustekken, die jedoch nur dann gewählt werden sollten, wenn damit keine wichtigen anderen Punkte wie Ästhetik, Rampenlängen oder Steigungen beeinträchtigt werden.
Hat der Entwerfende oder das Team seine Wahl getroffen, dann kann der Entwurf für das Genehmigungsverfahren sauber gezeichnet und dabei mit allen erforderlichen Maßen versehen werden.
Da die Zeichnung allein nicht genügt, um die räumliche Wirkung sicher zu beurteilen, sollte man für größere Brükken ein Modell mit Gelände anfertigen und genau konstruierte Photomontagen in Landschaftsbilder einzeichnen. Solche Modelle sind auch zur Unterrichtung von Anliegern, von Vertretern des Umwelt- und Landschaftsschutzes und vor allem des Bauherrn wichtig.

3.3. Die ausführungsreife Bearbeitung

Nach der Genehmigung des Entwurfs beginnt die ausführungsreife Bearbeitung mit den sorgfältigen statischen Berechnungen und der konstruktiven Durcharbeitung aller baulichen Einzelheiten. Auch die für die Bauausführung nötigen Gerüste und Geräte müssen für die Eigenart der Brücke bearbeitet werden. Zahlreiche Zeichnungen und Texte mit Tausenden von Zahlen aller Abmessungen und mit Hinweisen für die erforderliche Art und Güte der Baustoffe müssen angefertigt werden. In dieser Phase steckt die Hauptarbeit des Brückeningenieurs, die viel Wissen und Können erfordert. Die Phase der Gestaltung ist im Vergleich dazu wenig aufwendig, aber für das Ergebnis eben entscheidend wichtig.

tems and make comparisons, in order to arrive at the best solution.
After several such correction phases, a fair copy of the chosen solution will now be drawn. Only now should calculations begin, and in the first place with simple and rough approximations to check whether the assumed dimensions will be sufficient and whether the necessary sectional areas of reinforcing steel or of prestressing tendons will leave sufficient space, to allow the concrete to be placed and compacted without difficulty.
Then some runs with modern computer programs can be made, using different depths or other variables in order to find the most economical dimensions; these should, however, only be chosen if no other essential requirements, such as aesthetics, length of approaches, grades etc. are affected.
Once the designer or the design team have made their choice, then the principle design drawings with all dimensions and explanations can be drawn up for approval of the authorities.
Since drawings alone are not sufficient to judge the appearance and impact of the bridge on its environment, one should get a model made with parts of the surrounding scenery or use good photos from different view points showing perspectives of the bridge that are drawn exactly to scale. Such models and photos are also helpful for the information of citizens concerned or representatives of agencies for environmental control and they are above all important for the client.

3.3. The final design for realization

After the approval of the design, the final design work can begin with rigorous calculations of forces, stresses etc. for all kinds of loads or attacks and then the structural detailing has to be done.
The scaffolding and equipment, which will be needed for the construction of the particular type of bridge, also has to be worked out. Numerous drawings and tables with thousands of numbers and figures for all dimensions, sizes and levels must be made with specifications for the required type and quality of the building materials. This phase entails the greatest amount of work for the bridge engineer, and calls for considerable knowledge and skill. The phase of conceptual and aesthetic design needs a comparatively small amount of time, but is decisive for the expressive quality of the work.

4. Hinweise zu Gestaltungsregeln für Brücken

4.1. Bogenbrücken

Der Bogen ist die kraftvollste Verkörperung einer Überbrückung, seine Form bringt das Überspannen des Flusses und das Abtragen der Lasten sinnfällig zum Ausdruck. Bogenbrücken werden daher schon durch ihre Form als schön empfunden.

4.1.1. Bogenbrücken aus Naturstein

Die lebendige Schönheit von Natursteinmauerwerk kommt bei kleinen Brücken am besten zum Ausdruck, wenn das Gewölbe mit den Stirn- und Flügelwänden eine Einheit bildet. Der kleine Durchlaß kann einen Halbkreis- oder Segmentbogen haben (Bilder 4.1 und 4.2). Lang ausgezogene Flügel (Böschungsneigung $\approx$ 1:2) sind hierbei für die Ausgewogenheit wichtig. Der Bogen darf im Scheitel nicht zu dünn werden, deshalb sind hier massive niedrige Brüstungen angezeigt.
Bei größeren Weiten, z. B. für die Unterführung einer Straße, wirkt der römische Halbkreis-Bogen steif, man sollte eine parabelförmige Gewölbeform wählen, die der Stützlinie der resultierenden Kräfte entspricht (Bild 4.3). Auch hier sind Parallelflügel mit massiver Brüstung einem oberen Abschluß mit Gesims und Geländer vorzuziehen, wenn nicht reichlich Höhe über dem Bogenscheitel gegeben ist.
Der flache Segmentbogen über einer Öffnung kann spannungsvoll gestaltet werden, wenn gute Gründungsverhältnisse einen kleinen Bogenstich erlauben, der einen großen Bogenschub ergibt (Bild 4.4). Liegt die Straße in einer Kuppenausrundung, dann kann man die Krümmung des oberen Abschlusses mit einem nur wenig auskragenden

4. Guidelines for the aesthetic design of bridges

4.1. Arch bridges

The arch is the strongest embodiment of a bridge, its shape expresses obviously its ability to carry loads across a river, valley or gorge. Therefore, arch bridges are considered beautiful by their evidently suitable shape. This is valid for small and large arch bridges alike.

4.1.1. Masonry arch bridges

The beauty of natural stone masonry is best expressed in small bridges, if the arch and the face walls form a unit. The small culvert can be shaped as a semi-circle or as a segmental circle (fig. 4.1 and 4.2). Long wing walls for a 1:2 slope of the embankment are in this case important for the aesthetic balance. The arch should not be too thin at its crown and, therefore, closed parapets are recommended.
For larger widths, e.g. for the underpass of a highway, the Roman semi-circle looks stiff; instead a parabolic shape should be chosen, which follows the thrust line caused by dead load (fig. 4.3). Wing walls parallel to the upper road with a massive parapet are here also to be preferred, if there is no ample depth above the crown, allowing a fascia strip and open railings.
The shallow segmental arch over one opening can be boldly shaped, if good soil conditions can provide for a large thrust to allow a small rise of the arch (fig. 4.4). If the vertical alignment of the road is curved, then this curvature can be accentuated by a slightly projecting fascia plate well above the crown of the arch (fig. 4.5).
There are many possibilites for arranging a series of arches. The old bridges (chapter 7) show such variations.

4.1 Gewölbter Durchlaß mit Halbkreisgewölbe.
4.2 Durchlaß mit flachem Gewölbe.
4.3 Unterführung, Stützlinienform.

4.1 Semicircular culvert.
4.2 Culvert with flat vault.
4.3 Underpass, thrust line–shaped.

3÷5m
50÷60
60÷70

4.1

6÷10m

4.2

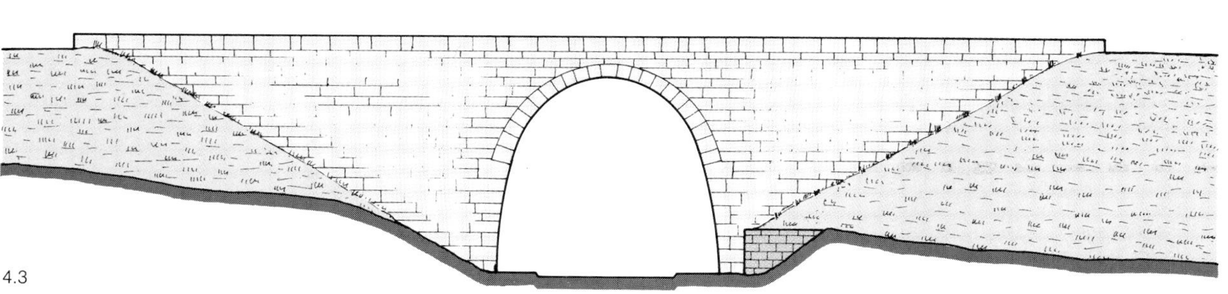

4.3

4.4 Flacher Segmentbogen mit massiver Brüstung.
4.5 Flacher Segmentbogen mit Gesims und Geländer.
4.6 Gewölbereihe – breite Pfeiler wirken besser als schmale.
4.7 Mehrere flache Bogen mit Brüstung ohne Gesims.

4.4 Segmental arch with parapet.
4.5 Segmental arch with ledge and railing.
4.6 Sequence of arches, wide piers look better than narrow ones.
4.7 Flat arches with parapet without ledge.

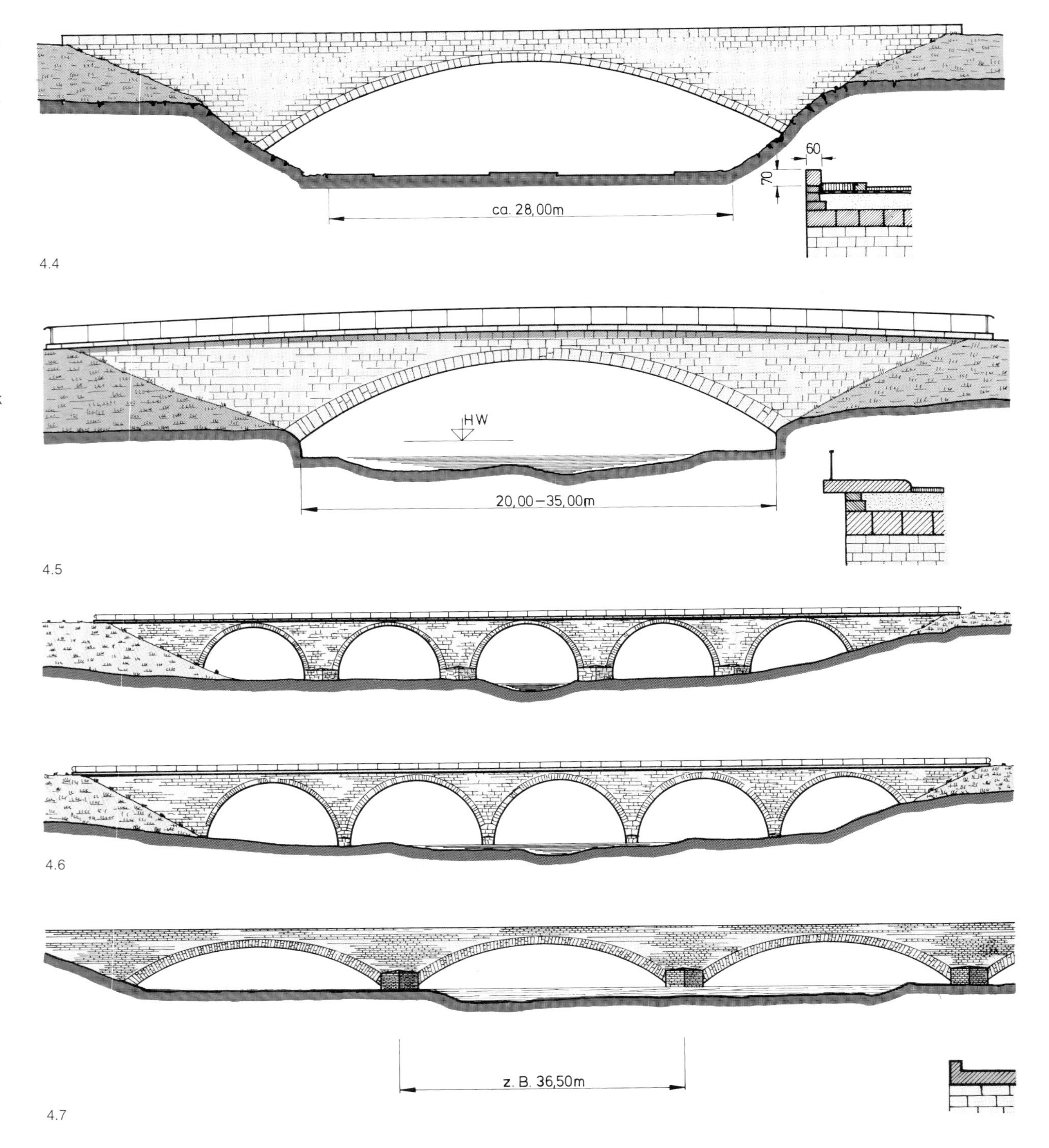

Gesims betonen, das jedoch den Gewölbescheitel freilassen muß (Bild 4.5).
Bei Gewölbereihen gibt es viele Möglichkeiten. Die alten Brücken (Kapitel 7) zeigen diese Vielfalt in eindrucksvoller Weise. Für ein stabiles Aussehen ist es wesentlich, daß die Pfeiler zwischen den Gewölben genügend dick im Vergleich zu den Öffnungsweiten und nicht zu hoch sind (Proportionen) (Bild 4.6). Dies gilt besonders bei flachen Bögen, bei denen außerdem die Scheitel im Verhältnis zur Stirnfläche nicht zu dünn sein dürfen, weil sonst ein Gefühl mangelnder Stabilität und Ausgewogenheit entsteht (Bilder 4.7 und 4.8). Kragt man bei dünnem Scheitel gar den Gehweg noch weit aus, dann geht der Scheitel im Schatten verloren und das Gewölbe ist als Tragwerk kaum zu erkennen.
Für die Pfeilerformen gibt es ebenfalls viele Möglichkeiten.

To obtain the impression of stability it is essential that the piers between the arches are sufficiently thick and not too high in relation to the width and depth of the spans (proportions) (fig. 4.6). This is especially valid for flat arches which should also not be too thin at the crown, because this would cause an impression of insufficient stability and create a lack of balance in relation to the face wall (fig. 4.7 and 4.8). If the walkway cantilevers far over an arch with a thin crown, then the crown is lost in the shadow and the arch can no longer be clearly recognized (contrary to the rules given in section 2.9.1.).
For the shapes of the piers, there are also many possibilities. For new bridges, the piers generally rise only to the spring of the arches and are covered with stone plates in the form of a roof (fig. 4.9).
On secondary roads, the curvature of the road in elevation

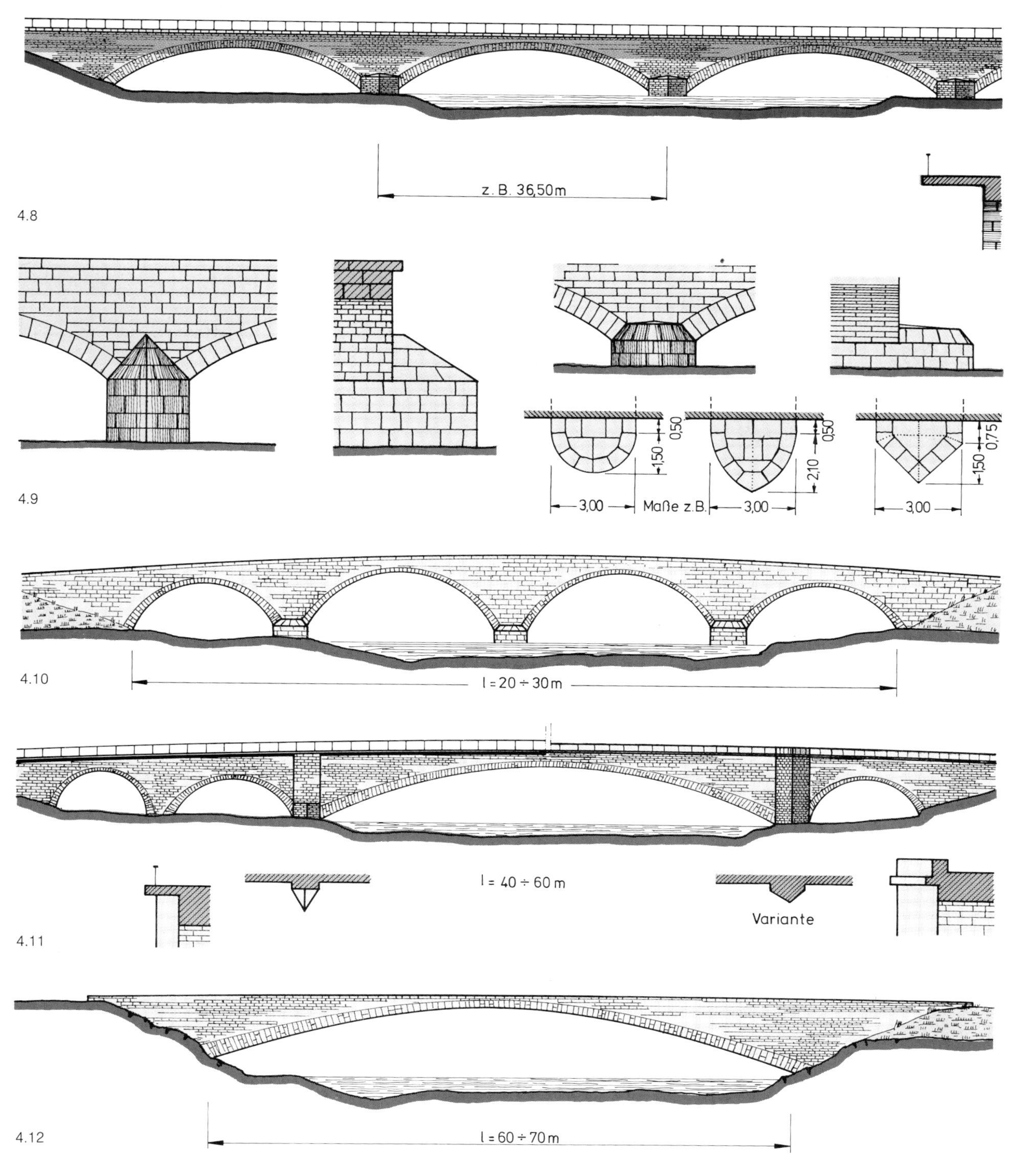

4.8 Flache Gewölbe, weit auskragende Platte, Schatten bricht den Bogen.
4.9 Übliche Formen der Pfeilervorköpfe.
4.10 Abstufung der Spannweiten bei starker Kuppenausrundung.
4.11 Breite oder hochgezogene Pfeiler nötig.
4.12 Flach und weit gespannte Bogen, möglich bei Fels.

4.8 Flat arches with cantilevering deck, shadow breaks the arch.
4.9 Shapes of pier-heads.
4.10 Variation of spans corresponding to curved vertical alignment.
4.11 Broad or raised piers suitable.
4.12 Very flat and wide spanned arches possible on good ground.

Man wird an neuen Brücken die Pfeiler in der Regel nur bis zum Bogenkämpfer hochführen und sie dort mit einer dachförmigen Kappe abschließen (Bild 4.9).
Bei Nebenstraßen kann eine Kuppenausrundung zwischen beidseitigen Rampen vielleicht noch so stark gekrümmt sein, daß sich eine Abstufung der Öffnungsweiten anbietet, die an alten Brücken oft so reizvoll ist (Bild 4.10). Die Scheiteldicke sollte an allen Bogen gleich bleiben.
Der Sprung zu einer großen Hauptöffnung zwischen kleineren Bögen bedingt niedrige breite oder hochgezogene Pfeiler am Übergang, damit die Aufnahme des großen Bogenschubs durch Auflast statisch möglich und damit auch glaubwürdig wird (Bild 4.11).
Das Pfeilerverhältnis $f{:}\ell$ kann bei Natursteingewölben sehr flach gewählt werden, bis zu etwa 1:11, wenn gute Gründungsverhältnisse, z. B. Fels, vorliegen (Bild 4.12).

between the ramps can perhaps be so pronounced that a stepwise increase of spans is the best solution; this is what often makes old bridges so charming (fig. 4.10). For these spans the depth of the crown should be kept almost constant.
The change from small span arches to one main span arch requires low and wide piers or protruding pillars up to the top, so that the large thrust of the long span arch is turned downwards by ballast and the appearance inspires confidence (fig. 4.11).
The span/rise ratio $f{:}\ell$ can be chosen rather low for masonry arches, down to 1:11, if the foundation conditions are good – e.g. if there is rock (fig. 4.12).
For spans above 35–40 m and span/rise ratios larger than 1:7, closed face walls look heavy. This appearance of massiveness can be relieved by breaking up the face area with

4.13 Steinbogen mit durchbrochenem Aufbau.
4.14 Günstige Pfeilerstellung am Kämpfer, links.
4.15 Gewölbereihe auf hohen Pfeilern (Viadukt).
4.16 Stützlinienform bei starker Längsneigung der Fahrbahn.

4.13 Masonry barrel arch.
4.14 Favourable position of spandrel wall at spring.
4.15 Series of arches on tall piers (viaduct).
4.16 Thrust line shape for ascending road.

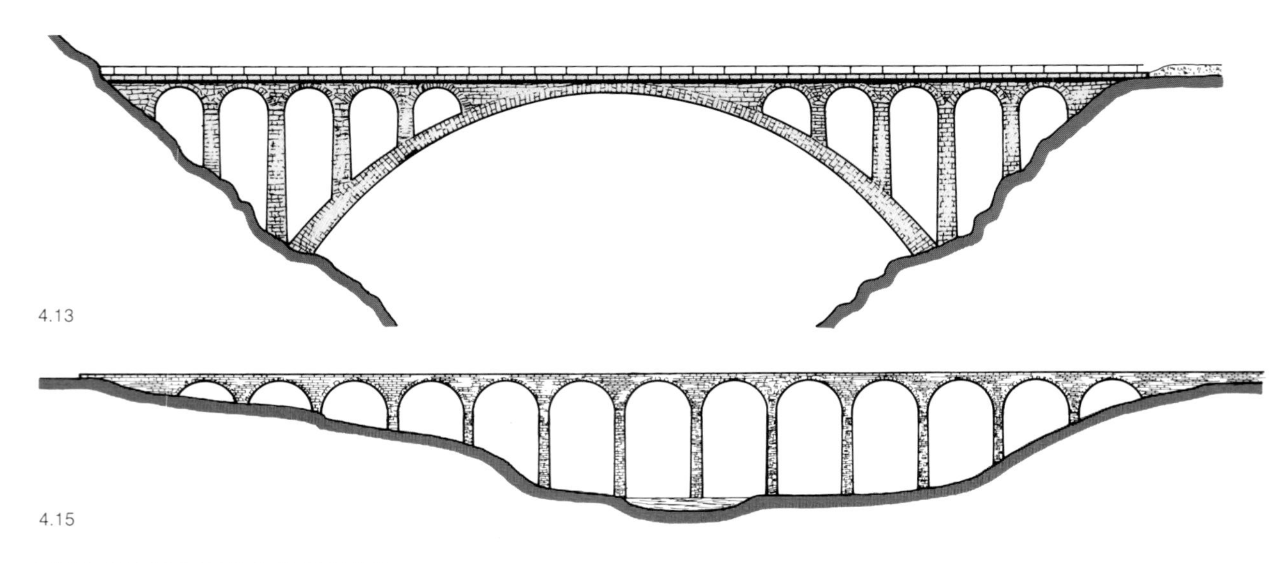

4.13

4.15

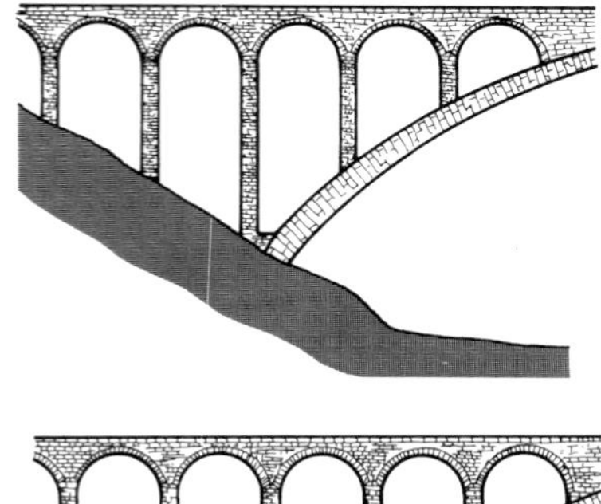

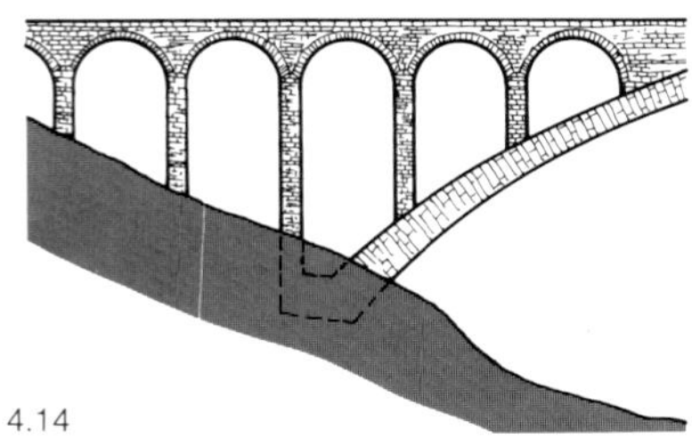

4.14

Bei Spannweiten über 35 bis 40 m und Pfeilverhältnissen größer als 1:7 wirkt die geschlossene Stirnfläche massig und schwer. Diesen Eindruck kann man durch eine Auflösung des Gewölbeaufbaus mildern und damit auch den Maßstab der Brücke z. B. einer bewaldeten Tallandschaft besser anpassen (Bild 4.13). Bei kleineren Spannweiten wirkt die Auflösung verspielt, siehe Bild 9.28.
Die Auflösung des Überbaus mit Querwänden und kleinen Gewölben vermindert das Gewicht der Brücke und den Bogenschub. Das Verhältnis der Dicke der Querwände zu

openings between transverse walls, leading to barrel arches. The scale of the bridge can hereby be adapted to a valley landscape with forests on the hill sides (fig. 4.13). For smaller spans, such barrel arches look playful – see fig. 9.28.
The opening of the structure above the arch with transverse walls and small vaults decreases the weight of the bridge and the thrust of the arch. The proportion between the wall thickness and the spacing should be at least 1:4. Constant wall thicknesses look stiff, therefore the walls should be tapered with ~ 1:60. Outside the arch span, the walls should be continued in the same rhythm to carry the roadway to the abutment. One wall should stand at the spring of the arch (fig. 4.14). A refinement is obtained by decreasing the spaces between the walls slightly with decreasing height (fig. 4.13).
For these masonry arch bridges, the sizes and pattern of the stones are important for good appearance, as well as the size of the arch stones in relation to the size of the walls, mainly the depth of the layers. The thickness of the arch should increase from the crown to the spring as do the arch forces.
For viaducts on high piers, shaping the arch by following the thrust line is preferable to the Roman semi-circular shape (fig. 4.15), since it gives a steady transition to the piers. Fig. 4.16 shows an example of such an arch of a large viaduct with considerable slope of the highway (old autobahn bridge across the Lahn-valley near Limburg). The piers should be strongly tapered.
Many railroad viaducts of the 19th century demonstrate the beauty of this type of bridge, especially in mountainous woodlands (see photos in chapter 7). They only look good if the width of the piers is much smaller than the span of the arches – as it is the case for most railroad bridges.

4% Längsgefälle

4.16

4.1.2. Arch bridges of reinforced concrete or steel

Arch bridges of reinforced concrete or steel for small and medium spans have become rare for economic reasons. The thrust line shape would be made to look like the arches in fig. 4.2 to 4.5. For spans between 20 and 40 m, the development of design led to vertical walls in the shape of arches, which are very simple to construct and much cheaper than true arches with wing walls or transverse walls carrying the roadway.
These arch walls should be so thick at their spring that no transverse framing is needed for transmitting transverse forces to the ground (fig. 4.17). Concrete hinges carry the arch loads to shallow piers above the foundations. Crown hinges are normally not necessary. The roadway slab spans transversely and should not project much over the

ihrem Abstand sollte wenigstens 1:4 sein. Querwand-Pfeiler mit konstanter Dicke wirken steif, ein Anlauf von etwa 1:60 hat günstige Auswirkungen. Die Pfeiler sollten die Fahrbahn auch außerhalb des Bogens mit gleichem Rhythmus tragen, wobei ein Pfeiler am Bogenkämpfer stehen muß (Bild 4.14). Eine Verfeinerung des Brückenbildes erhält man, wenn man die Pfeilerabstände mit kleiner werdender Höhe etwas abnehmen läßt (Bild 4.13).
Bei diesen gemauerten Bogenbrücken kommt dem Steinschnitt, der Höhe der Gewölbesteine, der Schichtgröße in den Stirnmauern usw. große Bedeutung zu. Das Gewölbe sollte in der Regel vom Scheitel zum Kämpfer dicker werden und so den zunehmenden Kräften entsprechen.
Für *Talbrücken auf hohen Pfeilern* ist die Stützlinienform für das Gewölbe dem Halbkreis der römischen Brücken entschieden vorzuziehen (Bild 4.15), sie ergibt einen besseren Übergang zu schlanken Pfeilern. Bild 4.16 zeigt ein Beispiel für die Gewölbeform bei einer großen Talbrücke, deren Fahrbahn in starkem Längsgefälle liegt (alte Lahntalbrücke der Autobahn bei Limburg). Die Pfeiler sollten einen kräftigen Anlauf erhalten.
Viele Eisenbahntalbrücken aus dem 19. Jahrhundert zeugen von der Schönheit dieser Brückenform vor allem in bewaldeten Gebirgstälern (siehe Bilder in Kapitel 7). Sie wirken jedoch nur gut, wenn die Brücke so schmal ist, daß die Pfeilerbreite wesentlich kleiner ist als der Pfeilerabstand.

4.1.2. Bogenbrücken aus Stahlbeton oder Stahl

Für kleine Spannweiten kommt heute die Bogenbrücke aus Stahlbeton wegen ihrer Kosten kaum noch vor. Man würde den Bogen nach der Stützlinie krümmen und damit die gleiche Form erhalten wie in den Bildern 4.2 bis 4.5. Bei Spannweiten zwischen 20 und 40 m ergab die Entwicklung, daß einfachste *Bogenscheiben* billiger werden als Bogengewölbe mit Überschüttung oder mit verstecktem durchbrochenem Aufbau.
Die Bogenscheiben sollte man im Kämpferbereich so dick gestalten, daß keine Querrahmen zur Aufnahme von Seitenkräften nötig sind (Bild 4.17). Die Scheibe stützt sich mit Betongelenken auf flache Pfeiler ab, auf Scheitelgelenke kann man in der Regel verzichten. Die Fahrbahntafel wird quer gespannt und sollte außen nicht zu weit auskragen, damit die Bogenform im Scheitel durch den Schatten nicht zu stark aufgezehrt wird.
Die Bogenscheiben können auch flach gespannt werden. Sie lassen sich am Ende gut gründen, wenn die Flügel an den Endöffnungen fugenlos als Tornister angehängt werden und so die resultierende Kämpferkraft durch das Kragmoment steil gemacht wird (Bild 4.17 unten).
Für *Bogenbrücken aus Stahlbeton auf hohen Pfeilern* – Viadukte – gelten die gleichen Regeln wie für gemauerte Brücken. Die Bogenreihen lassen sich gut an den Verlauf der Talhänge anpassen (Bild 4.15). Hohe, schmale Pfeiler sollten auch in der Querrichtung einen kräftigen Anlauf erhalten. Ein durchbrochener Aufbau ist bei solchen Viadukten problematisch, solange die Spannweiten der Gewölbe unter etwa 25 m bleiben. Dagegen ergeben hier Bogenscheiben Vorteile, wenn sie ohne Kämpferfuge entworfen werden. Die Scheiben können auch am Scheitel fugenlos durchlaufen, soweit hohe, schlanke Pfeiler den Ausgleich der Temperaturdehnungen erlauben. Im Bereich der niedrigen Pfeiler müssen Scheitelfugen angeordnet werden. Die Bogenscheibe braucht keine untere Gewölbeleibung – läßt man sie weg, dann müssen folgerichtig auch die Pfeiler in schmale Scheiben ohne Querwände aufgelöst werden, soweit die Höhe dies erlaubt (Bild 4.18).

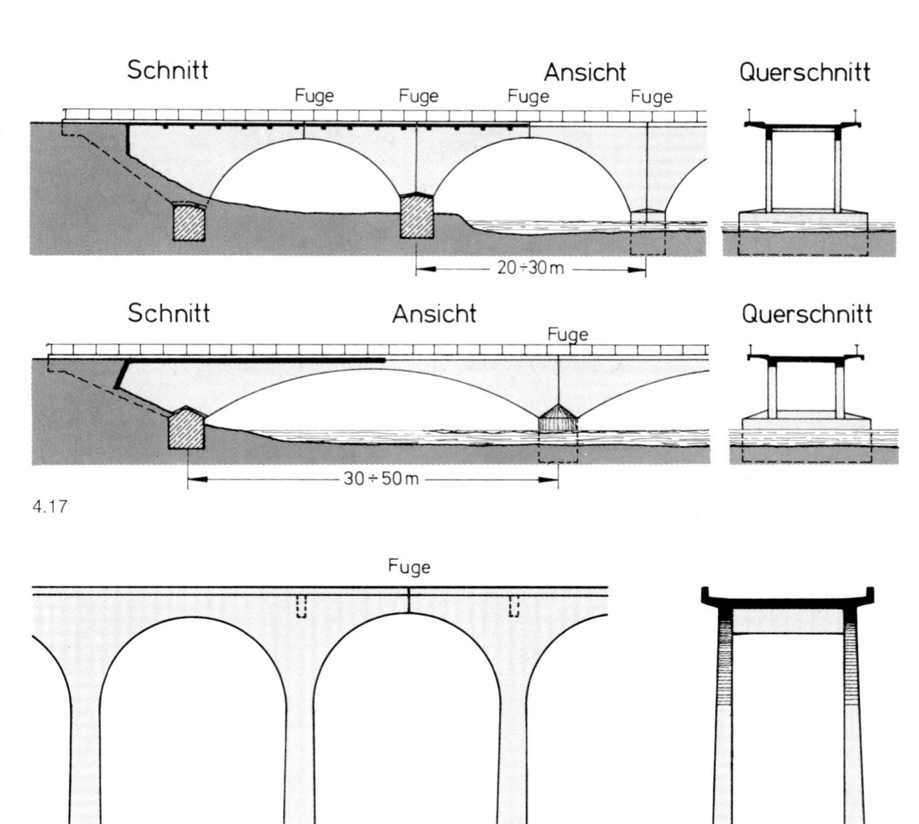

4.17

Fuge
1:40
1:8
1:8
1:40

4.18

outer face, so that the arch shape is concealed by the deck shadow.
The arch walls can also have a low rise. The foundation at the end becomes simple if the wing wall is cantilevered from the arch wall, hereby turning the resultant support reaction into a steep line of action (fig. 4.17).
For reinforced concrete arch bridges on high piers – viaducts – the same shaping rules are valid as for masonry viaducts. Series of small span arches can easily be adapted to different heights along the slopes of the valley (fig. 4.15). High and narrow piers should also be strongly tapered in the transverse direction. A barrel structure above the arches is questionable as long as the spans of the arches are smaller than about 25 m. On the other side arch walls are advantageous, if they are designed without a joint between the arches. The walls can also be continuous in most of the crowns as long as the high piers allow for longitudinal changes of length due to temperature. The arch wall needs no transverse closure at the bottom of the arch – and consequently the piers should also be designed without transverse members, as far as the height allows (fig. 4.18).
If the span is larger than about 30 m and if the arch is not very shallow, closed face walls become too heavy and clumsy. An open barrel structure is then the best answer. Depending on the span/rise ratio of the arch there are two solutions:
For high rising arches, the open support of the roadway slab can be continued over the crown of the arch where a

4.17 Die beste Form der Bogenscheibenbrücken.
4.18 Viadukt mit Bogenscheiben.

4.17 Best form for arch wall bridges.
4.18 Viaduct with arch walls.

4.19 Bei hohen Bogen kann Aufständerung im Scheitel gut aussehen.
4.20 Aufständerung mit Querscheiben oder Stützen.
4.21 Reihung hoher Bogen mit aufgeständerter Fahrbahn.
4.22 Bei flachem Bogen wird die Fahrbahn mit Bogenscheitel vereint.

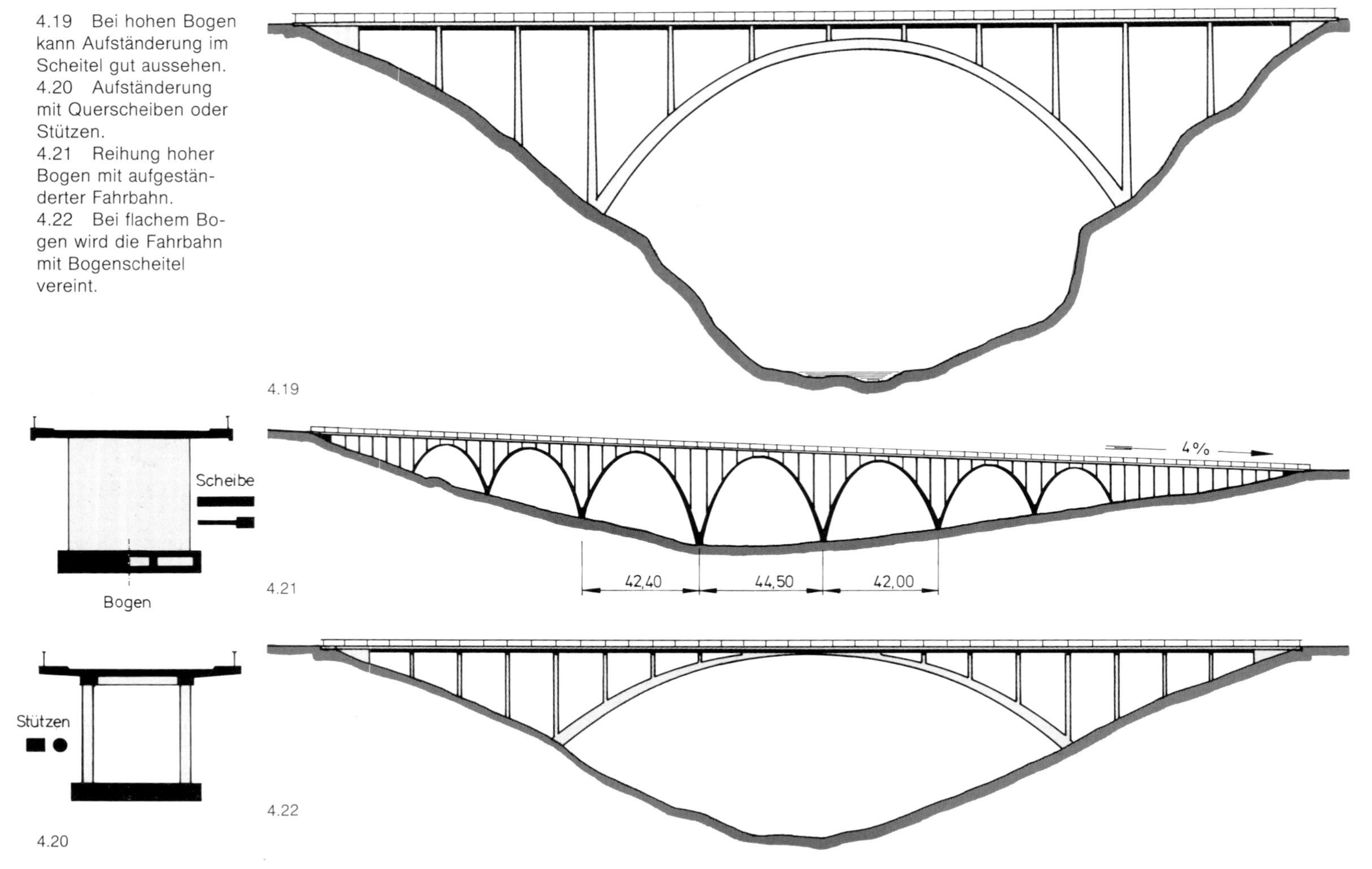

4.19 At high arches open spandrel above arch crown looks good.
4.20 Spandrel structure with walls or columns.
4.21 Sequence of high rising arches.
4.22 At flat arches deck and arch join in crown.

Geht die Spannweite über etwa 30 m hinaus, und ist der Bogen nicht sehr flach, dann wirken geschlossene Stirnflächen schwer und plump. Ein durchbrochener Aufbau bietet sich an. Je nach dem Pfeilverhältnis des Bogens gibt es zwei Lösungen:
Bei hohen Bogen wird die Aufständerung im Bogenscheitel durchgeführt (Bild 4.19), wobei im Scheitel ein Feld der Stützung sein muß. Die »Ständer« können aus Querscheiben oder aus Stützen gebildet werden. Hohe Querscheiben werden am Rand verstärkt, damit sie knicksicher sind und nicht zu dünn erscheinen. Sie wirken ruhiger als Stützen, die nur dann gut aussehen, wenn im Querschnitt zwei oder drei Stützen genügen, deren gesamter Abstand quer zur Brückenachse kleiner sein sollte als ihr Längsabstand (Bild 4.20). Eine Verfeinerung der Gestalt wird erreicht, wenn der Längsabstand und die Dicke der Ständer mit zunehmender Höhe zum Bogenkämpfer hin geringfügig größer werden und wenn die Ständer Anlauf erhalten. Im Kämpferbereich sollten hohe Rechteckverhältnisse zwischen den Ständern die Wirkung des hohen Bogens steigern. Was Proportionen anbelangt, so sollte der Bogen deutlich kräftiger sein als die Ständer und die Deckplatte.
Eine Reihe hoher Bogen kann in einem bewaldeten Tal reizvoll sein, dies beweist die 1936 im Rohrbachtal bei Stuttgart für die Autobahn gebaute Brücke (Bild 4.21).
Bei *flachen Bogen* wird die Fahrbahntafel im Scheitel auf den Bogen direkt aufgelegt und konstruktiv mit diesem vereinigt (Bild 4.22). Die Dicke des Bogens sollte dabei erhalten und sichtbar bleiben, was durch einen leichten Vorsprung des Bogens im Scheitel betont werden kann.
Früher hat man gern an den Kämpfern Fugen in die Fahrbahnplatte gemacht und betont starke Pfeiler angeordnet, um die Windkräfte aufzunehmen (Bild 12.24). Heute führt

bay must be provided (fig. 4.19). The supports can be transverse walls or columns. High walls can be provided with thickened edges, to make them safe against buckling and to avoid a too slender appearance. Walls look more sedate than columns. Columns produce a good appearance only if two or three columns are sufficient transversely and if their transverse overall spacing is less than the longitudinal bay-length (fig. 4.20). A refinement of the shape is obtained if the bay length and the thickness of the walls or columns increase slightly with the increasing height toward the spring of the arch and if the wall thickness is tapered. In the spring region, the openings between the supporting walls should create tall rectangles in order to emphasize the high rise of the arch. As far as proportions are concerned, the arch should clearly be stronger (thicker) than the walls and the deck slab.
A series of high rise arches can be pleasing in a wooded valley as exemplified in the Rohrbachtal Bridge built for the autobahn near Stuttgart (fig. 4.21).
For shallow arches, the deck slab should join the crown of the arch (fig. 4.22). The thickness of the arch should remain visible and can be accentuated through a small protrusion of the arch in the crown.
It used to be popular to make joints in the deck above the arch springs and to place strong piers there to take the wind forces (fig. 12.24). Nowadays, the deck slab is constructed continuously carrying the wind load to the abutments or to short piers. In this case slender piers or columns are sufficient at the springs too, and they can be continued in the same rhythm on the slopes from the arch springs up to the abutment.
So far, the illustrations show the arch type fixed at the springs with the thickness decreasing towards the crown. For low rise arches, however, the two-hinged type can be

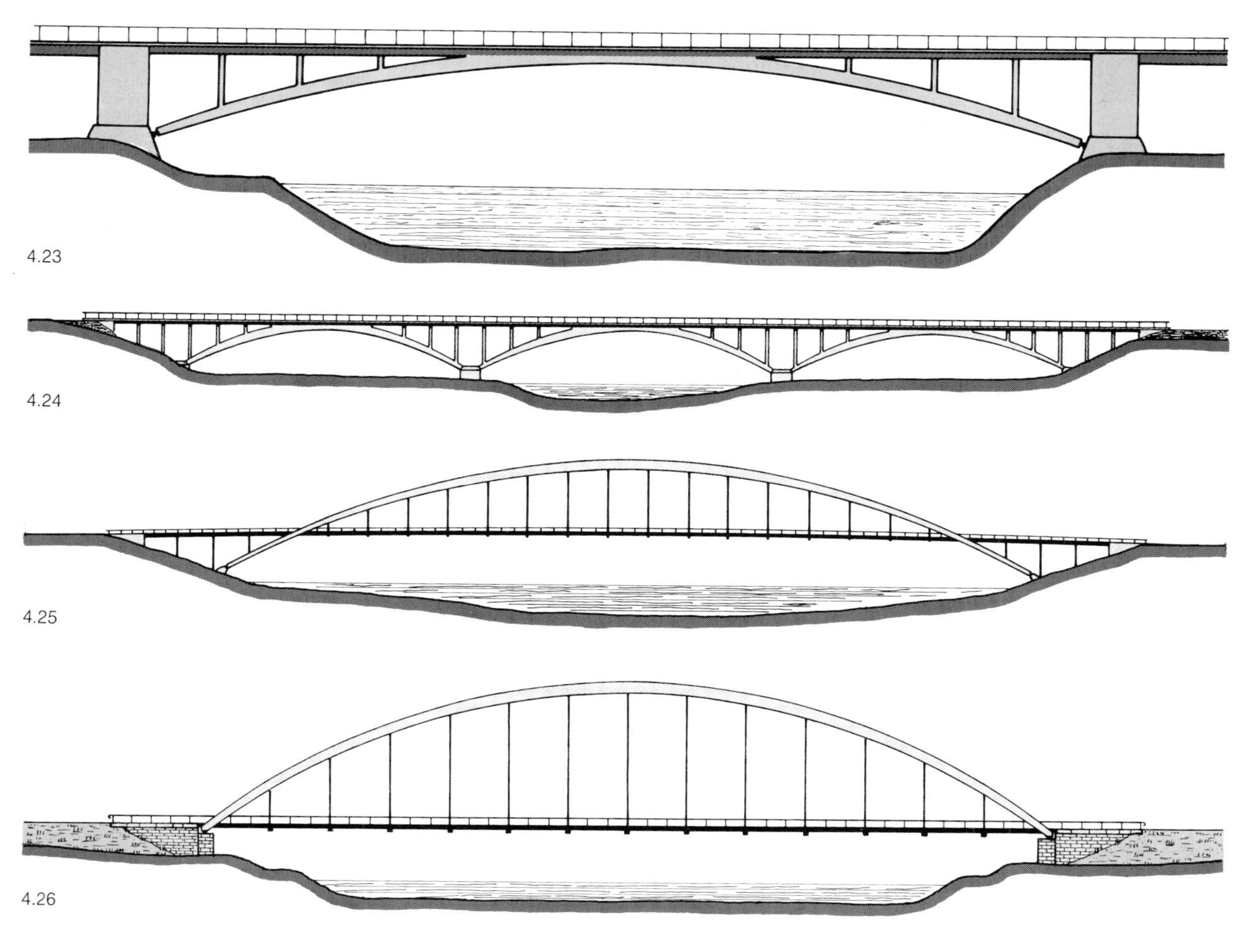

4.23 Die elegante Form des flachen Zweigelenkbogens.
4.24 Reihung flacher Zweigelenkbogen.
4.25 Beste Form des flachen Sichelbogens (Zweigelenk) mit angehängter Fahrbahn.
4.26 Bogen mit Zugband – kräftiger Bogen, dünne angehängte Fahrbahn.

4.23 The elegant shape of the two-hinged arch.
4.24 Sequence of flat two-hinged arches.
4.25 Best form of sickle-shaped arch with suspended deck.
4.26 Tied arch, strong arch and thin suspended deck.

man die Fahrbahntafel fugenlos durch, sie trägt die Windlasten bis zu den Widerlagern oder bis zu den kurzen Pfeilern, so daß an den Kämpfern die gleichen schlanken Stützen genügen, wie im Bogenbereich. Die Aufständerung wird dann am Talhang im gleichen Rhythmus weitergeführt wie über dem Bogen.
Bisher wurde der an den Kämpfern eingespannte Bogen dargestellt, dessen Dicke zum Scheitel hin abnimmt. Bei flachen Bogen kann jedoch der Zweigelenkbogen in statischer und ästhetischer Hinsicht günstiger sein (Bild 4.23). Seine Dicke nimmt zum Scheitel hin zu, dort ist die größere Dicke unter der leicht ausgekragten Gehwegplatte erwünscht.
Eine Reihung flacher Bogen kann bei Flußbrücken gut wirken – vor allem, wenn der leichte Aufbau über den Zwischenpfeilern durchgeführt wird, die dann nur bis zum oberen Rand der Kämpfer reichen (Bild 4.24). Sichelförmige Zweigelenkbogen sind für solche Brücken meist günstiger als eingespannte Bogen. Diese Brücken wirken um so kühner, je flacher die Bogen gespannt sind. Pfeilhöhen bis ℓ:12 sind möglich.
Im Flachland baut man gern *Bogen über der Fahrbahn*, vor allem für Kanalbrücken. Auch hier eignet sich der Zweigelenkbogen besonders gut (Bild 4.25). Da im Flachland selten guter Baugrund vorkommt, der den hohen Bogenschub aufnehmen kann, verwandelt der Brückeningenieur solche Bogen gern in »Bogen mit Zugband«, die dann wie Balken gelagert werden und fast nur vertikale Auflagerkräfte abgeben. Die Fahrbahntafel dient als Zugband (Bild 4.26).
Die beste Wirkung wird in den beiden letzten Fällen erzielt, wenn man die Bogen kräftig wählt und die Fahrbahn so dünn wie möglich macht, um den Charakter des Hängenden zu betonen.

advantageous both technically and aesthetically (fig. 4.23). Its designed thickness increases towards the crown, where increased thickness is desirable under a cantilevering deck.
A series of shallow arches can give a good impression, especially if the open barrel structure is continued over the low piers, which then end at the level of the upper edge of the arch spring (fig. 4.24). Sickle-shaped, two-hinged arches are more suitable for such bridges than fixed arches.
The shallower the archspans, the more daring these bridges look. Span/rise ratios up to 1:12 are possible.
In flat country it is preferable to build arches above the roadway level, especially for crossing channels. The two-hinged arch is especially suitable in this case (fig. 4.25). In flat country the soil is frequently unable to resist the high thrust forces, therefore the bridge engineer converts such arch bridges into the "tied arch" which can be supported like a beam, the thrust being carried by the tie. The complete bridge deck can be made to act as the tie (fig. 4.26).
In these two cases the best appearance is obtained, if the arches are designed to carry all loads and bending moments, and if the deck is longitudinally as shallow as possible in order to emphasize the character of the deck suspension.
The engineers found, however, that the bending moments caused by traffic loads can be distributed between the arch and the deck, and that the arch is subjected to less bending moment the stiffer the construction of the longitudinal deck beams. This knowledge produced the arch supported beam or the deck stiffened arch (Billington), in which the deck beams prevail and the arch can be extremely slender (fig. 4.27).

4.27 Stabbogen – überspannter Balken – dünner Bogen, dicker Balken.
4.28 Bogen und Balken etwa gleich dick – wenig ausdrucksvoll.
4.29 Bogen und Balken schlank durch geneigte Hänger.
4.30 Bogenbrücke mit auskragenden Seitenbogen.

4.27 Arch supported beam, thin arch and strong deck beam.
4.28 Arch and beam almost equally deep, not very expressive.
4.29 Arch and beam slender due to inclined hangers.
4.30 Arch bridge with cantilevering side span arches.

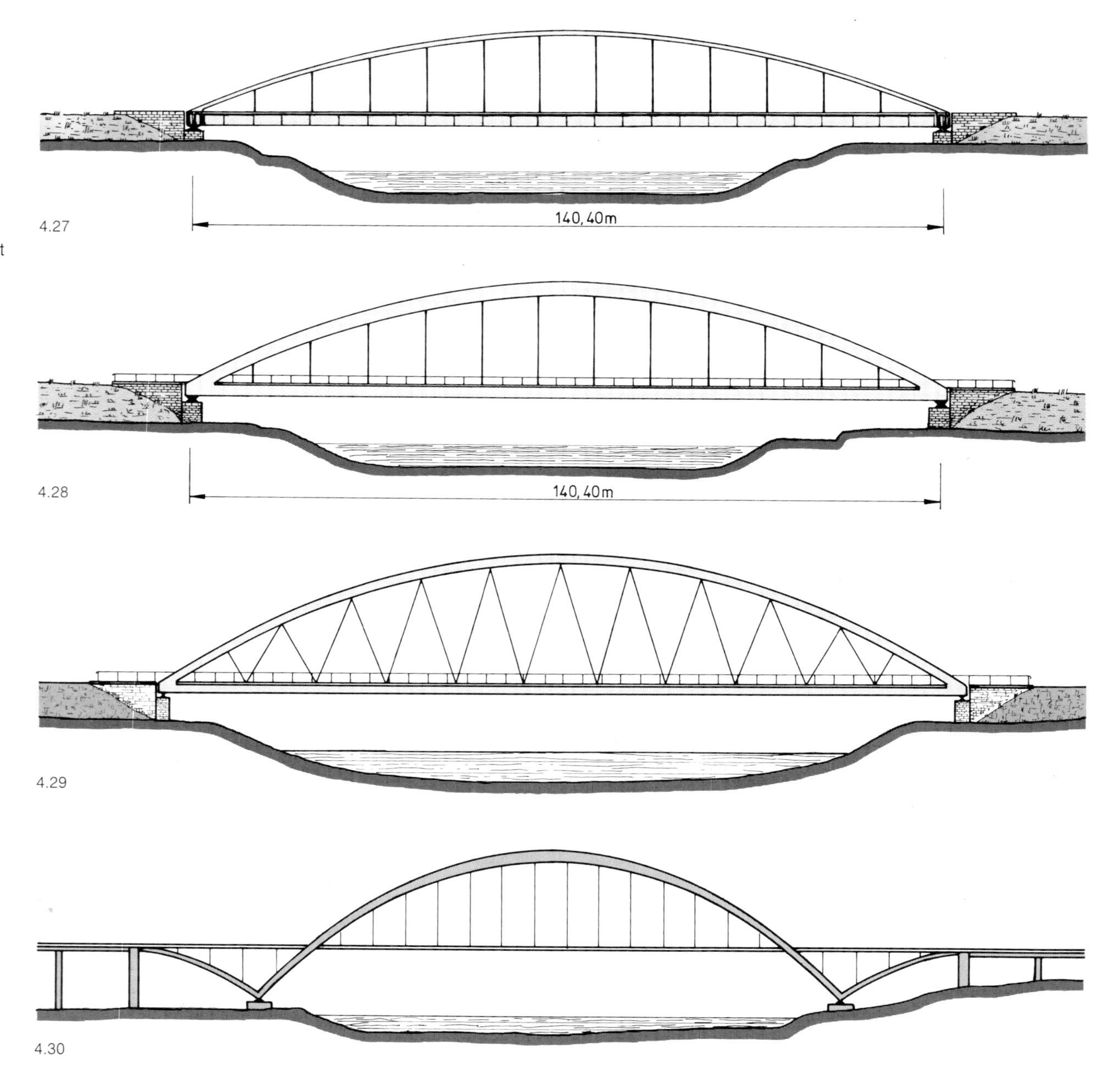

Die Ingenieure fanden jedoch, daß sich die von den Verkehrslasten bewirkten Biegemomente auf den Bogen und auf Längsträger der Fahrbahn verteilen lassen und daß der Bogen um so weniger Biegemomente ertragen muß, je biegesteifer die Längsbalken der Fahrbahn gewählt werden. So entstand als Zwitter der *»überspannte Balken«* oder »Stabbogen«, bei dem der Balken vorherrscht und der Bogen dünn sein kann (Bild 4.27). Solche Brücken wirken nicht sehr überzeugend, sie sind in ästhetischer Hinsicht sogar unbefriedigend, wenn Bogen und Balken etwa gleich dick angelegt werden, so daß man nicht mehr weiß, ob der Bogen oder der Balken trägt (Bild 4.28). Bogen und Balken können sehr schlank werden, wenn man anstelle der senkrechten Hänger geneigte wählt, die Dreiecke bilden und so eine Fachwerkwirkung ergeben. Die Biegemomente in Bogen und Balken werden damit sehr klein (Bild 4.29).

Eine Wiederholung von Bogen über der Fahrbahn über mehrere Öffnungen hinweg sieht in der Regel nicht gut aus und sollte vermieden werden.

Bei diesen Bogen über der Fahrbahn ist es schwierig, eine schöne Lösung für die Stabilisierung der Bogenrippen in der Querrichtung zu finden, die den Bogen gegen seitliches Ausknicken und gegen Windkräfte sichert. Am be-

The appearance of such bridges is not very convincing; they are even unsatisfactory with regard to aesthetics if the arch and the beam are nearly equal in thickness, so that it is not evident whether the arch or the beam is really carrying the loads (fig. 4.28).

Both arch and beam can be made very slender by using inclined hangers forming triangles which give a truss action. The bending moments in both the arch and beam thereby become very small (fig. 4.29).

A repetition of arches above the deck over several spans does normally not look too good and should be avoided.

For these arches above the deck level it is difficult to find a pleasing solution for the stabilization of the arch ribs in the lateral direction which secures the ribs against lateral buckling and against the wind forces. The best solution is to make the ribs so wide and fix them so well at the springs that no wind bracing is needed. This is primarily desirable for very wide bridges (see fig. 12.76).

Simple transverse bars – forming a Vierendeel truss – must have considerable bending stiffness and consequently require clumsy dimensions (fig. 12.74). The best shape of such wind bracing in this case is the truss with crossing diagonals and portal-like endframes with legs formed by the ends of the arch ribs without protruding

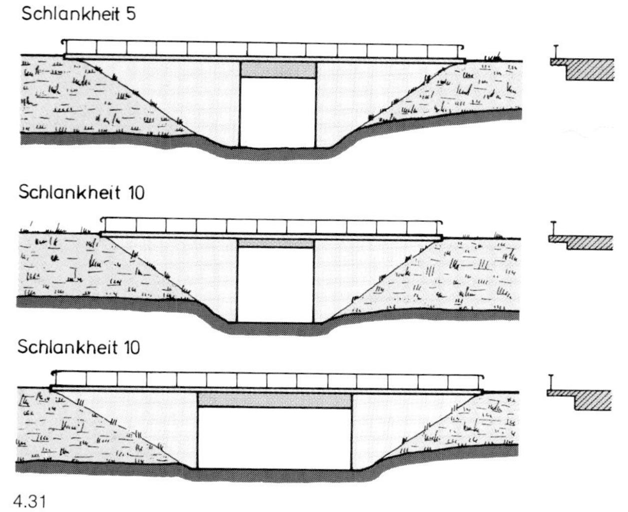

4.31

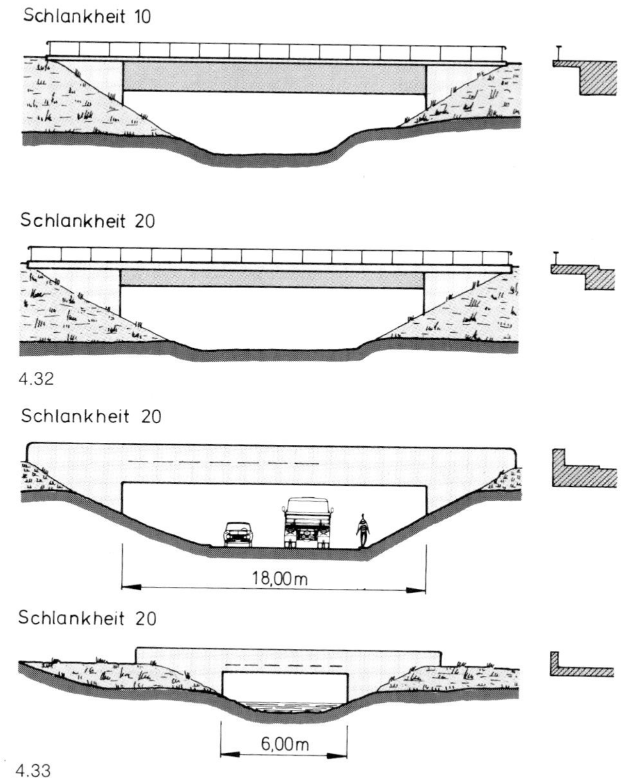

4.32

4.33

4.31 bis 4.33 Einfeld-Balken. Einfluß der Proportionen: Flächen der Widerlager zu Flächen des Balkens und der Öffnung, Flächen der Widerlager zur Schlankheit des Balkens $\ell:h$.

4.31 to 4.33 Single span beams, influence of proportions between faces of abutments to faces of beams and areas of voids and slenderness ratios of the beam ℓ/d.

sten ist es, wenn die Bogenrippen so breit gewählt und an den Kämpfern so eingespannt werden, daß kein Windverband nötig ist. Dies ist besonders bei breiten Brücken erwünscht (Bild 12.76).
Einfache rechtwinklige Querriegel (ein sogenannter Vierendeel-Verband) müssen biegesteif sein und erhalten dann störend starke Abmessungen (Bild 12.74). Die beste Form eines Windverbands ist hier das Fachwerk mit sich kreuzenden Diagonalstäben und einem Querriegel über der Fahrbahn an beiden Enden, der mit dem Bogen (ohne Verdickung des Bogens) den Portalrahmen bildet (Bild 12.92).
Bei den Bogen über der Fahrbahn findet man auch ansprechende Formen mit auskragenden bogenförmigen Seitenöffnungen unter der Fahrbahn (Bild 4.30).

members (fig. 12.92). Other solutions are shown in chapter 12.
Amongst the arches above the deck, one sometimes finds appealing structures with cantilevering arch-shaped side spans underneath the deck (fig. 4.30).

4.2. Balkenbrücken

4.2.1. Proportionen am parallelgurtigen Balken

Der Balken ist die einfachste und älteste Tragwerksart. Von alters her legte man Holzbalken über den Bach. Mit Balken aus Stahl, Stahlbeton und Spannbeton werden heute freie Spannweiten mit über 200 m erreicht – und es ist immer noch der Balken, der das Tragwerk bildet. Mit zunehmenden Spannweiten wird es schwieriger, die Balkenbrücke auch schön zu gestalten, weil die Balkenabmessungen mit den Spannweiten zunehmen und damit die Verträglichkeit der Baumassen mit der Umgebung kritisch wird. Schon bei kleinen Spannweiten spielen die Wahl der Proportionen, die Ordnung und die Maßstäblichkeit zur Umgebung eine wesentliche Rolle für die schönheitliche Wirkung einer Balkenbrücke.
In der Regel wird heute der »parallelgurtige« Balken gewählt, dessen untere Kanten parallel zur Brückenfahrbahn verlaufen. Er kann über viele Öffnungen hinweg fugenlos, d. h. kontinuierlich durchlaufen und bringt so die Zügigkeit des heutigen schnellen Verkehrs zum Ausdruck. Das wichtigste Merkmal für das Aussehen ist die Schlankheit des Balkens, die wir mit $\ell:h$=Spannweite: Bauhöhe ausdrücken. Je nach seiner Schlankheit kann ein Balken plump und schwer oder leicht und elegant wirken. Die Schlankheit kann von $\ell:h$=5 bis 30 – bei Durchlaufträgern sogar bis 45 variiert werden. Der Ingenieur hat also einen weiten Spielraum.
Beim einfeldrigen Balken einer kleinen Unterführung mit großen Widerlagerflächen wirkt die kleine Schlankheit 5 gut proportioniert, wenn die lichte Weite etwa gleich der Höhe ist (Bild 4.31). Wird die Weite größer als die Höhe, ist

4.2. Beam bridges

4.2.1. Proportions of beams with constant depth

The beam is the simplest and oldest type of bridge structure. In prehistoric times men placed timber beams across creeks. Nowadays with beams of steel or prestressed concrete we reach free spans of more than 200 meters – and it is still the beam which forms the structure. With increasing spans it is getting more difficult to shape the beam bridge pleasingly because the dimensions increase with the span, making the compatibility of the masses of the structure with the environment critical. For small span beam bridges the choice of the proportions, the order and the scale in relation to the environment play an important part in the aesthetic expression of a beam bridge.
These days, the beam with constant depth is usually chosen. The bottom edges run parallel to the deck alignment. This beam can be continuous (without joints) over many spans and so expresses the speedy flow of modern traffic. The most important criterion for the appearance of the bridge is the slenderness of the beam which we define by the ℓ/d ratio = span ℓength over beam-$d$epth. Depending on its slenderness, a beam bridge can look heavy and depressing or light and elegant. The slenderness may vary between $\ell:d$ = 5 to 30, for continuous beams even up to 45. The engineer has a wide range of choices.
At a beam for a small underpass with large abutment walls, the small slenderness ratio of 5 may be a good proportion, if the width of the opening is about equal to the height (4.31). If the width is larger than the height and the opening forms a flat rectangle, then the more slender beam with $\ell:d$ = 10 may fit (4.31). If the wing walls of the abutments are

4.34 Dreifeld-Balken
oben: schlanker Balken auf kräftigen Pfeilern – gut,
unten: plumper Balken auf dünnen Pfeilern – schlecht.
4.35 Brücke in starker Längsneigung, Balken folgt der Neigung.
4.36 Starke Kuppenausrundung, Unterkante des Balkens flacher gerundet ergibt schwellende Balkenhöhe für große Mittelöffnung.

4.34 Three span beam
above: slender beam on strong piers – good,
below: deep beam on narrow piers – bad.
4.35 Ascending bridge, beam follows the gradient.
4.36 Strongly curved culmination, bottom edge of beam less curved gives increasing depth for main span.

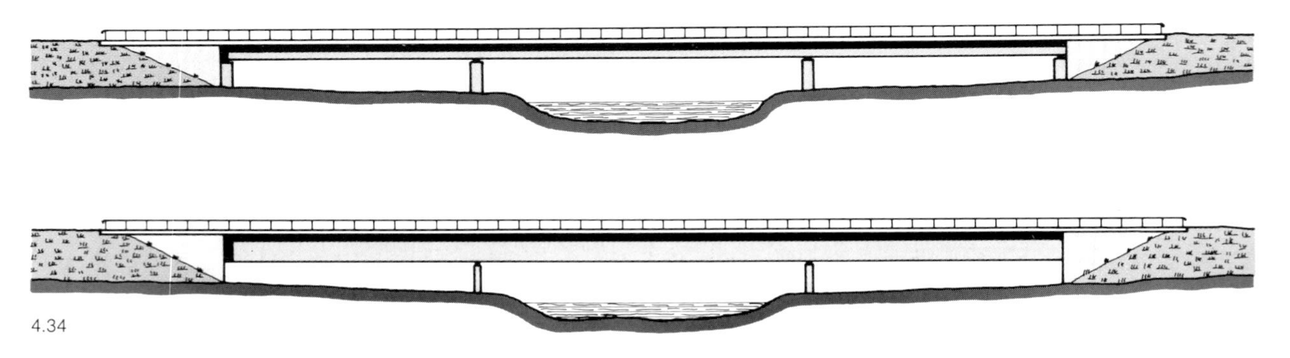

4.34

die Öffnung also ein flaches Rechteck, dann paßt der schlankere Balken mit $\ell:h\approx10$ (Bild 4.31). Verkleinert man die Flächen der Widerlager, indem man sie hoch in die Böschung setzt, dann sieht ein Balken der Schlankheit 10 schon plump aus, während der Balken mit Schlankheit 20 wohl proportioniert ist (Bild 4.32).
Die gleiche Brücke, jedoch mit massiver Brüstung – ohne Gliederung durch ein Gesims – sieht brutal aus. Handelt es sich jedoch um einen nur etwa 6 m weit gespannten Durchlaß für einen kleinen Bach, dann wird man solche Proportionen als angemessen empfinden (Bild 4.33).
Man sieht also, wie die Ausgewogenheit der Proportionen von den Verhältnissen der Massen der Baukörper zu den Verhältnissen der Öffnung abhängig ist.
Bei einer kleinen Flußbrücke mit einem Durchlaufträger über drei Felder läßt sich die Bedeutung der Wahl der Abmessungsverhältnisse (Proportionen) überzeugend darstellen (Bild 4.34). Selbst ein Balken mit der Schlankheit 15 wirkt noch schwer, wenn er von einem nur dünnen Gesims begleitet wird und auf dünnen Pfeilern ruht. Zu dünne Pfeiler lassen befürchten, daß sie den schweren Balken gar nicht tragen können, obwohl die Berechnung nachweist, daß sie ausreichend stark bemessen sind.
Die gleiche Brücke sieht gut aus, wenn der Balken schlanker ($\ell:h = 20$), das Gesimsband höher und die Pfeiler dicker angelegt werden. Beide Brücken sind in statischer Hinsicht gleich richtig und gleich sicher, in ihrer Wirkung jedoch sehr verschieden. Die schlankere Brücke ist in der Regel etwas teurer, doch die Mehrkosten lohnen sich.
Die Betonung der Fahrbahnlinie durch ein *Gesimsband* ist heute allgemein üblich geworden. Dieses Gesimsband verbindet die Ufer von Widerlager zu Widerlager, es hält die Brücke zusammen. Läßt man das Gesims mit dem Geländer fort und macht eine massive Brüstung, die ohne Gliederung aus dem Balkenträger herausragt, dann entsteht ein besonders plumpes Brückenbild, das sich meist auch maßstäblich schlecht in die Umgebung eingliedert (siehe Bild 4.48).
Für lange Hochstraßen in Städten oder über flaches Flut-

smaller, then the beam with slenderness ratio 10 looks heavy, and a slenderness of 20 should be chosen to obtain attractive proportions (4.32).
A bridge with a massive parapet in the plane of the wing walls (without formation by a ledge) looks brutal if it is dimensioned for a street underpass. The same form can look good if the size is small, e.g. as a culvert for a little creek (4.33). Scale is important as well as proportion.
These sketches display how harmony of proportions depends upon the relation of the masses of structural members to the sizes of voids.
A small river bridge with a continuous beam over three spans presents another opportunity to demonstrate how important proportions of bodies and voids are for the appearance (4.34). A beam with a slenderness of 15 looks heavy if it has a thin fascia strip and rests on thin piers. Such slim piers give rise to the fear that they will not be strong enough to carry the heavy beam, though calculations have proved that they will be safe.
The same bridge looks satisfactory if the beam is more slender ($\ell:d = 20$), the fascia deeper and the piers thicker. The more slender bridge will cost a bit more but the extra cost is worthwhile.
It has become a general rule to emphasize the roadway line in elevation by a fascia strip. It connects the embankments from abutment to abutment and it holds the bridge together. If one builds a concrete parapet in one plane with the face of the edge beam, instead of an open railing, then the appearance gets very clumsy and usually does not fit the scale of its surroundings (fig. 4.48).
For long elevated streets in cities or over floodland, the beam with parallel edges is the best solution. The shaping of the supporting members, piers or columns is decisive for these bridges; this will be treated in chapter 10.
If the alignment in elevation is inclined or curved, then the bottom edge should be parallel to the road level (4.35). When the bridge has a curved culmination, then the radius of the bottom edge can be larger in order to get increasing

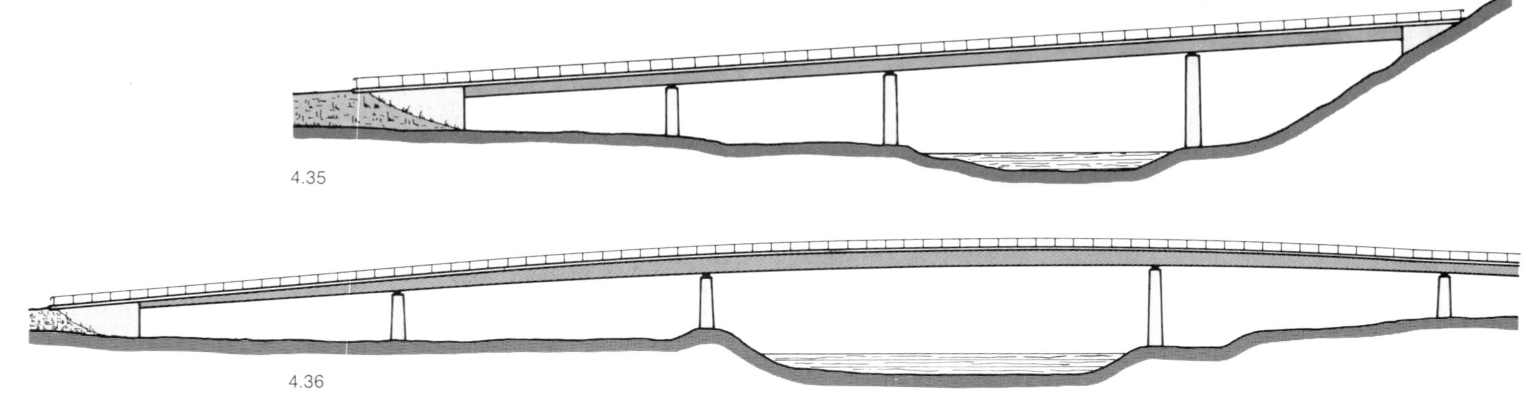

4.35

4.36

gelände ist der parallelgurtige kontinuierliche Balken die gegebene Lösung. Bei diesen Brücken kommt es im wesentlichen auf die Gestaltung der Stützen an, dies wird in Kapitel 10 behandelt.
Ist die Gradiente der Brücke geneigt oder gekrümmt, dann sollte die Unterkante der Balken parallel zur Gradiente verlaufen (Bild 4.35). Liegt die Brücke in einer Kuppenausrundung, dann kann der Radius der Unterkante auch größer gewählt werden, wenn kleinere Seitenöffnungen an eine Hauptöffnung anschließen und die nach der Hauptöffnung zunehmende Balkenhöhe damit sinnvoll ist (Bild 4.36). Die Unterkante des Balkens darf nicht gerade sein, wenn die Fahrbahnlinie im Aufriß gekrümmt ist.

depth of the beam for a main span between smaller side spans (4.36). The bottom edges of the beam should never be straight if the deck is curved in elevation.

4.2.2. Balken mit Vouten

Wir wollen an der dreifeldrigen Flußbrücke auch noch wesentliche Gestaltungsmerkmale der Balken mit *voutenförmigen Untergurten* erläutern. Die Vouten vergrößern die Balkenhöhe an Zwischenpfeilern, was die Aufnahme der großen Stützmomente erleichtert. Die Lasten und Schnittkräfte werden zu diesen Pfeilern hin verlagert, die Feldbereiche (die Bereiche nahe der Mitte der Öffnung) werden dadurch entlastet, so daß dort kleinere Balkenhöhen genügen als beim parallelgurtigen Balken. Die Vouten können geradlinig oder gekrümmt geformt sein.
Ist die Gradiente (Gesimslinie) eine Gerade und horizontal oder nur leicht geneigt, dann können geradlinige flache Vouten gut aussehen (Bild 4.37). Sie sollten nicht länger als etwa 0,20 ℓ sein und nicht mehr als etwa 1:8 geneigt sein. Steilere und längere Vouten nehmen der Brücke die Spannung und den Reiz der Schlankheit. Am Balkenende darf keinesfalls eine Voute erscheinen, sie wäre statisch falsch. Die Voutenbrücke setzt in der Regel voraus, daß die Seiten- oder Endöffnungen kleiner sind als die Hauptöffnung, z. B. 0,7 ℓ bis 0,8 ℓ, damit die dortigen Feldmomente nicht größer werden als im Mittelfeld. So kommen für die Wahl der Spannweiten statische Überlegungen herein, die das Brückenbild verbessern.
Ist die Gradiente gekrümmt, liegt die Brücke in einer Kuppenausrundung zwischen geneigten Rampen, dann ist die gekrümmte Voute angezeigt, die sich an die gekrümmte Gesimslinie anschmiegt (Bild 4.38).
Die so entstehende gevoutete Balkenform ist besonders beliebt, wenn eine große Hauptöffnung über einen Fluß zwischen kleineren Flutöffnungen zu überbrücken ist. Viele Beispiele verdeutlichen folgendes: Die Voute sollte etwa parabelförmig verlaufen und im Mittelbereich der Hauptöffnung nur wenig stärker gekrümmt sein als die Gesimslinie. Die Voute sollte besonders in den Seitenöffnungen – aber auch in der Hauptöffnung – an eine Linie tangieren, die parallel zur Gesimslinie ist (siehe Längsprofile überhöht gezeichnet, Bild 4.39). Die Höhe des Balkens

4.2.2. The haunched beam

We will again use the example of the three span bridge to explain the main criteria for good design of haunched beams. The haunches increase the depth of the beam towards the piers and thereby facilitate resistance to the high negative moment at the supports. The loads and action forces are shifted towards these intermediate supports which relieves the central portions of the spans and allows a smaller beam depth at this point than would be required for a parallel beam.
If the deck alignment is straight, horizontal or slightly inclined, then straight haunches look good (4.37). They should not be longer than about 0,20 ℓ and not be more inclined than about 1:8. Steeper and longer haunches impair the expression of tension and slenderness. At the ends of the bridge there should be no haunch, it would not make sense.
Haunched beams should have, as a rule, end spans which are smaller than the main span, e. g. 0,7 ℓ to 0,8 ℓ, so that the positive bending moments at these points are not greater than in the main span. Thus the choice of span widths involves statical considerations and they can improve the appearance of the bridge.
If the vertical alignment is curved around a summit, then curved haunches which correspond to the curved fascia lines should be employed (4.38). This shape for haunched girders is a favourite, when a river has to be bridged with one large span between shorter side spans. Many examples are shown in chapter 11, and a critical analysis can teach us that:
The haunch should have a parabolic curve with decreasing curvature towards the middle of the main span where the curvature should be only slightly larger than that of the fascia. The curve of the bottom edge should be a tangent to a line parallel to the fascia, especially at the end of the side spans (see elevation drawing with exaggerated heights, 4.39). The depth of the beam above the pier should not be more than twice the depth in the middle of

4.37 Dreifeldrige Balkenbrücke mit geraden Vouten.
4.38 Kuppenausrundung empfiehlt gekrümmte Vouten.

4.37 Three span beam bridge with straight haunches.
4.38 Curved alignment makes curved haunches advisable.

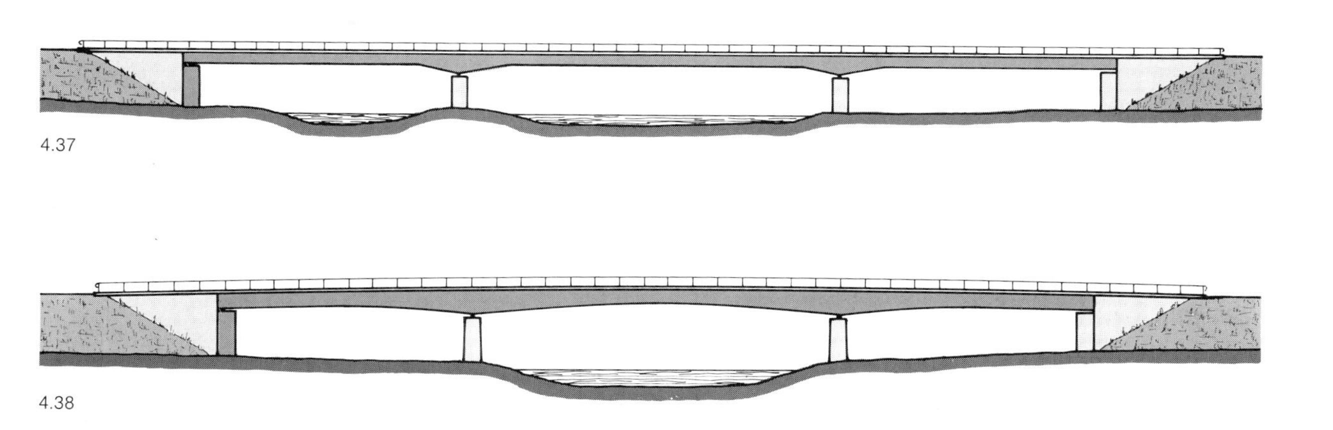
4.37

4.38

4.39 Günstige (oben) und ungünstige (unten) Führung der gekrümmten unteren Balkenlinie.
4.40 Ungünstige Form des Dreifeldbalkens.
4.41 Wiederholung gevouteter Balken wirkt gut, wenn sie niedrig über Wasser oder Gelände angeordnet sind.

4.39 Favourable (upper) and unfavourable (lower) alignment of continuous beams.
4.40 Unfavourable shape of the three-span beam.
4.41 A series of haunched beams looks good if low above water or ground level.

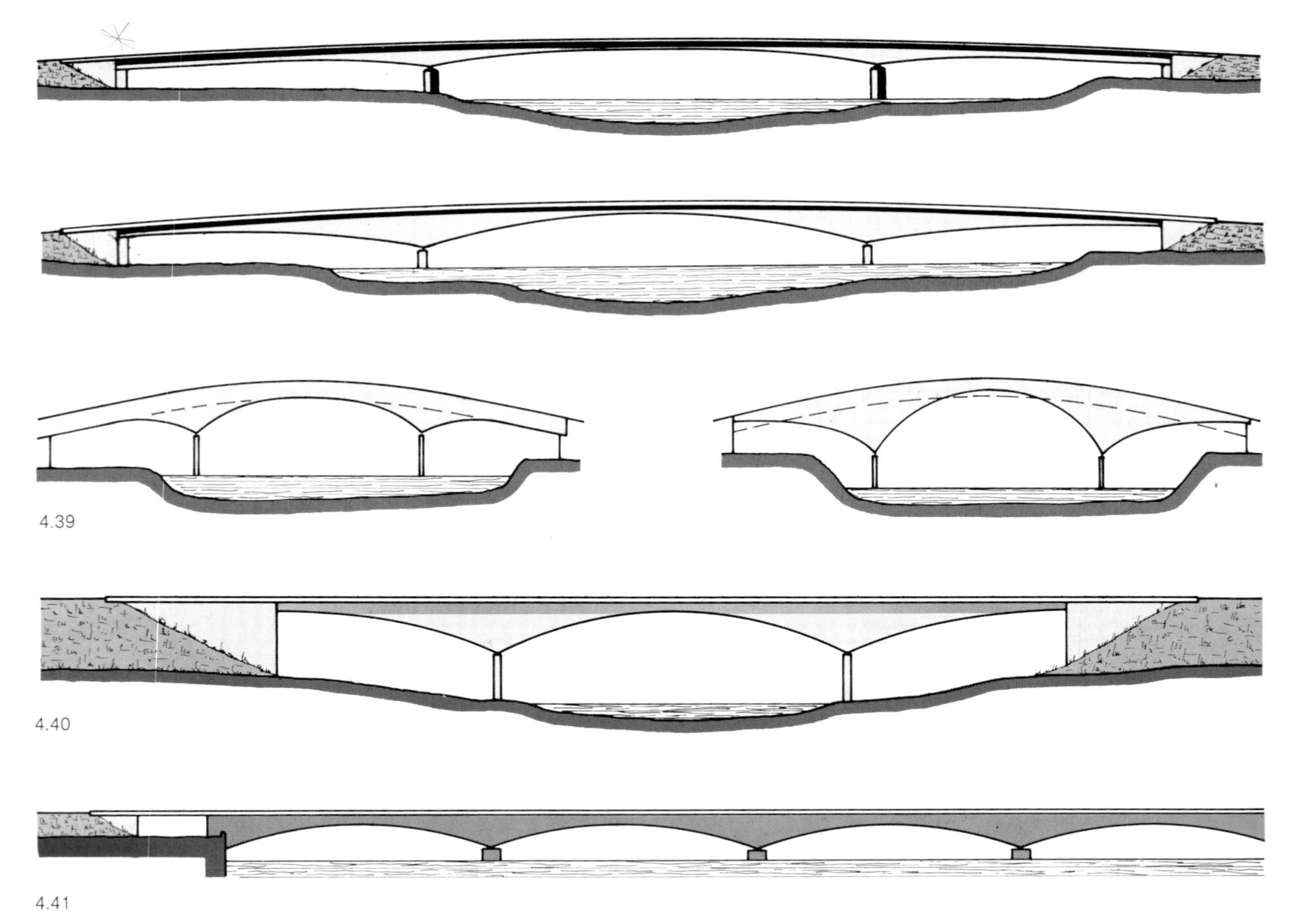

am Pfeiler sollte nicht größer sein als die zweifache Höhe in den Feldern. Wesentlich ist ferner, daß der Pfeiler unter der Voute kräftig ist und so der durch die Voute bewirkten Ballung der Kräfte sichtbar entgegenwirkt.
Mit solchen Gestaltungsregeln erhält die gevoutete Brücke Spannung und Eleganz, besonders wenn die Möglichkeiten der Schlankheit ausgeschöpft werden (z. B. im Feld ℓ:h = 50, am Pfeiler ℓ:h = 25) und wenn der Querschnitt der Brücke und das Gesimsband wohl proportioniert sind (siehe Bilder 11.27 und 11.29).
Als Gegenbeispiel sei eine Brücke gewählt, deren Untergurt als gleichmäßig gekrümmter Kreisbogen durchläuft, die in der Mitte zu dünn, am Pfeiler zu dick sind und deren Balkenenden sich zuspitzen (Bilder 4.40 und 11.17). Der Charakter des Balkens geht verloren, der Laie sieht in dieser Form einen Bogen und empfindet dann die Seitenfelder als Widerspruch.
Eine Wiederholung der Vouten in aufeinanderfolgenden Öffnungen sieht meist nur dann gut aus, wenn die Brücke nicht hoch über dem Gelände liegt, wenn also die Brükkenöffnungen sehr flach sind (Bild 4.41). In solchen Fällen kann auch der bogenförmige Untergurt gut aussehen, wie das Beispiel der Züricher Limmatbrücke am Bellevue zeigt (Bilder 11.37 und 11.38).
Solche Brücken mit geschwungenem Untergurt sind in ihrer ästhetischen Wirkung angenehmer als die parallelgurtigen Balken, die mit ihren straffen Geraden stets steif wirken und mit ihrer nüchternen technischen Form einen Gegensatz zur Natur bilden.

the main span. Further, it is important that the pier under the haunch is strong, corresponding visually to the concentration of loads and forces obtained by the haunches.
The haunched girder bridge can achieve an expression of tension and elegance if such design rules are applied, especially if slenderness ratios are chosen that are close to the limits (e.g. ℓ:d = 50 in the middle of the span and 25 above the piers) and if the cross section and the fascia are well proportioned as in 11.27 and 11.29.
As counter evidence one may take a bridge which has a circular curve of the soffit, is too thin in the middle and tapers to the ends of the side spans (4.40 and 11.17). The character of beam gets lost, the layman sees an arch and senses the contradiction of the side spans.
A reiteration of haunches in a series of spans is, as a rule, only visually effective if the bridge is not high above the ground and the voids of the openings have a flat form (4.41). In such cases the circular curve of the soffit can even look good, as exemplified by the bridges in Zurich and Geneva (11.37 and 11.38).
Bridges with curved bottom lines of continuous beams give more aesthetic satisfaction than the parallel edged beams which express rigidity and stiffness as a result of their straight lines and their sober technical shape usually appears unnatural.

4.2.3. Balken für Talbrücken

Auch für Talbrücken wurde der Balken als Durchlaufträger zur bevorzugten Tragwerksform. Die beste Gestaltung solcher Brücken hängt ganz von der Talform ab. V-förmige Täler mit steilen Hängen reizen, mit kleinen Stützweiten

4.2.3. Beams for viaducts

The continuous beam is also the preferred type of girder for viaducts. The best design arrangement depends mainly upon the shape of the valley. V-shaped valleys with steep slopes suggest the choice of small spans so as to

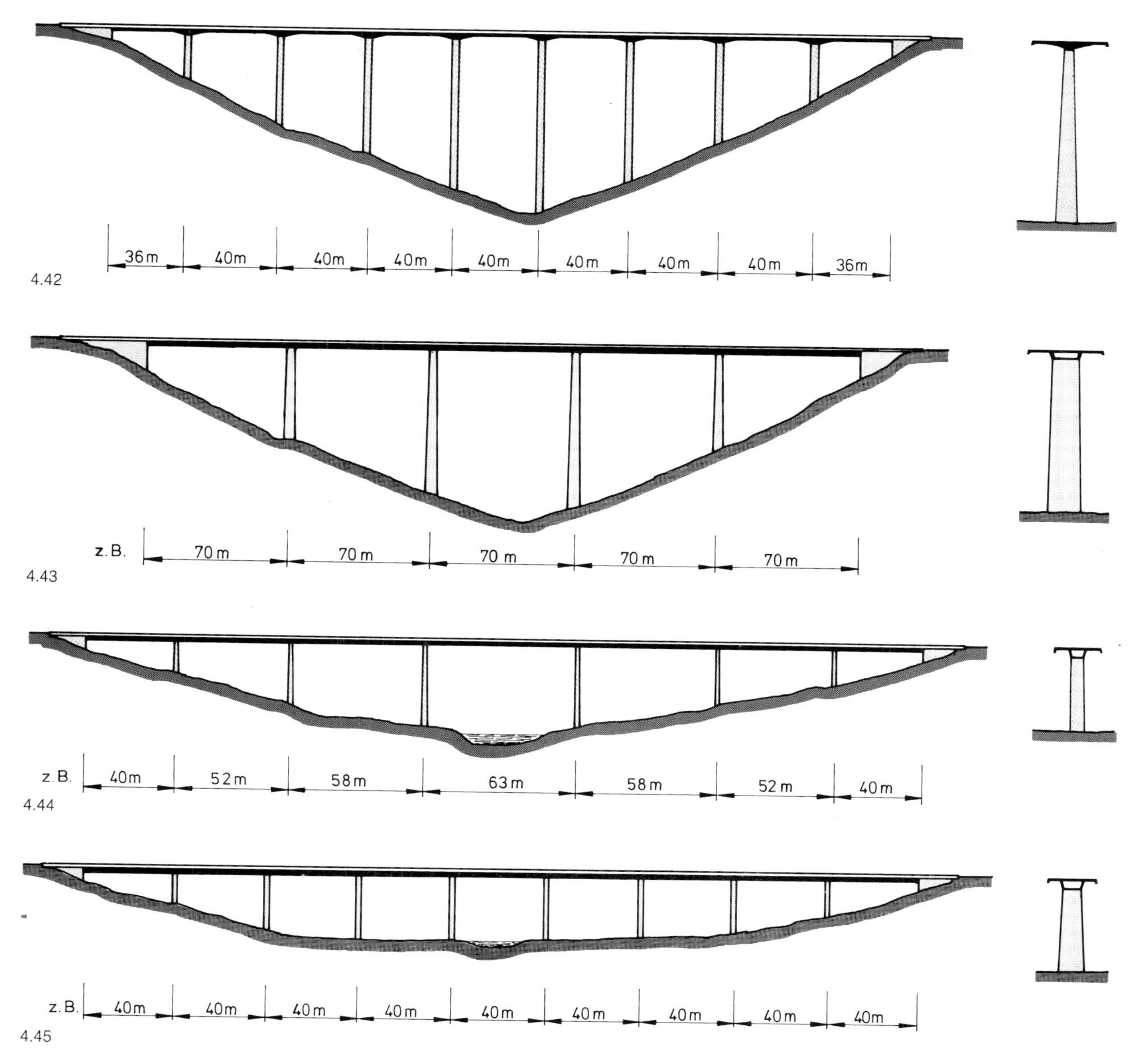

4.42 Tiefes V-Tal, schmale Pfeiler, eng gestellt – sie betonen Höhe.
4.43 Tiefes V-Tal, große Öffnungen, Pfeiler mit Anlauf.
4.44 Flaches Tal, abgestufte flache Öffnungen, harmonisch.
4.45 Flaches Tal, gleiche zu kleine Öffnungen wirken steif.

4.42 Deep V-shaped valley, slender piers closely spaced emphasize height.
4.43 Deep V-shaped valley, large spans, tapered piers.
4.44 Shallow valley, flat openings with varying spans, harmonious.
4.45 Shallow valley, identical and small spans look stiff.

hochformatige Öffnungsverhältnisse zu wählen und so die Höhe zu betonen (Bild 4.42). Dies ist jedoch nur sinnvoll, wenn an den Hängen gute Gründungsverhältnisse vorliegen, so daß die Gründung vieler Pfeiler ohne großen Aufwand möglich ist. Enge Pfeilerstellung bedingt aber sehr schmale Pfeiler, damit das Tal in der Schrägsicht nicht zugebaut wird. Ein vorbildliches Beispiel dieses Brückentyps ist die Elztalbrücke in der Eifel (Bild 11.112).
Liegen keine günstigen Gründungsverhältnisse vor, dann wird man bei V-förmigen Tälern versuchen, mit nur drei bis fünf großen abgestuften Öffnungen auszukommen. Keinesfalls sollte in der Talmitte ein Pfeiler stehen (Bild 4.43). Die ungerade Zahl der Felder ist stets besser als die gerade Zahl – dies ist eine in der Architektur von alters her bewährte Regel.
Bei flacheren Talquerschnitten geben liegende Öffnungsverhältnisse mit wenigstens $1{,}5:1 = \ell:h$ ein gefälligeres Brückenbild als stehende. Harmonie entsteht besonders dann, wenn die Öffnungsweiten am Hang jeweils soviel kleiner werden, daß die Diagonale durch die Öffnung etwa die gleiche Neigung behält (Wiederholung gleicher Proportionen) (Bild 4.44). Wenn dabei die Öffnungsweiten zu verschieden werden, kann die Balkenhöhe mit zunehmenden Spannweiten stetig vergrößert werden, wenn ein dafür geeignetes Bauverfahren zur Verfügung steht. Wählt man gleichbleibende Balkenhöhe, dann sollte man die

achieve high-shaped openings, stressing the height (4.42). This is reasonable only if the foundation conditions in the slopes are good so that the foundation work for the many piers can be carried out without difficulty. Close spacing of piers requires very narrow piers (small transverse width) so that from an oblique view the valley will not be too obstructed. An ideal model is the Elztal viaduct (11.112).
If the foundation conditions are not favourable, then one will try to cross the V-shaped valley with 3 or 5 larger spans without, however, placing a pier in the lowest point of the valley (4.43). An uneven number of spans is always better than an even one; this is an old and approved rule in architecture.
In wider valleys, horizontal rectangular proportions of the openings with $\ell/h \geqq 1{,}5:1$ give a more pleasing picture than vertical ones. Harmony is obtained when the spans decrease up the slope in such a way that the diagonals through the openings keep the same inclination (repetition of equal proportions) (4.44). If this causes the spans to differ too much, then the depth of the beam can be steadily increased for the larger spans, if a suitable construction method is available.
If constant depth is chosen for such differing spans, one should hide the beam face by a wide cantilever of the deck as explained in 4.49 to 4.52.

4.46 Die Breite der Pfeiler sollte $\ell/8$ nicht überschreiten.
4.47 Bei Stützen darf der gesamte Querabstand nicht größer als $\ell/3$ sein, sonst entsteht ein »Stützenwald«.

4.46 The width of the piers should not exceed $\ell/8$.
4.47 The total width of groups of columns should not be larger than $\ell/3$.

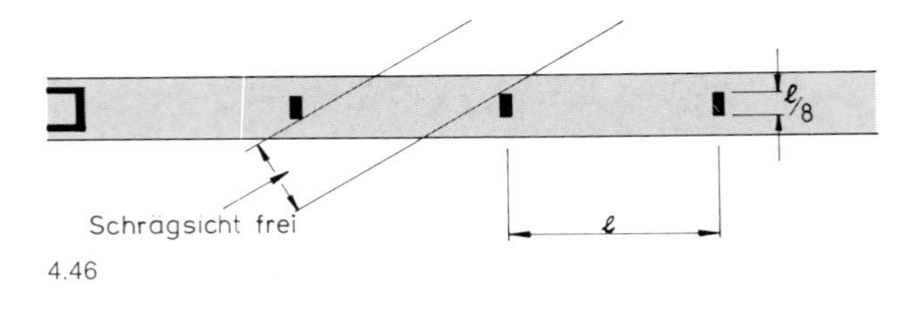

4.46

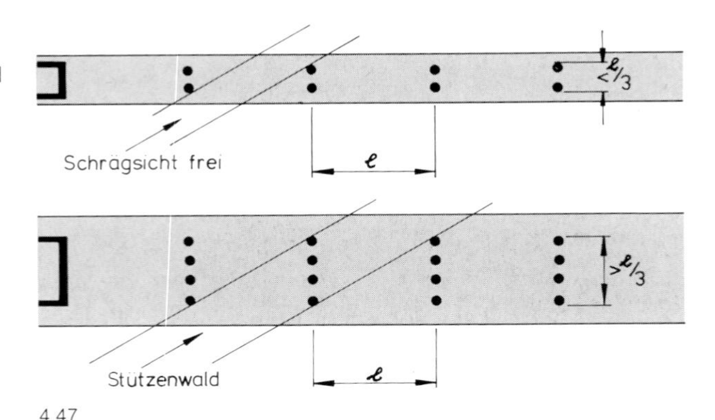

4.47

Balkenfläche im Querschnitt durch eine weite Auskragung der Fahrbahn zurückdrängen, wie dies in den Bildern 4.49 bis 4.52 erläutert wird.
Nur bei der Überquerung eines flachen Talgrundes sind gleichbleibende Öffnungsweiten befriedigend (Bild 4.45), wenn die Spannweiten wenigstens der 1,5fachen lichten Höhe entsprechen. Doch sollten auch hier die Endfelder kleiner gewählt werden, um den Übergang zum Widerlager und damit zum Brückenende durch die Abnahme der Schrittweite zu vermitteln.
Bei Talbrücken lehrt die Erfahrung, daß die Zwischenpfeiler nicht massig sein dürfen. Der Durchblick unter der Brücke muß auch bei schiefwinkliger Blickrichtung noch möglich sein, die Pfeiler dürfen nicht wie eine das Tal versperrende Mauer wirken. Dies bedingt, daß die Pfeilerbreite möglichst nur 1/8 der Pfeilerabstände sein sollte, besser noch weniger, wenn die Pfeilerbreite das Maß von etwa 10 m überschreitet (Bild 4.46).
Die Durchsicht wird noch besser, wenn statt Pfeilern Stützen gewählt werden, doch sollte man die Zahl der Stützen im Querschnitt möglichst auf zwei beschränken. Auch hierbei müßte der Stützenabstand in Längsrichtung wenigstens das dreifache des Abstands in Querrichtung sein (Bild 4.47). Bei vier Stützen quer nebeneinander und Längsabständen, die nur etwa doppelt so groß sind wie die Breite der Stützengruppe, entsteht ein verwirrender Durchblick, ein Stützenwald (siehe Bild 11.114). Dies gilt besonders, wenn die Brücke in einer Kurve liegt.

4.2.4. Steigerung des Ausdrucks der Schlankheit durch die Gestaltung des Brückenquerschnitts

Ein ungegliederter Balken am Rand einer großen Balkenbrücke ist nicht nur statisch fehl am Platz, sondern verschlechtert auch das Aussehen – er macht die Brücke plump und ausdruckslos (Bild 4.48). Diese negative Wirkung wird durch eine massive Brüstung noch verschlimmert. (Dies gilt nicht bei kleinen Durchlässen oder kleinen, sehr schlanken Plattenbrücken!)
Zweifellos wirkt eine schlanke Brücke schöner als eine plumpe. Schlankes Aussehen ist daher oft ein angestrebtes Gestaltungsmerkmal. Die objektive Schlankheit $\ell:h$ der Balkenträger kann jedoch aus wirtschaftlichen oder aus technischen Gründen nicht immer so groß gewählt werden wie dies für das Erscheinungsbild der Brücke in ihrer Umgebung wünschenswert wäre. Der Querschnitt

Constant span lengths are satisfactory only in flat valleys, (4.45) if the spans are at least 1,5 times the height. The end spans should be shorter in order to mediate the transition to the abutment and the ending of the bridge.
Moreover experience has shown that viaduct piers should not be too massive. The view underneath the bridge must also remain open from oblique angles. The piers should not look like a wall blocking the valley. Therefore the width of the piers should not be larger than about 1/8 of the span, and preferably even less if the width is larger than 10 m (4.46).
The oblique view will be even better if columns are chosen, but their number in cross-section should be limited to two, if possible. The longitudinal distance of such columns should be at least three times their lateral spacing (4.47). Four columns, side by side, at a longitudinal distance which is only about twice the overall width of the 4 columns, give an entangled impression – a "forest" of columns (see 11.114), especially if the bridge is on a curve.

4.2.4. Increasing the impression of slenderness by suitable design of the cross-section

An unformed plain beam face at the edge of a bridge is not only unreasonable with regard to statics, but spoils the appearance of the bridge, making it clumsy and dull. This negative effect is worsened by a closed parapet. (This statement is not valid for very small bridges or culverts with slender slabs!)
Undoubtedly, the slender bridge looks better than the clumsy one. A slender look is therefore a design feature well worth striving for. The factual slenderness ratio $\ell:h$ of beams, most suitable for the appearance of the bridge, must often be rejected for technical or economic reasons. But the cross section of the bridge can be profiled in a way that it appears more slender than it is in reality (4.49 to 4.52).
First, the deck slab must be cantilevered over the edge beam, which also makes sense statically (4.49). And there the play with the proportions of the bridge as a whole begins. The most suitable cantilever width w depends not only upon the depth of the beam h, but also on the type of support and the total width. For a one-span bridge $w = 2\,h$ may suffice; for a long elevated street $w = 4\,h$ may be advisable so that two rows of columns are sufficient (see 10.27 and 10.28). The cantilever width has sometimes reached 6 to 7 m. The beam is then totally in the shadow, far recessed, and its actual slenderness is not noticeable.
The second means to increase the expression of slenderness is given by the choice of the depth of the fascia g. The proportions of the whole bridge again play a role. The depth g can be related to the remnant depth of the beam h'. $g:h'$ can be between 1:2 and 1:4, depending on the total length of the bridge and on its elevation – low or high above the ground. The factual slenderness also counts. At long high-level bridges the relatively deep fascia $g:h' = 1:3$ is favourable and fascia depths of 1,2 to 1,5 m have repeatedly been used. Another rough rule is that g should be at least $\ell/80$ of the main span.
Box girders provide a further way to increase the expression of slenderness by inclining the web (4.51). The depth of the girder gives it less visual impact. Also an outward inclination of the fascia can be helpful, as it catches more light and so distracts the eye from the beam underneath (4.52). Finally the fascia strip can be enhanced by using bright colours. The beam lies mostly in shadow and can be further repressed by the use of dark colour.

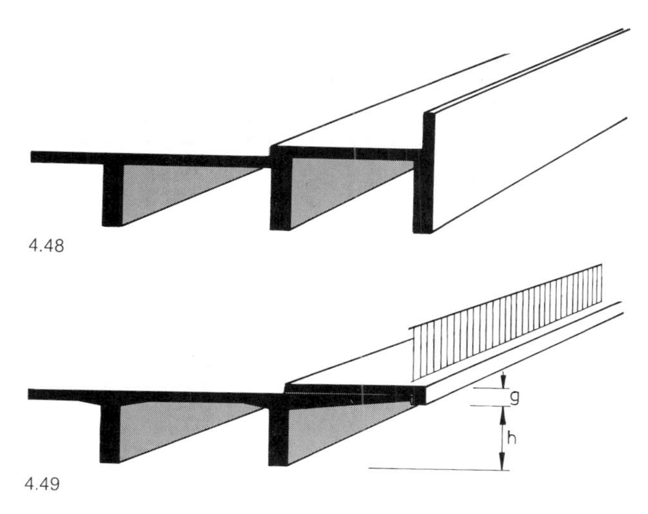

4.48

4.49

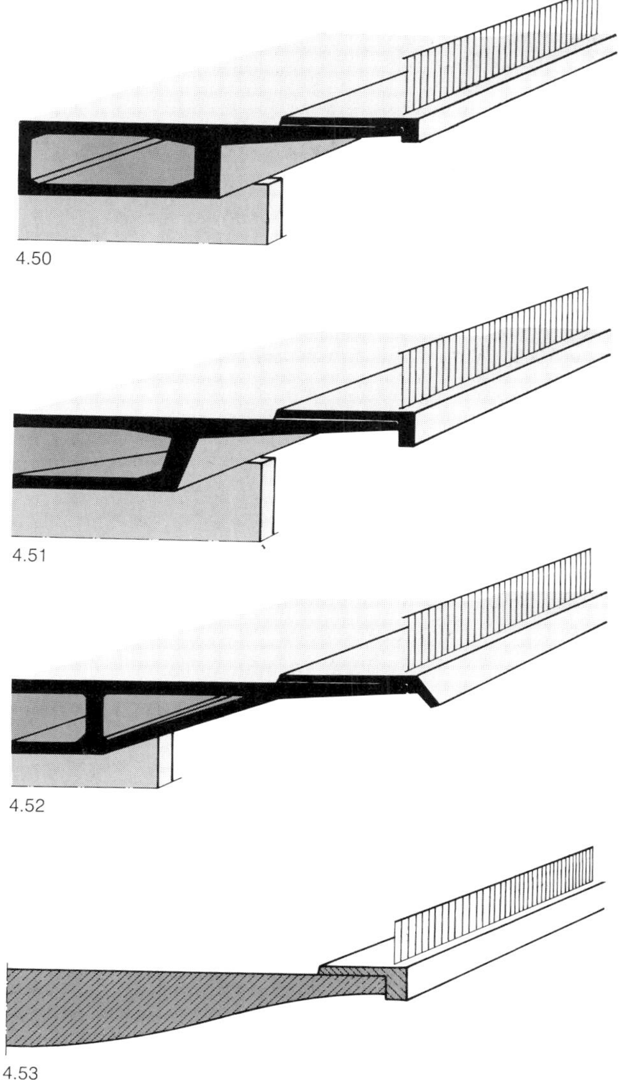

4.50

4.51

4.52

4.53

4.48 Brüstung in gleicher Ebene wie Randbalken geben ein plumpes Bild.
4.49/4.50 Auskragung der Fahrbahnplatte und hohes Gesims ($g{:}h$ = 0,5 bis 0,3) lassen den Balken schlanker erscheinen.
4.51 Geneigte Stege der Kastenträger steigern schlankes Aussehen.
4.52 Geneigtes Gesimsband wirkt besonders hell.
4.53 Der Düsseldorfer Querschnitt ohne ablesbare untere Kanten des Balkens.
4.54 Weite Auskragung der Fahrbahn mit Schrägstreben.

4.48 Parapet in the plane of the edge beam looks blunt.
4.49/4.50 Cantilevering deck slab and deep fascia ($g{:}h$ = 0.5 to 0.3) give a slender appearance to the beam.
4.51 Inclined webs of box girders increase appearance of slenderness.
4.52 Inclined fascia face looks bright.
4.53 The Düsseldorf cross section without any beam edges.
4.54 Wide cantilevering deck supported by struts.

der Brücke kann aber so profiliert werden, daß die Brücke schlanker wirkt als sie tatsächlich ist (Bilder 4.49 bis 4.52).
Als erstes ist die Fahrbahntafel – meist der Gehwegteil – über den Randbalken auszukragen, was auch statisch sinnvoll ist (Bild 4.49). Doch hier beginnt gleich das Spiel mit den Proportionen an der Brücke. Die günstigste Kragweite w hängt nicht nur von der Balkenhöhe h ab, sondern auch von der Stützungsart und der Gesamtbreite der Brücke. Bei einer einfeldrigen Brücke mag es genügen, wenn $w = 2\ h$ gewählt wird. Bei einer langen Hochstraße kann $w = 4\ h$ günstig sein, damit zwei Stützenreihen genügen (vergleiche Bild 10.28). Die Kragweite hat bei solchen Brücken verschiedentlich schon 6 bis 7 m erreicht. Der Balken liegt dann ganz im Schatten weit zurück und seine tatsächliche Schlankheit wird kaum mehr wahrgenommen.
Das zweite Mittel, die Schlankheit im Aussehen zu steigern, ist durch die Wahl der Höhe des Gesimsbandes g gegeben. Auch hier spielen die Verhältnisse der ganzen Brücke eine Rolle. Zunächst kann g auf die Resthöhe des Balkens h' in der Ansicht bezogen werden, $g{:}h'$ kann 1:2 bis 1:4 betragen, je nachdem ob die gesamte Brücke kurz oder lang ist und niedrig oder hoch liegt. Auch die objektive Schlankheit spielt eine Rolle. Bei langen, hoch gelegenen Balkenbrücken wirkt das relativ höhere Gesims, z. B. $g{:}h \approx 1{:}3$ günstig, wobei wiederholt Gesimshöhen von 1,20 bis 1,50 m ausgeführt wurden. Als Faustregel gilt auch, daß das Gesims mindestens $\ell/80$ hoch sein soll.
Bei Kastenträgern ergibt sich noch eine weitere Möglichkeit, das schlanke Aussehen zu steigern, indem die Stege nach innen geneigt werden (Bild 4.51). Ihre Höhe verliert dadurch an Wirkung. Bei großen Brücken kann eine geneigte Gesimsfläche mehr Licht abstrahlen und das Gesimsband betonen (Bild 4.52). Schließlich kann das Gesimsband durch eine helle Farbe betont werden, der im Schatten liegende Balken kann zudem mit dunkler Farbe »verdrängt« werden.
In dieser Entwicklung hat F. Tamms als künstlerischer Berater der Düsseldorfer Brücken eine besondere Leistung vollbracht, indem er jede Kante in der Unterfläche der Brücke vermied und die erforderliche Bauhöhe der Platte mit gekrümmten Flächen herausholte (Bild 4.53). Die Bauhöhe ist damit von außen gar nicht mehr ablesbar. Die Düsseldorfer Hochstraße am Jan-Wellem-Platz wurde so die eleganteste (Bild 10.16) und wurde oft nachgeahmt.
Für große Fluß- und Talbrücken hat man zuerst bei Stahlbrücken die Fahrbahn mit Schrägstreben aus einem schmalen Hohlkasten weit ausgekragt (Bild 4.54) und so nicht nur ein schlankes Aussehen erzielt, sondern auch sehr schmale Pfeiler ermöglicht.

In this field F. Tamms, art advisor for the Dusseldorf bridges, has achieved considerable success by avoiding any edges in the soffit face and by changing the depth by means of steadily curved lines in the cross section (4.53). This means that the depth of the beam can no longer be gauged from the outside. This led to the extremely elegant design of the elevated street bridge across the Jan-Wellem-Platz and it has often been imitated (10.16).
For large river bridges and viaducts, the cantilevering of the deck slab out of a box girder was increased by struts (4.54). This was first done on steel bridges. This meant not only a slender appearance, but made possible very slender piers.

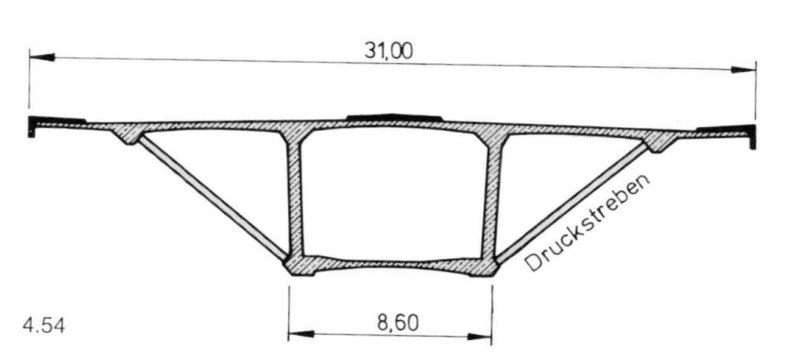

4.54

4.55 Je mehr Kabel, um so dünner der Balken, Kabel in Büschelform.
4.56 Kabel in Harfenform.
4.57 Kabelanordnung zwischen Büschel und Harfe – Vorteile für Verankerung im Pylon.

4.55 The more cables, the thinner the beam, cables in fan shape.
4.56 Cables in harp shape.
4.57 Arrangement of cables between fan and harp shape, advantages for anchoring in pylon.

4.3. Schrägkabel-Brücken

Schrägkabel-Brücken sind seit etwa 1950 in rasch zunehmender Zahl gebaut worden. Der weit gespannte Balken wird mit schrägen Zuggliedern an Pylonen oder Türmen aufgehängt. Als Zugglieder werden in der Regel Stahldraht-Kabel oder Seile verwendet. Im letzteren Fall ist die Bezeichnung Schrägseilbrücke richtig.
Die ersten Brücken dieser Art haben nur ein bis drei Kabel auf jeder Seite des Pylons. Der Balken ist damit nur an wenigen Punkten zwischen den Pylonen zusätzlich gestützt und hat so noch große Biegemomente aufzunehmen, die eine entsprechende Balkenhöhe bedingen. Im Laufe der Entwicklung zeigte sich, daß viele Schrägkabel sowohl für die Bauausführung als auch für die fertige Brücke günstiger sind als wenige. Der Abstand der Unterstützung des Balkens wird dabei auf 6 bis 12 m beschränkt, die Biegemomente werden klein, und zwar um so kleiner, je schlanker der Balken gewählt wird. Diese Entwicklung erlaubt, selbst sehr weit gespannte Brücken (300 bis 1800 m) mit ungewöhnlich kleiner Bauhöhe der längs liegenden Träger zu bauen. Der schönheitliche Reiz dieser Brücken liegt dadurch in der auf diesem Wege möglichen großen Schlankheit des Brückendecks. Bild 4.55 zeigt diese Entwicklung in schematischer Darstellung.
Für die Anordnung der Schrägkabel gibt es viele Möglichkeiten: Die natürlichste und technisch wirkungsvollste ist die »Büschelform«, bei der alle Kabel von der Pylonspitze ausgehen (Bild 4.55).
Das andere Extrem ist die »Harfenform«, bei der alle Kabel parallel sind und über die Pylonenhöhe gleichmäßig ver-

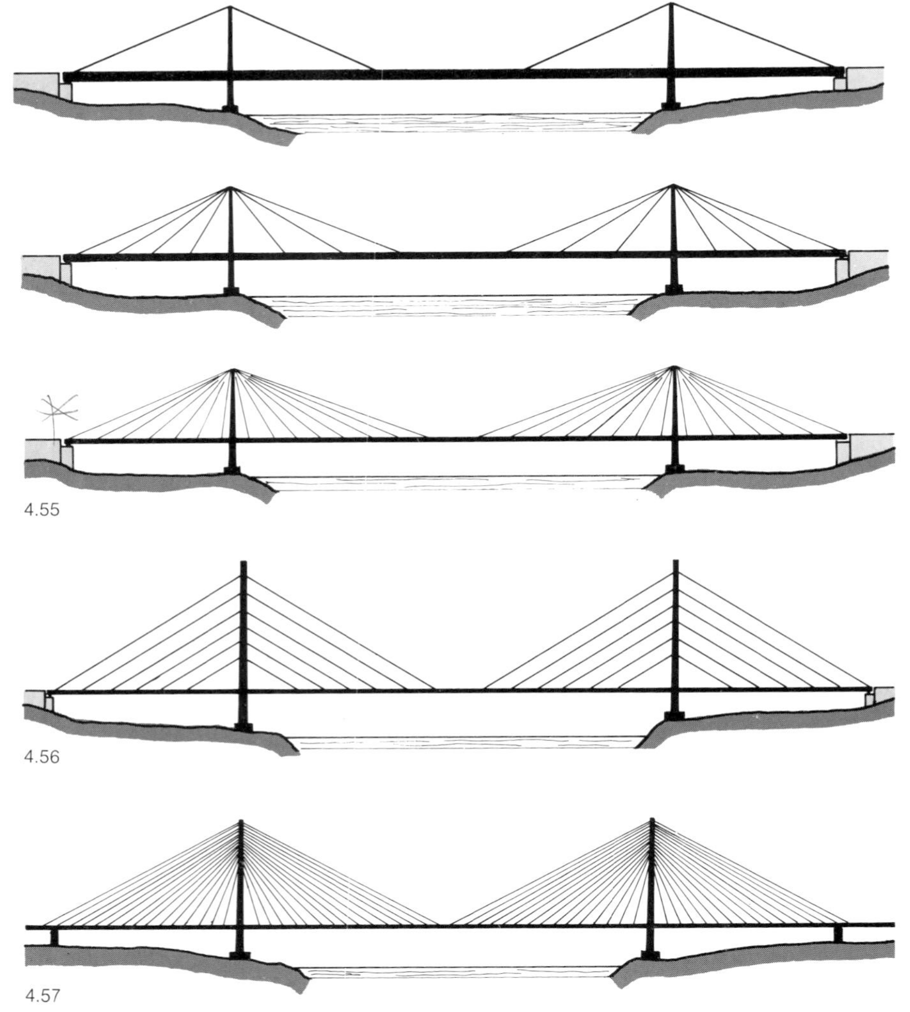
4.55
4.56
4.57

4.3. Cable-stayed bridges

Cable-stayed bridges have been built in increasing numbers since about 1950. The long beam is suspended from a tower or pylon by means of inclined tension members. Parallel wire cables or ropes are used for the suspension.
The first bridges of this type had only one to three cables on each side of the pylon; this means that the beam gets additional support only at a few points. Since large bending moments remain to be resisted, this calls for a correspondingly large depth of beam. While developing this method we learned that many cables, closely spaced, not only simplify construction work, but they also simplify the structure itself. When the distance between the anchors at the deck is reduced to 6 to 12 m, the bending moments of the beam become very small, and the more slender the beam, the more they decrease. This development even allows the building of very long span bridges (300 to 1800 m) with an unusually small depth of the longitudinal girders. The aesthetic attraction lies, therefore, in this extreme slenderness of the deck and, in conjunction with the thin cables, in the lofty lightness. Fig. 4.55 shows this development schematically.
There are many possibilities for the arrangement of the cables. The most natural and technically most effective arrangement is the "fan shape" with all cables starting from the top of the tower (4.55). The other extreme is the "harp shape" with all cables parallel and equally distributed over the height of the tower (4.56). The harp shape has the aesthetic advantage that cables in two vertical planes also remain parallel from an oblique angle of view and crossings are avoided (rule of good order!). The group of the Dusseldorf Rhine bridges was built with cables in harp-shape for this reason (see 13.1).
Crossings of cables in oblique view are, however, only disturbing if a small number of thick cables are involved. With many thin cables or ropes a net-like patten emerges which is hardly visible against the sky (see 13.38). The crossings are further reduced if all cables of both planes join at the tip of an A-shaped tower (13.41).
Since cables must be replaceable nowadays, the joining of the cables at the top has become structurally difficult. Therefore, the upper anchors are distributed over a suitable length of the tower head (4.57) leading to a compromise between fan and harp types.
For a pleasing appearance of such cable-stayed bridges it is important that the fascia or the edge beams runs undisturbed through the outside of the cable anchors (4.58). It does not look good if the cable anchors are attached like flower boxes outside the beam (Rhine bridge Rees). The anchor heads can, however, protrude underneath the soffit.
The towers can be designed with great slenderness because the cables exert only small wind forces and contribute to safety against buckling in the completed stage. Therefore towers without cross bracing are possible when the cable planes are vertical (see 13.4). For large spans and high level decks A-shaped towers are most suitable. Their legs can be inclined towards the inside under high level decks in order to concentrate the forces on to a small foundation (4.59). Careful proportioning is needed here in order to obtain harmony.
What has been said so far refers to cable-stayed bridges which are suspended by cables in two planes anchored along the edges of the deck structure. Bridges with cables in one plane along the axis have been built on several occasions and can be quite handsome because a single slender column is sufficient (4.60). However, the beam

teilt im Pylon umgelenkt oder verankert werden (Bild 4.56). Die Harfenform hat den Vorteil, daß in zwei vertikalen Ebenen angeordnete Kabel auch in der Schrägsicht parallel bleiben und so störende Überschneidungen vermieden werden (Ordnungsregel). Die Düsseldorfer Rheinbrücken sind aus diesem Grunde mit Kabeln in Harfenform gebaut worden (Bild 13.1).
Die Überschneidungen der Kabel in Büschelform wirken jedoch nur dann störend, wenn wenige dicke Kabel vorhanden sind. Bei vielen dünnen Kabeln oder Seilen entsteht ein netzartiges Bild, das sich gegen den Himmel nur wenig abhebt (Bild 13.38). Die Überscheidungen werden zusätzlich gemildert, wenn die beiden Kabel-Scharen an der Spitze eines A-förmigen Pylons zusammengeführt werden (Bild 13.41).
Da heute die Auswechselbarkeit der Kabel verlangt wird, ist die Vereinigung der Kabel in einem Punkt im Pylonenkopf erschwert. Man verteilt deshalb die Anker über eine gewisse Höhe am Pylonenkopf (Bild 4.57). Dies führte zu Kabelanordnungen zwischen Büschel und Harfe.
Für das Aussehen der Schrägkabel-Brücken ist es wichtig, daß das schlanke Gesims- oder Balkenband vor den Kabelankern ungestört durchläuft (Bild 4.58). Es sieht schlecht aus, wenn die Anker wie Blumenkästen außen am Balken angeordnet sind (Rheinbrücke Rees). Die Ankerköpfe können andererseits unter dem Gesimsband herausragen.

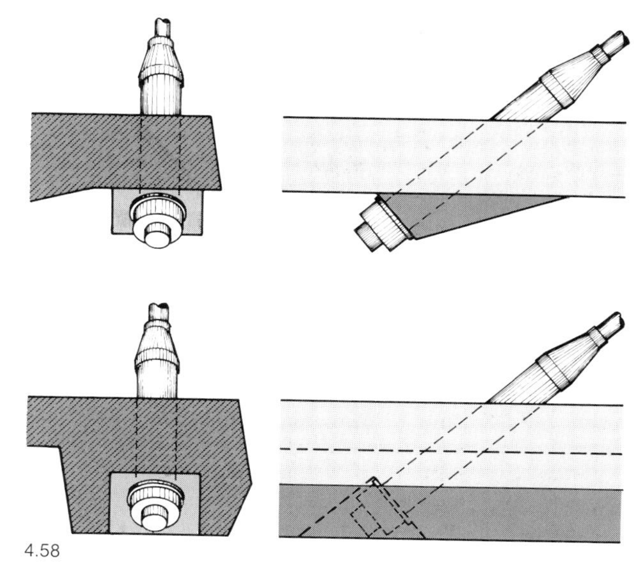

4.58

4.58 Die Kabelanker am Deck sollten hinter der Fläche des Balkenbandes liegen.
4.59 Einfache Pylonenformen für Aufhängung am Fahrbahnrand.
4.60 Pylone bei Mittel-Aufhängung (eine Kabelebene) bedingt Kastenträger.

4.58 The anchors of the cables at deck level should be behind the beam ribbon.
4.59 Simple shapes of pylons for suspension along the deck edges.
4.60 Shapes of pylons for central suspension (single cable plane).

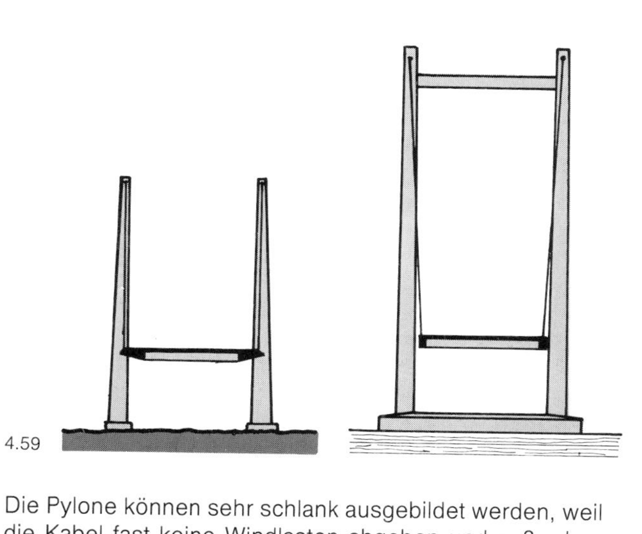

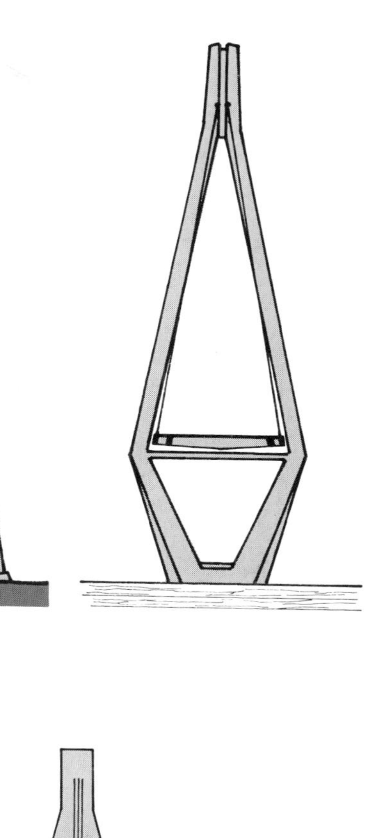

4.59

Die Pylone können sehr schlank ausgebildet werden, weil die Kabel fast keine Windlasten abgeben und außerdem zur Knicksicherung beitragen. Deshalb sind bei vertikalen Kabelebenen frei stehende Pylone ohne Querriegel möglich (vgl. Bild 13.4). Für große Spannweiten und hoch liegende Fahrbahnen ist der A-Pylon am günstigsten, dessen Stiele bei Hochbrücken unter dem Deck nach innen geneigt werden können, um die Kräfte für die Gründung zusammenzuführen (Bild 4.59). Dabei ist Vorsicht am Platze, weil diese Form nur bei wohl abgewogenen Proportionen gut aussieht.

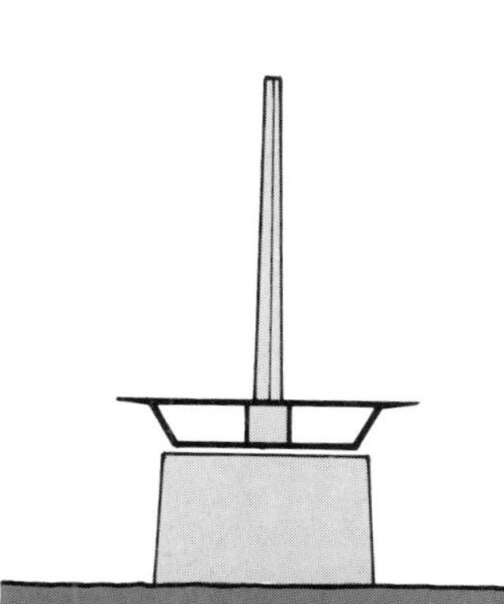

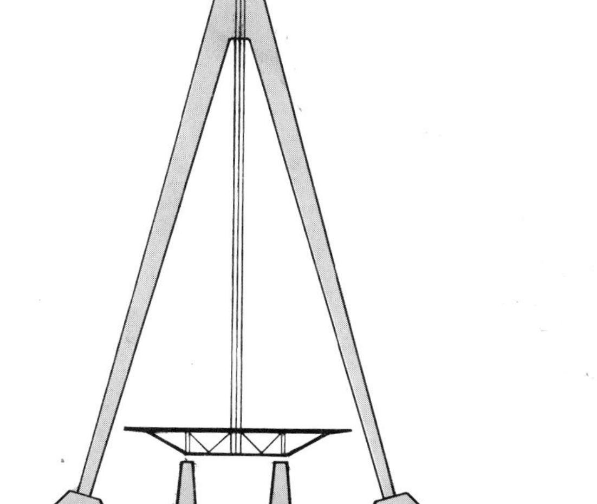

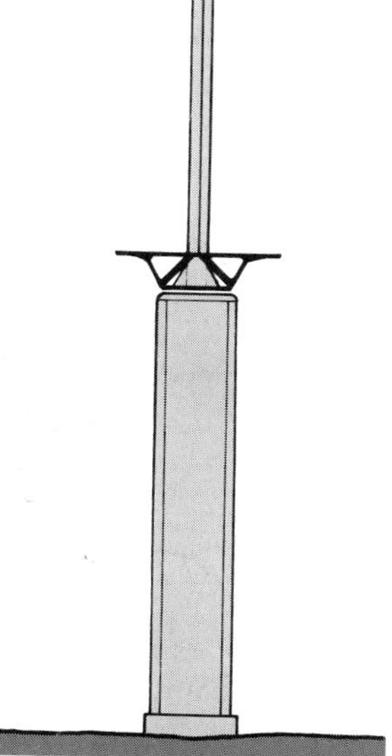

4.60

4.61 Einhüftige Schrägkabelbrücken.

4.61 One side (one pylon) cable stayed bridges.

Das bisher Gesagte bezieht sich auf Schrägkabel-Brükken, die mit Kabeln in zwei Ebenen außen an den Rändern der Fahrbahntafel aufgehängt sind. Mehrfach sind Brükken mit einer Kabelreihe in der Mittelebene ausgeführt worden, was reizvoll aussehen kann, weil dann ein einziger schlanker Pylon genügt (Bild 4.60). Nachteilig ist dabei allerdings, daß der Balken als torsionssteifer Kastenträger ausgebildet werden muß, der nicht mehr so schlank sein kann wie bei Außenaufhängung.
Für die Gestaltung ist das Verhältnis der Öffnungen wichtig. Die Seitenöffnungen, die mit den Rückhaltekabeln abschließen, sollten kleiner sein als die Hälfte der Hauptöffnung, z. B. 0,3 bis 0,4 ℓ, damit die Spannungswechsel in den Rückhaltekabeln nicht zu groß werden. Gleichzeitig wird die Hauptöffnung betont. Schrägkabel-Brücken können auch »einhüftig« sein, das heißt sie können von nur einem Pylon an einem Ende der Hauptöffnung abgespannt sein. Man kann auch auf Abspannungen innerhalb der Seitenöffnungen verzichten und nur ein Rückhaltekabel zum Balkenende führen. Der Entwerfende hat bei diesem System viel Spielraum. Die Abspannung kann auch über mehrere kleine Öffnungen eines durchlaufenden Balkens verteilt sein, was die Steifigkeit der Brücke erhöht (Bild 4.61).
Viele Varianten sind möglich, so wurden die Pylone in einigen Fällen in der Längsrichtung geneigt oder in Längsrichtung als dreiecksförmiger Bock ausgebildet (Bild 13.20).

must be a box girder with torsional rigidity and it cannot be as slender as one with outside double suspension.
Proportion between spans is important for the appearance. The side spans which end with the backstay cables should be smaller than half of the main span, e.g. 0.3 to 0.4 ℓ in order to keep the stress changes in the backstays within allowable limits. Simultaneously the main span is accented. Cable-stayed bridges can also be unsymmetrical, i. e. they can be suspended from one tower only at one end of the main span. One can also omit the stays for the side span and lead all backstay cables to the end of the side span. The backstay cables can also be distributed over several small side spans which are supported by piers. This increases the stiffness of the whole bridge (4.61).
Many variations are possible; for instance pylons have been inclined longitudinally in some cases or even made triangular (see 13.20).

4.4. Hängebrücken

Die Hängebrücke zeichnet sich wie die Bogenbrücke durch die Sinnfälligkeit des Tragwerks aus. Ohne viel nachzudenken, begreift man, daß man an einem Kabel, das von Masten oder Pylonen gestützt und an den Enden verankert ist, Lasten anhängen kann. Die gleichförmige Last der Fahrbahn (Eigengewicht) führt zu der gefälligen Parabelform der Kabel, die als schön empfunden wird. Die Hängebrücke eignet sich besonders für Spannweiten über 300 m, sie kann jedoch auch für eine kleine Fußgänger-

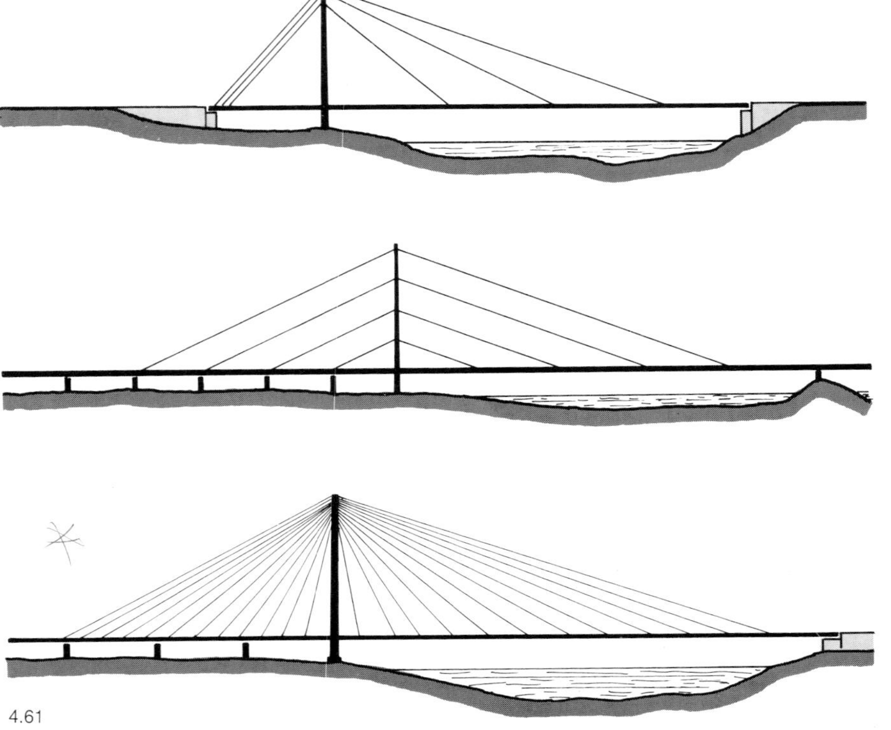

4.61

4.4. Suspension bridges

The suspension bridge like the arch bridge is striking for the obvious sensuality of its structure. It is easy to accept that such a cable, supported by the pylons and anchored at the ends, can carry loads. The uniform load of the deck structure (dead load) results in the pleasing parabolic shape of the cables. The suspension bridge is particularly suitable for spans above about 300 m, but it can also be charming for a small pedestrian bridge. Once again proportions are vital to the beauty of suspension bridges:

1. The side spans should be smaller than half the main span, even down to 0.2 or 0.3 ℓ (4.62). The smaller this ratio is, the more the main span gains in expressiveness.
2. The open space underneath the deck should be flat and stretched, therefore the higher the deck above the water, the longer the span should be.
3. The suspended deck must look light and slender. The deep stiffening trusses of suspension bridges built during the period after the collapse of the Tacoma Narrows Bridge in 1940, (14.21), destroy the grace of the suspension bridge. The evolution of aerodynamically shaped flat cross sections (4.63) allows the impressive lightness of modern suspension bridges (see pictures in chapter 14).
4. The anchorages of the cables should not be too massive, but still express that they have to hold large forces.
5. The towers can be sturdy, and masonry towers on old suspension bridges prove that they can enhance the graceful effect of the suspending members. Later on pylons were mostly constructed of steel or reinforced concrete and became more and more slender, but slenderness should not be enforced here.
   There are innumerable variants for shaping the pylons, but simple portal frames without unnecessary transverse bracing are undoubtedly preferable (4.64). For wide bridges, when the height of the tower above the

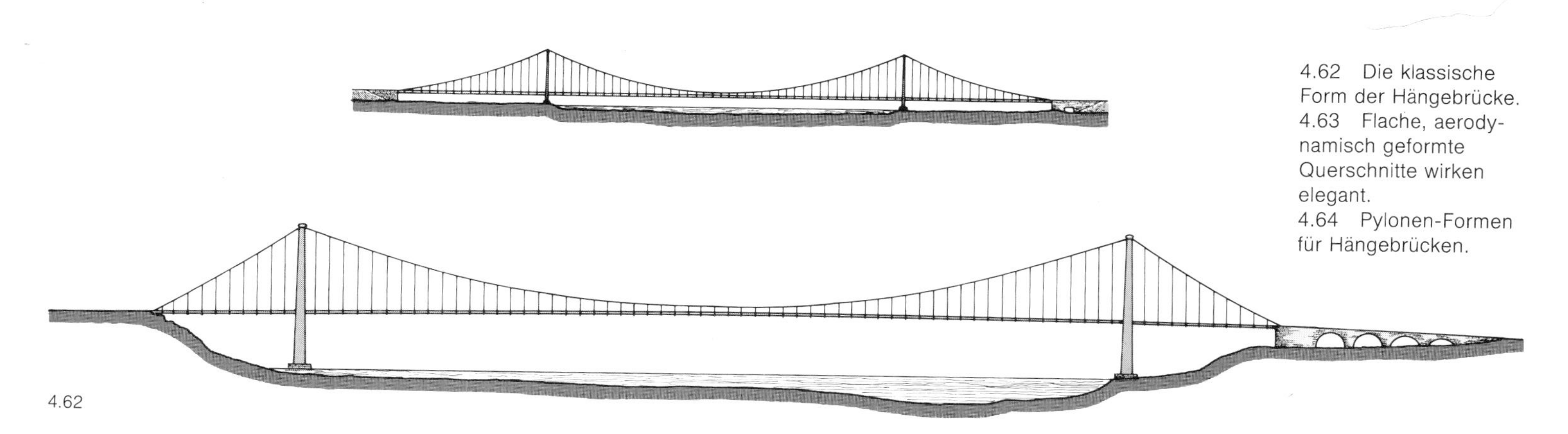
4.62

4.62 Die klassische Form der Hängebrücke.
4.63 Flache, aerodynamisch geformte Querschnitte wirken elegant.
4.64 Pylonen-Formen für Hängebrücken.

brücke reizvoll sein. Für den Grad der Schönheit einer Hängebrücke sind wieder Proportionen maßgebend:

1. Die Seitenöffnungen sollten kleiner sein als die Hälfte der Hauptöffnung, z. B. $\ell_1:\ell_2 = 0{,}2$ bis 0,4 (Bild 4.62). Je kleiner dieses Verhältnis ist, um so mehr gewinnt die Hauptöffnung an Ausdruckskraft.
2. Die Öffnung unter der Brücke sollte lang gestreckt sein, das heißt, je höher die Fahrbahn über dem Wasser liegt, um so größer sollte die Spannweite gewählt werden.
3. Die angehängte Fahrbahn muß leicht und sehr schlank aussehen. Die hohen Fachwerkträger der Hängebrükken aus der Zeit nach dem Einsturz der Tacomabrücke (Bild 14.21) zerstören die Grazie der Hängebrücke. Die Entwicklung aerodynamisch geformter flacher Querschnitte (Bild 4.63) erlaubt die imponierende Leichtigkeit moderner Hängebrücken (siehe Bild 14.33).
4. Die Verankerungen der Kabel dürfen nicht allzu massig sein, sie sollen dennoch zum Ausdruck bringen, daß sie große Kräfte aufzunehmen haben.
5. Die Pylone dürfen kräftig wirken, an alten Hängebrükken kann beobachtet werden, wie massige Pylone aus Naturstein die grazile Wirkung der Hängewerke steigern. Bei späteren Hängebrücken wurden die Pylone aus Stahl oder Stahlbeton zum Teil sehr schlank gebaut, doch sollte man hier die Schlankheit nicht forcieren.
   Für die Pylone gibt es unzählige Möglichkeiten der Formgebung, zweifellos sind einfache Portale ohne unnötige Zwischenriegel vorzuziehen (Bild 4.64). Bei breiten Brücken, bei denen die Höhe der Pylone über der Fahrbahn kleiner wird als etwa 1,5 mal Breite, wirken frei stehende Pylone ohne Querriegel am besten.

Die Monokabelbrücke mit A-förmigen Pylonen wird in Kapitel 14 vorgestellt.
Die Hängebrücke mit dünner Fahrbahntafel ist ohne Zweifel in ihrer schönheitlichen Qualität der Schrägkabelbrücke überlegen und wird immer bewundert werden, wenn sie große Wasserflächen in kühner Weite fast masselos, fast schwebend überspannt. Die Schrägkabel-Brücke ist jedoch so viel billiger und steifer als die Hängebrücke, daß sie letztere mehr und mehr verdrängen wird. Dies ist aus ästhetischer Sicht zu bedauern.

deck becomes smaller than about 1,5 times the width, free-standing pylons without any cross beams are best.

The monocable suspension bridge will be presented in chapter 14.
The suspension bridge with a thin deck strip is undoubtedly more beautiful than a cable-stayed bridge, and it will always be admired if it spans wide stretches of water, floating through the air with almost no masses. The cable-stayed bridge is, however, so much more economical and stiffer than the suspension bridge that it will increasigly replace the latter. This might be aesthetically regrettable.

4.62 The classical shape of suspension bridges.
4.63 Flat and aerodynamically shaped cross sections look elegant.
4.64 Shapes of pylons for suspension bridges.

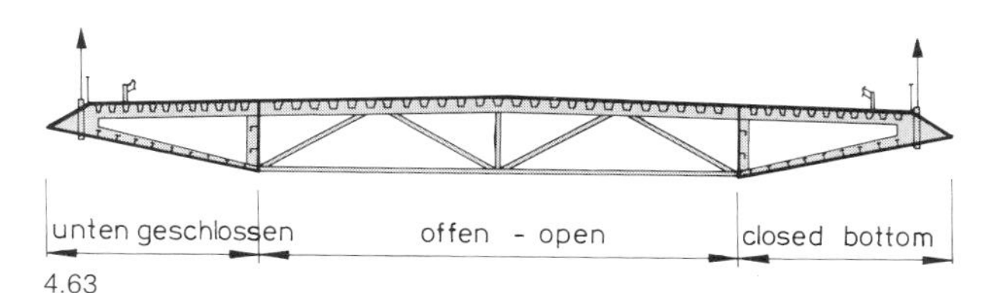

4.63

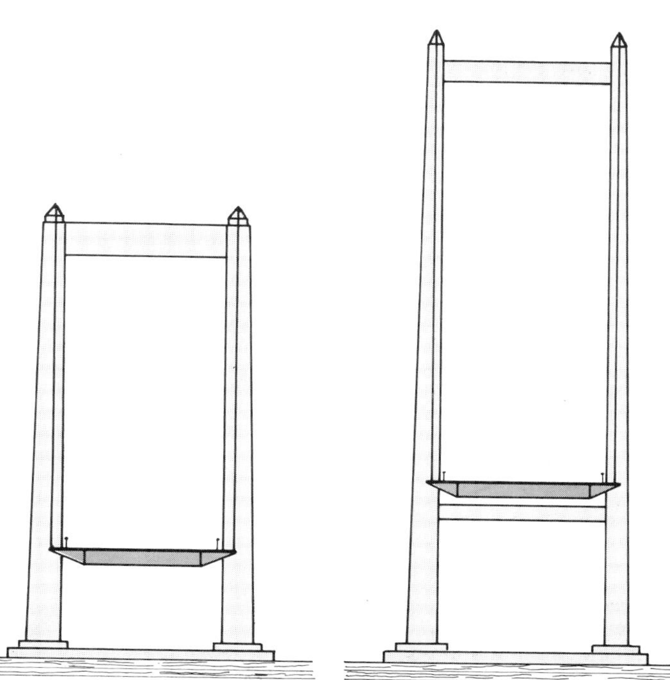
4.64

4.65 Alte Hubbrücke, Wirrwarr von Fachwerkstäben, Unordnung.
4.66 Nur zwei Richtungen der diagonalen Fachwerkstäbe, parallele Gurte – ergeben Ordnung.
4.67 Fachwerk über der Fahrbahn – nur zwei Richtungen der Diagonalstäbe.

4.65 Old lift bridge, jumble of truss members, disorder.
4.66 Two directions only for diagonal truss members and parallel chords give good order.
4.67 Truss above deck level, only two directions of diagonal members.

4.65

4.5. Die Gestaltungsregel der Ordnung dargestellt an Fachwerkträgern

Der Einfluß des Prinzips »Ordnung« auf das Aussehen von Brücken läßt sich am besten an Fachwerken erläutern. Bei einer alten Hubbrücke in Rotterdam sind die Hubtürme und die Brücke mit stählernen Fachwerken konstruiert (Bild 4.65). Der Ingenieur wählte die verschiedenen Fachwerke so, wie sie ihm gerade als statisch und konstruktiv sinnvoll erschienen, ohne an ihr Zusammenwirken im Aussehen zu denken. Die Stäbe haben unterschiedliche Richtungen – ohne jede Ordnung – ein unruhiger Wirrwarr, den kein sensibler Mensch als schön empfinden kann. Unordnung kann nicht schön sein!
Fachwerke können jedoch schön aussehen, wenn die Neigungen der Fachwerkstäbe auf möglichst wenige Richtungen *im Raum* beschränkt werden. Der Hinweis auf die räumliche Betrachtung aus verschiedenen Richtungen ist wichtig. Es genügt nicht, wenn die Ordnung in der geometrischen Ansicht besteht, weil ja in der Schrägsicht Überschneidungen mit Stäben in anderen Ebenen auftreten. Bei Brücken sind parallelgurtige Fachwerke zu bevorzugen, wobei die Gurte parallel zur Fahrbahn verlaufen (Bild 4.66). Die Diagonalstäbe können auf zwei Richtungen be-

4.5 Principle of order demonstrated on truss bridges

The influence of the principle of order on the appearance of bridges can best be demonstrated on truss bridges. At an old lift bridge in Rotterdam, the lift towers and the beam are constructed with steel trusses (4.65). The engineer chose the different trusses following statical and structural considerations alone. He did not reflect how the structure would look as a whole. The bars all go in different directions – without any order – a chaotic jumble which no sensitive person can consider beautiful. Disorder cannot lead to beauty!
Trusses can, however, look satisfactory if the inclinations of the truss bars are restricted to very few directions *in space*. The reference to spatial consideration is important for views from different directions. It is not sufficient to have good order in elevation on a drawing because viewed from an oblique angle, crossings with bars in other planes may interfere. Trusses with parallel chords are to be preferred for bridges, and the chords should also be parallel to the roadway (4.66).
The directions of the diagonal bars can be limited to two; inclinations around ± 60° towards the chords are the most favourable because this gives the triangles equal side lengths. At old truss bridges we often find crossing diagonals forming a network. These old bridges are generally judged to be beautiful (11.129), because all bars of the network are parallel and therefore do not appear disordered when viewed from an oblique angle.
Trusses above deck level are preferred when the available depth is not sufficient for main girders underneath deck level. In such cases, struts with ± 60° are also best, since they leave the view from the road wide open (4.67). But here the proportions of the dimensions of the bars are important. The bars should neither be too thin nor too thick, they should have closed faces and the connection to the chords should be achieved with small or no gusset plates.
The most difficult aesthetic problem of such bridges is to secure the top chords against wind and transverse buckling. If the bridge is not too wide and the top chord at least 5 m above the deck, then a wind bracing can be arranged, for which diagonals in only two directions, crossing each other, are again the best solution (4.68). The portal frame at the end, which must transfer the wind truss reactions down to the bearings, can be integrated into the end diagonals of the main truss if these bars are sufficiently wide. If the bridge is wider than about 1,5 times the depth of the main truss, then one should omit an upper wind bracing and make all diagonals of the main truss wide enough

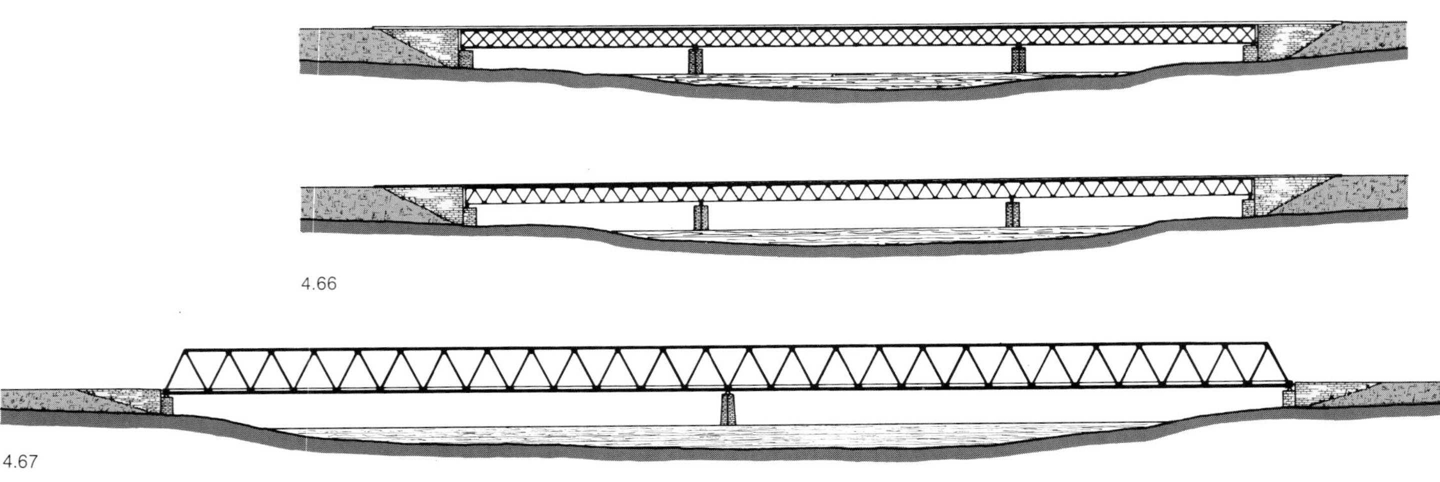

4.66

4.67

schränkt werden, Neigungen von rund ± 60° gegen die Gurtung wirken besonders günstig, weil dabei die Dreiecke gleiche Seitenlängen haben. An alten Fachwerkbrükken finden wir oft sich kreuzende Diagonalen, die ein Netzfachwerk bilden. Diese alten Brücken gelten als schön (Bild 11.129), weil alle Stäbe des Netzes parallel sind und so auch in der schrägen Durchsicht keine Unordnung entsteht.

Fachwerke über der Fahrbahn werden gern gewählt, wenn keine ausreichende Bauhöhe für eine Deckbrücke vorhanden ist. In solchen Fällen ist der einfache Strebenzug mit ± 60° bis 55° geneigten Diagonalstäben geeignet – er wirkt am luftigsten (Bild 4.67). Doch kommt es hier auf die Proportionen der Stababmessungen an. Die Stäbe dürfen nicht zu dünn und nicht zu dick gewählt werden, sie sollten geschlossene Profilflächen haben und mit möglichst kleinen – oder keinen –Knotenblechen miteinander verbunden sein.

Das schwierigste Problem der Gestaltung solcher Brükken ist die Sicherung der Hauptträger gegen Windkräfte und seitliches Ausknicken der Obergurte. Wenn die Brücke nicht zu breit ist und der Obergurt wenigstens rund 5 m über der Fahrbahn liegt, wird man einen Windverband einbauen und dabei wieder Diagonalen mit nur zwei Richtungen wählen, am besten sich kreuzende Diagonalen (Bild 4.68). Das Endportal, das die Windlasten zum Auflager leitet, kann unauffällig in den Enddiagonalen der Hauptträger untergebracht werden, wenn diese Stäbe von vornherein reichlich breit bemessen sind. Bei Brücken, die breiter als etwa die 1,5fache Höhe des Fachwerks sind, sollte man auf den oberen Windverband verzichten und die Fachwerkstäbe entsprechend breit ausbilden, damit sie durch Einspannung im Querträger den Obergurt halten können (Bild 4.69).

Das Prinzip Ordnung spielt auch bei den Raumfachwerken für Hallendächer und dergleichen eine Rolle, wie sie Mengeringhausen als erster mit seinem MERO-System aus Rohren entwickelte. Hierbei wirken Stäbe in vier Fachwerkebenen zwischen den Gurtebenen zusammen, was eine wüste Unordnung geben würde, wenn die Richtungen dieser vier Stabgruppen nicht durchweg gleich wären. Nur mit solcher Ordnung entsteht trotz der vielen Stäbe ein befriedigendes Bild.

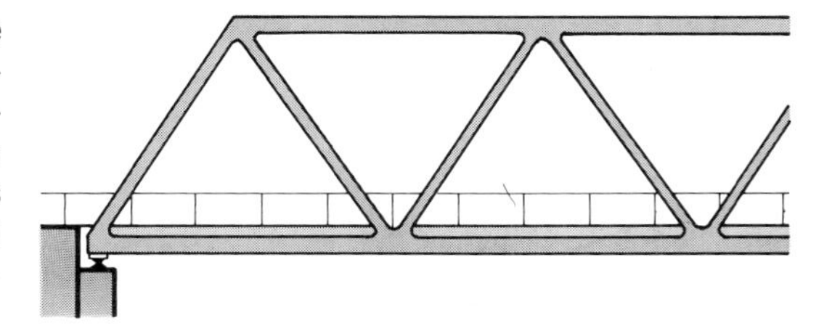

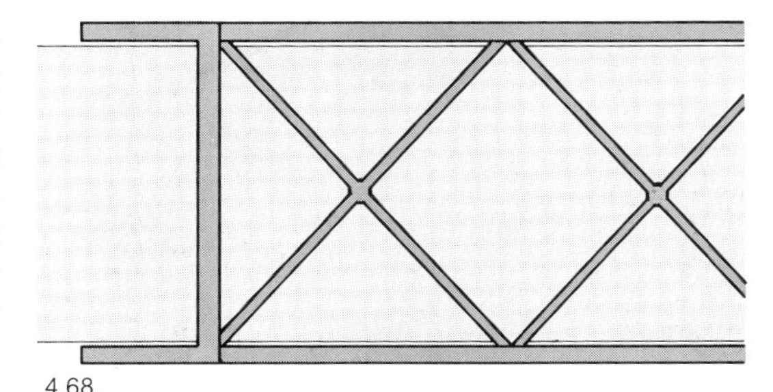

4.68

4.68 Oberer Windverband mit gekreuzten Diagonalen allein.
4.69 Breite Brücken und Höhe des Fachwerks h < 5 m, ohne oberen Windverband.

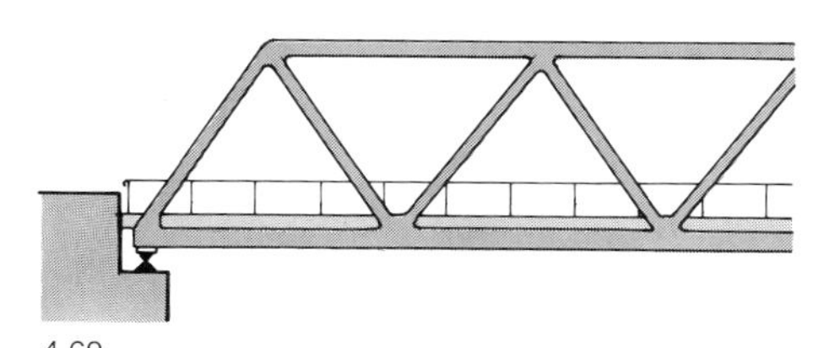

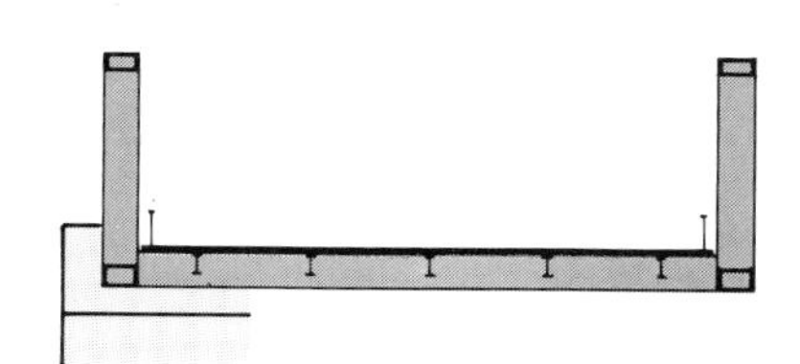

4.69

so that they can restrain the upper chord by their transverse bending stiffness (4.69).

The principle of good order plays also a role for space trusses over big halls, such as those which Mengeringhausen first developed with his MERO-system, using steel pipes. In these space trusses, bars in four different planes act together with chord members in two planes. This would result in chaos if the directions of the bars in these four groups were not constant in each group. Only order of this kind can lead to a satisfactory appearance despite the large number of bars.

4.68 Upper wind bracing with crossing diagonals only.
4.69 Wide bridge deck, depth of truss $h < 5$ m, then no upper wind bracing.

5.1

5. Einfluß der Trassierung 5. Influence of alignment

5.1. Allgemeines

In alten Zeiten beherrschte die Brücke die Trassierung der Straße. Man baute die Brücke möglichst rechtwinklig über den Fluß oder über eine Eisenbahnlinie, auch wenn die Straße dann mit Kurven angeschlossen werden mußte. Auch im Aufriß wählte man steile Rampen mit einer kleinen Kuppenausrundung. So wurden die Brücken mit den damaligen technischen Mitteln baubar.

Heute beherrscht umgekehrt die Trassierung den Entwurf der Brücke, und der Brückenbauer ist gut beraten, diese Einordnung zu bejahen, vorausgesetzt, die Trassierung ist gut. Dieser Wandel entstand durch die Fahrbedingungen für hohe Geschwindigkeiten und durch die Forderung nach einem zügigen, schönen Straßenbild in der Landschaft.

Eine gute Trasse zu entwerfen ist heute zu einer großen Kunst geworden. Man hat gelernt, daß lange gerade Strecken einschläfernd wirken und dadurch gefährlich sind und daß Kurven im Grundriß im Zusammenhang mit Kurven oder Gefälle oder Steigungen im Aufriß räumlich gesehen werden müssen. Längst wurde die Klotoide als Übergang von der Geraden in die Kurve eingeführt, durch die sich der Kurvenradius stetig bis zu dem gewünschten Maß verringert. Durch elektronisch gezeichnete räumliche Straßenbilder wird die Einpassung der entworfenen Trasse in die Landschaft geprüft. Wie viele Überlegungen dabei anzustellen sind, hat H. Lorenz in seinem Buch »Trassierung und Gestaltung von Straßen und Autobahnen« [35] ausführlich beschrieben.

Bild 5.1 zeigt das Ergebnis solcher Trassierungs-Kunst an einem Stück der deutschen Autobahnen im Sauerland.

Brücken sind Teil einer solchen Trasse, und es ist heute selbstverständlich, daß sich eine Brücke zügig in die Trasse einfügen muß. Deshalb liegen Brücken häufig im Grundriß in Kurven, folgen im Aufriß dem Gefälle der Trasse oder liegen in einer Kuppen- oder Muldenausrundung zwischen den Gefällstrecken. Die Radien solcher Ausrundungen sind groß, um ausreichende Sichtweiten zu erhalten. Auch aus ästhetischen Gründen ist es erwünscht, große Ausrundungsradien zu wählen.

5.1. General aspects

Formerly, the bridge dictated the alignment of the road. If possible, the bridge was built at right angles to the river or railroad, even when the road had then to be linked up with curves. In elevation too, steep ramps were chosen with a small radius of summit. This meant that bridges could be built with the technical means available at the time.

Nowadays, the alignment of the road governs the design of the bridge and the bridge engineer is well advised to accept this subordination, provided that the alignment is good. This change of attitude has arisen as a result of the requirements of high speed driving and by the challenge to achieve a steady, good looking road in the landscape.

To design a good alignment for a road nowadays has become a great art requiring the consideration of many factors. One has learned, for example, that long straight sections may lull drivers to sleep and are therefore dangerous. One has learned that curves in plan must be seen in space in combination with curves and slopes in elevation. Clotoidal curvature was introduced, whereby curvature changes steadily from a straight line to the desired radius. The integration of a planned alignment into the environment is usually checked by perspective computer drawings as seen from different sight points. The many criteria to be considered have been described by H. Lorenz in his book "Trassierung und Gestaltung von Straßen" [35].

Fig. 5.1 shows the result of the art of alignment for a section of the German autobahn in the Sauerland.

Bridges are a part of the alignment and it is self evident these days that the bridge must be adapted to it. This means that bridges often lie within plan curvature and that they follow the slopes or curvature in elevation. The radii of curvature are generally large in order to achieve adequate range of vision. Such large radii are also desirable for aesthetic reasons.

5.1 Gut trassierte Autobahn, Sauerlandlinie. Die Brücken folgen der geschwungenen Trasse.

5.1 Good alignment of an autobahn, bridges follow the curved roadway.

5.2. Aufriß und Längsprofile

Bei Überführungsbauwerken über Autobahnen in ebenem Gelände sollte sich die Ausrundung der Kuppe noch bis in die Damm-Rampe erstrecken (Bild 5.2). Bei Flußbrücken im Flachland ist es erwünscht, die Ausrundung über die ganze Brückenlänge auszudehnen, auch wenn sich dabei sehr große Radien ergeben (Bild 5.3). Selbst bei Brücken über den Rhein mit Spannweiten der Hauptöffnung von 200 m und mehr wird das Brückenbild mit einer minde-

5.2. Elevation and vertical alignment

For overpass bridges over motorways in flat country the vertical curve should be extended into the approach ramps (fig. 5.2). For bridges crossing rivers in plains it is desirable to extend the curve over the total length of the bridge, even when a very large radius results (fig. 5.3). For bridges across the River Rhine with main spans of 200 m and more, the bridge looks better if the curvature continues over the central span, rather than having a central

5.2 Längsprofil einer Überführung im Flachland.
5.3 Längsprofil einer Flußbrücke, Kuppe in Brückenmitte.
5.4 Längsprofil der Rheinbrücke Rodenkirchen in Köln.
5.5 Längsprofil einer Flußbrücke, die zu einem hohen Ufer ansteigt.
5.6 Längsprofil der alten Sulzbachtalbrücke (1934) mit Wölbung des Balkens.
5.7 Längsprofil der Sulzbachtalbrücke beim Wiederaufbau 1947 mit geradem Obergurt.
5.8 Werratalbrücke Hedemünden, gerades Längsprofil 1936, wurde 1952 mit Mulde neu gebaut.

5.2 Elevation profile of an overpass in flat country.
5.3 Elevation of a river bridge, culmination in the middle.
5.4 Elevation of bridge across the Rhine in Cologne-Rodenkirchen.
5.5 Elevation profile of a bridge ascending to a high level bank.
5.6 Elevation profile of the old Sulzbach viaduct (1934) with upwards curvature of the beam.
5.7 Elevation profile of Sulzbach viaduct during reconstruction in 1947 with straight deck level.
5.8 Werratal viaduct, Hedemünden, straight deck profile of 1936, rebuilt 1952 with downwards curvature.

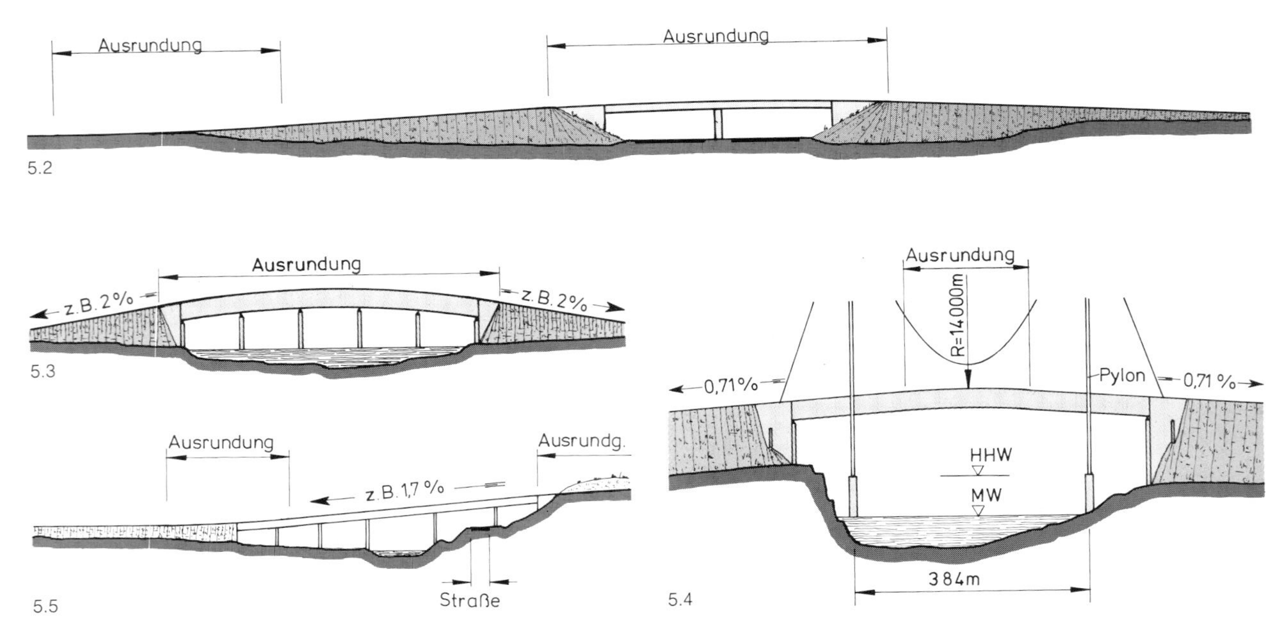

stens über diese Öffnung sich erstreckenden Ausrundung besser als wenn die Fahrbahn im Mittelbereich der Brücke horizontal verlaufen würde. So erstreckt sich die Ausrundung der Rheinbrücke Rodenkirchen fast über die ganze 384 m lange Hauptöffnung (Bild 5.4), was bei den geringen Rampenneigungen von nur 0,7% einen Radius von 14 000 m ergab.

Führt die Straße zu einem hoch gelegenen Flußufer hinauf, so wird die Brücke in das nötige Gefälle gelegt, wobei die untere Muldenausrundung und eine etwaige obere Kuppenausrundung noch in die Brückenlänge eingreifen können (Bild 5.5).

Bei Talbrücken hängt der Verlauf des Längsprofils davon ab, ob die Straße anschließend ohne wesentliches Gefälle auf einer Hochebene weiterläuft oder ob sie von einer Höhe kommt und über dem Tal drüben erneut ansteigt. Die ersten Verhältnisse waren bei der Sulzbachtalbrücke der Autobahn Stuttgart – Ulm gegeben, sie war eine der ersten Talbrücken für Autobahnen (1934). Ihr Entwurf wurde sehr sorgfältig ausgewogen. Die Stützweiten des Balkens nehmen an den Hängen ab. Für die Sicht aus dem Tal wirkte eine leichte Schwingung der Brücke nach oben besser als eine starre gerade Linie. So wurde die Brücke mit dem Längsprofil des Bildes 5.6 ausgeführt. Sobald die Autobahn fertig war, wurde der »Buckel« der Brücke, wie ihn der Autofahrer sah, kritisiert. Die im Krieg zerstörte

horizontal section between curves over the side spans. At the Rodenkirchen Bridge across the Rhine, the curvature extends over the whole 384 m long main span (fig. 5.4), and due to the small slopes of the approaches of only 0.7% results in a radius of 14.000 m.

If the highway ascends to a high river bank, then the bridge should follow the alignment with the vertical curvatures at the lower and upper ends of the slope reaching into the bridge (fig. 5.5).

For bridges crossing valleys, the vertical alignment along the bridge depends upon the further alignment of the road; does it continue without much slope, or does the road descend from higher ground and ascend again after crossing the valley? An example of the first situation is the Sulzbach viaduct of the autobahn Stuttgart–Ulm which was one of the first viaducts built for the autobahn system (1934). It was designed with great care and the spans of the continuous beam decrease with the slope. For the view from the valley a slight summit curvature looks better than a stiff straight line, and thus the bridge was built with the profile shown in fig. 5.6. As soon as the autobahn was finished, the "hump" of the bridge, as the car-driver sees it, was criticized and the bridge – destroyed in the war –

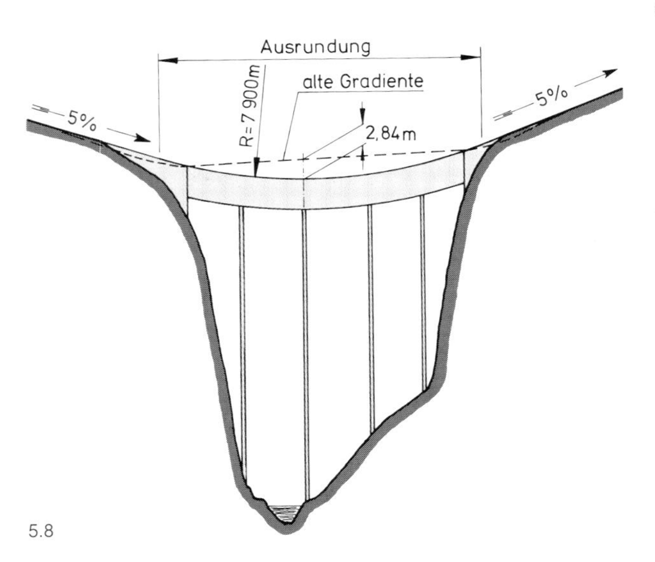

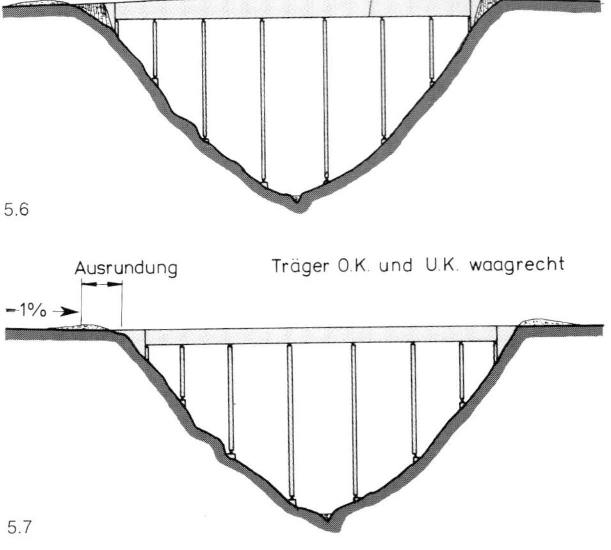

5.9

5.10

Brücke wurde dann ohne »Buckel« mit geradliniger, stetiger Gradiente nach Bild 5.7 wieder aufgebaut.
Eine ähnliche Erfahrung hatte man bei der Werratalbrücke Hedemünden gemacht, bei der die Autobahn beidseitig des Tales in die Berge hinaufsteigt. Man hielt es 1936 für unmöglich, den Balken über dem Tal in die Muldenausrundung zu legen und ihn gewissermaßen »durchhängen« zu lassen. So wurde die Brücke 1936 mit horizontalem Balken zwischen kurzen Muldenausrundungen gemäß Bild 5.8 gebaut. Von der Autobahn aus gesehen, wirkte die Brücke wie ein steifes Brett zwischen der schwingenden Bahn. Auch hier verhalf die Zerstörung der Brücke im Krieg zu einer Korrektur. Sie wurde 1952 mit einer über die ganze Brückenlänge durchschwingenden Muldenausrundung wieder aufgebaut. Das Bild der nach unten schwingenden Brückenfahrbahn (Bild 5.9) ging mit Anerkennung durch viele Zeitungen. Vom Tal aus gesehen, wirkt die Brücke ganz natürlich (Bild 5.10), niemand empfindet das »Durchhängen« der Balken als unangenehm, die meisten Menschen sehen diese Besonderheit überhaupt nicht.
Diese beiden Brücken lehren und beweisen die Geschichte gewordene Erfahrung, daß sich die Brücke der Trassenführung unterordnen und sich in den stetigen Linienzug der Trasse im Grund- und Aufriß einfügen muß.

5.3. Grundriß – Lageplan

Im Grundriß – oder im Lageplan – wird man bei der Trassierung bestrebt sein, die *Kreuzung* einer Straße mit einem anderen Verkehrsweg oder mit einem Fluß oder Tal möglichst *rechtwinklig* zu wählen, sofern dies ohne großen Zwang für die Linienführung möglich ist. Die etwa rechtwinklige Kreuzung führt natürlich zur kürzesten und billigsten Brücke, die sich auch am einfachsten schön gestalten läßt.
Jedoch – in dicht besiedelten Gebieten oder im gebirgigen Gelände – müssen häufig *schiefwinklige Kreuzungen* in Kauf genommen werden.
Bei schmalen Kreuzungsbauwerken läßt sich eine Schiefwinkligkeit bis herab zu etwa 60° Kreuzungswinkel mit einer rechtwinklig entworfenen Brücke überspielen, indem die Widerlager in die Dammkrone zurückgesetzt und die erforderlichen Zwischenstützen als schlanke Einzelstützen in der Brückenachse ausgebildet werden. In Kapitel 9.3 wird dies für Kreuzungsbauwerke weiter ausgeführt.
Sobald schiefwinklige Brücken breit sind, gibt es nur die eine gute Lösung: Alle Linien und Flächen der quer zur Brücke verlaufenden Bauteile müssen konsequent parallel

was later rebuilt without the "hump" but with a straight steady upper line of the beam as shown in fig. 5.7.
A similar situation in which car-drivers objected to the vertical alignment was experienced with the bridge crossing the Werra valley near Hedemünden, where the autobahn ascends from both ends of the bridge towards the mountains. In 1936 it was considered unacceptable to build a bridge with a hanging trough-shaped vertical alignment and thus the bridge was built with a horizontal beam between short vertical curves leading to the slopes (fig. 5.8). Seen from the autobahn, the bridge looked like a stiff board swung from the side slopes. Here also the reconstruction of the bridge, destroyed during the war, enabled a correction to be made. It was rebuilt in 1952 with a smooth sag curve over the total length of the bridge (fig. 5.8). The picture of the downward curved bridge (5.9) was favourably commented upon in many papers. As seen from the valley, the bridge looks quite natural (fig. 5.10) and nobody senses the hanging profile of the continuous beam as unpleasant; most people do not even notice this peculiarity.
The experience gained from these two bridges has become history and both teaches and proves that the bridge must be subordinated to the alignment and that it must be integrated into the steady line of the road both in plan and elevation.

5.3. Plan – layout

For alignment in plan, one tries to make the angle between the crossing of the new road and another traffic route, river or valley as close to 90° as possible, at the same time assuring a steady alignment. The rectangular or almost rectangular crossing leads of course to the shortest and cheapest bridge and gives the best chance for a pleasing design.
However, in densely populated areas or in mountainous country one has often to accept skew crossings as unavoidable.
For narrow bridges, skew angles down to about 60° can be achieved with a rectangularly structured bridge by means of small rectangular abutments at the top of the embankments and slender columns in the axis of the bridge providing all necessary intermediate supports. This will be further explained for overpass bridges in chapter 9.3.
When skew bridges are wide there is only one good solution: all lines and surfaces of transverse members must be parallel to the direction of the river or valley (fig. 5.11 and 5.12). This complies with the guideline of good order, limiting the directions of lines to as few as possible. In rivers,

5.9 Werratalbrücke mit Muldenausrundung.
5.10 Werratalbrücke vom Tal aus, die Muldenausrundung fällt nicht auf.

5.9 Werratal viaduct with downwards curvature.
5.10 Werratal viaduct from river level, downwards curvature is almost unnoticeable.

5.11 Schiefwinklige Flußbrücke, Pfeiler, Widerlager und Querträger in Flußrichtung.
5.12 Schiefwinklige Talkreuzung – Pfeiler und Widerlager folgen der Talrichtung.
5.13 Schiefwinkliger Talübergang, rechtwinklig konstruierter Überbau auf schmalen Säulen in Brückenachse.
5.14 Brücke in Kurve, alle Kanten parallel zur Kurve, schmale Pfeiler oder Stützenpaare rechtwinklig zur Achse.
5.15 Beginnt Abzweigung auf der Brücke, dann ist eine stetig veränderliche Krümmung nötig.

5.11 Skew river crossing, piers, abutments and crossbeams follow the direction of the river.
5.12 Skew crossing of a valley, piers and abutments follow the direction of the valley.
5.13 Skew crossing of a valley, rectangularly designed superstructure on narrow columns in the centre line.
5.14 Bridge in a curve, all edges are parallel to the curve, narrow piers or pairs of columns rectangular to axis.
5.15 If deviation begins on the bridge, then with steadily changing curvature.

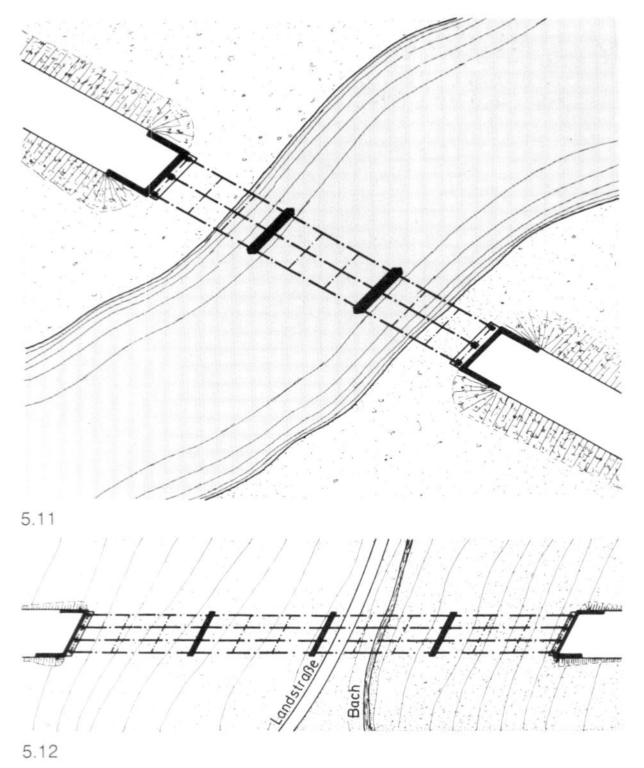

5.11
5.12

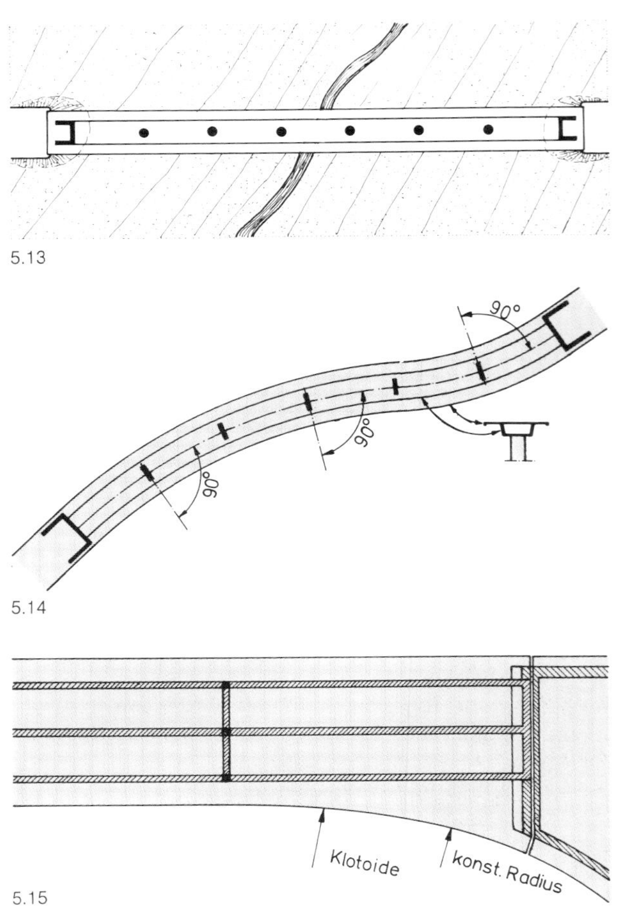

5.13
5.14
5.15

zur Richtung des Flusses oder Tales angelegt werden (Bilder 5.11 und 5.12). Dies gilt auch für Auflagernischen, für Querträger und dergleichen. So kommt die Richtlinie guter Ordnung durch Beschränkung aller Linien usw. auf möglichst wenige Richtungen zur Anwendung. In Flüssen müssen Pfeiler aus hydraulischen Gründen in die Fließrichtung gestellt werden, um die Kolkwirkung klein zu halten. An den Ufern sind Widerlager parallel zum Fluß schöner als solche rechtwinklig zur überführten Straße.

An steilen Talhängen würden breite Widerlager und Pfeiler schräg in den Talhang einschneiden, wenn sie rechtwinklig zur Brückenachse ständen, was die Gründung erschwert und unschön aussieht.

Natürlich kann man sowohl bei Fluß- als auch bei Talbrükken das Tragwerk rechtwinklig ausbilden, wenn man mit säulenartigen Stützen in der Brückenachse auskommt und die Widerlager bis zur Dammkrone hochschiebt und sie klein hält (Bild 5.13).

Bedingt eine gute Trassierung, daß die Brücke ganz oder teilweise *in Kurven* liegt, dann sollen möglichst alle längs laufenden äußeren Linien und Kanten des Tragwerks parallel zur gekrümmten Achse verlaufen, um wieder der Ordnungsregel zu entsprechen (Bild 5.14). Der Verlauf der Pfeiler- oder Stützenachsen muß ebenfalls rechtwinklig zur Achse sein, falls nicht die Schiefwinkligkeit kreuzender Wege oder Flüsse andere Anordnungen bedingt.

Wenn Abzweigspuren schon auf der Brücke beginnen, dann läßt sich die parallele Führung aller Linien nicht verwirklichen, man sollte jedoch die auseinanderlaufenden Linien, z. B. breiter werdende Kastenträger oder Kragplatten, mit stetig und langsam sich ändernder Krümmung führen und sprunghafte Krümmungsänderungen oder Knicke vermeiden (Bild 5.15). Die stetige Krümmungsänderung entspricht den Bedürfnissen der Verkehrsführung.

Die Bedingungen des modernen Verkehrs ergeben gelegentlich Trassierungen mit sehr spitzwinkligen Kreuzungen oder mit Niveau-Verzweigungen, die es dem Brükkenbauer schwermachen, gut gestaltete Lösungen zu finden. Bei den Beispielen ausgeführter Brücken werden wir solchen Fällen begegnen.

the piers must in any case be placed parallel to the stream's direction for hydraulic reasons, in order to reduce scour action. On river banks, also, abutments parallel to the river look better than if placed rectangularly to the crossing road.

On steep slopes of valleys, wide abutments or piers will cut into the slope at a skew inclination if designed rectangularly and this will not only look bad, but also make foundation work more difficult.

Of course the structure can be designed rectangulary for river bridges and viaducts, if it can be carried by column-like piers in the axis and if the abutments are raised up to the crown of the embankment in order to reduce their size (fig. 5.13).

If a good alignment requires a curved bridge – over a part or the total length – then all external longitudinal lines or edges of the structure should be parallel to the curved axis, thereby following again the guideline of good order (fig. 5.14).

The transverse axis of piers or groups of columns should be rectangular (radial) to the curved axis, unless skew crossings over roads or rivers enforce other directions.

If lanes for junctions begin on the bridge, then the parallel arrangement of all lines cannot be realized. One should, however, provide the deviating lines, for example for a widening box girder or cantilever, with a slowly and steadily changing curvature and avoid any sudden changes or even breaks of curvature (fig. 5.15). The steady change of curvature relates also to traffic requirements.

The requirements of traffic design result occasionally in very acute angles or in level branching which cause difficulties for the bridge engineer to find pleasing solutions for the bridges. Some built examples are shown later.

6. Einfluß der Baustoffe

Die Baustoffe für Brücken sind Naturstein, Holz und Stahl, dann Beton, Stahlbeton und Spannbeton. Für besondere Zwecke oder Teile werden auch Aluminium und seine Legierungen sowie Kunststoffe verschiedener Art verwendet. Diese Baustoffe haben unterschiedliche Eigenschaften der Festigkeit, der Dauerhaftigkeit, der Korrosionsanfälligkeit und Formbarkeit. Sie unterscheiden sich auch in ihrer Struktur, der Textur und Farbe oder der Möglichkeiten, ihre Oberflächen farbig zu behandeln.
Für Brücken sollte man jeweils den Baustoff verwenden, der in gestalterischer, technischer und wirtschaftlicher Hinsicht die beste Brücke ergibt. Dabei ist auch die Einpassung in die Umgebung zu berücksichtigen.

6.1. Naturstein

Die großen alten Brücken der Etrusker, der Römer, der Fratres Pontifices des Mittelalters (etwa ab 1100) und späterer Baumeister sind aus Naturstein gemauert worden. Die Gewölbe und Pfeiler haben Jahrtausende überdauert, wenn hartes Gestein verwendet wurde und die Fundamente auf festem Grund gebaut waren (siehe Bilder in Kapitel 7).
Paul Bonatz sagte einmal, Naturstein sei Gottes eigener Werkstoff. Mit Naturstein kann man Brücken schön und dauerhaft bauen – sogar mit großen Spannweiten (bis ~ 150 m). Die Herstellungskosten für Natursteinbrücken sind nur leider sehr gestiegen. Auf lange Sicht könnten Natursteinbrücken vielleicht die billigsten sein, wenn sie sorgfältig geplant und einwandfrei ausgeführt werden, weil sie sehr lang halten und über Jahrhunderte fast keine Unterhaltung erfordern, wenn extreme Luftverschmutzung ausgeschlossen ist.
Naturstein wird heute in der Regel auf die Sichtflächen beschränkt und als Vormauerung oder Verkleidung für Widerlager, Pfeiler und Gewölbe verwendet. Natürlich sollte man witterungsbeständigen, gesunden Stein wählen. Besonders geeignet sind Urgesteine wie Granit, Gneis, Porphyr und Diabas oder kristalline Kalke wie oberer und unterer Muschelkalk. Bei den Sandsteinen ist Vorsicht geboten, nur verkieselter Sandstein ist haltbar. Im Westen Deutschlands ist die Basaltlava aus der Eifel beliebt. Bei der Wahl der Steine sollte man die Erfahrungen, die man an alten Bauwerken machte, beachten.
Die Natursteine werden je nach Gesteinsvorkommen und je nach den Anforderungen auf unterschiedliche Weise verarbeitet (siehe auch [36] Tiedje).

- Hammerrechtes Bruchsteinmauerwerk aus lagerhaften Steinen – für kleine Brücken der Feld- und Waldwege,

6. Influence of building materials

The traditional building materials for bridges are stone, timber and steel, and more recently reinforced and prestressed concrete. For special elements aluminium and its alloys and some types of plastics are used. These materials have different qualities of strength, workability, durability and resistance against corrosion. They differ also in their structure, texture and colour or in the possibilities of surface treatment with differing texture and colour.
For bridges one should use that material which results in the best bridge regarding shape, technical quality, economics and compatibility with the environment.

6.1. Natural stone

The great old bridges of the Etruscans, the Romans, the Fratres Pontifices of the middle ages (since about 1100) and of later master builders were built with stone masonry. The arches and piers have lasted for thousands of years when hard stone was used and the foundations constructed on firm ground (see photos in chapter 7).
Paul Bonatz* once said: "natural stone is God's own material."
With stone one can build bridges which are both beautiful, durable and of large span (up to 150 m). Unfortunately, stone bridges have become very expensive, if considered solely from the point of view of construction costs. Over a long period, however, stone bridges, which are well designed and well built, might perhaps turn out be the cheapest, because they are long-lasting and need almost no maintenance over centuries unless attacked by extreme air pollution.
Stone is nowadays usually confined to the surfaces, the stones being preset or fixed as facing for abutments, piers or arches. Of course, sound weather-resisting stone must be chosen, and fundamental rock like granite, gneiss, porphyry, diabas or crystallized limestone are especially suitable. Caution is necessary with sandstones, as only silicious sandstone is durable. In Western Germany basalt-lava from the Eifel Mountains is popular. In choosing the stone one should respect any local experience gained from old buildings and bridges.
Stone is worked upon in different ways, depending upon the direction of the natural strata occurring in the quarry and on the requirements in the bridge (see also [36]).

* Paul Bonatz, Architect, Professor of Stuttgart University and advisor for many bridges, 1878–1956

6.1 Unregelmäßiges Schichtmauerwerk.
6.2/6.3 Regelmäßiges Schichtmauerwerk.
6.4 Sandsteinmauerwerk, flächig bearbeitet.
6.5 Quadermauerwerk.

6.1 Masonry with irregular courses, stones embossed.
6.2/6.3 Masonry with regular courses.
6.4 Sandstone masonry, plainly worked.
6.5 Ashlar masonry.

- unregelmäßiges Schichtmauerwerk mit angearbeiteten Flächen der Lager- und Stoßfugen (Bild 6.1), wechselnde Schichthöhen,
- regelmäßiges Schichtmauerwerk mit durchgehenden Lagerfugen, jedoch unterschiedlicher Schichthöhe (Bilder 6.2 und 6.4),
- Quadermauerwerk – jeder Stein nach Maß der Steinschnittzeichnung gearbeitet – dünne Fugen (Bild 6.5),
- Plattenverkleidungen an fertigen Stahlbeton-Bauteilen, meist mit Edelmetall-Ankern befestigt.

Für diese Mauerwerksarten kann man nun die Außenflächen der Steine unterschiedlich bearbeiten:

- natürliche Spaltflächen – wie sie z. B. beim Spalten des Granits im Bruch entstehen,
- gesägte Flächen – können langweilig wirken,
- bossierte Flächen – sie entstehen durch Abspalten kleiner Randstücke entlang der Fugen mit einem scharfen Meißel. Sie wirken sehr belebt.
- Flächige Bearbeitung mit dem Prellhammer oder Spitzeisen oder durch Scharrieren in unterschiedlicher Richtung. Verschiedene flächige Bearbeitungen sind bei Sandstein beliebt (Bild 6.4).

6.1

6.2

6.3

6.4

6.5

Durch die Wahl der Mauerwerksart, der Schichthöhen, der Steinformate (Länge zu Höhe), des Steinschnitts und der Art der Oberflächenbearbeitung kann man mit Naturstein unterschiedliche Wirkungen erzielen – vor allem in bezug auf den Maßstab. Besonders wichtig ist die Wahl der Farbe der Steine. Ein gleichmäßig grauer Granit mit gesägter Fläche kann so langweilig wirken wie einfacher Sichtbeton. Harmonische Farbmischung und leicht bossierte Flächen können dagegen sehr lebhaft aussehen, selbst wenn die Flächen groß sind. Bei glatten Flächen kann das Mauerwerk durch helle oder dunkle Fugen belebt werden (Bild 6.4). Steingröße und Rauhigkeit der Flächen müssen auf die Größe der Baukörper, also der Widerlager oder Pfeiler, abgestimmt werden. Grobe Bossen passen nicht zu einem nur 5 m hohen und 1 m dicken Pfeiler. Großformatiges Quadermauerwerk ist bei gewölbten Großbrücken angezeigt, siehe Saalebrücke Jena (Bild 12.8) oder Lahntalbrücke bei Limburg (Bild 12.43) (zerstört 1945).
Granitvormauerung wurde bevorzugt bei Pfeilern der Rheinbrücken verwendet, weil Granit dem Abrieb durch sandführendes Wasser viel besser standhält als der härteste Beton.

Very different effects can be produced with stone by the choice of the type of masonry, the height of the courses, the proportion of the stones (length to height), the arrangement of the joints, the surface treatment etc., and especially the overall scale. The choice of colours of the stone is also relevant. Granite of a uniform grey colour and sawn surface can look as dull as simple plain concrete. A harmonious mixture of different colours and slightly embossed surfaces can look very lively, even when the masonry areas are extensive. Surfaces can also be enlivened by bright or dark joint-filling (fig. 6.4). The sizes of the stone blocks and the roughness of their surfaces must be harmonized with the size of the structure, the abutments, the piers etc. Coarse embossing does not suit a small pier only 1 m thick and 5 m high, but large sized ashlar masonry is suitable for large arch bridges such as the Saalebrücke Jena (see 12.8) or the Lahntalbrücke Limburg (see 12.43).
Granite masonry was preferred for piers of bridges across the River Rhine, because it resists erosion by sandy water much better than the hardest concrete.

6.2. Kunststeine, Klinker, Ziegel

Unter den Kunststeinen spielen *Klinker oder Hartbrandziegel* sowohl als Verkleidungen als auch als tragende Gewölbe im Brückenbau eine Rolle. Sie wurden im norddeutschen Flachland, in Holland, Belgien und Dänemark viel verwendet, weil dort geeigneter Naturstein fehlt.
Die warmen Farben von Klinker oder Ziegel stehen meist gut in der Landschaft (Bild 9.9). Auch im Stadtbereich sind sie nackten Betonflächen vorzuziehen, wenn Ziegel- und Klinkerfassaden dort heimisch sind.
Die Formate dieser Kunststeine sind genormt, man kann zwischen verschiedenen Verbandarten wählen. Kleine Unterschiede der Steinfarben und geeignete Fugenbehandlung können die Flächen beleben.
Schließlich findet man auch *gespaltene Betonsteine* als Verkleidungen. Wenn sie mit farbigen Zuschlägen hergestellt sind, die beim Spalten im Korn durchbrechen, dann kann ein Mauerwerk aus solchen Kunststeinen gut aussehen – fast wie Steine aus Brechcie oder Nagelfluh, die ja nichts anderes als ein natürlicher Beton sind.

6.2. Artificial stones, clinker, brick

Amongst the artificial stones, clinker and hard-burned brick are used in bridges both as liners and for bearing vaults. They were often used in northern Germany, the Netherlands, Belgium and Denmark, because there is no suitable natural stone available.
The warm colours of clinker or brick blend happily into the landscape (fig. 9.9). Also in an urban environment, they are preferable to plain concrete, if brick is the regional construction material.
The sizes of these stones are standardized, and one can only choose between different types of joint arrangements. Small differences in colour and a pleasing treatment of the joints can embellish the surfaces.
Finally, one can also use split concrete blocks for facing. If the concrete is made with colourful aggregates, which break when being split, then masonry-work produced with these artificial blocks can also look good – similar to masonry of natural conglomerates, which are in fact nothing else but natural concrete.

6.3. Beton, Stahlbeton, Spannbeton

Beton ist ein Allerwelts-Baustoff. Es gibt kaum ein Bauwerk ohne Beton. Durch manche fragwürdige Anwendung im Hochbau – z. B. im Stil des Brutalismus – kam der Beton in Verruf, seine trübe graue Farbe trug dazu bei, daß er ein Synonym für häßlich wurde.
Im Brückenbau verdient der Beton eine günstige Beurteilung. Mit Beton lassen sich schöne Brücken bauen, wenn man diese Kunst versteht. Nicht alle Betonbrücken sind gut geworden – doch soll dieses Buch zeigen, wie man sie schön gestalten kann.
Beton wird als steifer Brei in Formen gegossen, er läßt sich also beliebig formen – was ein Vorzug und eine Gefahr ist. Die Herstellung guten und haltbaren Betons erfordert umfangreiche Spezialkenntnisse, deren Anwendung hier vorausgesetzt wird. Er erreicht dann hohe Druckfestigkeiten und große Widerstandskraft gegen die meisten natürlichen Angriffe (nicht z. B. gegen Streusalz oder CO_2- und SO_2-haltige verschmutzte Luft). Seine Zugfestigkeit ist jedoch gering. Beton für sich allein kann daher nur für Bauteile verwendet werden, die auf Druck bean-

6.3. Reinforced and prestressed concrete

Concrete is an all-round construction material. Almost every building contains some concrete, but its questionable application in certain buildings – for example in its use in the style of brutalism – has brought it into discredit. Its dull grey colour has contributed to the fact that the word concrete has become a synonym for ugly.
In the field of bridges, concrete deserves a more favourable judgement. Not all concrete bridges have turned out to be beauties, but pleasing bridges can be built with concrete if one knows the art. This book shows how to apply this art.
Concrete is poured into forms as a stiff but workable mix, and it can be given any shape; this is an advantage and a danger. The construction of good durable concrete requires special know-how – which the bridge engineer is assumed to have. Good concrete attains high compressive strength and resistance against most natural attacks though not against de-icing saltwater, or CO_2 and SO_2 in polluted air. However, its tensile strength is low, and the use of concrete alone is therefore limited to struc-

sprucht sind. Brückentragwerke werden aber in der Regel auch auf Zug beansprucht, insbesondere die Überbauten, die Verkehrslasten zu tragen haben. Aber auch Unterbauten, wie Widerlager und Pfeiler, erleiden Zugspannungen durch Erddruck, Wind, Bremskräfte und besonders auch durch Temperaturunterschiede innerhalb ihrer Körper.
Die Zugkräfte in Betontragwerken werden durch einbetonierte Stahlstäbe aufgenommen, durch Bewehrungen. So entsteht der bewehrte, armierte Beton oder der *Stahlbeton*. Die Stahlstäbe kommen erst richtig zur Wirkung, nachdem der Beton durch Zugspannungen gerissen ist. Bei richtig bemessener Bewehrung müssen die Risse im Beton haarfein bleiben, sie sind dann unschädlich.
Ein zweiter Weg, Zugkräfte in Betontragwerken aufzunehmen, wurde mit dem *Spannbeton* gefunden. Dabei werden Zonen der Betonträger, die durch Lasten oder durch andere Angriffe Zugspannungen erhalten würden, vorweg unter Druck gesetzt – vorgedrückt –, so daß die Zugkräfte diesen Druck erst abbauen müssen, bevor tatsächlich Zug entsteht. Diese Druckvorspannung wird dadurch erreicht, daß man hochfeste Stahlstäbe oder Stahldrähte, die in Röhren im Betonträger liegen, wie Gummifäden spannt und damit dehnt und sie in gespanntem Zustand an den Enden des Trägers verankert, damit ihre Spannkraft als Druckkraft auf den Träger wirkt. Aus verschiedenen Gründen werden die so mit Spannstahl vorgespannten Träger zusätzlich mit »schlaffen« (nicht gespannten) Stahlstäben bewehrt.
Der Spannbeton hat den Brückenbau in den 50er Jahren revolutioniert. Mit Spannbeton konnte man die Balken schlanker machen und wesentlich weiter spannen als mit Stahlbeton. Spannbeton – richtig konstruiert – hat eine hohe Ermüdungs- oder Dauerfestigkeit auch unter schwerstem Verkehr. Spannbetonbrücken wurden bald bedeutend billiger als Stahlbrücken. Sie erfordern kaum Unterhaltung – wieder vorausgesetzt, daß sie richtig konstruiert sind und keinem Streusalzangriff ausgesetzt werden. Deshalb steht Spannbeton heute beim Entwurf und der Gestaltung von Brücken im Vordergrund.
Mit Stahlbeton und Spannbeton lassen sich alle Tragwerksarten bauen: Stützen, Pfeiler, Wände, Platten, Balken, Bogen, Rahmen, ja Hängewerke, besonders aber auch Schalen und Faltwerke. Im Brückenbau herrschen Balken und Bogen aus Beton vor.
Die Formgebung von Betonbrücken wird meist von dem Wunsch beherrscht, die Gießformen – die Schalungen – einfach herstellen zu können. Ebene Flächen, parallele Kanten und gleichbleibende Dicken werden bevorzugt. Dies gibt den Betonbrücken gerne einen etwas steifen Ausdruck, den zu vermeiden oftmals die Aufgabe guter Gestaltung ist. Der Mehraufwand für einfach gekrümmte Flächen, für einen Anlauf von Pfeilerkanten, für unterschiedliche Höhe von Balken oder Bogenrippen ist in der Regel gering, so daß man sich nicht scheuen sollte, solche Abweichungen von der primitivsten, einfachen Form zu wählen, um die Wirkung zu verbessern.
Ein großer Nachteil des schalungsrauhen Betons – des sogenannten Sichtbetons – ist die ausdruckslose, meist trüb-graue Farbe, welche die äußere Zementhaut hat. Die Flächen zeigen häufig Flecken, unregelmäßig verlaufende Schlieren vom schichtweisen Einbringen des Betons, Poren oder gar Kiesnester durch mangelnde Verdichtung, die recht und schlecht ausgebessert wurden. Diese Mängel führten zur weitverbreiteten Abneigung gegen den Beton, aber auch zu Anstrengungen, das Erscheinungsbild zu verbessern. Mancher im Hochbau gegangene Weg, wie kunstvolle Profilierung und Musterung der Schalung, Rippen, verstärkte Holzmaserung, ist für den Brückenbau nicht geeignet.

tures which are only subject to compressive stresses. But tensile stresses also occur in abutments and piers due to earth pressure, wind, breaking forces and to internal temperature gradients. To resist these tensile forces, steel bars must be embedded in the concrete, the so-called reinforcing bars, and this has lead to the development of reinforced concrete. The steel bars only really come into play after the concrete cracks under tensile stresses. If the reinforcing bars are correctly designed and placed, then these cracks remain as fine "hair cracks" and are harmless.
A second method of resisting tensile forces in concrete structures is by prestressing. The zones of concrete girders which are under tensile stress due to loads or other actions are first put under compression – are pre-compressed – so that the tensile forces must first reduce these compressive stresses before actual tensile stresses come into being. This pre-compression is obtained by tensioning high strength steel bars or wire bundles, which are in ducts inside the concrete girder. Tensioning elongates the steel bars and they are anchored in this state at the ends of the girder, transferring this tensioning force as a compressive force onto the girder. These girders, prestressed with "active steel" (prestressing steel) are in addition reinforced with "passive steel" (non-stressed steel bars) for various reasons.
Prestressed concrete revolutionized the design and construction of bridges in the fifties. With prestressed concrete, beams could be made more slender and span considerably greater distances than with reinforced concrete.
Prestressed concrete – if correctly designed – also has a high fatigue strength under the heaviest traffic loads. Prestressed concrete bridges soon became much cheaper than steel bridges, and they need almost no maintenance – again assuming that they are well designed and constructed and not exposed to de-icing salt. So as from the fifties prestressed concrete came well to the fore in the design of bridges.
All types of structures can be built with reinforced and prestressed concrete: columns, piers, walls, slabs, beams, arches, frames, even suspended structures and of course shells and folded plates. In bridge building, concrete beams and arches predominate.
The shaping of concrete is usually governed by the wish to use formwork which is simple to make. Plain surfaces, parallel edges and constant thickness are preferred. This gives a stiff appearance to concrete bridges, and to avoid this is one task of good aesthetic design. The extra cost for one-way curved surfaces, for tapering piers, for varying depth of beams or arch ribs is as a rule comparatively small. Therefore one should not hesitate to choose such divergences from the most primitive and simple forms in order to improve appearance.
There is one great disadvantage to concrete as it emerges from the forms: the inexpressive, dull grey colour of the cement skin. The surfaces frequently show stains, irregular streaks from placing the concrete in varying layers, and pores or even cavities from deficient compaction, which are then patched more or less successfully. These deficiences have lead to a widespread aversion to concrete, as well as to efforts for improvement. Some of the methods used to achieve a good concrete finish in buildings, like profiles and patterns on the formwork, ribs or accentuated timber veins etc are not generally suitable for bridges.
The best effect is obtained by *bush hammering* as was usual between 1934 and 1945 for the bridges of the German autobahn system. The concrete coating of the rein-

6.6

6.7

6.8

6.6 Mit dem Stockhammer bearbeitete Betonfläche.
6.7 Fein gespitzte Betonfläche.
6.8 Grob geprellte Betonfläche.
6.9 Farbtöne gefärbten Betons.

6.6 Concrete face – fine bush hammered.
6.7 Concrete face – coarse bush hammered.
6.8 Concrete face – coarse chiselled.
6.9 Colours of concrete with pigments.

Die beste Wirkung ist durch *steinmetzmäßige Bearbeitung* zu erzielen, wie sie in den Jahren 1934 bis 1945 bei Autobahnbrücken üblich war. Die Betondeckung der Bewehrung wird dabei um 10 bis 15 mm größer gewählt als normal, damit eine dünne Schicht mit der Zementhaut durch Stocken, Scharrieren oder Spitzen abgearbeitet werden kann. So wird die Kornstruktur des Betons mit den Farben der Steinzuschläge freigelegt. Der Schutz der Stahleinlagen bleibt dadurch unbeeinträchtigt, denn die äußere Zementhaut ist ohnehin der schlechteste Teil des Betons. Sie ist sehr porös, weil sich beim Rütteln des Betons an der Schalung Wasser anreichert. Deshalb verschmutzt die Zementhaut in unreiner Luft sehr schnell.

Bei der steinmetzmäßigen Bearbeitung kann man den Rauhigkeitsgrad (fein oder grob, Spitzen) der Größe der Fläche anpassen. Pfeiler von Talbrücken wurden sehr grob gespitzt oder geprellt, indem 20-30 mm tiefe Betonschalen mit schief angesetzten Meißeln abgesprengt wurden (Brücke Zeitzgrund in Thüringen).

Die Farbe kann durch die Wahl farbiger Zuschläge, z. B. roter Porphyr oder gelber Travertin günstig beeinflußt werden.

In den Bildern 6.6 bis 6.8 sind Beispiele steinmetzmäßig bearbeiteter Betonflächen von Brücken gezeigt. Solche Flächen altern (oder patinieren) ebenso gut wie Natursteinflächen, sie behalten also ihre günstige Wirkung auch über lange Zeit.

Die groben Steinzuschläge können mit dem *Waschbetonverfahren* freigelegt werden, bei dem die Farbwirkung wieder von der Farbe der Zuschläge abhängt.

Das steinmetzmäßige Bearbeiten wurde etwa ab 1950 wegen der hohen Lohnkosten aufgegeben. Damals gab es noch keine hierfür geeigneten Maschinen. Bei den heutigen maschinellen Möglichkeiten sollte man diese Behand-

forcement is increased by 10 to 15 mm, so that a thin layer together with the cement skin can be taken off by fine or coarse bush hammering. The aggregate is then exposed with its structure and colour. The protection of the embedded steel is not damaged, because the exterior cement skin is in any case the worst part of concrete. It is very porous, because mixing water collects at the forms by vibrating the concrete, and it is the porosity of the cement skin which makes it so susceptible to collecting the dirt of polluted air.

With bush hammering one can adapt the degree of roughness to the size of the surfaces. Piers of viaducts, for example, were chiselled very roughly, taking off pieces 20 to 30 mm in depth by oblique chisel work.

The colour can be favourably influenced by the choice of couloured aggregates like red porphyry or yellow limestone. In the photos 6.6 to 6.8 examples of bush hammered concrete surfaces of bridges are shown. Such surfaces age as well as natural stone masonry, and they retain their texture over a long period of time.

The cement skin can also be washed off by special means after the concrete has hardened – such *"exposed aggregate"* surfaces can look pleasing, depending on the colour and size of the aggregates.

Bush hammering was given up after about 1950 due to the high labour cost. At that time suitable machines were not yet available, but with modern machinery this treatment should now be taken up again to embellish concrete surfaces.

Another possibility is *colouring* the concrete, it has been well developed during the last decade [37]. By the use of mineral colour pigments natural warm tones can be attained – earthy colours with tones of ochre, reddish-brown, sepia, umber, greyish-green, slate-grey (fig. 6.9).

6.9

lungsart, Betonflächen zu verschönern, wieder aufgreifen.
Eine weitere Möglichkeit besteht im *Färben* des Betons, das im letzten Jahrzehnt weiter entwickelt wurde [37]. Durch mineralische Farbpigmente lassen sich natürliche und warme Farbtöne – erdige Farben – erzielen, die eine Tönung in Richtung Ocker, Rotbraun, Sepia, Umbra, Graugrün oder Schiefergrau haben können (Bild 6.9). Sehr oft wirken dunkel getönte Pfeiler einer Brücke in der Landschaft besser als hellgraue, welche die Brücke als störenden Fremdkörper erscheinen lassen. Sehr hell gefärbter Beton – mit Weißzement – kann zur Betonung eines hellen Gesimsbandes gewählt werden.
Der Verfasser hat wiederholt einen *Farb-Anstrich* von Betonbrücken empfohlen, wie er bei Stahlbrücken üblich – weil zum Korrosionsschutz nötig – ist. Auch damit läßt sich das trübe Grau des Betons verwandeln.
Man sollte jedoch natürliche, gedämpfte Farben wählen, vor allem keine zu hellen Farben. Vor dem Anstrich muß die poröse Zementhaut entfernt werden, damit die Farbe später nicht abblättert. Mineralfarben – besonders solche mit Fluor- und Siliziumverbindungen – können dabei einen zusätzlichen Schutz des Betons bewirken. Die Farbfilme müssen hygroskopisch, also dampfdurchlässig sein, damit der Feuchtigkeitswandel im Beton nicht unterbrochen wird.
Bei fachgemäßer Wahl der Farben und der Anstrichtechnik [38] können solche Anstriche sehr lange halten und auch ihre Farbwirkung bewahren – man denke nur an farbige Ornamente und Bilder an vielen Hauswänden und Kirchen in den Alpen- und alpennahen Ländern, die oft mehr als 200 Jahre alt und noch schön sind.
Farbanstriche an Betonbrücken wurden schon mehrfach ausgeführt. So sind fast alle Brücken über Autobahnen in Holland hell gestrichen. Das auffälligste Beispiel, das mir begegnete, sind die langen Brückenzüge der Uferstraße in Brisbane, Australien (Bild 11.53).

6.4. Stahl und Aluminium

In der Reihe der Baustoffe für Brücken hat der Stahl die höchsten und günstigsten Festigkeitseigenschaften – er eignet sich daher für die kühnsten und weitest gespannten Brücken.
Schon der normale Baustahl hat Druck- und Zugfestigkeiten von rund 370 N/mm^2, das ist rund der zehnfache Wert der Druckfestigkeit eines Betons mittlerer Güte und der hundertfache Wert seiner Zugfestigkeit. Ein Vorzug des Stahls ist die Zähigkeit mit der er sich verformen läßt, bevor er bricht, indem er von einer gewissen Spannungshöhe ab zu »fließen« beginnt. Diese Fließ- oder Streckgrenze wird bei der Gütebezeichnung zuerst genannt, z. B. St 240/370.
Im Brückenbau werden gerne Stähle höherer Festigkeiten verwendet, z. B. St 400/520 oder St 550/700. Für die großen Brücken in Japan wurde vielfach schon St 700/800 angewandt. Je höher die Festigkeit ist, um so kleiner wird der Abstand zwischen Streckgrenze und Zugfestigkeit, das heißt die hochfesten Stähle sind nicht so zäh wie die normalen. Auch die Dauerfestigkeit steigt nicht in gleichem Maß wie die Zugfestigkeit. Bei der Verwendung der hochfesten Stähle müssen daher gründliche Kenntnisse des Verhaltens dieses Materials vorhanden sein.
Für Bauzwecke wird Stahl in Form von Blechen (6-80 mm dick) und in Form von Profilträgern (I ⊏ L ⅂) hergestellt – und zwar durch Walzen in glühendem Zustand. Für Lager und dergleichen wird auch Stahlguß verwendet. Für reine Zugglieder, wie Seile und Kabel, gibt es vergütete

Dark toned piers of a viaduct often look better in the landscape than with a light grey colour. Bright coloured concrete – with white cement – can for example be chosen to emphasize a fascia beam.
The author has often recommended the *painting* of bridges in the same way that steel bridges are painted for corrosion protection. At the same time the dreary grey of normal concrete is converted into a harmonious colourful statement.
For painting, soft colours should again be chosen and not bright loud colours. Before painting, the porous cement skin must be removed, so that the paint will not peel off later. Mineral colours, especially those with fluor- or silicious compounds, can also give an additional protection to the concrete. The colourfilm must be hygroscopic, so that it does not prevent the change of moisture content in the concrete.
If the choice of colour and type of paint is based on the most up-to-date information, then these paints can last long and keep their colour like the paintwork of many old houses and churches, particularly in the Alps, which is often more than 200 years old and still beautiful.
Colour painting of concrete bridges has already been used in several places. The most striking example which I have encountered, was that of the long bridges along the river banks in Brisbane, Australia (fig. 11.53).

6.4. Steel and aluminium

Amongst bridge materials steel has the highest and most favourable strength qualities, and it is therefore suitable for the most daring bridges with the longest spans.
Normal building steel has compressive and tensile strengths of 370 N/mm^2, about ten times the compressive strength of a medium concrete and a hundred times its tensile strength. A special merit of steel is its ductility due to which it deforms considerably before it breaks, because it begins to yield above a certain stress level. This yield strength is used as the first term in standard quality terms, eg St 240/370.
For bridges high strength steel is often preferred, eg St 400/520 or St 550/700. For long span bridges in Japan St 700/800 has been used many times. The higher the strength, the smaller the proportional difference between the yield strength and the tensile strength, and this means that high strength steels are not as ductile as those with normal strength. Nor does fatigue strength rise in proportion to the tensile strength. It is therefore necessary to have a profound knowledge of the behaviour of these special steels before using them.
For building purposes, steel is fabricated in the form of plates (6 to 80 mm thick) or of profiles (I ⊏ L ⅂) by means of rolling when red hot. For bearings and some other items, cast steel is used. For members under tension only, like ropes or cables, there are special steels, processed in different ways, generally in the shape of wires, which have strengths up to about 1500/1700, and these steels allow us to build bold suspension or cable-stayed bridges.
The high strengths of steel allow small cross-sections of beams or girders and therefore a low dead load of the structure. It was thus possible to develop the light-weight

Stähle – bevorzugt in Form von Drähten, die Festigkeiten bis rund St 1500/1700 aufweisen. Sie ermöglichen es dem Brückenbauer, kühne Hänge- und Schrägkabel-Brücken zu bauen.
Die hohen Festigkeiten des Stahls erlauben kleine Trägerquerschnitte und entsprechend niedrige Eigengewichte der Tragwerke. Mit Stahl konnten daher auch die Leichtfahrbahnen entwickelt werden, die heute in der »orthotropen Platte« mit 60 bis 80 mm Asphaltbelag üblich geworden sind. Die orthotrope Platte wurde von den Pionieren dieser Bauart [39] weniger geheimnisvoll und wissenschaftlich Stahlzellenplatte genannt. Das ebene, mit Rippen ausgesteifte Stahlblech bildet in der Regel den Obergurt der Haupt- und Querträger der Brücke und ist gleichzeitig Windträger (Bild 6.10). Diese Fahrbahntafel verdankt ihren Erfolg in erster Linie der Entwicklung des mechanisierten Schweißens, das heute allgemein bei Stahlbrücken angewandt wird und ihre Gestaltung stark beeinflußt. Dadurch herrscht heute der sogenannte *Vollwand- oder Blechträger* vor, bei dem große, dünne Bleche die Stege der Balkenträger in I oder ⊔ Kastenform bilden. Diese Bleche müssen gegen Beulen ausgesteift werden. Früher hat man bevorzugt die vertikalen Steifen der Stegbleche außen angebracht (Bild 11.19) und konnte so die nötigen Längssteifen innen ungestört durchführen. Heute werden alle Steifen nach innen gelegt, um außen glatte Flächen zu erhalten, an denen sich kein Staub ablagert, der Feuchtigkeit festhält und so die Korrosion fördert, welche die Achillesverse des Stahlbaus ist. Moderne Stahlbrücken unterscheiden sich dadurch von außen kaum mehr von Spannbetonbrücken – meist nur noch durch die Farbe. Man kann dies bedauern, denn die äußeren Steifen beleben die Blechflächen und geben auch Maßstab, das heißt sie lassen die Trägerflächen weniger wuchtig, sondern etwas leichter wirken.
Neben den Vollwand- oder Blechträgern wird das *Fachwerk* dem Baustoff Stahl gerecht. Aus schlanken Stahlstäben lassen sich sehr luftig wirkende Brücken bauen, wobei wieder das Schweißen die Gestaltungsmöglichkeiten verbessert hat, weil man damit geschlossene Hohlprofile herstellen und die Stäbe ohne große Knotenbleche miteinander verbinden kann, so daß ruhig wirkende Stabwerke entstehen können – ohne die Unruhe, die Bindebleche oder Kreuzgitter an mehrteiligen offenen Fachwerkstäben alter Brücken hervorriefen (Bild 6.11 und 6.12).
Stahl muß gegen *Korrosion* geschützt werden. Dies geschieht in der Regel durch *Schutzanstriche* auf blanker Stahlfläche. Damit ist der Farbanstrich technisch notwendig und kann zur farblichen Gestaltung der Brücke benützt werden. Die Wahl der Farbe ist ein wichtiges Gestaltungselement. Dazu wurden schon in 6.3 Wegweisungen gegeben.

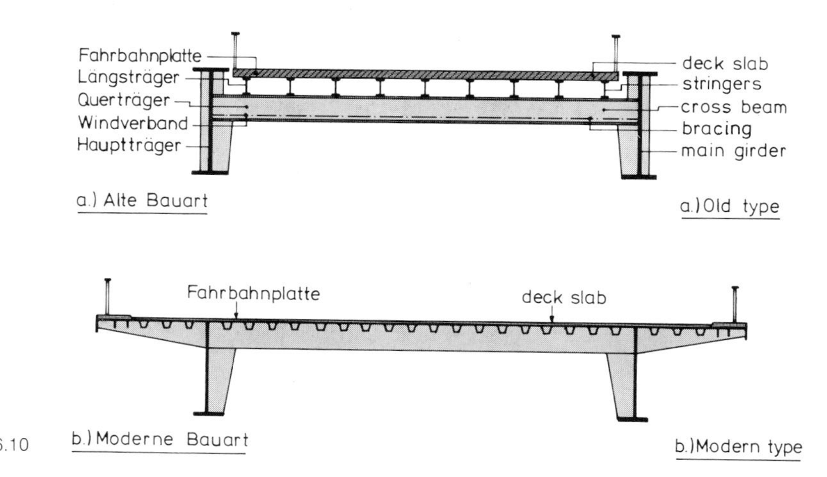

6.10

"orthotropic plate" steel decks for roadways, which have now become common with an asphalt wearing course, 60 to 80 mm thick. The pioneers of this orthotropic plate construction called it by the less mysterious and less scientific name "stiffened steel slabs" [39]. Plain steel plate, stiffened by cells or ribs, forms the chord of both the transverse cross girders and the longitudinal main-girders. Simultaneously it acts as a wind girder (fig. 6.10).
This bridge deck owes its successful application mainly to mechanized welding, which is now in general use and which has greatly influenced the design of steel bridges. So plate girder construction now prevails, in which large thin steel plates must be stiffened against buckling. Previously, vertical stiffeners were placed by preference on the outer faces (fig. 11.19); longitudinal stiffeners were then arranged on the inside. Today all stiffeners are placed on this inside so as to achieve a smooth outer surface allowing no accumulation of dust or dirt deposits that retain humidity and promote corrosion – the "Achilles heel" of steel strucures. Modern steel girder bridges now hardly differ from prestressed concrete bridges in their external appearance – except perhaps in their colour. This is perhaps regrettable, because stiffeners on the outside enliven the plate-faces, give scale and make the girder look less heavy.
In addition to plate girders, trusses also take full advantage of the material properties of steel. Very delicate looking bridges can be built by joining slender steel sections together to form a truss. Again welding has improved the potential for good form, because hollow sections can be fabricated and joined without the use of big gusset plates. In this way smooth looking trusses arise without the "unrest" which occurs by joining two or four profiles of rolled section with lattice or plates. (fig. 6.11 and 6.12).
Steel must be protected against corrosion and this is

6.10 Brückenquerschnitt mit orthotroper Platte im Vergleich zu alter Bauart,
oben: alte Bauart, alle Teile wirken getrennt
unten: moderne Bauart, Fahrbahnplatte ist gleichzeitig Windträger, Obergurt der Längsrippen, der Querträger und der Hauptträger.
6.11 Geschlossene Profile für Fachwerke wirken ruhig.
6.12 Unruhe durch offene Profile mit Bindeblechen.

6.10 Cross-sections of steel bridges:
above: old type, all parts act separately
below: bridge deck acts simultaneously as wind bracing, top chord of stringers, cross beams and main girders.
6.11 Closed sections of truss members have a calming effect.
6.12 Unrest caused by open sections with gusset bracing.

6.11

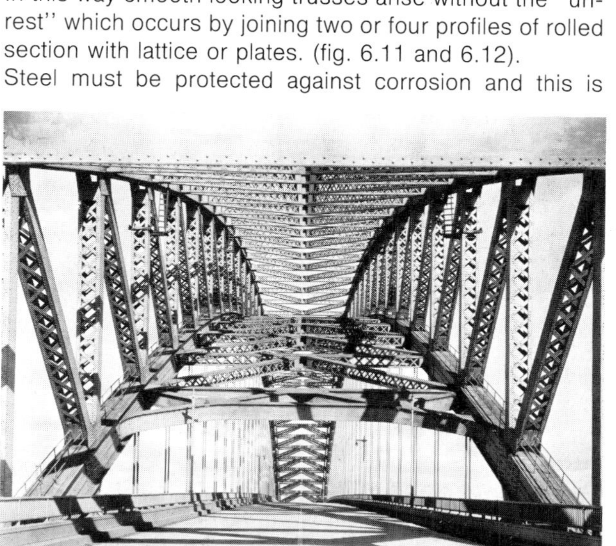
6.12

Es gibt auch Stähle, die in normaler Atmosphäre nicht korrodieren (V2A und V4A Stähle nach DIN 17440), sie sind jedoch so teuer, daß sie nur für besonders anfällige oder schlecht zugängliche Teile verwendet werden.
Aus USA kam der Tentorstahl zu uns, ein mit Kupfer legierter Stahl, den man anrosten läßt. Seine erste Korrosionsschicht soll dann den Stahl vor weiterer Korrosion schützen. Die Korrosionsschicht hat eine warme, sepiabraune Farbe, die in offener Landschaft gut aussieht, in Industrieluft hält der Schutz nicht, und die Korrosion schreitet doch fort.
Bei Stahlbrücken sollten wir also von der technischen Notwendigkeit (oder Zweckmäßigkeit) eines Farbanstrichs zur Verbesserung ihres Aussehens und ihrer Einpassung Gebrauch machen.
Aluminium wurde gelegentlich für Brücken verwendet, wobei in der Regel die Trägerformen des Stahls angewendet wurden. Da Aluminiumprofile vielfach im Strangpreßverfahren angewendet werden, das Hohlprofile erlaubt, ließe sich mit Aluminium manches eleganter formen als mit Stahl. Mit Hohlprofilen werden gern Brückengeländer hergestellt, weil sie ohne Anstrich relativ korrosionsbeständig sind.

6.5. Holz

Holz hat günstige Festigkeitseigenschaften, um auf Druck, Zug und Biegung beansprucht zu werden. Rohe Baumstämme, gebeilte oder gesägte Holzbalken wurden schon in Urzeiten für Balkenbrücken verwendet. Sprengwerk und Bogen erlaubten bald größere Spannweiten. Die Schweizer Zimmermeister Gebrüder Grubenmann [40] brachten es bei der Rheinbrücke Schaffhausen auf rund 100 m Spannweite. Holz muß gegen die Witterung geschützt werden, so entstanden die »eingehausten« Holzbrücken mit einem Dach und seitlichen Schutzwänden mit Fernstern, die in den Alpenländern mit Recht als Zeugen hoher Handwerkskunst erhalten werden, auch wenn sie vielfach nur noch Fußgängern dienen.
In neuer Zeit hat der Bau von Holzbrücken dadurch Auftrieb bekommen, daß dank der Leimtechnik weit größere Querschnitte und größere Längen der Balken hergestellt werden können, als sie von Natur gewachsen sind. Das Holz kann auch durch Imprägnierung gegen Witterung und gegen Schädlinge geschützt werden. Damit sind für die Gestaltung, für die Wahl der Tragwerke und ihre Abmessungen neue Möglichkeiten gegeben. So tauchten große Holzfachwerke und Faltwerke auf, wobei Stahlteile zur Verbindung der Knoten zu Hilfe genommen werden [41].
Dem Holz-Brückenbau sind dennoch Grenzen der Spannweiten und der Tragfähigkeit gesetzt, die ihn im wesentlichen auf Fußgängerbrücken und Brücken für Feld- und Waldwege beschränken.

usually done by applying a protective paint to the bare steel surface. Painting of normal steels is technically necessary and can be used for colour design of the bridge. The choice of colours is an important feature for achieving good appearance (recommendations were given in 6.3).
There are steels which do not corrode in a normal environment (the stainless steels V2A and V4A to DIN 17440), but are so expensive that they are used only for components that are either particularly susceptible to the attacks of corrosion or that are very inaccessible.
From the USA came Tentor steel, alloyed with copper, its first corrosion layer being said to protect it against further corrosion. This protective rust has a warm sepia-toned colour which looks fine in open country. This type of protection, however, does not last in polluted air and the corrosion continues.
For steel bridges, good use should be made of the technical necessity of protecting the steel with paint to improve appearance and to achieve harmonious integration of the structure within the landscape.
Aluminium was occasionally used for bridges and the same form was used as for steel girders. Aluminium profiles are fabricated by the extrusion process which allows many varied hollow shapes to be formed, so that aluminium structures can be more elegant than those of steel. Aluminium profiles are popular for bridge parapets because they need no protective paint.

6.5. Timber

Timber has favourable qualities of strength for resisting compression, tension and bending. Rough tree trunks or sawn timber beams have been used since primitive times for beam bridges; raking frames and arches soon allowed larger spans. The Swiss carpenters, the brothers Grubenmann [40], reached a 100 m span with the timber bridge across the River Rhine near Schaffhausen. Timber should be protected against rain and therefore covered bridges with a roof and sidewalls with windows evolved, and many of these are rightly preserved in the Alpine countries, testifying to the high standard of their craftmanship. Many now only serve pedestrians.
Recently timber bridges have been given a new impetus by glue technology which allows larger cross-sections and larger lengths of beams to be made than grow naturally. Moreover timber can now be better protected against weather and insect attack. So new possibilities have arisen for the choice of structure, for its shaping and for the size. Large timber trusses and even folded space trusses have been built using steel gusset plates for jointing the members [41].
Timber bridges, however, have limits of span and carrying capacity, confining them mainly to bridges for pedestrians or for secondary roads.

7. Alte Steinbrücken

7. Old stone bridges

Ein kurzer Rückblick auf die uns erhaltenen Meisterwerke alter Brückenbaukunst diene als Anreiz, den alten Meistern nachzueifern, auch wenn die Formen dieser Brükken wohl kaum wiederkehren können. Ihr schönheitlicher und kultureller Wert ist jedoch unbestritten, und sie verdienen unsere Hochachtung und Pflege.
Da sind zunächst die alten steinernen Bogenbrücken der Römer mit kreisförmiger Wölbung zwischen breiten Pfeilern. Ihr ursprüngliches Aussehen ist uns in einigen der hervorragenden Stiche von Piranesi erhalten geblieben. Die Gewölbe und Wände sind aus großen Quadersteinen gemauert und meist flächig bearbeitet.
Das schönste Beispiel ist die *Engelsbrücke* über den Tiber in Rom (Bild 7.1). Sie wurde um 136 n. Chr. gebaut und 1668 auf Vorschlag Berninis mit den Engelsstatuen geschmückt.

When we look at the fine old bridges, that are still standing, we may feel tempted to emulate the old masterbuilders, even though those old forms cannot really return. Their cultural value and beauty are undisputed and they deserve our esteem and care.
There are first the old Roman arch bridges with circular vaults between wide piers. Their original appearance has been conserved for us by the excellent etchings of Piranesi. The vaults and face walls are built of big square stones, mostly with plain surfaces.
The finest example ist the *Ponte Angelo* over the River Tiber in *Rome* (7.1). It was built around 136 A. C. and in 1668 at the suggestion of Bernini it was embellished with the angel statues. The spans of the vaults are in good proportion to the surrounding city buildings and make the Castello d'Angelo appear even larger. The voussoirs have

7.1 Ponte d'Angelo über den Tiber in Rom – von oberstrom.

7.1 Angel's bridge across Tiber River in Rome – from upstream.

7.1

7.2

Die Spannweiten der Gewölbe stehen in gutem Verhältnis zur umgebenden Stadtbebauung und lassen die Engelsburg eher größer erscheinen. Die Gewölbesteine sind am oberen Rand profiliert, was die Bogenlinie betont. Die Pfeiler sind breit und flußaufwärts mit sich zuspitzenden Vorlagen versehen, die bei Hochwasser die Flut teilen. Auf ihnen entwickeln sich in Stufen schmale Vorlagen, welche die lange Folge der fünf Bogen gliedern. Die Stirnwände werden oben mit einem nur wenig vorkragenden Gesimsband abgeschlossen. Die ursprünglich wohl massive Brüstung wurde zu Berninis Zeiten durch schmiedeeiserne Gitter zwischen Steinquadern ersetzt, die wegen ihrer Gliederung wohltuend wirken.

Die größte uns erhaltene Römerbrücke ist der *Pont du Gard* bei Nîmes in Südfrankreich, sie war ursprünglich nur ein Aquädukt (Bilder 7.2 bis 7.4), der schon 63-13 v. Chr.

a projecting rib at their upper edges which emphasizes the arch line. The piers are thick and taper upstream to divide the floodwaters. Above these cut waters, narrow projections develop stepwise and articulate the sequence of the five arches. The face walls are terminated at the top by a slightly projecting ledge. The parapet, which might originally have been massive, was replaced in Bernini's day by a cast iron railing between square stones, which gives a pleasing rhythm.

The largest well-preserved Roman bridge is the *Pont du Gard near Nîmes* in southern France, and it is simultaneously a road bridge and an aqueduct (7.2 to 7.4). The aqueduct was built 63 – 13 BC and is therefore more than 2000 years old; the road bridge was added in 1747 and the width of its circular vaults reaches 22.40 m. Above the lower six arches the long aqueduct rises in two storeys to a

7.2 bis 7.4 Pont du Gard bei Nîmes – Straßenbrücke und Aquädukt.
7.5 Querschnitt des Pont du Gard.

7.2 to 7.4 Pont du Gard near Nîmes, road bridge and aqueduct.
7.5 Cross section of Pont du Gard.

7.3

7.4

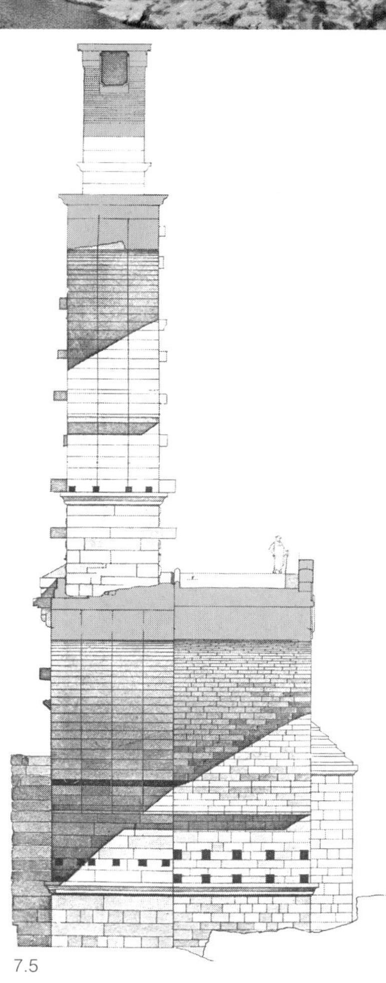

7.5

7.6 Rhônebrücke Avignon.
7.7 Brücke über den Lot in Cahors (Pont Valentré) mit Festungstürmen.

7.6 Bridge across River Rhône in Avignon.
7.7 Bridge over River Lot in Cahors with fortification towers.

7.6

7.7

7.8

7.8 Die Skaligerbrücke über die Etsch in Verona – von oberstrom.
7.9 Die Skaligerbrücke über die Etsch in Verona – von unterstrom.

7.8 The Scaliger Bridge over River Adige in Verona from upstream.
7.9 The Scaliger Bridge over River Adige from downstream.

gebaut wurde und also über 2000 Jahre alt ist. Die untere Straßenbrücke wurde erst 1747 angebaut. Die lichte Weite ihrer kreisförmigen Gewölbe erreicht 22,40 m. Über den unteren sechs Gewölben, die auch die Straße tragen, baut sich der lange Aquädukt in zwei Geschossen auf bis zu einer Höhe von 47,40 m über dem Fluß. Die Stirnflächen schließen mit zarten Gesimsprofilen ab. Die vorspringenden Quadersteine trugen vermutlich Gerüsthölzer. Das Quadermauerwerk zeigt ungewöhnlich lange Steine und fast gleiche Schichthöhen.

Erst im 12. Jahrhundert entstanden wieder bemerkenswerte Brücken. Die Fratres Pontifices – ein Mönchsorden – bauten als erste flache Gewölbe. Die *Rhônebrücke in Avignon* war eines ihrer ersten Werke (1177-1185, Bild 7.6). Leider stehen nur noch drei der großen Bogen, den vierten ließ Papst Bonifax IX 1385 zu seiner Verteidigung zerstören. Die kleine Kapelle diente auch der Wache.

Vielfach waren die Brücken des frühen Mittelalters mit Festungstürmen und Toren zur Verteidigung ausgerüstet, so die eindrucksvolle Brücke über den Lot in Cahors (1308-1355, Bild 7.7) mit ihren hohen Gewölben zwischen straff und glatt hochgeführten Pfeilervorlagen. Ihre Stirnwände gehen ohne Gesimse glatt in die Brüstung über. Das flächig bearbeitete Quadermauerwerk mit dünnen Fugen hat sich erstaunlich gut gehalten.

Auch der Bau der *Skaligerbrücke* über den Etsch in Verona fällt in diese Zeit (1354-1356, Bilder 7.8 und 7.9). Der zum Kastell gehörige Verteidigungsturm steht am hohen Ufer des Etsch. Die Brücke steigt zum Turm hin an, die Spannweiten der drei flachen Gewölbe nehmen entsprechend mit 24 + 27 auf 48,70 m zu. Sie sind aus hellen, schmalen Kalkstein-Quadern gemauert. Die Stirnmauern aus roten Ziegeln sind mit den für die Zeit der Skaliger typischen Zinnen gekrönt. Die 6 und 12 m breiten Pfeiler haben stromauf eine scharfe dreieckige Vorlage, stromab sind sie flach.

Fast zur gleichen Zeit wurde der *Ponte Vecchio in Florenz* über den Arno gebaut (ab 1345). Er trägt einen gedeckten Gang vom Palazzo Vecchio zum Palazzo Pitti, an den die Buden der Goldschmiede und Trödler so malerisch ange-

height of 47.40 m above the river. The face walls are terminated at the top by a thin ledge. The projecting stones probably carried the scaffolding. The height of the courses is almost equal, and many of the square stones are unusually long.

It is not until the 12th century that we can again find bridges of note and these were built by the Fratres Pontifices, a monastic order, who where the first to dare to build with flat segmental arches. The *bridge over the Rhône river in Avignon* was one of their first works (1177–1185) (7.6). Unfortunately only three arch spans are left, the fourth was destroyed in 1385 by an order of Pope Bonifaz IX for reasons of self-defence. The small chapel also served as the bridge guard post.

In many cases bridges of the Middle Ages were equipped with fortification towers and gates like the impressive *bridge over the River Lot in Cahors* (1308–1355) (7.7) with its arches between concise, lofty and strongly projecting piers. The face walls are joined to the massive parapet without any interruption by a ledge. The plainly worked stones were laid with thin joints, and the masonry has kept astonishingly well.

The *Scaliger Bridge* over the Adige river in *Verona* also belongs to the same period (1354–1356) (7.8 and 7.9).

7.9

7.10

7.11

7.12

7.13

7.10 Ponte Vecchio in Florenz.
7.11 Ponte San Trinita in Florenz.
7.12 Ponte Vecchio unter einem Bogen der Ponte San Trinita.
7.13/7.14 Donaubrücke Regensburg.
7.15 Karlsbrücke über die Moldau in Prag mit Hradschin im Hintergrund.
7.16 Blick vom Altstädter Brückenturm auf die Karlsbrücke.

7.10 Ponte Vecchio in Florence.
7.11 Ponte Santa Trinita in Florence
7.12 Ponte Vecchio seen through an arch of Santa Trinita Bridge.
7.13/7.14 Old Danube bridge in Regensburg.
7.15 Karlsbrücke across the Moldava in Prague with the Hradschin in the background.
7.16 Karlsbrücke seen from the southern bridge tower.

hängt wurden (Bild 7.10). Brücken in Paris und London waren damals mit drei- bis viergeschossigen Wohnhäusern überbaut.
Florenz verdient jedoch besonders mit seiner *Ponte Santa Trinita* Beachtung (1566-1569, Bild 7.11), die wohl die schönste Brücke der Renaissance ist. Die Bogen sind sehr flach und gehen mit einer Rundung in die breiten Pfeiler über, ihre Form wird durch die Linien der profilierten Gewölbesteine betont. Die Pfeiler enden unterhalb der Brüstung, die glatt durchläuft.
Unter den Brücken nördlich der Alpen ist wohl die *Donaubrücke in Regensburg* die älteste (1135-1146). Auch sie endet mit einem Torturm am Stadtrand (Bilder 7.13 und 7.14). Bei der geringen Höhe über dem Fluß wurden die Spannweiten der Gewölbe klein, weil man so früh (vor Avignon) flache Bogen noch nicht wagte. Die Pfeilervorlagen mit ihrem flachen Abschluß sehen wie nachträglich angefügt aus. Die Brüstung ist durch ein dünnes Gesimsband abgesetzt.
Im 14. Jahrhundert wurde die berühmte *Karlsbrücke* über die Moldau in *Prag* gebaut, das damals Mittelpunkt Europas war. 16 Bogen waren nötig, um den hier rund 500 m breiten Fluß zu überbrücken (Bild 7.15). Mächtige Pfeilervorlagen sichern die Brücke gegen den im Winter gefährlichen Eisgang. Einmalig ist die Lage der Stadt mit den beherrschenden Bauten der Prager Burg, des Hradschin, des Veits-Doms und den vielen Türmen (Bild 7.16). Es gehört mit zum schönsten Erlebnis eines Prag-Besuchs, in der Abendsonne über die für Autos gesperrte Karlsbrücke zu bummeln, von Torturm zu Torturm, vorbei an den 30 Barockfiguren, die nach 1707 auf allen Pfeilern rechts und links aufgestellt wurden. Wie schön, daß die Brücke nicht geradlinig angelegt ist, sondern zweimal die Richtung leicht ändert, was die große Länge unterteilt. Man geht gern über die Brücke und genießt das alte Stadtbild, das weder von sozialistischer noch von kapitalistischer »moderner« Architektur verdorben werden konnte. So können alte Brücken einen kulturellen Umwelt-Wert erhalten.
Eine der schönsten mittelalterlichen Brücken im Norden Europas war wohl die alte Steinbrücke über die Elbe in *Dresden.* An ihr wurde lange gebaut, von etwa 1350 bis 1470. Sie hatte zeitweilig 25 Öffnungen und war über 600 m lang. Unter August dem Starken wurde sie um 1728 verbreitert, verkürzt und verschönert, dabei wurden die Gehwege auf kurzen Steinkonsolen ausgekragt. Canaletto malte sie um jene Zeit (Bild 7.17), ein Bild der Harmonie von Brücke und Stadtbild. Man versteht, daß diese Augustusbrücke in zeitgenössischen Schriften als die kostbarste und schönste in ganz Europa bezeichnet wurde. 1909 mußte sie abgebrochen werden, weil sie die

The tower, being a part of the Castello, stands on the high bank of the river. The bridge ascends towards this tower, and the spans of the three flat arches increase progressively from 24 to 27 to 48.70 m. The vaults are built with bright narrow limestone blocks. The face walls of red brick are crowned by pinnacles, which are typical for the Scaliger period. The piers, 6 and 12 m wide, have an acute triangular projection upstream, whereas downstream the projection is shallow.
In almost the same period, the *Ponte Vecchio* in *Florence* over the river Arno was built (from 1345). It carries a covered passage from the Palazzo Vecchio to the Palazzo Pitti, and the booths of the goldsmiths and dealers are built against it in a very picturesque way (7.10). In those days houses with as many as 3 or 4 storeys were built across the bridges of Paris and London.
In Florence, the *Ponte Santa Trinita* deserves attention (1566–1569) (7.11), being possibly the most beautiful bridge of the Renaissance period. The arches are very shallow and have curved transitions to the broad piers, their shape emphasized by the line of the voussoirs. The piers terminate below the parapet which runs through smoothly.
Amongst the bridges north of the Alps, the *Danube Bridge in Regensburg* is the oldest (1135–1146). It also ends with a tower at the edge of the old town (7.13 and 7.14). Due to the low rise above the river the spans of the vaults are small, because at that time (before Avignon) they had not yet dared to build segmental arches. The pier heads with their flat cover look as though they were added later. The parapet is set apart by a thin ledge.
In the 14th century, the famous *Karlsbrücke* over the Moldava was built in *Prague,* then the centre of Europe. Sixteen arches were needed to cross the river, which is almost 500 m wide (7.15). Huge pier heads protect the bridge against dangerous drifting ice in winter time. Its situation in relation to the dominating buildings of the citadel of Prague, the Hradschin, the St. Veit Cathedral and the many towers of the city is unique (7.16). It is one of the finest experiences of a visit to Prague to stroll over the Karlsbrücke (which is closed for cars) in the setting sun, from gate tower to gate tower, passing the 30 baroque statues which were placed after 1707 on all piers on both sides. How nice that the bridge is not strictly straight, but changes direction twice, just slightly, subdividing its great length.
It is wonderful to promenade on this bridge and to enjoy the picturesque panorama of the old town, which is spoiled neither by socialist nor by capitalist "modern" architecture. Thus old bridges can preserve cultural environmental values.

7.14

7.15

7.16

7.17

7.18

7.19

7.20

7.21

7.17 Alte Brücke über die Elbe in Dresden nach einem Gemälde von Canaletto (Ausschnitt).
7.18 Neue Augustusbrücke in Dresden (Neubau 1909).
7.19 Mainbrücke Würzburg – von unterstrom.
7.20 Mainbrücke Würzburg – von oberstrom.
7.21 Auf der Brücke mit Blick in die Stadt.

7.17 Former stone bridge across the Elbe River in Dresden after a painting of Canaletto.
7.18 Present Augustus Bridge in Dresden (built in 1909).
7.19 Old bridge across River Main in Würzburg from downstream.
7.20 Old bridge across River Main in Würzburg from upstream.
7.21 On the deck of the Würzburg bridge.

Elbschiffahrt zu sehr behinderte. Die neue *Augustusbrücke* ersetzte sie (Bild 7.18), die dank ihrer guten Gestaltung wieder zu einer Zierde der Stadt geworden ist und auch die heutigen Dresdner beim Spiel oder Spaziergang auf den Elbwiesen erfreut.
Wuchtig wirken die runden, bis zur Brüstung glatt hochsteigenden Pfeiler der *Mainbrücke Würzburg* (Bild 7.19), begonnen 1133. Die sieben Gewölbe spannen sich anspruchslos dazwischen. Hoch über dem Ufer thront die Feste Marienburg, wo der fürstbischöfliche Bauherr der Brücke residierte. Auch von oberstrom her sind die hier kantigen Pfeiler beherrschend (Bild 7.20). In jeder Pfeilerbucht steht ein Bischof oder Heiliger aus der in Würzburg glanzvollen Barockzeit (Bild 7.21). Brücke und Stadtbild harmonieren, und Hunderte von Würzburgern genießen diese Schönheit an warmen Sommertagen von der nahen Uferterrasse aus.

One of the most beautiful bridges of the Middle Ages in northern Europe was the old stone *bridge across the Elbe River in Dresden.* It took a long time to build, from about 1350 to 1470. It had for some time 25 spans and was more than 600 m long. Under the regency of August der Starke around 1728 it was widened, made shorter and embellished, with pedestrian sidewalks placed on stone brackets. Caneletto painted the bridge in this period (7.17), a picture showing the harmony between bridge and city buildings. One can understand why this bridge was described in contemporary books as the "most precious and most beautiful" one in Europe. It was taken down in 1909, because it was a hindrance to navigation on the Elbe. It was replaced by the new *Augustus Bridge* (7.18) which again became an ornament for the city due to its harmonious design and it pleases the people of Dresden, walking or playing on the meadows by the Elbe.

7.22

7.24

7.23

7.22 Schloß und Brücke in Heidelberg – von unterstrom.
7.23 Neckarbrücke Heidelberg – von oberstrom.
7.24 Einzelbogen – von oberstrom.

7.22 Castle and old bridge in Heidelberg from downstream.
7.23 Heidelberg bridge across the Neckar from upstream.
7.24 One of the arches of the Heidelberg bridge.

Was wäre *Heidelberg* ohne sein Schloß am Berghang und seine darunterliegende alte Steinbrücke über den *Neckar* (Bild 7.22). Sie ist noch jung, erst 1789 erbaut, aus rotem Sandstein wie das Schloß. Die dreieckigen Pfeilervorlagen reichen nur bis zur Hälfte der Höhe, die Brüstungskanzel darüber ist rechteckig und mit Konsolen verziert. Flußabwärts sind die Pfeilervorlagen ganz flach. Die Fahrbahn kulminiert in Flußmitte und fällt zur Stadt hin stark ab, um dort unter den Torturm-Zwillingen in die enge Altstadt einzutauchen (Bilder 7.23 und 7.24).
Auch im 16. bis 18. Jahrhundert blieb Frankreich das Land genialer Brückenbau-Ingenieure, die manches zur Entwicklung der Steinbrücken beitrugen. Da ist zunächst *Paris* mit seinen zahlreichen *Seinebrücken.* Die schönste der dortigen Steinbrücken ist wohl immer noch der *Pont Neuf* am Ende der Seine-Insel (Bilder 7.25 und 7.26), der 1578-

Forceful is the appearance of the thick round piers which rise smoothly to the parapet of the *Main Bridge in Würzburg* (7.19). The seven arches span unpretentiously between the piers. High above the river bank stands the Marienburg castle where the Prince-Bishop, who was the owner builder, resided. The upstream pier edges also dominate the look of the bridge (7.20). In each bay stands a statue of a Saint or a Bishop of the glamorous Würzburg Baroque period (7.21). Bridge and town harmonise and hundreds of Würzburg people, sitting on the river terrace nearby, enjoy its beauty on warm summerdays.
What would *Heidelberg* be without its old castle on the mountain slope and its old stone *bridge over the Neckar River* underneath it (7.22). It is still relatively young, built around 1789 of red sandstone like the castle. The up-

7.25

7.25 Brücken in Paris – Pont Neuf am Ende der Seine Insel.

7.25 Bridges in the centre of Paris.

1607 von Jacques Ange Gabriel mit der damals ungewöhnlichen Breite von 20,80 m erbaut wurde. Die Insel teilt das Bauwerk in zwei ungleich lange Brücken, die rechtsufrige ist 150 m lang und weist sieben Öffnungen mit maximal 19,60 m Weite auf. Die 4,50 m breiten Pfeiler stehen schiefwinklig zur Brückenachse und haben flußauf und -ab spitzwinklige Vorlagen, die oben von halbkreisförmigen Kanzeln gekrönt werden (Bilder 7.26 und 7.27). Das kräftig profilierte Gesims wird von kunstvoll geschwungenen Konsolsteinen getragen, die unten mit Titanenköpfen verziert sind. Die 1,10 m hohe, nur schwach profilierte Brüstung faßt das lebhafte Konsolgesims beruhigend zusammen. Die Brücke wirkt mächtig, prunkvoll und stark.

Nicht weit davon entfernt ist der *Pont de la Concorde,* Jean Rudolphe Perronets letztes großes Werk (1787-1791).

stream triangular pier projections rise only to the half of the height, the bays of the parapet are rectangular and ornamented with console stones. Downstream, the pier projections are shallow. The roadway reaches its peak in the middle of the river and descends sharply towards the town where it dips down to the low level of the old town, passing under the twin gate towers (7.23 and 7.24).

During the period of the 16th to the 18th century, France remained the country of ingenious bridge builders who contributed to the development of stone bridges. There is primarily *Paris* with its numerous bridges across the *Seine* river. The most beautiful of these old stone bridges is still the *Pont Neuf* at the end of the Seine Island (7.25), which was built 1578–1607 by Jacques Ange Gabriel with a width of 20.80 m which was unusual for that time. The island divides the bridge into two unequal parts, the one at

7.26

7.26 Pont Neuf – nördlicher breiter Arm.
7.27/7.28 Pont Neuf – kunstvolle Formen und Profile.

7.26 Pont Neuf, northern branch from downstream.
7.27/7.28 Pont Neuf, artful details.

7.27

7.28

7.29

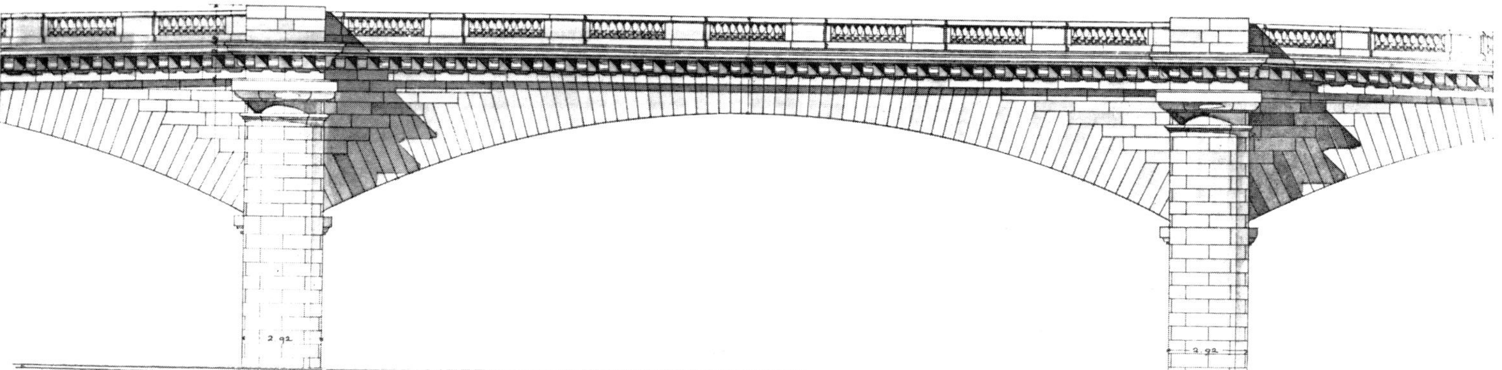

7.30

7.29 Pont de la Concorde über die Seine.
7.30 Pont de la Concorde – Paris, Zeichnung des mittleren Bogens.

7.29 Pont de la Concorde across Seine River.
7.30 Pont de la Concorde, Paris. Ashlar stone cutting.

Perronet war der Begründer der berühmten Ecole des Ponts et Chaussées, die er über 50 Jahre leitete. Er hatte erkannt, daß Gewölbe aus hartem Naturstein sehr flach gespannt werden und Zwischenpfeiler dennoch schmal sein können, wenn die Widerlager steif sind. In Sainte Maxence hatte er schon 1774 Gewölbe mit einem Pfeilerverhältnis von $\ell:f = 23{,}40:2 = 11{,}70$ gebaut. Sein Entwurf für die Seine-Brücke sah flache Gewölbe mit $\ell:f = 31{,}20:2{,}77 = 11{,}20$ vor. Die Behörden bekamen Angst vor dem Mut des Meisters, und sein Minister zwang ihn, den Stich auf 3,97 m zu vergrößern ($\ell:f = 8$). So übte auch damals der Mächtige Zwang aus! Für das Aussehen der Brücke war die erzwungene Änderung vielleicht gut, denn die nur 2,90 m breiten Pfeiler hätten sonst zu schlank gewirkt und das zu Gabriels Architektur des Place de la Concorde passend entworfene schwere Konsolgesims hätte die schlanken Gewölbe erdrückt (Bild 7.30). Die Brücke steigt von

the right bank being 150 m long and having seven openings with a maximum clear span of 19.60 m. The 4.50 m thick piers stand at an oblique angle to the axis of the bridge and have up- and downstream triangular projections which are crowned by semi-circular pulpits (7.26). The strongly profiled ledge is supported by artfully curved bracket stone blocks which are decorated with masks. The slightly profiled parapet, 1.10 m high, acts as a calming feature above the very lively ledge. The bridge looks powerful, splendid and robust (7.27 and 7.28).
Not far from the Pont Neuf is the *Pont de la Concorde,* Jean Rudolphe Perronet's last great work (1787–1791). Perronet was the founder of the famous Ecole des Ponts et Chaussées, which he directed for 50 years. He had realized that vaults can be spanned with a very low rise using hard stone and that intermediate piers can be slender, if the abutments are rigid. In Sainte Maxence and as early as

1774 he had built an arch with a span/rise ratio of $\ell:f$ = 23.40:2 m = 11,70. His design for the Seine Bridge provided arches with $\ell:f$ = 31.20:2.77 m = 11,20. The authorities were frightened by the courage of this master and the minister in charge forced him to increase the rise to 3.97 m ($\ell:f$ = 8). The authorities pressurised bridge-builders in those days as well! The enforced change was perhaps good for the appearance of the bridge, because the piers, only 2.90 m thick would otherwise have looked too slender and the heavy fascia ledge with brackets – designed to fit in with Gabriel's architecture for the Place de la Concorde – would have overpowered the thin arches (7.30). The bridge begins on both sides with a slope of 2½%, the widths of the spans increase towards the centre (25.30 to 28.20 to 31.20 m). For the first time, an open balustrade was chosen instead of the usual closed parapet (7.29). The voussoirs are stepped with the stones of the face wall.

Other bridges over the River Seine in Paris also deserve to be included here, for example the Pont Royal or the Pont de l'Alma. The *Pont d'léna* is shown representatively; it connects the Palais de Chaillot with the Eiffel Tower (7.31).

France has many big rivers and many bridges with a history. Several of the old stone bridges still grace their cities after centuries, like the old *Loire bridge in Roanne* (7.32), which was skillfully widened by a cantilever reinforced concrete slab.

In *Nevers* fifteen arches had to be built to cross the broad river bed of the Loire (7.33). The piers have a roof shaped cap slightly above the spring of the arches, and the parapet is divided from the face wall by a thin ledge.

The skillful hand of a master builder – of Jacques Ange Gabriel – can be felt at the *Loire bridge in Blois*

7.31

beiden Ufern aus mit 2½% an, die Weiten der Öffnungen nehmen dementsprechend zur Mitte hin zu (25,30 + 28,20 + 31,20 m). Zum ersten Mal wurde anstelle der geschlossenen Brüstung eine durchbrochene Balustrade wie an Schlössern gewählt (Bild 7.29). Die Gewölbesteine sind in Stufen mit den Quadern der Stirnmauer verzahnt.

Noch manche andere Steinbrücke in Paris verdiente hier aufgenommen zu werden, so der Pont Royal oder der Pont de l'Alma. Stellvertretend sei noch der *Pont d'léna* gezeigt, der das Palais de Chaillot mit dem Tour Eiffel verbindet (Bild 7.31).

Frankreich hat viele große Flüsse und viele Brücken mit wechselvoller Geschichte. Manche der alten Steinbrücken sind noch nach Jahrhunderten eine Zierde der zugehörigen Stadt, so die alte *Loire-Brücke in Roanne* (Bild 7.32),

7.31 Pont d'léna – Paris.
7.32 Die alte Loire Brücke in Roanne.
7.33 Loire Brücke in Nevers in ihrer ganzen Länge.
7.34 Loire Brücke in Blois.
7.35 Mittelteil der Loire Brücke in Blois.

7.31 Pont d'léna, Paris
7.32 Old Loire bridge in Roanne.
7.33 Loire bridge in Nevers in its total length.
7.34 Loire bridge in Blois.
7.35 Central portion of Loire bridge in Blois.

7.32

7.33

die in geschickter Weise mit einer weit und flach ausladenden Stahlbetonplatte verbreitert wurde.
Nicht weniger als 15 Bogen mußten in *Nevers* gebaut werden, um die dort sehr breite *Loire* zu überqueren (Bild 7.33). Die Pfeiler sind knapp über den Kämpfern abgedacht, die Brüstung wird durch ein dünnes Gesimsband von den Stirnwänden getrennt.
Die gestaltende Hand eines Meisters – des Jacques Ange Gabriel – ist auch bei der *Loire-Brücke in Blois* zu spüren (1716-1724, Bilder 7.34 und 7.35). Ohne technische Notwendigkeit steigt die Brücke von beiden flachen Ufern aus zu dem Kulminationspunkt in der Mitte der sechsten Öffnung an, die mit 26,30 m die größte Weite hat. Die Weiten der fünf Öffnungen zu beiden Seiten nehmen stetig bis auf 16 m ab. Der Scheitel der Mittelöffnung wird mit einem Wappen und einem Obelisken betont. Die Pfeiler sind im

7.35

7.34

7.36 Brücke über die Vienne in Confolens.
7.37 Die Brücke über die Neretva in Mostar, Jugoslawien.

7.36 Bridge across River Vienne in Confolens.
7.37 Bridge across the Neretva in Mostar, Yugoslavia.

7.36

7.37

Grundriß dreieckig mit scharfer Kante gegen die Strömung, sie sind durchweg 5,30 m breit, ihre Höhe nimmt jedoch zu den Ufern hin ab. Wieder wird die Brüstung mit einem glatten Gesimsband gegen die Gewölbestirnen abgesetzt.
Auf einer Reise durch Frankreich kann man auch durch eine so reizvolle Brücke an einem kleinen Ort wie in Bild 7.36 überrascht werden, die in keinem Brückenbuch erwähnt ist. Sie überbrückt die *Vienne bei Confolens* in kleinen Schritten mit beinahe zu dicken Pfeilern.
Noch manche alte Steinbrücke verdiente, hier erwähnt zu werden – in Spanien, England oder gar in der Türkei und auf dem Balkan, wo die Seldschuken und Türken nach der Römerzeit gebaut haben. Die reizvollste und kühnste ist die *Brücke über die Neretva in Mostar,* Jugoslawien, die 1566-1567 von Hayrettinin, einem Schüler des großen

(1716–1724) (7.34 and 7.35). The bridge rises without any technical reason from both banks to a summit point in the centre of the sixth arch, which has the widest span of 26.30 m. The widths of the five spans on each side decrease steadily to 16 m. The crown of the centre arch is accented by a coat of arms and an obelisk. The pier heads are triangular in plan with an acute edge against the stream, their thickness is equal with 5.30 m, but their height decreases towards the river banks. Again the parapet is separated from the arch faces by a smooth ribbon ledge.
Travelling through France, one can be surprised by a picturesque bridge in a small town like the one shown in 7.36, and not mentioned in any bridge book. It crosses the *Vienne River at Confolens* in short steps with piers that are almost too thick.

7.38

7.39

türkischen Baumeisters Sinan (Suleyman Moschee in Istanbul u. a.) erbaut wurde (Bild 7.37). Zwischen Felsen und Festung spannt sich der sehr schmale Bogen mit 27,30 m Weite bis zu einer Höhe von 19 m über den Fluß. Die Stirnmauer ist gegenüber dem dünnen Gewölbe vorgesetzt, so daß eine Schattenlinie die Bogenform betont. Im Sommer springen mutige Buben um die Wette von der Brücke in den dort glücklicherweise tiefen Fluß.

Die größten steinernen Brücken entstanden im Zeitalter des Eisenbahnbaus. Beginnen wir mit der größten, die lange als achtes Weltwunder galt – mit der *Göltzschtalbrücke* im Vogtland an der Strecke Reichenbach-Plauen. Sie ist auch für die heutige Zeit überaus eindrucksvoll (Bilder 7.38 und 7.39), erstreckt sie sich doch über eine Länge von 578 m und erreicht eine Höhe von 78 m über dem kleinen Fluß, der Göltzsch.

Several other old stone bridges deserve to have been recorded here – in Spain, in England or in Turkey and in the Balkan countries, where the Seljucks and Turks built bridges after the Roman age. The most attractive and boldest is the *bridge over the Neretva in Mostar,* Yugoslavia, which was built in 1566–1567 by Hayrettinin, a student of the great turk master-builder Sinan (Suleyman Mosque in Istanbul a. o.) (7.37). The narrow arch between rock and fortress has a span of 27.30 m and rises 19 m above the river. The face wall projects slightly over the narrow vault and its shadow emphasizes the arch shape. In summertime courageous boys vie with each other in jumping from the bridge into the river, which fortunately is deep. A romantic, picturesque situation.

The largest stone bridges rose during the age of railroad construction. We may begin with the biggest, which for a

7.38/7.39 Göltzschtalbrücke im Vogtland (DDR). Eisenbahnviadukt der Strecke Reichenbach–Plauen.

7.38/7.39 Göltzschtal Viaduct for the railroad Reichenbach–Plauen, GDR.

7.40

7.41

7.42

Johann Andreas Schubert war der mutige Baumeister. Das gigantische Werk wurde in nur 6jähriger Bauzeit von 1845 bis 1851 errichtet, 135 676 m^3 Mauerwerk wurden verarbeitet, darunter allein 26 Millionen Ziegelsteine, denn nur die unteren Pfeilerteile und die Gewölbe wurden aus Granit- und Porphyr-Quadern gemauert. Die lange Reihe der Pfeiler, die nur 14 m weit gespannte Gewölbe tragen, ist wohltuend durch die 31 m weite Mittelöffnung über dem Fluß unterbrochen. Die Pfeiler sind in drei Etagen mit flachen Gewölben längs ausgesteift und dort in Stufen

while was considered as the eighth wonder of the world – the *bridge across the Göltzsch valley* in the Vogtland on the Reichenbach–Plauen line (Germany) (7.38 and 7.39). It is most impressive, even for us today. It stretches over a length of 578 m and reaches a height of 78 m above the little river, so that a train passing over it looks like a little worm.

Johann Andreas Schubert was the audacious builder. The gigantic work was erected in only six years (1845–1851). 135 676 m^3 of masonry were placed, amongst them 26

7.43

7.40 Enztalviadukt bei Bietigheim – Eisenbahnlinie Stuttgart–Heidelberg – Teilansicht.
7.41 Einzelpfeiler des Enztalviadukts.
7.42 Steinschnitt am Enztalviadukt.
7.43 Landwasser-Viadukt bei Filisur, Schweiz.

7.40 Enztal Viaduct in Bietigheim for the railroad Stuttgart–Heidelberg.
7.41 Enztal Viaduct, close view.
7.42 Sandstone cutting at Enztal Viaduct.
7.43 Landwasser Viaduct near Filisur, Switzerland.

verbreitert, die große Mittelöffnung hat nur in der mittleren Etage einen aussteifenden Bogen. Man beachte, wie die Höhe der Etagen von unten nach oben abnimmt und wie die Etagengewölbe gegenüber den Pfeilern zurückgesetzt sind, so daß die riesenhafte Brückenfläche plastisch gegliedert ist. Die verhältnismäßig kleinen Pfeilerabstände betonen die Größe und geben Maßstab. Wie schön ist vor allem die Farbe der Steine und Ziegel.

Bei solchen Viadukten wagten die Baumeister in der weiteren Entwicklung immer schlankere Pfeiler, so sind diese bei dem 286 m langen und bis zu 36 m hohen *Enztalviadukt bei Bietigheim* nur 2 m dick (Bild 7.40, erbaut 1854 durch C. Etzel). Die Pfeiler wurden an der zum Ausgleich unterschiedlicher Bogenschübe günstigsten Stelle, nämlich am Kämpfer der 11,20 m lichtweiten Bogen mit sehr flachen Segmentbogen ausgesteift.

Das Mauerwerk aus Sandstein unterschiedlicher Färbung ist flächig bearbeitet, so daß die warmen Farbtöne gut zum Ausdruck kommen (Bilder 7.40 und 7.41). Ein leichtes Stahlgeländer über einem kräftigen Gesims schließt die Brücke nach oben hin ab. Sie war über die 22 gleichen Öffnungen hinweg fugenlos gebaut. Erstaunlich ist immer wieder, wie massive Mauerwerksbauten die Temperaturänderungen durch Sonne und Frost ohne Schaden durch Spannungen ausgleichen.

Im Zweiten Weltkrieg war ein Teil der Brücke herausgesprengt worden, zur Sicherung des noch stehenden Teils wurde eine Öffnung mit Betonwänden geschlossen und so ausgesteift.

Ähnliche Eisenbahnviadukte sind noch vielfach zu finden, besonders in Frankreich und England. Sie sind fast durchweg gut erhalten und tragen den Verkehr wohl noch über eine lange Zeit. Sie fügen sich in Maßstab und Farbe meist gut in die Landschaft ein (Bild 7.43).

million bricks; only the lower parts of the piers and the vaults were made of granite or porphyry stone blocks. The long row of piers, which carry the arches with only 14 m span, is pleasantly interrupted by the 31 m wide central arch span over the river. The piers are stiffened longitudinally in three storeys by flat segmental vaults and are broadened there in steps (7.39). The great central span has only one stiffening vault in the middle storey. One observes how the height of the storeys decreases from bottom to top and how the storey-vaults are recessed against the pier faces, providing relief to the gigantic bridge area. The relatively small spacing of the piers accents the size and gives scale. How very pleasing is the colour of the stone blocks and bricks, the red of the bricks dominating.

In the further development of masonry bridges, engineers dared to design more and more slender piers for such viaducts, only 2 m thick at the *Enz valley viaduct near Bietigheim* (Germany), which is 286 m long and up to 36 m high (7.40, built in 1854 by C. Etzel). The piers are stiffened by very shallow vaults at the most favourable level for balancing the different thrusts of the arches, i. e. at the springings of the 11.20 m wide spanned arches.

The sandstone masonry with different colours is plainly worked, so that the warm colour tones come out well (7.40 and 7.41). A light steel railing completes the bridge above a vigorous fascia. It was built without any joints between the 22 equal spans. It constantly surprises one anew how these massive masonry structures compensate for changes in temperature due to sunshine or frost by changing stresses without any damage.

At the end of the Second World War, a part of this bridge was blown out, and to secure the rest one span was closed by concrete walls.

7.44 Eisenbahnbrücke bei Abbassabad, Türkei.
7.45 Eisenbahnbrücke über die Inntalschlucht bei Cinuskal.
7.46 Eisenbahnbrücke über eine Schlucht des Landwasser bei Wiesen (Davos–Filisur).
7.47 Schnitt durch die Landwasserbrücke.

7.44

7.45

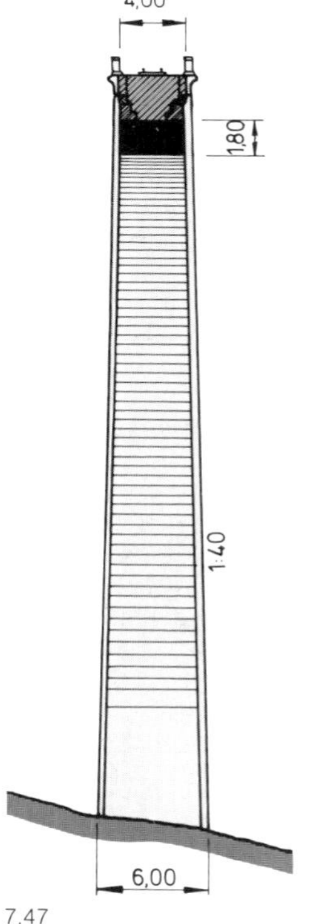

7.47

7.46

7.44 Railroad bridge near Abbassabad, Turkey.
7.45 Railroad bridge over the Inn Gorge near Cinuskal.
7.46 Railroad bridge over the Landwasser Gorge near Wiesen (Davos–Filisur).
7.47 Section through Landwasser arch bridge.

Besonders schön gestaltete Eisenbahnbrücken aus Naturstein finden wir dort, wo eine Schlucht mit einem großen Bogen zu überbrücken war. Ein harmonisches Brükkenbild bietet die Eisenbahnbrücke bei Abbassabad in der Türkei mit einer Bogenspannweite von 64 m (Bild 7.44). Die Pfeilerstellung geht in gleichem Rhythmus über die ganze Brücke durch.
Die Schweizer Brückenbauer haben meist das aufgelöste Bogenfeld mit kräftigen Pfeilern an den Kämpfern abgeschlossen und haben die Brücke mit größeren Öffnungen an den Hängen weitergeführt, wie z. B. bei der Brücke über die Inntalschlucht bei Cinuskal (Bild 7.45) oder bei der Brücke über die Landwasser-Schlucht bei Wiesen an der Strecke Davos–Filisur (Bild 7.46, 1906-1909). Der 55 m weit gespannte Bogen hat etwa Parabelform und einen hohen Stich von über 33 m. Die anschließenden Öffnungen sind jeweils 20 m weit gespannt. Die Eisenbahn ist eingleisig, die Gewölbe sind entsprechend sehr schmal, im Scheitel nur 4,80 m, am Fuß des Hauptbogens 6 m breit. Alle Pfeiler haben allseitig einen Anlauf 1:40. Die Kämpfer-Pfeiler sind bei beiden Brücken durch eine flache Vorlage betont. Das Mauerwerk ist grob geboßt, es soll in der Gebirgslandschaft wohl rustikal wirken.

Many similar viaducts for railroads exist, especially in France and England. Most of them are well preserved and will probably carry the heavy traffic for a long time yet. They fit well in the environment in both scale and colour.
An impressing example is the curved viaduct across the *Landwasser* near Filisur in the Grisons (7.43).
Specially good looking railroad bridges of stone are found in places where a deep gorge is bridged with a single arch. A harmonious picture arises from the railroad bridge near *Abassabad* with a span of 64 m (7.44). The spacing of the piers is equal over the total length of the bridge.
Swiss engineers usually placed heavy piers at the ends of the barrel arch span and continued the bridge on the mountain slopes with larger spacings of the piers, as for example at the *bridge crossing the Inn Gorge near Cinuskal* (7.45) or at the *bridge over the Landwasser Gorge* near Wiesen on the Davos–Filisur line (7.46, built in 1906–1909). The arch with a span of 55 m has an almost parabolic shape and a high rise of 33 m. The adjacent openings have 20 m spans. The railroad has only one track, and the vaults are therefore very narrow, only 4.80 m broad at the crown and 6 m at the springing of the arch (7.47). All piers are tapered at 1:40. The main piers are accentuated by a shallow projection. The masonry is roughly embossed, giving it a rustic look in the mountainous landscape.

8. Fußgängerbrücken

8. Pedestrian bridges

8.1. Primitive Stege

Fußgängerbrücken zu bauen ist eine besonders reizvolle Aufgabe. Sie können leicht und beschwingt gestaltet werden, weil ja die Fußgänger »leichtgewichtig« sind im Vergleich zu Lastwagen oder Eisenbahnen und man Fußgängern erhebliche Steigungen zumuten kann.
Ein halber Baumstamm genügt schon, um den Bergbach zu queren (Bild 8.1). Auch Mönche wagen den Weg über den schmalen Stamm (Bild 8.2). Die Ziegen folgen dem Bergbauern über den reißenden Bach auf kräftigen Stämmen (Bild 8.3).
Im Hindukusch kragen die Bauern die Balken weit vor, um so mit Baumstämmen größere Weiten zu überbrücken (Bild 8.4).

8.1. Primitive bridges

To design a pedestrian bridge is a fascinating and pleasurable task. It can be light and of delicate form because pedestrians are "lightweight" compared with heavy trucks or even railway trains, and pedestrians can be expected to walk on steep slopes or on stairs.
Half a tree trunk is enough to cross a creek (fig. 8.1). Monks dare to walk over the narrow lofty tree trunk (fig. 8.2), and goats follow the young shepherd across the rapids on thick timber beams (fig. 8.3). The peasants of the Hindukush mountains cantilever the tree trunks in order to bridge yet larger spans with timber beams (fig. 8.4).
The suspended walkways of ancient China are daring indeed (fig. 8.5). They simply placed timber branches trans-

8.1 Ein Baumrest über einen Bach im Hindukusch.
8.2 Diese Mönche müssen schwindelfrei sein.
8.3 Holzbrücke der Bergbauern in den Alpen.
8.4 Weit auskragende Baumstämme, Hindukusch.

8.1 A tree trunk over a creek in the Hindukush.
8.2 These monks must not suffer from giddiness.
8.3 Timber bridge in the Alps.
8.4 Tree trunks widely cantilevering (Hindukush).

8.1

8.2

8.3

8.4

8.5

8.6

8.7

8.8

8.5 Chinesischer Ketten-Hängesteg.
8.6 Hängesteg aus Faserseilen über den Min Fluß in China, 552 m lang.
8.7/8.8 Hängestege im Himalaja.
8.9 Kintaibrücke über den Nishiki Fluß in Japan.
8.10 Isahaia-Brücke auf Kiushu, Japan.

8.5 Suspended chains in old China.
8.6 Fibre rope for a suspension bridge over the Min River in China, 552 m long.
8.7/8.8 Suspension catwalk in the Himalaya.
8.9 Kintai Bridge in Japan.
8.10 Isahaia Bridge in Kiushu, Japan.

Unglaublich kühn sind die einer alten chinesischen Tradition entsprechenden Hängestege (Bild 8.5), bei denen man auf Querhölzern über die Seile oder über geschmiedete Ketten geht und so breite Flüsse oder tiefe Gebirgsschluchten überquert (Bilder 8.6 bis 8.8). Man muß schon schwindelfrei sein, um diesen aufregenden Tanz über das schwingende Seil zu wagen.

8.2. Der Reiz japanischer Fußgängerbrücken

Eine alte Tradition haben auch die japanischen Holzbrükken in schönen Gärten, sie sind meist rot gestrichen und schwingen sich mit kräftiger Wölbung über den Bach oder den Teich. Berühmt ist die *Kintai-Brücke* über den Nishiki-Fluß im Süden von Honshu (Bilder 8.9 und 8.11). Aus Holzbalken geformte flache Bogen stützen sich auf kräftige Natursteinpfeiler. Im steilen Teil der Bogen sind die aufgelegten Bohlen treppenförmig gestuft. Man geht auf und ab – den Bogenlinien folgend.
Auf der Insel Kiushu – nicht weit von Nagasaki – steht eine alte steinerne Fußgängerbrücke in einem kleinen Park (Bild 8.10). Sie führte früher über den benachbarten Fluß, wo sie durch eine befahrbare Straßenbrücke ersetzt wurde. Auch hier folgt der Weg den Bogen mit Stufen in den steilen Teilen (Bild 8.12). Eine durchbrochene Steinbrüstung schließt die Bogenflächen aus Quadermauerwerk ab.
In Japan haben auch Balkenbrücken über mehrere Joche meist den bogenförmigen Schwung. Man steigt hinauf und

versely on fibre ropes or forged steel chains which spanned wide rivers or deep gorges (fig. 8.6 to 8.8). One must not be prone to giddiness when setting out for an exciting dance on the swaying ropes.

8.2. The charm of Japanese pedestrian bridges

Japanese timber bridges generally follow the old traditional form of the strongly curved bridge, usually painted red, which spans the creek or pond of a beautiful garden. The famous *Kintai Bridge* which crosses the Nishiki River in Southern Honshu is one example (fig. 8.9 and 8.11). The arches are composed of timber beams and rest on sturdy stone piers. The walkway follows the curve of the arches and in the steep portions of the arches the transverse planks form steps.
On Kiushu Island – not far from Nagasaki – there is an old pedestrian stone arch bridge in a small park (fig. 8.10). Formerly it crossed a nearby river, where it was replaced by a road bridge. Again the walkway follows the line of the arches, with steps in the steep portions (fig. 8.12). A stone parapet with ornamental openings tops the stone faces of the arches.
In Japan, even beam bridges over several spans usually have an arch-like elevation. One ascends and descends in each span and therefore experiences these bridges much

8.9

8.10

8.11

8.12

8.13

8.11 Auf der Kintai-brücke.
8.12 Stufen zum Bogenscheitel der Isahaia-Brücke.
8.13 Engetsu Brücke im Ritsurin Park, Shikoku, Japan.

8.11 On the Kintai Bridge.
8.12 Steps to the crown of the arch.
8.13 Engetsu Bridge in a park, Japan.

geht hinab und hat so ein viel intensiveres Erlebnis der Brücke, als wenn der Steg nur geradlinig hinüberführen würde (Bild 8.13). So werden auch moderne Fußgängerbrücken gern mit Schwung entworfen.

8.3. Bogenbrücken

Alte Steinbrücken in den Alpen haben häufig Buckel, die sich aus der Wölbung der Bogen ergeben. Berühmt ist die Brücke mit Zwillingsbogen über die *Verzasca* im Tessin (Bild 8.14).
An Venedigs Fußgängerbrücken sind die Treppenpodeste der Folge von kleinem und großem Bogen angepaßt, so bei der *Ponte di San Giobbe* (Bild 8.15). *Ponte Rialto* ist mit Recht Venedigs berühmteste Brücke (Bild 8.16).

more intensely than straight foot bridges (fig. 8.13). Modern pedestrian bridges also tend to be designed with some camber.

8.3. Arch bridges

Old stone arch bridges in the Alps often have humps which originate from the shape of the arches. One famous example is the bridge with twin arches across the Verzasca rapids in the Ticino (fig. 8.14).
On the footbridges of Venice, the stair flights are adapted to the sequence of smaller and larger arches, as at the Ponte di San Giobbe (fig. 8.15). *Ponte Rialto* rightly deserves to be the most famous bridge of Venice (fig. 8. 16).

8.14

8.15

8.14 Brücke über die Verzasca im Tessin.
8.15 Venedigs Brükken, treppauf – treppab, hier Ponte San Giobbe.

8.14 Verzasca Bridge in Ticino, Switzerland.
8.15 Ponte San Giobbe in Venice.

8.16

8.17

8.18

8.16 Ponte Rialto, strahlt Venedigs Ambiente aus.
8.17 In einem Schloßpark, Öhringen.
8.18 Zur Freude der Kurgäste in Baden-Baden.

8.16 Ponte Rialto expresses the flair of Venice.
8.17 In a castle park, Öhringen, Germany.
8.18 For the enjoyment of spa guests in Baden-Baden.

Im Schloßpark von Öhringen spannt sich ein flacher Steinbogen ganz harmlos über den Schloßgraben (Bild 8.17).
In Baden-Baden verschönert der romantische Steg über das stille Wasser der Oos den Kurpark, was ihm noch besser gelingen würde, wären die Stahlträger unter dem weißen Ziergitter japanisch rot (Bild 8.18).
Auch mit Beton lassen sich grazile Bogen spannen, so flach, daß man sein federndes Schwingen in der zitternden Spiegelung im Wasser spürt (Bild 8.19). Das Geländer aus dünnen roten Stäben könnte nicht zarter sein und betont so das fast Schwebende (Bild 8.20) (Rundstäbe ∅ 10 mm aus St 1400/1600).
Auch über die Rems in Waiblingen führt ein flacher Bogensteg (Bild 8.21).
Selbst bei großen Spannweiten genügen sehr schlanke Bogen, um den Gehweg über den Fluß zu tragen, wie die

In the palace garden of Öhringen a flat masonry arch spans the fosse (8.17).
In the spa town of Baden-Baden, the romantic footbridge crossing the calm water of the Oos creek adds to the enjoyment of patients during their stay. This would be even more so if the steel girders under the white ornamental railing were painted red in the Japanese style (fig. 8.18).
Graceful arches can be built so flat with concrete that one can almost feel their springiness in their oscillating reflections in the water (fig. 8.19). The railing of thin red rods (∅ 10 mm rods of high strength steel) could not be more delicate and underlines its almost hovering character (fig. 8.20). There is a similar arch bridge across the Rems River in Waiblingen (fig. 8.21).
Such slender arches are suitable for carrying a foot path over quite long spans. This is demonstrated by the Schier-

8.19

8.19 Bogensteg über die Enz in Mühlacker, 46 m Spannweite, $f:\ell = 1:15$.
8.20 Beispiel eines »zarten« Geländers.
8.21 Steg über die Rems in Waiblingen.
8.22 Bogensteg über den Rheinhafen in Schierstein mit auskragenden Wenderampen.
8.23 Luftbild des Schiersteiner Stegs, zeigt ausgekragte Wenderampen.

8.20

8.21

8.22

8.23

Schiersteiner Brücke zeigt, die den Rheinhafen mit einem 92 m weiten Sprung überbrückt und die abgewinkelten Rampen als Kragarme zurückhält, die den Bogenschub vermindern (Architekt Gerd Lohmer) (Bilder 8.22 und 8.23).
Bei diesen Bogen-Stegen kommt es vor allem auf stetig ausschwingende Linien der hellen Gesimsbänder an, die ohne rasche Änderung der Krümmung verlaufen müssen. Der tragende Bogen tritt gegenüber der dünnen Gehwegplatte zurück und muß schlank sein. Die zum Kämpfer hin dünner werdende Form des Zweigelenkbogens wirkt eleganter als der am Kämpfer dicker werdende eingespannte Bogen.

stein bridge which crosses the entrance to the Rhine harbour in one 92 m wide leap, also holding back the reversing approach ramps as free cantilevers which reduce the thrust at the springing of the arch (architect Gerd Lohmer) (fig. 8.22 and 8.23).
The dominant feature of these arch bridges is the bright fascia band steadily curved and with no sudden change of curvature. The carrying arch rib is recessed beneath the thin deck slab and it must be slender. The shape of the two-hinged arch with depth decreasing towards the springings looks more elegant here than the fixed arch thickening towards the springings.

8.19 Slender arch across River Enz, Mühlacker.
8.20 Example of a "tender" railing.
8.21 Pedestrian bridge over the Rems, Waiblingen.
8.22 Arch bridge in Schierstein on Rhine with cantilevered reversing ramps.
8.23 Aerial view shows cantilevering ramp.

8.24

8.25

8.26

8.24 Hängesteg über die Rhône in Lyon.
8.25 Hängesteg über die Sesia, italienische Alpen.
8.26 Holzfachwerk aufgehängt, Hängesteg über den Hida-Fluß in Japan.
8.27/8.29 Schrägkabelsteg über die Schillerstraße in Stuttgart.
8.28 Untersicht des Schillerstraßenstegs.
8.30 Schrägseilsteg über den Neckar in Ludwigsburg-Hoheneck – zu schweres Geländer wirkt lastend.

8.24 Suspension bridge for pedestrians across the Rhône River in Lyon, France.
8.25 Suspended walk way across Sesia River.
8.26 Suspended timber truss across Hida River in Japan.
8.27/8.29 Cable-stayed pedestrian bridge in Stuttgart.
8.28 Bridge seen from underneath.
8.30 Cable-stayed pedestrian bridge near Ludwigsburg-Hoheneck.

8.4. Hängestege

Manch leichter Hängesteg führt über breite Flüsse, zum Beispiel über die Rhône in Lyon, über die Sesia in den Alpen oder über den Hida-Fluß in Japan (Bilder 8.24 bis 8.26). Das Holzfachwerk der japanischen Hängebrücke könnte nicht einfacher sein und sieht gut aus, weil ein Fachwerk mit Füllstäben in nur zwei Richtungen gewählt wurde.

Heute werden Hängestege gern mit Schrägkabeln gebaut. Einer der ersten führt zwar nicht über einen Fluß, sondern über die Schillerstraße in Stuttgart (Bilder 8.27 bis 8.29). Seine über 90 m lange, nur 50 cm dicke, äußerst leichte stählerne Hohlplatte ist mit wenigen Paralleldrahtkabeln an einem zwischen hohen Bäumen stehenden Pylon aufgehängt. Der Gehweg teilt sich am Pylon in zwei Äste. Die Ausrundung über der Hauptöffnung (R=360 m) läuft stetig in die mit 9% und 11% flach geneigten Rampen über. Auch im Grundriß zweigen die gekrümmten Äste mit langsam beginnender Krümmung ab, so daß alle Linien stetig fließen.

Ein Steg über den Neckar in Ludwigsburg-Hoheneck ist an einem A-förmigen Pylon, der gut zwischen hohen Bäumen steht, aufgehängt (Bild 8.30). Während der Pylon sehr elegant und schlank wirkt, geht die Schlankheit des Steges selbst durch das als Band wirkende zu kräftige Aluminiumgeländer verloren.

Ein an zwei Pylonen aufgehängter Schrägkabelsteg überspannt in Mannheim den Neckar mit 140 m Spannweite (Bild 8.31). An den in der Brückenachse stehenden Pylonen befinden sich Kanzeln, die zum Verweilen einladen sollen.

Schließlich kann man auch Hängebrückenstege ohne hohen Versteifungsträger mit einer dünnen Betonplatte

8.4. Suspended pedestrian bridges

There are quite a few light pedestrian suspension bridges across wide rivers, as over the Rhône in Lyon, over the Sesia in the Alps, or across the Hida River in Japan (fig. 8.24 to 8.26). The timber truss of the Japanese bridge could not be simpler and looks good because the diagonals are placed in two directions only.

Nowadays, the fashion is to build suspended footways using stay cables. One of the first ones does not cross a river, but the wide *Schiller Street* in Stuttgart (fig. 8.27 to 8.29). Its hollow steel deck, 90 m long, only 50 cm thick and extremely light, is suspended by a few parallel wire cables to a single mast standing between high trees. The path is divided at the mast into two branches. The vertical curvature in the main span has a radius of 360 m and changes steadily into slopes of 9% and 11% at the approach ramps. In plan the curvature of the two branches begins slowly, so that all lines show a steady flow.

One footbridge across the Neckar River is suspended from an A-shaped tower, which is well sited between high trees (fig. 8.30). Whereas the tower is very elegant and slender, the slenderness of the deck gets lost by a dense balustrade of thick aluminium bars.

The cable-stayed pedestrian bridge across the Neckar in *Mannheim* with a main span of 140 m is suspended from two towers (fig. 8.31). At these towers, which stand on the bridge axis, the deck is widened and this encourages pedestrians to linger a while.

One can build such suspension bridges with a thin concrete deck slab and without any stiffening girder by arranging inclined hangers in such a way that they produce a truss-like system. Such a footbridge was built in the *Rosenstein Park* in Stuttgart, but with only "half a main span",

8.27

8.28

8.29

8.30

8.31 Schrägkabelsteg über den Neckar in Mannheim.
8.32 Hängebrückensteg im Rosensteinpark in Stuttgart.
8.33 Entwurf eines Stegs als Monokabel-Hängebrücke mit 140 m Spannweite.

8.31 Pedestrian bridge across the Neckar in Mannheim.
8.32 Suspension bridge in Rosenstein Park, Stuttgart.
8.33 Design of a monocable suspension bridge.

8.31

8.32

Querschnitt in $\ell/2$

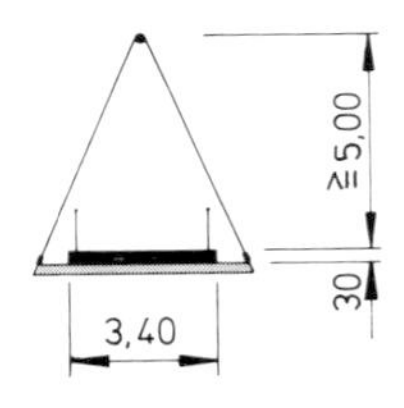

8.33

bauen, indem die Hänger so gegeneinander geneigt angeordnet werden, daß sie eine fachwerkartige Aussteifung ergeben. Ein solcher Steg wurde im Rosensteinpark in Stuttgart gebaut, wobei allerdings nur eine »halbe Hauptöffnung« besteht und die Kabel in der Betonplatte an beiden Enden verankert sind, so daß schon dadurch eine große Steifigkeit entstand (Bild 8.32).
Für einen über den Neckar geplanten Steg wurde eine Hängebrücke für 110 m Spannweite mit nur einem Kabel (Monokabelbrücke) und sich kreuzenden Hängern entworfen, die sehr zierlich aussehen könnte (Bild 8.33). Um den Durchgang zu wahren, muß das Kabel in der Hauptöffnung ziemlich hoch bleiben, und die Gehwegplatte muß für die Hänger breiter werden.

and with cables anchored in the concrete slab, so achieving considerable stiffness (fig. 8.32).
For a projected crossing of the Neckar, we designed a very delicate-looking suspension bridge of 110 m span with only one cable (monocable bridge) and with cross-inclined hangers (fig. 8.33). To preserve headroom, the cable in the main span had to be sufficiently high above the deck, and the deck slab widened beyond the railing.

8.5. Modern timber bridges

Timber is especially suitable for light pedestrian bridges and allows interesting solutions thanks to modern gluing and joining techniques. Timber therefore deserves to be used more frequently for footbridges.
A truly new type of timber structure was invented by

8.34

8.35

8.36

8.34 Lederersteg in Amberg, Franken, 1978, räumliches Fachwerk im Dach.
8.35 Holzfachwerk über den Neckar in Stuttgart-Bad Cannstatt mit zu flachen Diagonalen (s. Skizze).
8.36 Holzfachwerk über die Isar in München.

8.34 Lederer Bridge in Amberg, carried by space truss inside the roof.
8.35 Covered timber truss across the Neckar in Stuttgart-Bad Cannstatt. The sketch displays better appearance of steeper diagonals.
8.36 Covered timber truss across the Isar in Munich.

8.5. Neuartige Holzstege

Holz eignet sich für leichte Fußgängerbrücken besonders gut und erlaubt dank der modernen Leimtechnik interessante Lösungen. Es verdient daher, wieder mehr für solche Brücken verwendet zu werden.
Ein ganz neuartiges Holztragwerk hat Natterer für den neuen Lederersteg in Amberg (Franken) erfunden (Bild 8.34) – keine Fachwerkstäbe! Was trägt hier? Es ist ein im Dach eingebautes Dreigurt-Faltwerk, an dem die Gehbahn aufgehängt ist. Das Dach ist dem Fußgänger sicher willkommen, und die Brücke könnte in anderer Form kaum schöner sein, sie paßt in die Altstadt nach Art und Maß.
Ein anderer Steg, auch von Natterer, – über den Neckar in Stuttgart-Bad Cannstatt – würde ähnliches Lob verdienen, wenn das zwischen Dach und Gehbahn gelegte Fachwerk

zu 8.35

C. Natterer for the new *Lederersteg* in Amberg (Franconia) (fig. 8.34). No trussing can be seen! What carries the load? It is a space truss with three chords inside the roof space, to which the deck is suspended. The roof is certainly welcome to the pedestrians, and the bridge could hardly be more beautiful, so perfectly does its style and scale blend in with the *old town*.
Another timber bridge, also designed by Natterer and crossing the *Neckar in Stuttgart-Bad Cannstatt,* would de-

8.37 Fußgängerbrücke Karl Sonnenschein-straße, Düsseldorf.
8.38 Fußgängerbrücke »am Mahnmahl« in Düsseldorf.

8.37/8.38 Pedestrian overpass in Düsseldorf, steel box girder.

8.37

8.38

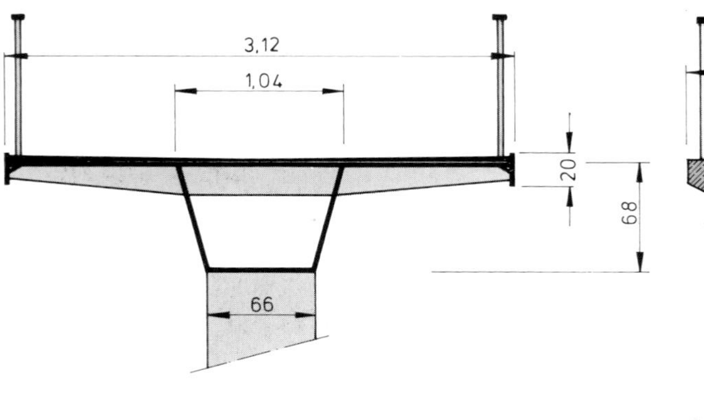

Querschnitt von 8.37

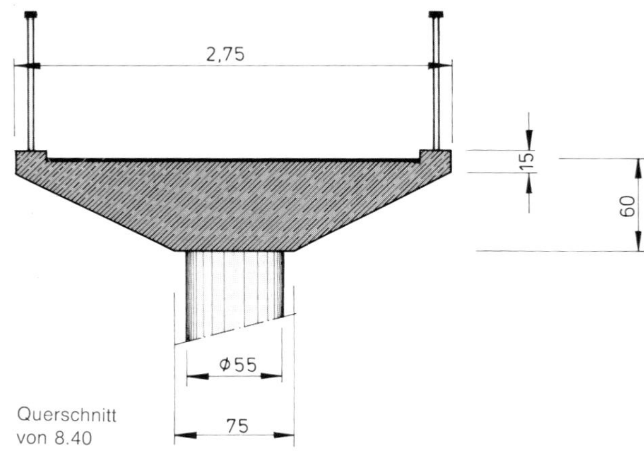

Querschnitt von 8.40

nicht mit so großen Schritten der Diagonalstäbe angelegt wäre (Bild 8.35). Die flache Neigung der Stäbe und ihr großer Abstand ergeben eine merkwürdige Wirkung, die hier stört. Die Skizze soll zeigen, wie sich das Aussehen mit engeren und steileren Diagonalen verbessert.
Diese engere Stabteilung zeigt der neue Holzsteg über die Isar in München-Oberföhring, ebenfalls von Natterer entworfen (Bild 8.36).

serve similar praise if the truss between roof and deck did not have such a large spacing between diagonals (fig. 8.35). The small inclination and the large spacing of the diagonals have a strange effect which is disturbing. The sketch displays how steeper and closer diagonals would improve the appearance. A closer arrangement of the diagonals has been used at the new covered bridge across the *Isar in Munich,* also designed by C. Natterer (fig. 8.36).

8.6. Straßen-Überführungen

In den letzten Jahrzehnten wurden in den Städten sehr viele Fußgängerbrücken zur Kreuzung verkehrsreicher Straßen gebaut. Manch störendes Bauwerk ist hierbei entstanden. Wir wollen die besten aussuchen.

8.6. Pedestrian street overpasses

During the last decades, the majority of pedestrian bridges have been built to pass over city streets with heavy traffic. Some disturbing structures have resulted. We intend to search out the best.

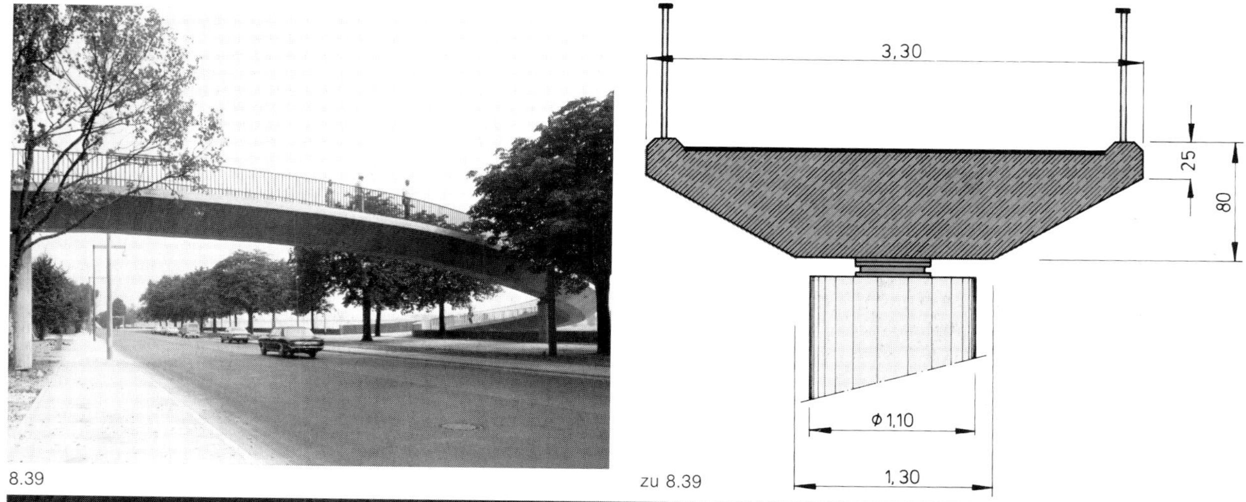

8.39

zu 8.39

8.39 Fußgängerbrücke am Nordpark in Düsseldorf.
8.40 Wendelrampen für Fußgänger, hier an der Theodor-Heuss-Brücke in Düsseldorf.

8.39 Curved overpass in Düsseldorf, concrete.
8.40 Helical ramps for pedestrians at a Rhine bridge in Düsseldorf.

8.40

Die Düsseldorfer Stege gehören dazu – dank der künstlerischen Beratung durch F. Tamms. Soweit die Bebauung dies erlaubte, wurden hier die Rampen mit mäßiger Steigung weit ausgezogen und die Straße mit einem äußerst schlanken Balken (max. $\ell:h = 50$) überspannt (Bilder 8.37 und 8.38). Der Ausrundungsradius ist mit R = 310 m groß gewählt. Im Querschnitt haben wir einen schmalen stählernen Kastenträger, über den die Platte beidseitig weit auskragt. Das 20 cm hohe Gesims ist hell, der Balken dunkel gestrichen, um die Schlankheit zu betonen. Das Geländer verschwindet fast gegen den Himmel. Die Stützen sind sehr schlank, so daß man sie beinahe suchen muß. So schwebt das dünne Band leicht und frei hinüber. Bei solchen überschlanken Stahlbrücken muß genügend Dämpfung eingebaut werden, damit man sie nicht in gefährliche Schwingungen versetzen kann.

The overpasses of *Düsseldorf* belong to the best, thanks to the artistry of F. Tamms. The ramps were extended with a slope up to 12% as far as the neighbouring buildings allow and an extremely slender beam was spanned across the street (fig. 8.37 and 8.38). (Span to depth ratios down to 1:50 were used). The radius for the vertical alignment was chosen as large as 310 m. The cross section of the beam shows a narrow steel box from which the deck slab cantilevers far to both sides. The 20 cm fascia is brightly painted, the beam dark, to emphasize the slenderness. The railing almost disappears against the sky. The columns are so slender that one must search for them and so the thin fascia ribbon floats light and free over the street. In such extremely light and slender steel bridges one must provide sufficient damping, so that dynamic loads from pedestrians cannot set up dangerous oscillations.

8.41

8.42

8.41 Wendelrampe an der Brücke über die Himmelgeisterstraße in Düsseldorf.
8.42 Fußgängerbrücke an der Nürnberger Straße, Düsseldorf.
8.43/8.44 Elegante Fußgängerbrücke, Hardy Street foot bridge, in Perth, Australien.
8.45 Weniger gelungene Wendelrampe in Wuppertal.

8.41/8.42 Helical ramps at overpasses in Düsseldorf.
8.43/8.44 Elegant prestressed concrete overpass bridge, (Hardy Street) in Perth, Australia.
8.45 Curved ramps in Wuppertal – not very pleasing.

An anderer Stelle schwenkt der Fußweg auf die überführte Straße ein (Bild 8.39). Der Spannbetonbalken mit trapezförmigem Querschnitt ist schon über der Straße gekrümmt. Wieder sind die Stützen unauffällig schlank. Die Brücke läuft fast wieder bis auf Null aus, das heißt am Ende steht nur ein kleines Widerlager, um auch dort Masse zu vermeiden. Bei solchen Fußgängerbrücken ist es wichtig, daß sie fast bis zum Boden auslaufen und nicht zwischen hohe Dämme und Widerlager eingeklemmt werden.
Wenn kein Raum für lange gerade Rampen vorhanden ist, dann kann man mit Wendelrampen einen schönen Aufgang schaffen, wie dies erstmals an der *Theodor-Heuss-Brücke* (Nordbrücke) in Düsseldorf geschah (Bild 8.40). Wieder beruht das schlanke Aussehen auf der guten Proportion zwischen dem Gesims und der restlichen Höhe des Trapezquerschnitts. Auch hier trägt das bescheiden geformte Geländer mit nur gleichen dünnen vertikalen Stäben zur schönen Wirkung bei.
Ähnliche, in der Krümmung sehr weitgespannte Wendelrampen hat die Brücke über die Himmelgeister Straße (Bild 8.41). Auch die Brücke über die Nürnberger Straße zeigt den Düsseldorfer Stil in einer anderen Variante – stets mit stetigem Krümmungswechsel aller durchweg parallelen Linien (Bild 8.42).
Die wohl schwungvollste Fußgänger-Überführung mit Wendelrampen (Neigung 10%) steht in Perth, Australien (Bilder 8.43 und 8.44) (Ingenieur K. C. Michael). Die sechsspurige Autobahn ist mit ℓ = 48 m frei überspannt, die Stützen sind 8 m vom Straßenrand zurückgesetzt – man scheute sich nicht vor der vergrößerten Spannweite. Kräftige, 1,8 m hohe Vouten über den Stützen erlaubten es, den Spannbetonbalken über der Mitte der Straße mit 60 cm so dünn zu machen, daß man beinahe an der Tragfähigkeit zweifelt und dennoch von der

8.45

At another place the footpath turns into the direction of the street below (fig. 8.39). The precast concrete beam, of trapezoidal cross-section, begins to curve over the street. The supporting piers are again slender and therefore inconspicuous. The bridge ramp continues to almost zero height, so that at the end a small abutment is sufficient, avoiding mass even there. At such pedestrian bridges it is important that they continue almost to the ground and are not squeezed between high solid ramps and abutments.
If there is no space for long straight ramps, then one can achieve a good access with helically shaped ramps, as used for the first time at the Theodor Heuss Bridge in Düsseldorf (fig. 8.40). Again the slender appearance is due to a good balance of proportions between the fascia and the remaining depth of the trapezoidal cross-section. The modest railing of identical thin vertical steel bars contributes to the pleasing appearance.
The bridge crossing the Himmelgeister Street has long spans and similar helical ramps (fig. 8.41). The bridge over the Nürnberger Street is also a variation on the Düsseldorf style, and has steadily changing curvature with all lines and edges parallel (fig. 8.42).
The most "floating" pedestrian overpass with helical ramps stands in *Perth, Australia* (fig. 8.43 and 8.44) (designed by K. C. Michael). The six-lane freeway is crossed in one span of 48 m, and the piers stand 8 m outside the edges of the lanes, not fighting shy of increasing the span length. The sturdy haunches above the piers (1.80 m depth) allow a beam depth of 60 cm over the median strip of the freeway, so thin that one almost doubts its carrying capacity, but is nevertheless impressed with its lightness. All lines run along smooth curves with steady changes, with no break of the elegant flow. The balustrade sits on the overslender structure almost as though there were no gravity, every eighth bar is thicker than the bars in between, which does cause a little unrest in the transparent grid.
How significantly the type of cross-section affects the appearance of such curved ramps is illustrated by a comparison with the ramp at the *Stockmannsmühle* for the crossing on federal highway 326 in Wuppertal (fig. 8.45). Instead of a trapezoidal cross-section, a T-shaped one with vertical webs was chosen here, which gives a heavy look. The curvature does not change steadily and this is an added disturbing feature.
At the slender overpasses over the *Schlosspark Ring in Karlsruhe*, it was possible to lead the ramps straight into the crossing (fig. 8.46). Long flat haunches extend from the top of the columns, propping up the thin concrete slab, which is continuous over the total length. One could underline the slenderness effect here by painting the fascia

8.43

Leichtigkeit begeistert ist. Alle Linien verlaufen in lang ausgezogenen Kurven mit stetigen Übergängen – nirgends ein Bruch des eleganten Fließens. Das Geländer begleitet das überschlanke Tragwerk fast schwerelos, jeder achte Stab ist kräftiger als die Zwischenstäbe, was ein wenig Unruhe in das transparente Geländerband bringt.
Wie sehr es bei solchen Wendelrampen auf den Querschnitt ankommt, zeigt ein Vergleich mit der Wendelrampe der Stockmannsmühle für den Weg über die Bundesstraße 326 in Wuppertal (Bild 8.45). Anstelle des Trapezquerschnitts ist hier ein T-Querschnitt mit vertikalen Stegflächen gewählt worden, der das Tragwerk schwer erscheinen läßt. In der Führung der Krümmungen sind Unstetigkeiten, die zusätzlich störend wirken.
Bei den schlanken Überführungen über den Schloßpark-Ring in Karlsruhe konnten die Rampen geradlinig in die Querstraße geführt werden (Bild 8.46). Von den Stützen

8.44

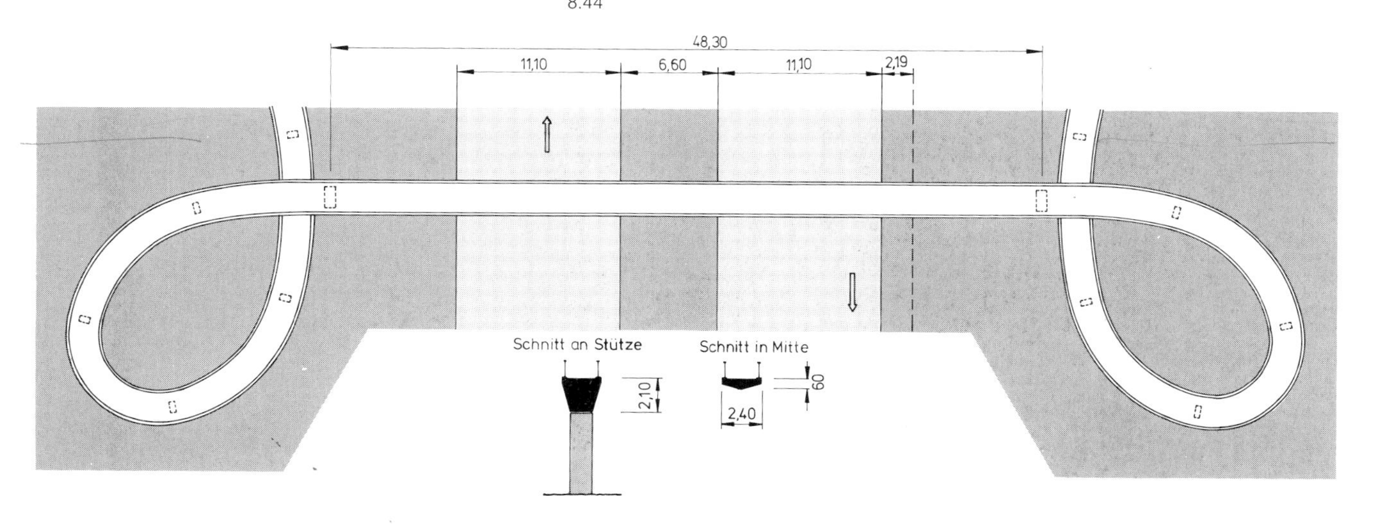

zu 8.43

8.46 Überführung über den Schloßpark-Ring in Karlsruhe.
8.47 Spannband-Steg über die Autobahn bei Rapperswil, Schweiz.

8.46 Overpass in Karlsruhe.
8.47 Stress ribbon over the autobahn near Zurich.

8.46

8.47

gehen lang ausgezogene Vouten aus, welche die in gleicher Dicke durchlaufende dünne Platte unterstützen. Man könnte die schlanke Wirkung noch dadurch unterstreichen, daß man das kräftige Gesims hell und die Voute einschließlich Platte und Stützen dunkel streicht.
Im Streben nach schwebender Leichtigkeit sind auch einige *Spannband-Stege* gebaut worden, bei denen eine dünne Spannbetonplatte wie bei den alten chinesischen Kettenbrücken (Bild 8.5) mit möglichst wenig Durchhang frei ausgehängt wird. Dabei entstehen große Zugkräfte, die eine kräftige Verankerung bedingen. Nicht alle solche Spannband-Stege sind schön geworden, wohl aber der von R. Walther über die Autobahn Zürich-Chur bei Rapperswil gespannte Steg mit 40 m freier Spannweite bei nur 20 cm Dicke der Betonplatte (Bild 8.47).

bright and the under-surfaces of the haunches together with slab and columns dark.
In striving for floating weightlessness, some stress ribbon bridges have been built. A thin prestressed concrete slab hangs freely with a small sag, similar to the old Chinese chain bridges (fig. 8.5). Large tie forces arise which necessitate strong anchorages. Not all of these stress ribbon bridges turned out to be beautiful, but that of R. Walther, crossing the Swiss autobahn Zurich – Chur near *Rapperswil* deserves commendation (fig. 8.47). The 20 cm concrete slab spans freely over 40 m.

8.48

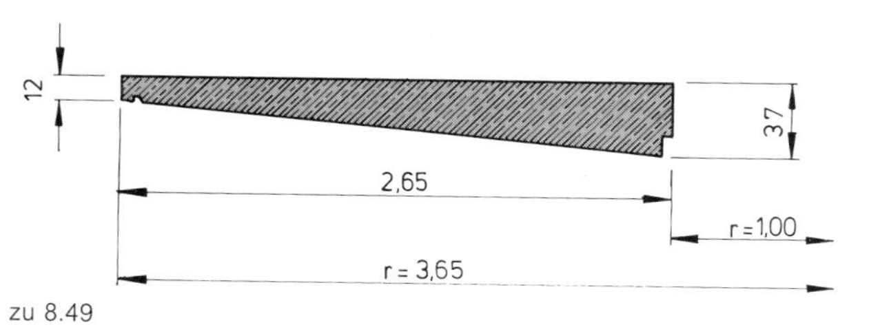

zu 8.49

8.49

8.48 Anspruchsloser Treppenaufgang an der östlichen Donaubrücke in Wien.
8.49. Wendeltreppe an der Neckarbrücke Ziegelhausen.

8.48 Unpretentious stair access to a Danube bridge in Vienna.
8.49 Freely spanned helical stair at Neckar bridge Ziegelhausen.

8.7. Treppen an Brücken

Bei Fußgänger-Überführungen in den Städten steht häufig kein Platz für flache Rampen zur Verfügung, so daß Treppen angeordnet werden müssen. Verwöhnte Bürger fordern häufig sogar Rolltreppen. Dann wird es schwierig, ein Bauwerk zu entwerfen, das nicht störend aussieht. Man sollte daher stets prüfen, ob nicht besser eine Unterführung gebaut werden kann, bei der die Menschen nur rund 3 m Höhenunterschied überwinden müssen, während dieser bei Überführungen rund 5,50 m bis 6 m beträgt.
Für eine gute Gestaltung ist auch die Vorschrift im Wege, nach der Treppenläufe nach je zehn Stufen durch Podeste unterbrochen werden müssen. Diese Vorschrift soll Schwindelgefühle verhüten, die ängstliche Menschen an langen, steilen Treppen befallen. Merkwürdigerweise gilt diese Vorschrift für die steileren Rolltreppen nicht. Die Begründung für diese Verordnung – wegen Schwindel- und Absturzgefahr – entfällt, wenn man die Treppe flach stuft, z. B. mit 32 cm Auftritt bei nur 12 bis 14 cm Steigung. Jedenfalls sollte man Treppen ohne Podeste anstreben, weil sie erheblich besser aussehen.
An großen Brücken werden gern Treppen zu den Uferwegen angebaut, damit der Fußgänger nicht erst die langen Rampen abgehen muß. Diese Treppen können recht unterschiedlich gestaltet werden.
An der östlichen Donaubrücke in Wien wurde ein Treppenaufgang mit geraden Läufen und Podesten vor einem Brückenpfeiler gebaut (Bild 8.48).
Wie bei den Rampen, so ist auch bei den Treppen die Wendellösung ein Schlüssel zu reizvoller Gestaltung. Die erste frei gespannte Wendeltreppe wurde an der Neckarbrücke Ziegelhausen gebaut (1953, Bild 8.49). Die Wendel hat einen trapezförmigen Plattenquerschnitt – am inneren Rand dick, außen dünn. Die Kräfte werden vorwiegend entlang dem inneren kleinen Kreis abgetragen – die dort nötige Dicke der Platte fällt nicht auf, die äußere »Dünne« ist für das leichte Aussehen entscheidend. Die Wendel ist oben im Brückenpfeiler eingespannt – der Übergang zu dieser Einspannung dürfte noch etwas fließender sein. Wieder wird die Leichtigkeit durch das einfache Stabgeländer betont.

8.7. Stairs to bridges

For pedestrian overpasses in cities, there is frequently no space for flat ramps, and stairs must be provided or even moving escalators where the city dweller demands more and more travelling convenience. In this case it is difficult to design a structure which does not disturb the environment. One should therefore first examine if it is possible to build an underpass, where people have only to surmount a height difference of about 3 m, compared to 5.50 to 6 m at overpass bridges.
A regulation is about to be introduced in Germany that requires stair flights to be interrupted by a landing after about ten steps and this is an additional handicap to good form. This regulation is intended to prevent the feeling of dizziness which overcomes people afraid of heights on long steep stairs, but strangely enough it is not valid for the even steeper moving escalators. The argument – danger by dizziness – becomes inapplicable if the gradient is small, for example with 32 cm width and only 12 to 14 cm height of step. In any case, one should design stairs for bridges without any or with as few landings as possible.
At large river bridges, stairways are likely to be arranged to join the footpath along the river bank, and can be designed with great variety.
At the Eastern Danube bridge in Vienna, a staircase was built with short straight flights and several landings at a pier of the bridge (fig. 8.48).
The helix can be the key to an attractive solution for stairs in the same way that it is for ramps. The first free spanning helical stair was built at the Neckar bridge in *Ziegelhausen* (1953) (fig. 8.49). The helix has a trapezoidal cross section, thick at the inside face and thin at the outside. The forces are carried mainly along the smaller inner circle, where the necessary thickness does not show and the outer thinness gives the light appearance.
The top of the helix cantilevers from the bridge pier, and the transition to this fixity could have been made to flow a little more smoothly. Again, the simple railing with vertical steel bars contributes to the lightness.
This helical stair was imitated about ten years later at the Schierstein bridge across the Rhine (fig. 8.50), but with

8.50 Weniger gelungene Wendeltreppe an der Rheinbrücke Schierstein.
8.51 Die Lohmersche Spindeltreppe, hier an der Köln-Deutzer Rheinbrücke.
8.52 Wendel-Rampe als Aufgang zu Brükken.

8.50 Disfigured helical stair.
8.51 Lohmer's helical spindle stair at Rhine bridges in Cologne.
8.52 Helical spindle ramp (design).

8.50

8.51

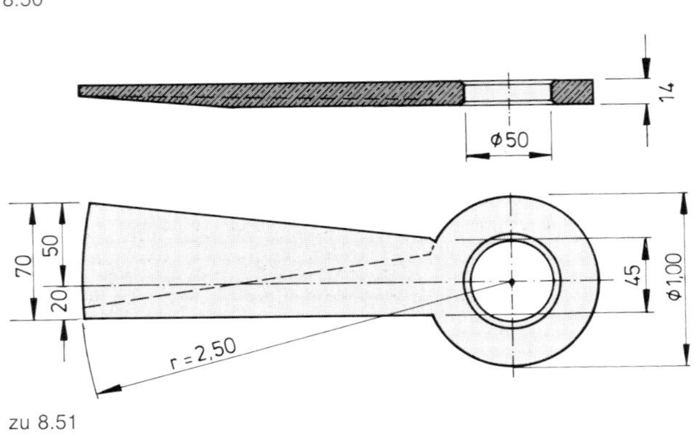

zu 8.51

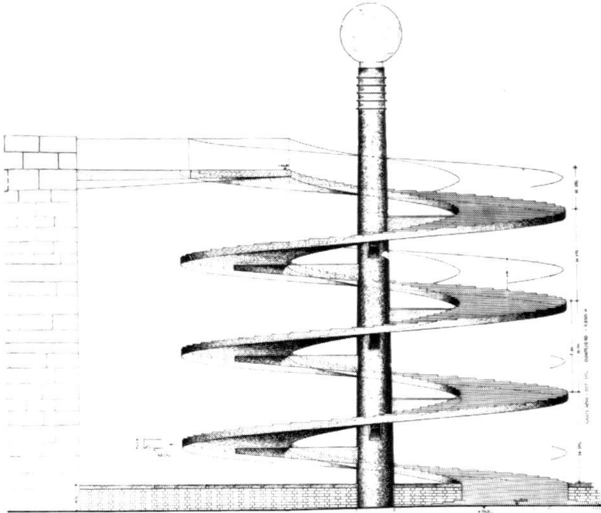

8.52

Diese Wendeltreppe wurde rund zehn Jahre später an der Rheinbrücke Schierstein nachgeahmt – jedoch mit anderen Radien und anderen Steigungsverhältnissen (Bild 8.50). Diese Treppe kann man nicht als schön bezeichnen. Dies ist wieder ein Beweis dafür, wie es bei gleichen statischen Systemen auf die Proportionen ankommt, die mit Formgefühl gewählt werden müssen.
Solche Wendeltreppen brauchen keine Podeste, wenn die Stufenbreite am äußeren Radius größer als etwa 40 cm ist, so daß man außen einen sehr flachen Treppenlauf erhält und jede Stufe wie ein kleines Podest zum Verschnaufen einlädt.
Gerd Lohmer hat eine sehr bequeme und schöne Spindeltreppe aus Fertigteilen entwickelt, die zuerst an der Rheinbrücke Köln-Deutz und später auch an anderen Brücken erstellt wurde (Bild 8.51). Auch hier kommt es darauf an, daß der äußere Kreis genügend groß und das Steigungsverhältnis mäßig gewählt wird. Wieder trägt das einfache Stabgeländer zum guten, leichten Aussehen bei.
Man könnte auch spindelartige Wendelrampen ohne Stufen bauen mit einer Neigung von etwa 1:10 (Bild 8.52). Der innere Rand müßte dabei einen Durchmesser von wenigstens 5 m haben. Der Verfasser hat 1976 eine solche Rampe für die zweite Hooghly River Brücke in Kalkutta vorgeschlagen, wo viele Fußgänger zu erwarten sind. Doch sollte man gewendelte Rampen mit solchen Neigungen nur in Ländern bauen, in denen keine Rutschgefahr durch Schnee und Eis auftritt.

different radii and gradients. This stair cannot be judged to be beautiful. This is proof again that for equal statical systems good form only results where the proportions have been chosen with sensitivity.
Helical stairs need no interruption by landings if the width of the steps at the outer railing is larger than 40 cm, so that the gradient there is flat enough for each step to invite one to rest, as with a landing.
Gerd Lohmer has designed a very comfortable helical stair, constructed with prefabricated elements around a spindle column. It was first used at the Cologne – Deutz bridge across the Rhine (fig. 8.51) and often repeated at other bridges. The outer circle must be sufficiently large to allow a moderate gradient. Again the simple bar railing adds to the good appearance.
One can also design helical ramps around a spindle without stair steps, with a gradient of about 1:10 (fig. 8.52). The inner circle should then have a radius of at least 5 m. The author designed such a ramp in 1976 for the second Hooghly River Bridge in Calcutta, where large crowds of pedestrians cross. But ramps with such gradients should only be built in countries where there is no danger of slipping on snow or ice.

9. Kreuzungsbauwerke

Die Zunahme des Verkehrs machte es nötig, kreuzende Verkehrswege höher oder tiefer zu legen – man spricht von Überführungs- oder Unterführungsbauwerken. Solche Brücken wurden zu Tausenden gebaut und werden weiter gebaut werden müssen. Sie beeinflussen stark das Straßenbild und müssen deshalb gut gestaltet werden. Es gibt manche mißlungene Kreuzungsbauwerke, vor allem in dicht besiedelten Gebieten oder Städten, wo sie sich häufen.

9.1. Überführungsbauwerke im Flachland, Kreuzungswinkel um 90°

Die Entwicklung der Überführungsbauwerke über Autobahnen ist interessant. Am Anfang (etwa 1934) stand Sparsamkeit Pate. Man legte die Spannweiten so klein wie möglich an, indem die Widerlager nahe an die Autobahn herangerückt und in den Mittelstreifen Pfeiler gestellt wurden (Bilder 9.1 und 9.8). Die Balken wurden dennoch plump und schwer, weil es damals noch keinen Spannbeton gab und auch beim Stahlbeton noch keine hohen Spannungen zugelassen waren. Für den Autofahrer wirken solche Überführungen wie Barrieren, die Sicht ist eingeschränkt, man muß durch den Engpaß durchschlüpfen. Bei Sturm verunglückten einige Fahrzeuge durch die Unterbrechung der Windkräfte. Diese Wirkung war besonders den massigen Widerlagern zuzuschreiben.
Schlecht war vor allem die beengende Wirkung auf den Autofahrer – also der emotionale Einfluß eines technisch zwar richtigen Bauwerks auf den Menschen. Der Fehler wurde erkannt, und so werden seit langem Überführungen mit größeren Weiten für den Durchblick seitlich der Autobahn und möglichst ohne Pfeiler im Mittelstreifen gebaut.
Die Mittelpfeiler lassen sich zwar nicht vermeiden, wenn die Autobahn für jede Richtung drei- bis vierspurig oder an Autobahnkreuzungen sogar sechsspurig ist. Man bemüht sich ferner, die Überbauten so schlank wie möglich zu halten. Auch die in Kapitel 4.2.4 geschilderten Möglichkeiten zur Steigerung des schlanken Aussehens durch genügend hohe Gesimse und zurückgesetzte Balken werden ausgenützt.
In den Bildern 9.1 bis 9.7 sind geläufige Typen für Autobahnüberführungen gezeichnet. In Bild 9.2 ist die lichte Weite zwischen den Widerlagern für die vierspurige Autobahn von 28 m auf 32 m vergrößert und der Balken schlanker bemessen. Außerdem wurden die Böschungskegel flacher angelegt. Schon durch diese geringen Veränderungen der Proportionen entsteht ein günstigerer Eindruck. Auf den Zeichnungen ist die erwünschte Kuppenausrundung (Bild 5.2) nicht dargestellt.

9. Bridges at grade separated junctions

Modern traffic requirements have made grade separation necessary at junctions. Overpass and underpass bridges have been built by the thousands, and many more will be built. They stand out strongly along the road and must therefore be well designed. There are very many poorly shaped crossings, especially where there are multiple crossings piling up one upon another.

9.1. Overpass bridges in flat country – angle of crossing about 90°

The development of overpass bridges for the crossing of freeways is interesting. At the beginning (around 1934) economy had priority. The spans were as short as possible with the abutments close to the lanes and with a pier in the median strip (fig. 9.1 and 9.8). The beams were clumsy and heavy because prestressed concrete was not yet available, and for reinforced concrete the service load stresses were limited to low values. Such overpass bridges have a barrier effect on the motorist, the view is narrowed, he must slip through a bottle neck. In stormy weather, cars have sometimes been swept off the road by the sudden change of wind forces caused by this narrow pass between massive abutments.
The structure, which was technically correct, had an adverse effect on the driver. The mistake was realized and longer spans giving a wider view were later built, if possible without a pier in the median strip.
Such median piers cannot be avoided, however, if the freeway has three or four lanes in each direction, or if at junctions six lanes have to be bridged on either side. One should then strive to make the beams as slender as possible, and in addition to use the possibilities to improve slender appearance by high fascia bands and reset beam webs as illustrated in chapter 4.2.4.
In figures 9.1 to 9.7 the most commonly used types of overpass bridge for freeways are shown. In 9.2 the width between the abutments for a four-lane freeway is increased from 28 to 32 m and the beam is slender. In addition the slope of the embankment is decreased. Even these small changes of proportion give a more favourable impression. In these figures, the most desirable curvature of the alignment is not shown (see fig. 5.2).
In 9.3 the same type is shown for a 2 × 3-lane freeway. The flatter proportions further improve the appearance.
The free view is further increased in 9.4 by placing the abutments at the top of the embankment, reducing their size considerably. The span length of the beam is thereby

9.1

28,00 m 1:1,5

9.2

32,00 m 1:2

9.3

42,00 m

9.4

44,00 ÷ 46,00 m

9.5

9.6

9.7

9.1 bis 9.7 Entwicklung der Überführungsbauwerke über Autobahnen in Deutschland, vorwiegend parallele Balken.

9.1 to 9.7 Development of overpass bridges over autobahns in Germany, mainly beams or slabs.

In 9.3 ist der gleiche Typ für eine zweimal dreispurige Autobahn gezeichnet, die flacheren Proportionen der Öffnungen verbessern die Wirkung weiter.
Die freie Sicht wird in Bild 9.4 weiter verbessert, indem die Widerlager in den Böschungskopf hochgesetzt und dadurch sehr klein werden (Bild 9.10). Die Spannweite des Balkens wird zwar von 17 m auf 23 m vergrößert, was eine größere Bauhöhe bedingt. Dies kann jedoch im Aussehen durch eine größere Gesimshöhe kompensiert werden, so daß der Balken gleich schlank wirkt wie in Bild 9.2. Bild 9.10 zeigt ein Beispiel. Hochgesetzte Widerlager sollten bewußt klein gehalten werden, damit der Balken gewissermaßen am Böschungskopf aufliegt. Die flache Böschungsneigung ist auch hier beizubehalten. Diese Lösung sollte jedoch nur für verhältnismäßig schmale Brükken (bis etwa 15 m) gewählt werden, weil breite Böschungsflächen unter Brücken zu düsteren, schmutzigen Flächen werden.
Die Böschungsfläche unter der Brücke muß gepflastert werden, weil dort kein Gras wachsen kann. Dieses Pflaster sollte unbedingt dunkel sein (dunkler Stein oder dunkel gefärbter Beton), damit sich diese Flächen nicht störend von den bepflanzten Böschungen abheben (Bild 9.11). Bei einer hoch liegenden Brücke im Einschnitt wurde in den Böschungen je noch eine weitere Öffnung angefügt, was sehr gut wirkt (Bild 9.12).
Viele Gründe sprechen dafür, den Pfeiler im Mittelstreifen wegzulassen. Mit Rahmen läßt sich die große Spannweite eleganter überbrücken als mit Balken. Klassische Beispiele schöner Rahmenbrücken sind die sogenannten Torbauwerke der Autobahn am Berliner Ring (Bild 9.13), bei deren Entwurf Fritz Tamms 1936 mitgewirkt hat. Obwohl damals noch kein Spannbeton zur Steigerung der Schlankheit zur Verfügung stand, wirkt die Brücke

9.8

9.9

9.10

9.8 Alter Typ (1934) plumper Stahlbetonbalken, entspricht 9.1.
9.9 Balken ohne Mittelpfeiler, Klinkerwiderlager.
9.10 Neuer Typ entspricht 9.4 und 9.6.
9.11 Die Böschung unterhalb des Widerlagers muß *dunkel* gepflastert werden.
9.12 Hochgelegene Überführung mit zusätzlichen Seitenöffnungen.
9.13 Torbauwerk des Autobahnringes um Berlin.

9.8 and 9.9 Old type acc. to 9.1, clumsy r. c. beam.
9.10 Modern type acc. to 9.4, p. c. beam.
9.11 Embankment below the small abutment must be paved with *dark* stones.
9.12 Overpass in a cut high above autobahn with additional side spans.
9.13 Gate to Berlin. Overpass at Berlin autobahn.

9.11

increased from 17 to 23 m, requiring more depth. This can be compensated for by more depth of the fascia so that the beam looks equally as slender as 9.2. The photograph 9.10 shows an example. Such raised up abutments should be made small indeed, so that the beam appears to rest on the top of the embankment. The slope of the embankment should in this case be flat. This solution should be chosen only for bridges of transverse width no longer than about 15 m because wider slopes under the bridge are apt to become gloomy and dirty. The slope area must be paved because nothing can grow there and the paving should be of dark colour so that these areas integrate into the planted body of the embankment (fig. 9.11).
At a high crossing in a cut an additional span within the slope is helpful (fig. 9.12).
There are many reasons for omitting the median pier.

9.12

9.13

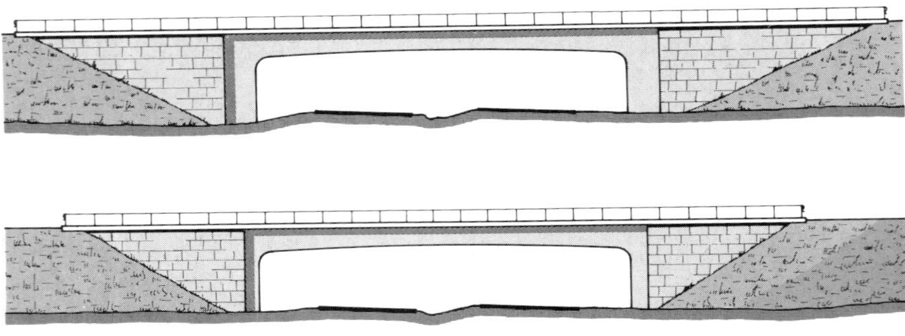

9.14

9.15

9.14 Der breite Rahmenstiel und die flache Böschung verbessern das Bild. Proportionen!
9.15/9.16 Rahmen mit kleinen Flügeln.
9.17 Sehr schlanker Rahmen bei Denver in Colorado.

9.14 Proportions: the wider leg of the frame and the smaller slope of the embankment improve the appearance.
9.15 and 9.16 Frame bridge with small wing walls.
9.17 Very slender frame near Denver in Colorado.

9.16

9.17

schlank, weil die Rahmenstiele breiter gewählt wurden als die Trägerhöhe in der Mitte und weil die Unterkante des Rahmens leicht geschwungen ist. Auch das Absetzen der Rahmenstiele gegenüber dem Mauerwerk der Flügel verstärkt diese Wirkung. Die Skizze in Bild 9.14 macht deutlich, wie ein schmaler Stiel den Rahmen plump macht – ein gutes Beispiel für die Bedeutung der Wahl der Proportionen.
Auch bei Rahmenbrücken ist es besser, die Widerlagerflächen klein zu halten (Bilder 9.5, 9.15 bis 9.17), wobei die Spannweite verringert werden kann, indem der Rahmenstiel unterhalb der Böschungsfläche vorgezogen wird.
Eine beliebte Lösung ohne Mittelpfeiler ist in Bild 9.6 dargestellt. Zwischen den Stützen am Rand der Autobahn und kleinen, hochgesetzten Widerlagern entstehen Seitenöffnungen. Für ein gutes Aussehen ist es wichtig, daß

Frames can help to bridge a long span more elegantly than beams. Classic examples of good looking frame bridges are the so called "gate bridges" at the autobahn ring around Berlin (fig. 9.13), which were designed with Fritz Tamms as architectural advisor. The bridge looks slender in spite of the fact that at the time (1936) prestressed concrete was not yet available. This impression is obtained by making the frame legs wider than the depth in span and by a curved bottom edge. The recess against the masonry of the wing walls also contributes to its good appearance. Figure 9.14 demonstrates how narrow legs make the same frame look clumsy. This is a good example of the influence of proportions. With frame bridges it is also better to keep the wing walls small (fig. 9.5, 9.15 to 9.17). The span can be decreased by inclining the legs underneath the slope towards the middle.

9.18

9.19

9.18 Dreifeldiger Balken ohne Stütze im Mittelstreifen.
9.19 Dreifeldriger Rahmen mit V-Stützen.
9.20 Rahmen-Überführung in Österreich, Autobahn Salzburg–Wien.
9.21 Sehr hohe Rahmen befriedigen nicht ganz.

9.18 Three span beam without support in the median.
9.19 Three span frame with V-Shaped piers.
9.20 Frame type of the autobahn Salzburg – Vienna, Austria.
9.21 Very high frames are not too pleasing.

9.20

9.21

diese nicht zu kurz gewählt werden. Die Brücke wird also länger, der Damm rückt etwas zurück und läßt so mehr Durchblick frei (Bild 9.18).
Handelt es sich um eine Nebenstraße, bei der die Kuppenausrundung z. B. mit R = 3000 m kleiner gewählt werden kann als bei einer Hauptstraße, so daß die Ausrundung deutlich wird, dann sehen bei dem Dreifeldertyp geschwungene Unterkanten gut aus (Bild 9.7). Dabei ist zweckmäßig, die Stützen biegesteif am Balken anzuschließen und sie nach unten zu verjüngen. Eine günstige Wirkung kann auch mit V-Stützen erzielt werden (Bild 9.19).
In Österreich finden wir auf der Autobahn Salzburg–Wien häufig diese dreifeldrige Überführung mit ausgeprägter Rahmenform (Bild 9.20). Der Übergang von den nach unten sich stark verjüngenden Stützen zu dem geschwunge-

A favourite design without a median pier is shown in 9.6. There are small side spans between the columns at the edge of the freeway and the small raised up abutments. For good appearance, these side spans should not be too short. The bridge seems longer and the obstruction of end supports recedes, leaving more open space for view (fig. 9.18).
For secondary roads, a curvature of the vertical alignment can be chosen with a radius of say 3000 m, so that the curve is evident; here curved bottom edges in the three spans look good (fig. 9.7). In this case it is advisable to take the columns directly to the beam and taper them downwards. The use of V-shaped columns can also be effective (fig. 9.19).
In Austria, on the Salzburg–Vienna autobahn, we frequently find these three-span bridges with a pronounced

9.22 Zu den Typen 9.1 bis 9.4 gehörige Querschnitte.
9.23 Pfeiler oder Stützen im Mittelstreifen für Typ 9.1 bis 9.3.
9.24 Widerlager: verdecktes Auflager.
9.25 Widerlager: sichtbares Auflager.
9.26 Vorgezogener Auflagerpfeiler für größere Spannweiten.

9.22 Cross-sections belonging to type 9.1 to 9.4.
9.23 Pier or columns in median for type 9.1 to 9.3.
9.24 Abutment: concealed bridge seat.
9.25 Abutment: visible bridge seat.
9.26 Abutment with bearing chair stepped pier-like.

nen Rahmenriegel ist mit großem Radius ausgerundet (Bild 9.21). Die Schönheit dieses Brückentyps wird allerdings beeinträchtigt, wenn die überführte Straße sehr hoch über der Autobahn liegt.
Im Querschnitt solcher Überführungen kommt es darauf an, die Proportionen zwischen der Höhe des Gesimsban-

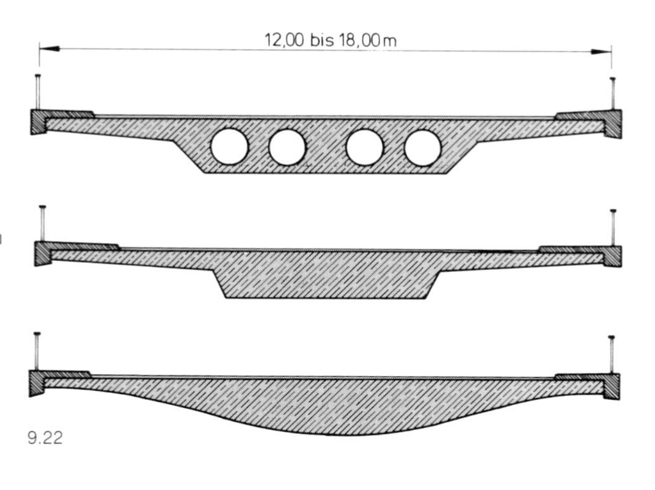

9.22

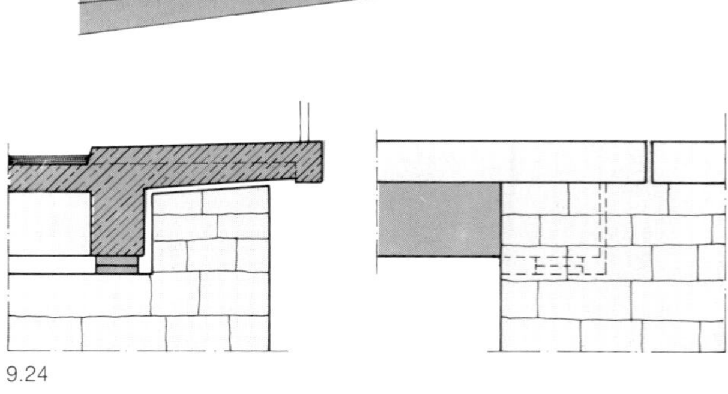
9.24

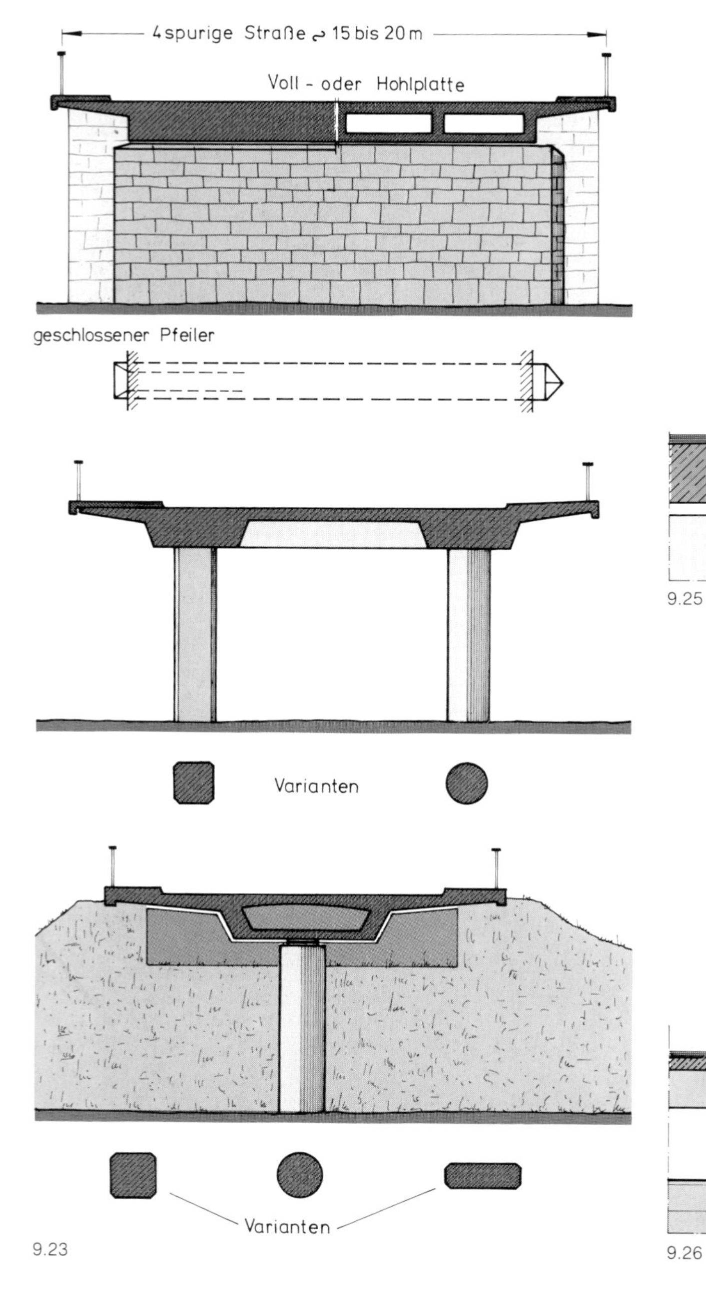

9.23

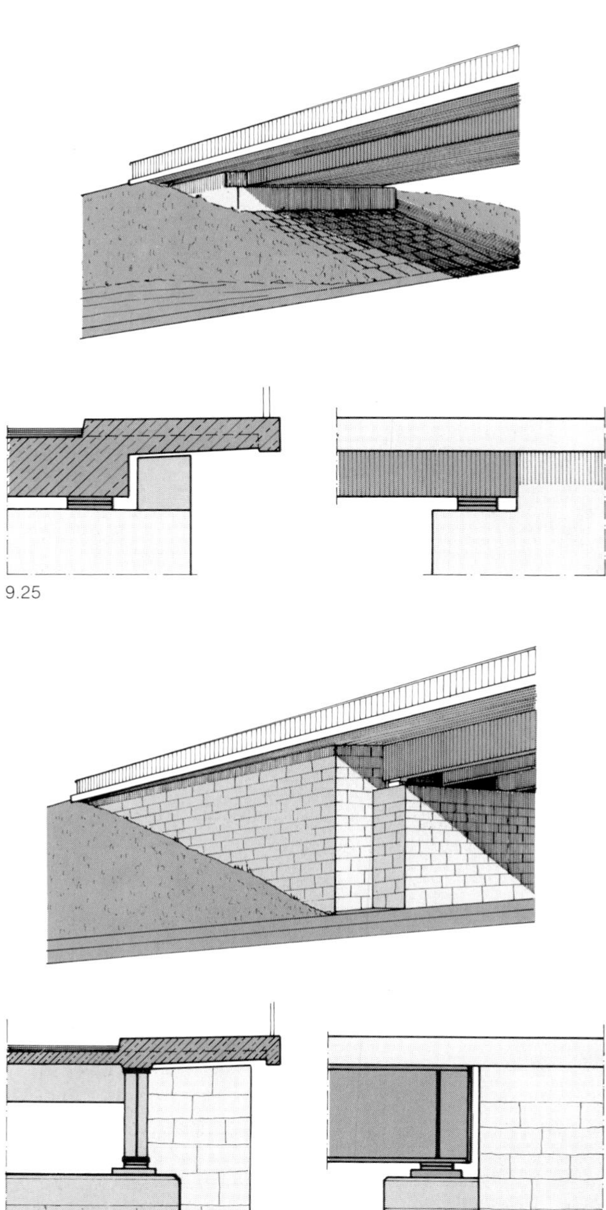
9.25

9.26

des und der darunterliegenden Sichthöhe des Balkens sowie die Kragweite der Platte günstig zu wählen. Im Bild 9.22 sind Querschnitte zu den Typen 9.1 bis 9.4 gezeichnet, wie sie in Deutschland üblich sind, wo in der Regel Gehwege überführt und mit offenen Geländern versehen werden.

Ob die auskragende Platte am Rand an eine dicke Massivplatte, an einen Hohlkasten oder an Plattenbalken anschließt, das hängt ganz von der größten Spannweite, der gewählten Schlankheit und dem Bauverfahren ab.

Bei den Typen 9.1 bis 9.3 sind über die Breite des Hauptträgers durchgehende dicke, massive Pfeiler annehmbar, besonders wenn sie und die Widerlager mit Naturstein oder Klinker verkleidet werden. Im Hinblick auf Unfallfolgen sind solche Pfeiler einer Reihe von Stützen sogar vorzuziehen. Bei schmalen Brücken verdient die breite Einzelstütze oder ein Stützenpaar den Vorzug (Bild 9.23). Die Stützen werden kräftig, weil sie für Anprallkräfte bemessen werden müssen. Dicke Stützen steigern nebenbei das schlanke Aussehen des Überbaus. Mehr als vier Stützen sollten vermieden werden. Bedingt die Breite der überführten Straße oder Eisenbahn mehr Stützungen, dann sind durchgehende Pfeiler vorzuziehen.

An den Widerlagern gibt es drei Möglichkeiten für die Gestaltung der Auflagerbank:

1. Verdecktes Auflager, das heißt, die Flügelwand läuft bis zur Vorderkante durch und wird dort bis zur Vorderfläche des Balkens abgewinkelt (Bild 9.24). Diese Lösung ist bei Balken mit den hier kleinen Bauhöhen vorzuziehen, vor allem bei kleinen hochgesetzten Widerlagern.
2. Sichtbare Auflagerbank, die Auflagerbank läuft mit der Kammerwand bis zur Flügelfläche durch (Bild 9.25). Diese Lösung ist nur bei kleiner Auskragung günstig.
3. Vorgezogene Auflagerpfeiler, gegen die Flügelfläche zurückgesetzt (Bild 9.26). Diese Lösung ist für größere Spannweiten und besonders für Stahlbalken günstig. Die Lager bleiben bequem zugänglich und sollten durch Auflagerwarzen betont werden.

In allen drei Fällen läuft das Gesimsband mit dem Geländer als Bindeglied zwischen Widerlager und Überbau durch, in heller Farbe betont es die Brückenlinie. Es hat aber nicht nur diese ästhetische Funktion, sondern erlaubt auch die Anordnung einer wirksamen Wassernase, die bei genügender Ausladung des Gesimses dafür sorgt, daß vom Wind über die Gehwegkante hinweg getriebenes, schmutziges Wasser die Flächen des Widerlagers nicht verschmutzt, daß also keine »Trieler« entstehen.

Ferner sind hier durchweg Parallelflügel dargestellt, die entschieden besser aussehen als schräg gestellte Böschungsflügel, die nur in Zwangsfällen gewählt werden sollten.

frame shape (fig. 9.20). The transition from the strongly tapered columns to the curved bottom edges of beam is sometimes rounded with a large radius (fig. 9.21). The fine appearance of this type of bridge is reduced if it crosses too high above the freeway.

For the cross-section of overpass bridges it is important to choose favourable proportions between the depth of the fascia and the remaining visible depth of the beam, as well as the width of the cantilever slab. Fig. 9.22 shows cross-sections for the deck of type 9.1 to 9.4, often used in Germany.

The cantilevering slab can be fixed into a solid slab, or into a box- or T-beam, depending upon the length of the main span, the chosen slenderness ratio and also upon the construction method.

For the piers of type 9.1 to 9.3, thick massive walls as wide as the main part of the superstructure are acceptable, especially if they and the abutments are faced with masonry (fig. 9.23). With regard to accidents, such massive piers are more advantageous than a series of thin columns. For narrow bridges, a single column or a pair of columns may be preferred (fig. 9.23). The columns are thick because they have to resist vehicle impact. Thick columns augment the impression of slenderness of the superstructure. One should avoid more than four columns. If the width of the bridge requires more than about four columns, then solid piers are preferable.

At the abutments, there are three possible forms for the seat of the beams:

1. Concealed bearing seat, the wing wall running through to the front face and extending up to the beam face (fig. 9.24). This solution is preferable for shallow depth beams especially at raised-up abutments.
2. Visible bearing seat and bearings, the breast wall running to the face of the wing wall (fig. 9.25). This solution is suitable only for short cantilever of the fascia and at raised-up abutments.
3. The bearing wall is recessed behind the wing wall face (fig. 9.26). This solution is good for larger spans and especially for steel beams. The bearings are easily accessible and should be accentuated by protruding bearing blocks.

In all three cases, the fascia strip and the balustrade continue as a link between superstructure and abutment, and if brightly coloured they underline the bridge line. The fascia not only has this aesthetic function, but it also provides a water shield which, with sufficient cantilever width, will prevent dirt streaks on the wing wall caused by dirty water blown by wind over the bridge deck.

For these types of overpass bridge only wing walls parallel to the bridge axis have been shown here because they look much better than flanking wing walls.

9.2. Überführungsbauwerke in bergigem Land, Kreuzungswinkel um 90°

In bewegtem oder gar bergigem Land liegt die Autobahn oft in Einschnitten, deren Böschungen zur Wahl von Bogenbrücken Anreiz geben. Der Bogen stemmt sich gegen die Böschungen und überspannt die Autobahn frei in voller Breite. In Zeiten, in denen Naturstein noch erschwinglich war, wurden solche Bogen gemauert (Bild 9.27), hier mit recht lebendigem Mauerwerk aus Muschelkalk. Die Schichthöhen der Steine sind gut gewählt, ein nur wenig vorspringendes Gesims schließt die Stirnflächen nach oben ab. Das Geländer ist bewußt einfach und bescheiden, um die Scheitelpartie schlank erscheinen zu lassen. Das Bild stammt aus einer Zeit (etwa 1938), in der die

9.2. Overpass bridges in mountainous country – angle of crossing about 90°

In hilly or mountainous country, the freeway often passes through cuts, where the slopes invite the use of arch bridges. The arch springs from the slope and spans the whole width of the freeway. In times when natural stone could still be afforded, such arches were built with masonry (fig. 9.27), the one shown here using a very lively type of limestone masonry. The course height is well chosen, a slightly projecting ledge slab closes the face walls at the top. The balustrade is simple and modest so that the crown looks slender. The photograph was taken at a time (1938) when freeways were not yet littered with guard rails and signs.

9.27 Naturstein-Bogenbrücke bei Ludwigsburg.
9.28/9.29 Maßstabsfehler! Die Bogenbrücke ist für durchbrochenen Aufbau zu klein.

9.27 Stone arch as overpass.
9.28 and 9.29 Wrong scale! This arch is too small for barrel vaults.

9.27

9.28

9.29

Another masonry arch bridge (9.28 and 9.29) has a barrel type superstructure. The vaulted openings are too narrow in relation to the pillars, this bridge being simply too small to be split up in this way, in other words there is a mistake in scale. Such barrel type arch bridges were often built in the 19th century – mainly for railroads (see photos 7.44 to 7.46) – but they had spans two or three times as large.

Arch bridges of reinforced concrete can be pleasingly shaped. If the crossing is not too high above the freeway and the arch is flat, then the deck slab should be joined with the arch at the crown to give an additional appearance of slenderness at this point (fig. 9.30). On narrow bridges cross walls supporting the deck slab look more at ease than columns. The arch itself can be narrow, if the deck cantilevers with a slab only. The spacing of the cross walls should not be too large (5 to 7 m) so that the deck slab remains thin and the arch is seen clearly as the main supporting member. There should always be a supporting wall or columns close to the upper edge of the arch springing, helping to deflect the thrust force downward. This is not so at the bridge in 9.31.

Autobahnen noch nicht mit Leitplanken und Schildern verunstaltet waren.
Eine andere mit Naturstein gemauerte Bogenbrücke (Bilder 9.28 und 9.29) hat einen durchbrochenen Aufbau. Die überwölbten Öffnungen sind im Verhältnis zu den Pfeilern sehr schmal, die Brücke ist für eine solche Gliederung einfach zu klein, d. h. hier liegt ein Maßstabsfehler vor. Solche Bogenbrücken sind im 19. Jahrhundert – vor allem für Eisenbahnen – häufig gebaut worden (vergleiche Bilder 7.44 bis 7.46), sie hatten dann aber zwei- bis dreimal so große Spannweiten.
Bogen-Überführungen aus Stahlbeton können sehr ansprechend gestaltet werden. Wenn der überführte Weg nicht zu hoch liegt und der Bogen flach gespannt ist, wird man den Bogenscheitel mit der Fahrbahntafel verschmelzen und so den Scheitel schlank erscheinen lassen (Bild 9.30). Die Aufständerung mit Querwänden gibt bei schmalen Brücken ein ruhigeres Bild als mit Stützen. Der Bogen selbst kann schmal werden, wenn die Fahrbahntafel als Platte auskragt. Die Abstände der Querwände sollten nicht zu groß gewählt werden (5 bis 7 m), damit die Fahrbahnplatte dünn bleibt und der Bogen deutlich das Haupttragwerk bildet. Stets sollte eine Stützwand am oberen Rand des Bogenkämpfers angreifen, schon um den Bogenschub dort nach unten umzulenken. Dies ist bei Brücke Bild 9.31 nicht ganz gelungen.
Über die Autobahn München–Garmisch führt eine flache Bogenbrücke, deren Platte nur im Scheitel und an den Kämpfern gestützt ist (Bild 9.32). Solche Bogenbrücken sind eine reizvolle Unterbrechung der Monotonie vieler Überführungen mit Balkenbrücken.
Eine eigenwillige Bogenform finden wir beim Durchbruch der Heilbronner Autobahn durch die Löwensteiner Berge kurz vor dem Sulmtal, wo die steilen Böschungen bewaldet sind und der Baugrund für Hangstützen ungeeignet war, so daß die Fahrbahn in großen Schritten über den Bogen verläuft (Bild 9.33). Die entsprechend großen Stützkräfte ergeben eine polygonale Bogen-Stützlinie, die hier geschickt ausgerundet wurde, so daß der Eindruck »Bogen« verbleibt. Dabei wurde der am Kämpfer dünne, im Scheitel dicke Zweigelenkbogen der Form zugrunde gelegt. Er eignet sich für diesen Fall besser als der am Kämpfer dicke, eingespannte Bogen. Es entstand ein überzeugendes Brückenbild.
Ein mißlungenes Beispiel zeigt Bild 9.34. Man spürt die Schmerzen des mißhandelten Bogens unter dem schwe-

An attractive flat arch bridge crosses the autobahn Munich–Garmisch (fig. 9.32), at which the deck slab is supported only over the springing and at the crown of the arch. Such arch bridges are a welcome interruption to the monotony of beam bridges when driving along our freeways.
An arch of deliberately controlled shape stands where the autobahn east of Heilbronn passes through the Löwenstein Mountains near the Sulm Valley. Here forests cover the steep slopes in which the soil was not suitable for piers and therefore an arch supports the deck which crosses it in long strides (fig. 9.33). The large column forces cause a polygonic thrust line for the arch which was rounded here in a clever way so that the impression of an "arch" remains. The two-hinged arch, thin at the springings and thick at the crown, was the basis for this shape and is more suitable here than the fixed arch shape. The appearance of this bridge is convincing.
A monstrosity is shown in 9.34. One can literally see the aches and pains of the ill-treated arch under the heavy

9.30 Bogenbrücke im Einschnitt. Stützwände an den Kämpfern.
9.31 Bogenüberführung – Stützwände mangelhaft gestellt.
9.32 Flacher Bogen, Autobahn München–Garmisch.

9.30 Arch overpass in a cut, barrel walls at arch spring.
9.31 Arch overpass, barrel walls misplaced.
9.32 Flat arch over autobahn Munich – Garmisch.

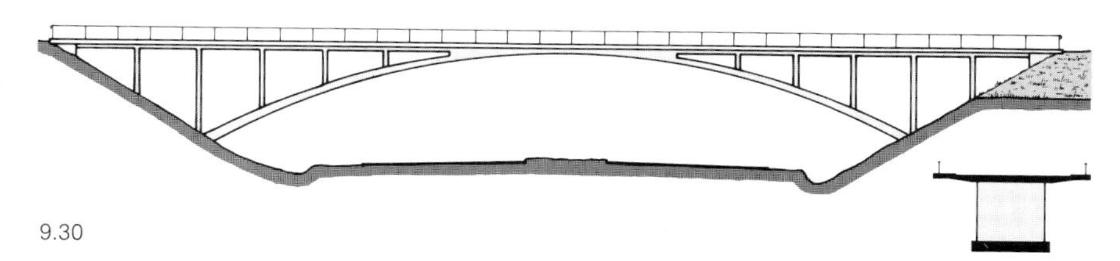
9.30

9.31

9.32

9.33

9.34

9.35

9.33 Hoher Bogen über die Autobahn bei Heilbronn.
9.34 Eine Mißgeburt!
9.35 Wiederholung von Bogen über M 6 in England.

9.33 High-rise arch bridge near Heilbronn.
9.34 A monstrosity!
9.35 Repetition of arches across motorway M 6 in England.

ren Balkentragwerk. Hier liegt ein Verstoß gegen die Grundregel vor, nach der eine dem Kraftfluß gerechte Tragwerksform zu wählen ist.
Eine Wiederholung der Bogenform bei zwei im kurzen Abstand aufeinander folgenden Überführungen fanden wir auf der englichen Autobahn M 6 nördlich von Liverpool (Bild 9.35). Sie wirkt im Straßenbild gut.
Eine der schönsten Bogenüberführungen hat G. Lohmer mit H. Homberg über die Autobahn bei Aachen in Stahl gebaut (Bild 9.36). Die Brücke ist nur 6 m breit, so daß eine nur 1,50 m breite Bogenrippe mit schmalen rechteckigen Stützen genügte, was natürlich sehr zum leichten Aussehen beiträgt. Die Spannweite des Bogens beträgt 60 m.
Bogenbrücken erfordern wegen ihrer gekrümmten Formen hohe Lohnkosten. Sie sind deshalb selten geworden.

beam structure. The basic rule by which the shape of structure should follow the flow of the forces has been neglected here.
A repetition of arches in close proximity is found crossing the M 6 motorway north of Liverpool (fig. 9.35). It gives a good impression.
One of the finest arch overpasses, which was designed in steel by G. Lohmer with H. Homberg, crosses the autobahn Cologne–Aachen (fig. 9.36). The bridge is only 6 m wide allowing an arch rib only 1.50 m wide, with slender single columns, and this gives a very light appearance. The span of the arch is 60 m.
Arch bridges require high labour costs because of the curved shape and they are therefore rarely built now. They have been replaced by portal frames with raking struts which spring from slopes like arches and allow very slen-

9.36 Elegante Stahl-Bogenbrücke bei Aachen.
9.37 bis 9.39 Sprengwerke mit verschiedenen Proportionen.
9.40 bis 9.42 Sprengwerks-Überführungen über Schweizer Autobahnen.

9.36

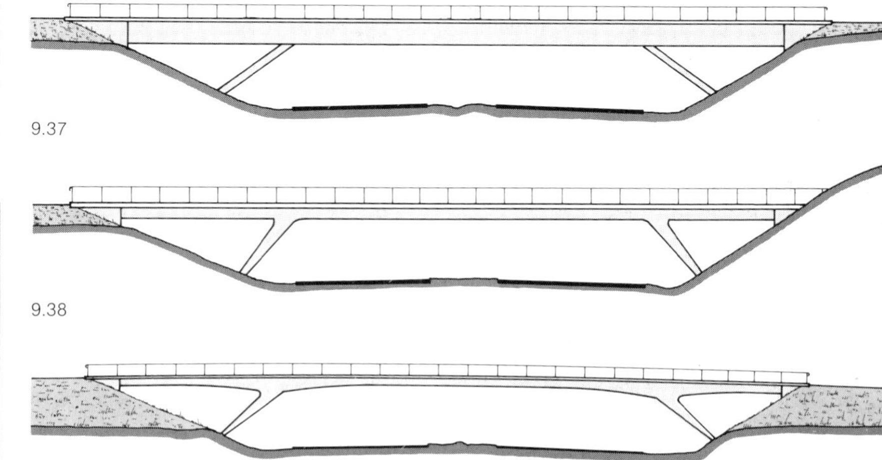

9.37

9.38

9.39

9.40

9.41

9.42

An ihre Stelle traten *Sprengwerke* mit schrägen Streben, die sich wie ein Bogen gegen die Böschung stemmen und sehr schlanke Balken erlauben (Bilder 9.37 bis 9.39). Das Sprengwerk entstand im Holzbau, wo es für Dachstühle und Brücken häufig verwendet wurde. So ist es verständlich, daß dieser Überführungstyp zuerst in der Schweiz aufkam, wo ja viele Holzsprengwerke über Bergbäche führen.

Für die schönheitliche Wirkung kommt es hier ganz besonders auf die Proportionen an. Dünne Streben unter dicken Balken – beide mit parallelen Kanten – oder zu steile Stiele (Neigung größer als 60°) wecken Unbehagen (Bild 9.37). Am besten wirken Sprengwerke, wenn sie in der Tragwirkung dem Zweigelenkbogen nahekommen, das heißt, wenn die Stiele unten dünn sind und mit zunehmender Dicke in den leicht gekrümmten Balkenriegel

der beams (fig. 9.37 to 9.39). The strut frame originates from old timber structures where it was often used for roofs and bridges. This makes it easy to understand why this type of overpass bridge turned up first in Switzerland where many timber strutworks bridge mountain streams. For aesthetic quality, all depends upon the proportions of the strut frame. Thin struts under heavy beams or excessively steep struts (inclination above 60°) and all with parallel edges can only result in uneasiness of form (fig. 9.37). The best shape for strut frames is obtained with struts tapering from thin at the bottom to thick at the beam, which should have curved bottom edges, the whole giving an impression reminiscent of a two-hinged arch (fig. 9.39). One can even move towards the shape of the three-hinged arch, by making the beam rather thin at the middle of the span.

9.36 Elegant steel arch bridge near Aachen.
9.37 to 9.39 Strut frames with different proportions.
9.40 to 9.42 Strut frame overpasses in Switzerland.

9.43 Gute Form.
9.44 Sehr hohes Sprengwerk über die A 61 im Hunsrück.
9.45 Extravagante Form über M 6 in England.
9.46 Zur Form der schrägen Streben.

9.43 Good design.
9.44 High strut frame over autobahn A 61, Germany.
9.45 Fancy shape of overpass on motorway M 6, England.
9.46 Note the shape of the inclined struts.

9.43

9.44

9.45

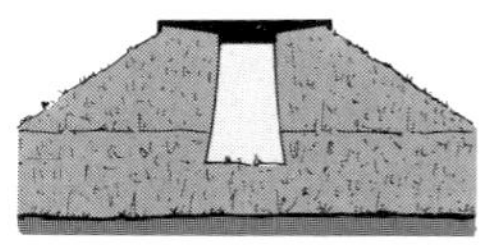

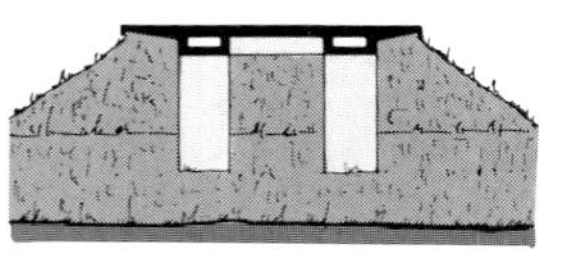

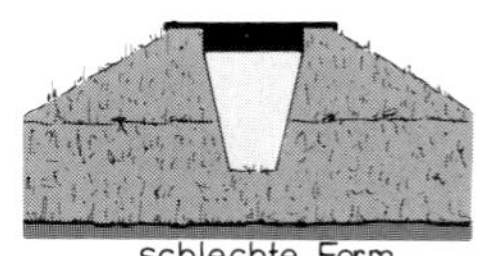

9.46

übergehen (Bild 9.39). Man kann auch den Dreigelenkbogen oder -rahmen als Tragwerksmodell anpeilen und den Riegel in der Mitte sehr dünn halten. So zwingt man die Stützlinie, nahe am Tragwerk zu bleiben, und erzielt gleichzeitig eine spannende Eleganz in der Form.
Typische Sprengwerks-Überführungen der Schweiz zeigen die Bilder 9.40 bis 9.42, die Proportionen sind nicht optimal. Eine gute Form hat die Brücke des Bildes 9.43.
Für eine sehr hoch über die Hunsrück-Autobahn führende Straße wurde ein imponierend wirkendes Sprengwerk gebaut (Bild 9.44).
Im Querschnitt sind Massivplatten oder flache Hohlkasten geeignet. Die Streben der Sprengwerke sollten möglichst rechteckigen, breiten Querschnitt haben und der Breite der Hauptplatte oder des Hohlkastens entsprechen. Eine Teilung der Streben ist nicht sinnvoll (Bild 9.46). Das Sprengwerk ist für breite Brücken ungeeignet, weil die Zwickel hinter den Streben dann zu dunklen Drecknestern werden.
Manchmal findet man Brücken, denen man ansieht, daß ein Architekt durch eine extravagante Form auffallen wollte und daß er einen schlechten Ingenieur als Partner hatte. Solche Monstren befriedigen nicht (Bild 9.45).

9.47

9.3. Überführungsbauwerke für schiefwinklige oder gekrümmte Kreuzungen

Bei den in Kapitel 5 beschriebenen Trassierungsregeln ergeben sich häufig schiefwinklige Kreuzungen, oft verläuft die kreuzende Straße zudem in einer Kurve. Beides erschwert die gute Gestaltung der Brücke, und oftmals sind dadurch unschöne Überführungen entstanden, wie z. B. im Bild 9.47. Doch wurden im Laufe der Zeit günstige Lösungen entwickelt.
Für Kreuzungswinkel bis etwa 60° können die Balkenbrükken der Typen 9.2 bis 9.7 gewählt werden. Man muß dabei nur konsequent alle Kanten und vertikale Flächen der Widerlager, Pfeiler oder Stützen und der Querträger im Überbau parallel zu den Achsen der sich kreuzenden Verkehrswege anordnen (Bild 9.48). Die Spannweiten vergrößern sich zwar, so daß die Träger höher werden, doch ist bei diesen Winkeln die Zunahme noch mäßig (~ 12%), so daß die Brücke in der verkürzten Sicht von der Autobahn aus noch nicht viel an Schlankheit verliert. Bei Stützen entstehen dabei rhombische Querschnitte, die durch Kreis- oder Ellipsenform ersetzt werden können. Bei den Flügeln der Widerlager muß man beachten, daß der Böschungskegel auf der stumpfwinkligen Seite eine Verlängerung des Flügels bedingt, damit er nicht in das frei zu haltende Autobahnprofil eingreift.
In statischer Hinsicht müssen die Zusatzmomente an den

Typical Swiss overpass bridges with strut frames are shown in 9.40 to 9.42 but the proportions are not optimal. A good shape of strut frame bridge is shown in 9.43.
For a very high road crossing at the Hunsrück Autobahn an impressive raking portal frame was built (fig. 9.44).
For the cross-sections of such strutworks, solid or voided slabs are suitable. The struts should have a wide rectangular section stretching over the full width of the beam (fig. 9.46). A sub-division into several narrow struts does not make sense. Such strut frames should not be used for wide bridges because the wedge-shaped spaces behind the struts would soon become dirt traps.
Sometimes one finds overpass bridges where one can see that an architect wanted to attract attention by the use of an extravagant form, and he had a poor engineer (fig. 9.45). Such monstrosities can never satisfy the eye.

9.3. Overpass bridges for skew or curved crossings

The rules for good alignment described in chapter 5 often lead to skew or even curved crossings. Both render good design more difficult and have often resulted in ugly bridges, like that shown in 9.47. However, good solutions have been developed over the years.
For angles of crossing down to about 60°, one can choose to use beam bridges of types 9.2 to 9.7. One must, however, make all edges and vertical faces of the abutments, piers or columns, and of the cross girders in the superstructure, parallel to the axis of the route crossed (fig. 9.48). The span lengths are increased by the skew angle so that the depth of the beams becomes larger, but the increase is moderate at these angles (12%), and the bridge seen shortened from the autobahn does not lose much of its slenderness. Following this rule, columns become rhombic sections which can be replaced by circular or elliptic shapes. For the wing walls of the abutments it must be remembered that the earth cone of the embank-

9.47 Schiefwinklige Kreuzung – schlecht gelöst (Florida).
9.48 Schiefwinklige Kreuzung, alle Kanten parallel zu den Achsen.
9.49 Schiefwinklige Kreuzung mit rechtwinklig konstruierter Brücke, zurückgesetzte Widerlager.

9.47 Skew crossing, unpleasant solution (Florida).
9.48 Skew crossing – all edges parallel to the two axes.
9.49 Skew crossing with rectangularly structured bridge, recessed small abutments.

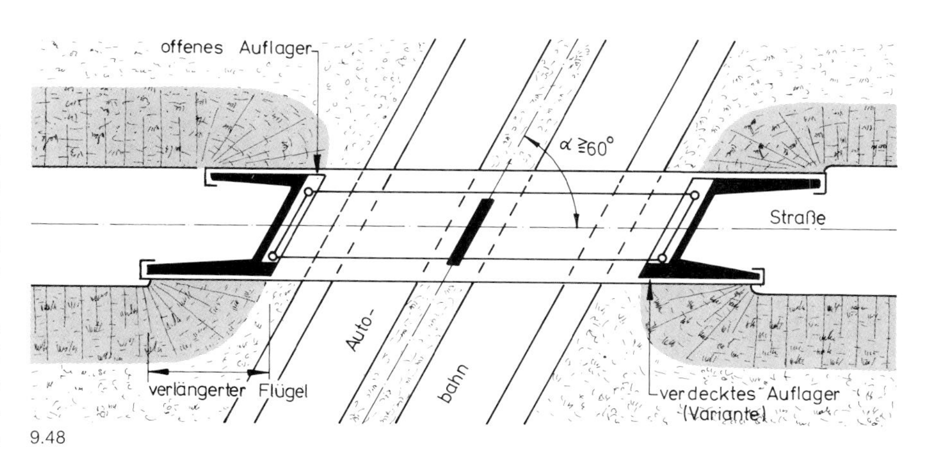

9.48

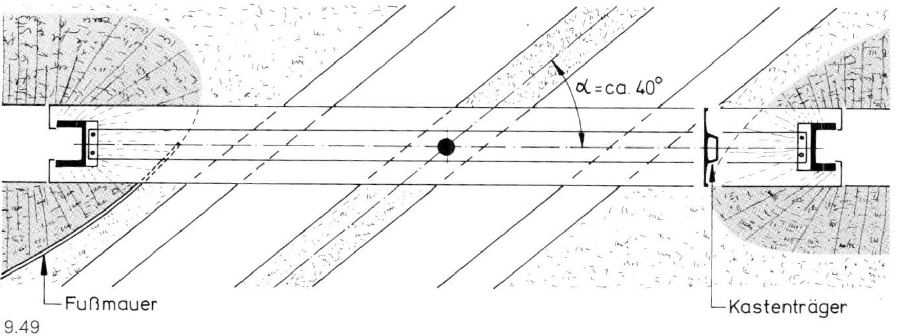

9.49

9.50 Schiefwinklige Kreuzung in Kurve, rechtwinklig konstruierte Brücke möglich durch zusätzliche Randfelder.
9.51 Erste schiefwinklige Überführung (1953) mit Kastenträger über vier Felder bei Freiburg.

9.50 Skew and curved overpass bridge, rectangularly structured by additional side spans.
9.51 First skew overpass bridge with box girder and 4 spans (1953).

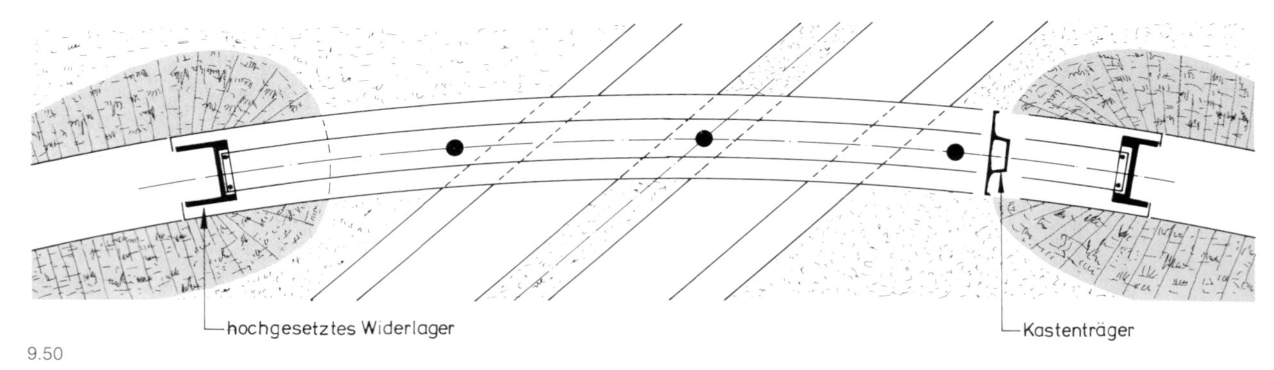

9.50

9.51

stumpfwinkligen Ecken und die dort größer werdenden Auflagerkräfte beachtet werden – was heute zu beherrschen ist.
Bogen und Sprengwerke sollten für schiefe Kreuzungen schon ab $\alpha = 70°$ vermieden werden – obwohl auch sie nach den Achsen ausgerichtet werden können.
Ist der Kreuzungswinkel kleiner als 60°, dann ist bei schmalen Brücken zu empfehlen, die Widerlager weit zurückzusetzen und sie schmal zu machen, damit ein rechtwinklig konstruierter Überbau möglich wird, dessen Zwischenstützen in der Achse angeordnet und ebenfalls schmal gehalten werden (Bild 9.49). An der stumpfwinkligen Seite kann eine mäßig hohe Fußmauer den Böschungskegel begrenzen. Auf die Stütze im Mittelstreifen wird man in der Regel hier nicht verzichten, weil sonst die Spannweiten und damit die Bauhöhen zu groß werden.
Besser ist es, hier noch großzügiger zu sein und die hochgesetzten Widerlager so weit hinauszurücken, daß der Böschungskegel Platz hat. Man kann dann auch am Rand der Autobahn Stützen aufstellen, so daß ein vierfeldriges Balkentragwerk entsteht, dessen Stützweiten nicht zu groß werden (Bild 9.50). Beide Lösungen eignen sich auch für gekrümmte Brücken, wenn man als Hauptträger einen torsionssteifen Hohlkasten wählt.
Eine der ersten Überführungen dieser Art zeigt Bild 9.51 – noch mit sehr kräftigen elliptischen Pfeilern (1953). Später hat man schlanke Stützen – oft mit Gelenklager – gewählt und die Torsionsmomente aus einseitiger Verkehrslast mit den steifen Hohlkasten zu den Widerlagern abgetragen.
Für breite Brücken (über etwa 15 m) ist diese Lösung ungeeignet, weil die Einzelstütze in der Achse nicht mehr genügt und die Widerlager weiter hinausrücken. Man kann dann die Widerlager parallel zur Autobahn stellen und im Mittelstreifen Stützen anordnen, die zweifeldrige Balken

ment on the obtuse angle side requires a larger length of the wing wall than on the acute side.
For the static analysis, additional moments at the obtuse ends of the beams and the increase of bearing forces there must be taken into account. Arches and strut frames should be avoided for skew angles smaller than about 70°, although they can be oriented parallel to the bridge axis.
If the angle is smaller than 60° and the bridge narrow, then raised-up small abutments should be placed as far out as necessary to ensure that a rectangularly structured beam will be possible with a single column in the median (fig. 9.49). On the obtuse side, a low base wall can limit the earth cone of the embankment. The column in the median is needed here because otherwise the spans and the depth of the beam would become too large.
It might even be better to move the abutments further out so that the cone of the embankment has ample space. Then columns should also be placed outside the freeway so that one then has a four-span bridge with shorter span lengths (fig. 9.50). Both solutions are suitable for curved bridges, if one uses a box girder or a thick slab with torsional stiffness.
One of the first overpass bridges of this type is shown on 9.51, with sturdy elliptical piers (1953). Later, more slender columns – often with hinged bearings – were chosen, and torsional moments due to unsymmetrical live load were carried to the abutments by the box girder.
For wide bridges (> about 15 m) this solution is not suitable because the single columns in the axis no longer suffice and the abutments would need to move further out. For such wide bridges, the abutments can be placed parallel to the freeway and columns can stand in the median to carry two-span beams (fig. 9.52). The deck slab spans

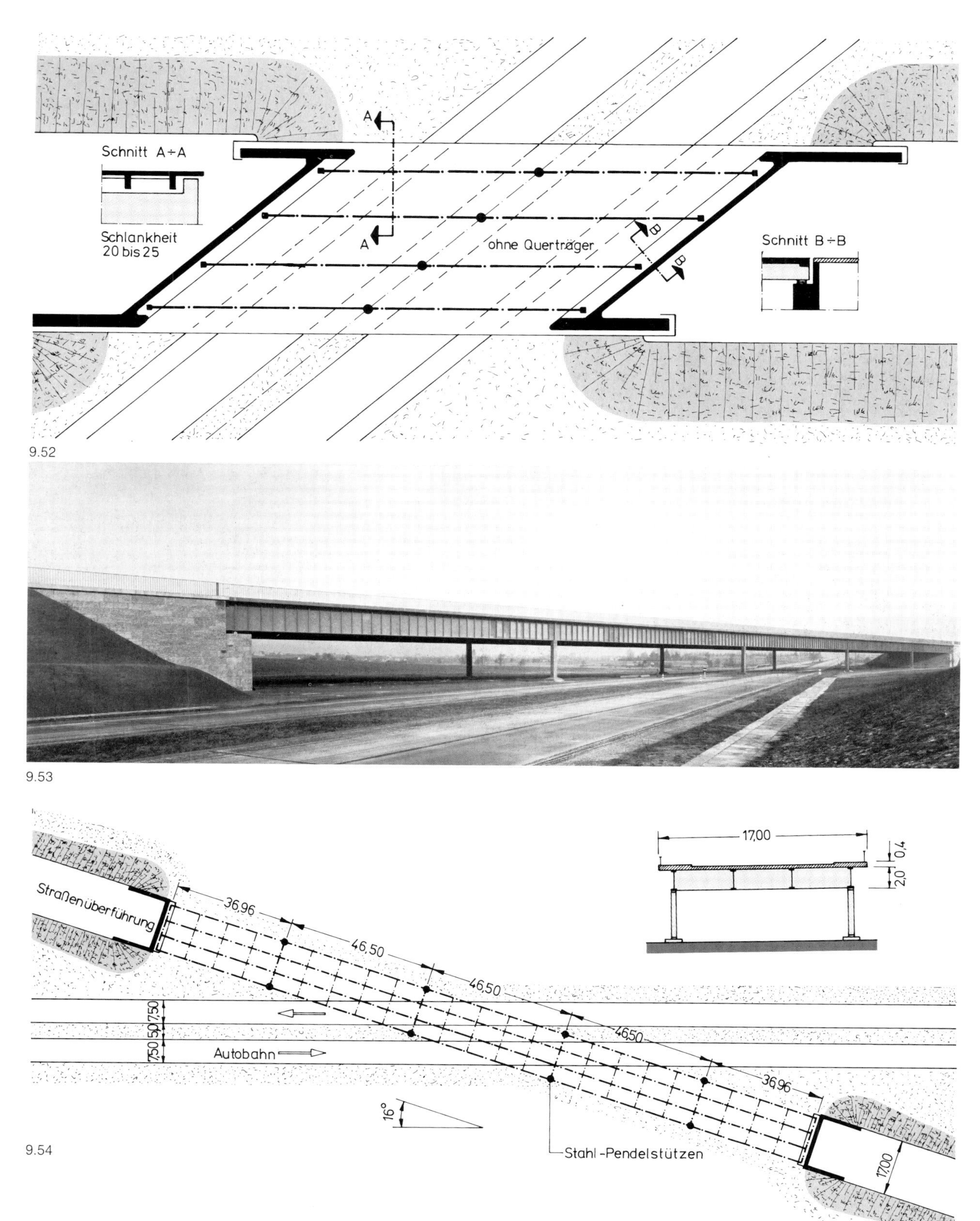

9.52

9.53

9.54

9.52 Breite Brücke für schiefwinklige Kreuzung.
9.53/9.54 Überführung in Stahl für 16° Kreuzungswinkel über die Autobahn Berlin–Stettin, 1937 gebaut.

9.52 Broad bridge for skew crossings.
9.53/9.54 Overpass steel bridge, angle 16°, crossing autobahn Berlin–Stettin, 1937.

tragen (Bild 9.52). Die Fahrbahntafel wird rechtwinklig über diese Balken gespannt und überträgt die horizontalen Kräfte von Widerlager zu Widerlager, so daß die Stützen im Mittelstreifen nur vertikale Kräfte erhalten und schlank sein können. Die Hauptträger dürfen nicht mit hohen Querträgern verbunden werden. Auch an den Widerlagern sollten die schiefen Querträger schlank sein, damit sie die Hauptträgermomente nicht beeinflussen.
Von der Autobahn aus sieht man die Brücke stark verkürzt, man muß deshalb schlanke Träger wählen, damit sie nicht

rectangularly over the beams and carries horizontal forces to the abutments. There should be no transverse beams connecting the main beams; a shallow rib at the end of the deck slab is sufficient and does not influence the moments in the main beams.
Such bridges are seen foreshortened from the freeway and therefore slender beams must be chosen in order to avoid a clumsy appearance. This slenderness is obtainable if the deck slab is taken as an upper flange of the beams and if the bottom flanges are strengthened with

9.55 Ästhetisch ungünstige Lösung für spitze Kreuzungswinkel mit langen Rahmen. Tunnelwirkung.
9.56 Spitzwinklige und gekrümmte Kreuzung bei Münster i. W.

9.55 Aesthetically unfavourable solution for acute crossings with long frames. Tunnel effect.
9.56 Acutely skew and curved overpass near Münster, Westphalia.

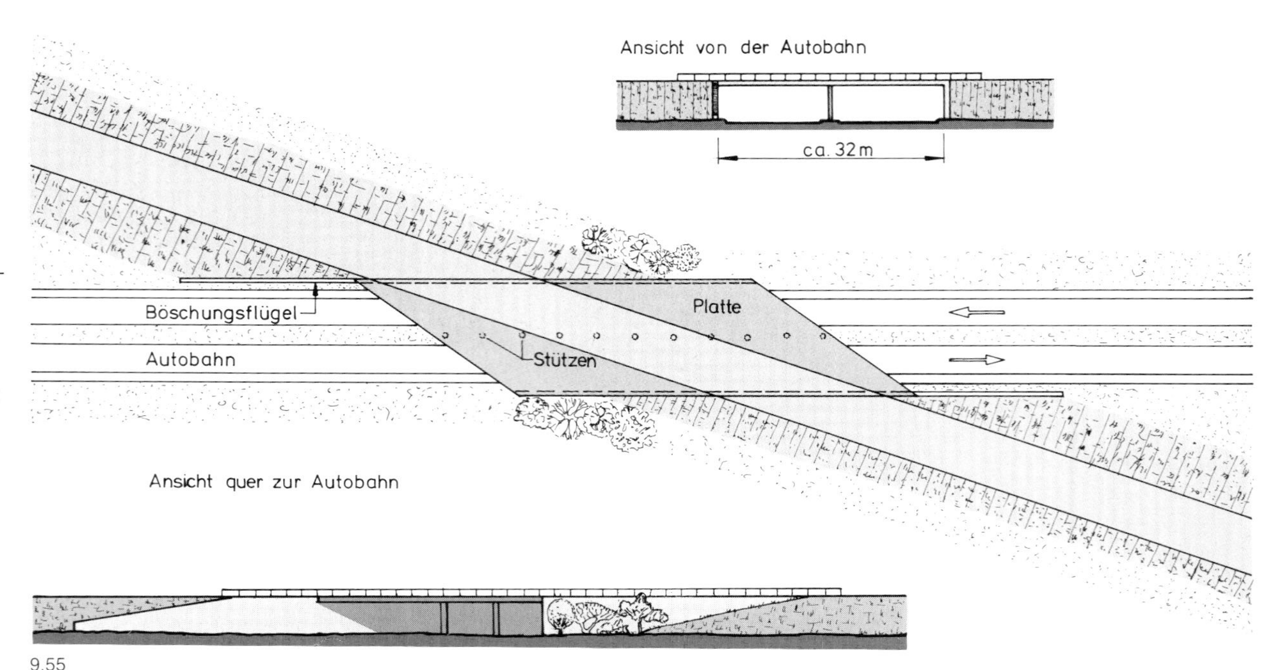

9.55

9.56

plump wirkt. Diese Schlankheit läßt sich erreichen, wenn die Fahrbahntafel als Obergurt zur Mitwirkung herangezogen und die Balken im Stützenbereich unten mit Druckbewehrung verstärkt werden.
Schwierig wird die Aufgabe, wenn der Kreuzungswinkel noch spitzer ist. Bei einer Überführung der Autobahn Berlin-Stettin wurde für $\varphi = 16°$ die in den Bildern 9.53 und 9.54 gezeigte Lösung gewählt (1936). Die rechtwinkligen Widerlager sind so weit zurückgesetzt, daß die Dammböschung am Fuß die Autobahn noch freiläßt. Eine fünffeldrige, rechtwinklige Balkenbrücke verbindet die Widerlager. Die möglichen Stützenstellungen am Rand und im Mittelstreifen bedingten weit außen liegende Hauptträger, so daß das Gesims nur wenig auskragt. Die Stahlträger wirken daher mit ihren vertikalen Steifen etwas schwer und ergeben mit 2 m Höhe eine ungünstige Proportion zur

compression reinforcement for the negative moments at the columns.
The task for the designer is difficult if the angle of crossing is even more acute. At a crossing over the autobahn Berlin–Stettin, at an angle of 16°, the solution shown in 9.53 and 9.54 was developed (1936). The rectangular abutments are moved out so far that the foot of the embankments runs back well clear of the autobahn. A five-span rectangular beam bridge connects the abutments. The possibility of placing the columns along the margins and in the median of the autobahn meant that the main girders had to be placed close to the edges of the upper highway, so that the fascia projects only slightly. Therefore the 2 m deep steel girders with their stiffeners look rather heavy and are in bad proportion to the clearance height of 4.50 m. For the driver, however, the impression is still fa-

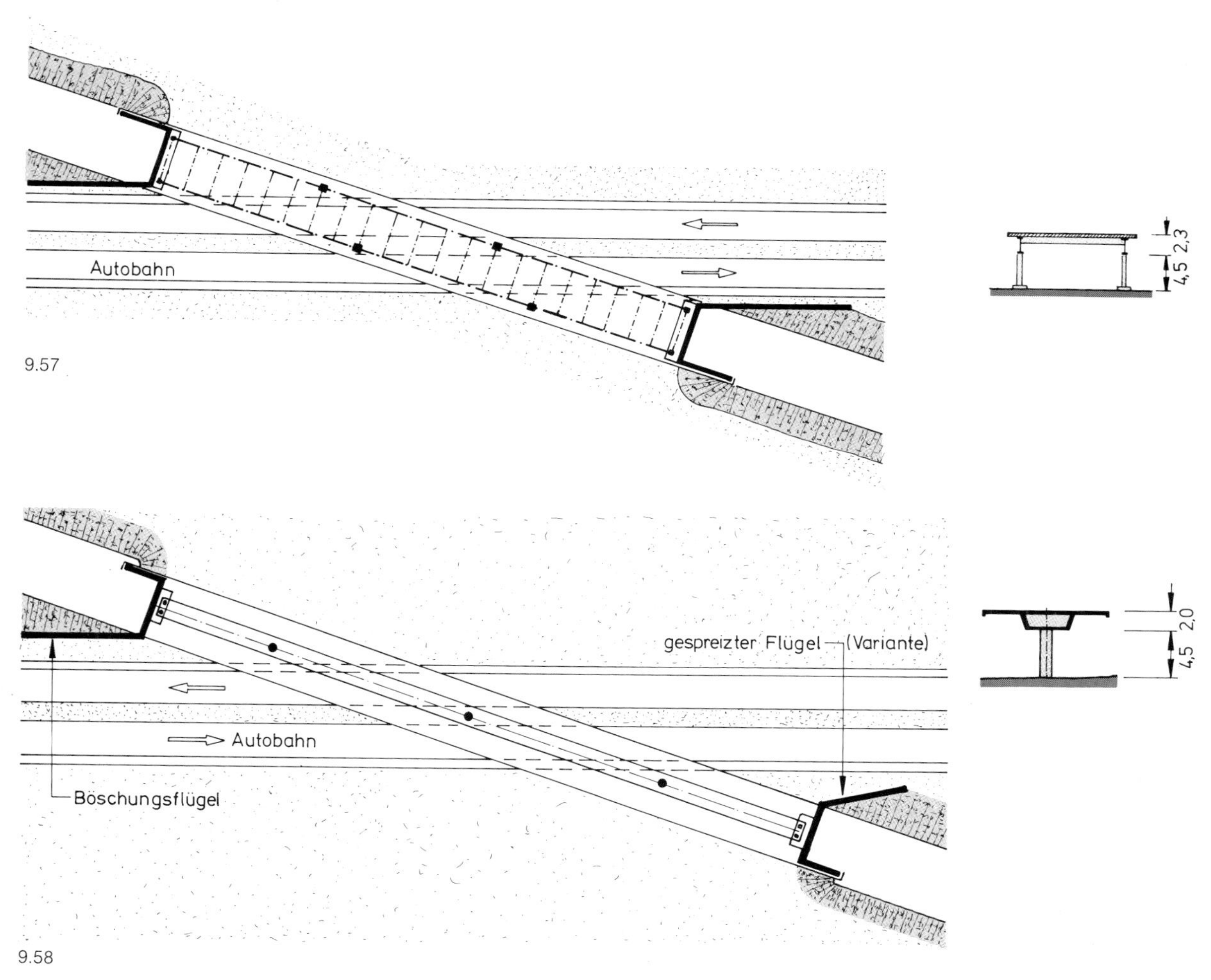

9.57

9.58

9.57 Lösung mit Stahlträgern, gekürzt durch Widerlager mit Böschungsflügeln.
9.58 Lösung mit Kastenträger und Böschungsflügeln.
9.59 Kragarm-Stütze und Stützrahmen für schiefe Kreuzungen.
9.60 Beispiel einer Rahmen-Stütze.

9.57 Solution with steel girders, shortened by abutments with diverted wing wall.
9.58 Cantilevering support.
9.59 Frame support.
9.60 Example to 9.59.

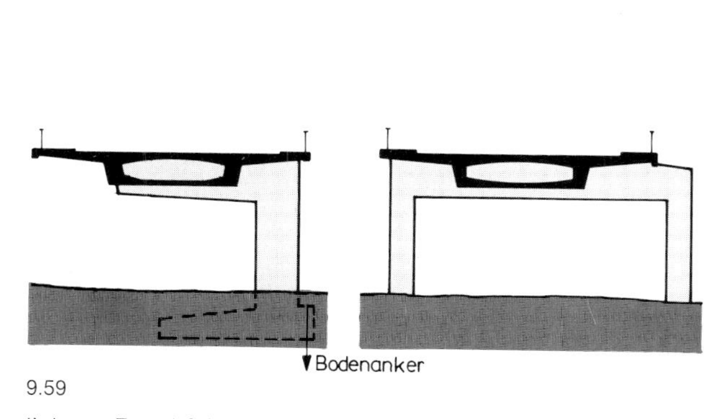

9.59

9.60

lichten Durchfahrtshöhe von 4,50 m. Für den Autofahrer ist die Wirkung dennoch günstig, die Sicht bleibt weithin offen, und er fühlt sich nicht beengt.
Vielfach findet man für so spitzwinklige Kreuzungen lange Widerlagerwände und rechtwinklig oder nur wenig schiefwinklig darüber gespannte Rahmen (Bild 9.55). So entsteht eine rund 110 m lange, tunnelartige Durchfahrt, die entschieden schlechter wirkt als die lange, offene Brücke. Es ist auch sehr fraglich, ob solche Lösungen billiger werden, wenn man die langen Erddruckwände und die ungenützten oberen Zwickelflächen der Brücke betrachtet. Manchmal wurden die Zwickelflächen mit offenen Balken überbrückt, was auch nicht überzeugt.
Die heute weitverbreitete Bauart mit Hohlkasten, die nur von Einzelstützen in der Achse getragen werden, erlaubt, sehr schiefwinklige Kreuzungsbauwerke elegant zu lösen

vourable because the view remains wide open, and he has no feeling of confusion.
For such sharply acute crossings one often finds walls along the freeway carrying a rectangular or slightly skew deck slab by frame action (fig. 9.55). As a result, a very long tunnel-like crossing presents a poor impression to the driver compared with the long open bridge. It is also doubtful if such solutions are cheaper, considering the long walls under earth pressure and the unused triangular areas of deck slab. Sometimes these triangles have been bridged with open beams and this is not convincing either.
The widely used box girder, carried by single columns along the axis allows us to build very acute but elegant crossings, as shown in 9.56. One just needs the courage to build these bridges long enough and to choose a small

9.61 Gemauerter Bachdurchlaß.
9.62 Schiefer Durchlaß mit vorgezogener Schulter.
9.63 Plattendurchlaß.
9.64 Wegunterführung mit Platte.

9.61 Stone culvert.
9.62 Skew stone culvert with prolonged shoulder.
9.63 Culverts with slab-deck and low parapet.
9.64 Underpass for small road with slab.

9.61

9.62

9.63

9.64

(Bild 9.56). Man muß nur den Mut haben, solche Brücken genügend lang anzulegen und für den Kastenträger eine möglichst kleine Bauhöhe zu wählen. In dieser Überführung bei Münster in Westfalen ist die Bauhöhe 1,50 m für Spannweiten von 48 m (ℓ:d = 32). Die Schlankheit wird durch die 3,50 m Auskragung der Platte und das etwa 60 cm hohe Gesims betont. Die Widerlager hätten schmäler sein dürfen. Mit Stahlträgern kann man auch eine ansprechende Lösung finden, indem zwei Hauptträger nahe am Brückenrand mit je zwei Zwischenstücken gewählt werden, die die Fahrbahnplatte mit Querträgern tragen (Bild 9.57). Widerlager mit Böschungsflügeln kürzen dabei die Länge. Gelegentlich findet man bei solch spitzwinkligen Kreuzungen auch Stützen mit einseitigen Kragarmen oder Stützrahmen, wenn für die Stützung des Kastenträgers in der Achse kein Platz gefunden wurde (Bilder 9.59 und 9.60). Solche Sonderstützen müssen mit besonderer Sorgfalt gestaltet werden, wenn sie nicht zu störenden Monstren werden sollen.

9.4. Unterführungsbauwerke

Unterführungen sind den Überführungen fast immer vorzuziehen, weil sie die Landschaft oder Umgebung weniger stören. Der unterführte Weg verschwindet im Einschnitt oder liegt unter dem Damm des oberen Weges. Besonders bei Nebenwegen bietet sich die Unterführung an. Hier wollen wir auch kleine Bachdurchlässe zu den Unterführungen rechnen, die in manchen Ländern lieblos durch ein Wellblechrohr gezwängt werden.
In alten Zeiten wurden Bachdurchlässe gemauert (Bilder 9.61 und 9.62). Zu Beginn der Autobahnzeit sind noch liebevoll geformte Stirnmauern für Durchlässe entstan-

depth of box. In this crossing near Münster, Westphalia (fig. 9.56), the depth is 1.50 m for spans up to 48 m (span:depth ratio = 32). The impression of slenderness is enhanced by a cantilever width of 3.50 m and by the 60 cm deep fascia beam. The abutments could have been less broad.
With steel girders, an appealing solution can be found by placing two main girders close to the edges of the bridge, each supported by two columns. The deck slab is stiffened by transverse beams (fig. 9.57). Abutments with one flanking wing wall can shorten the total length.
At skew crossings one occasionally finds columns with cantilevers on one side only, or even portal frames, if there is no space for columns along the axis of the bridge (fig. 9.59 and 9.60). Such special supports must be carefully shaped or they may end up looking monstrous.

9.4. Underpass bridges

Underpasses are generally preferable to overpasses because they have a less disturbing effect upon the landscape or environment. The road passing underneath disappears in a cut or lies underneath the bulk of the upper roadway. The underpass is especially suitable for secondary roads. It is also desirable that culverts for small streams are designed with care and not forced through corrugated steel sheet pipes as has become usual now in some countries.
Previously culverts for streamlets were of masonry construction (fig. 9.61 and 9.62). At the beginning of the auto-

9.65

9.66

9.65 Waldweg-Durchlaß.
9.66 Unterführung mit hochgesetzten Widerlagern bei Mühldorf/Inn.

9.65 Vaulted underpass for forest road.
9.66 Underpass widened by recessed abutments.

den, die den billigeren Stahlbetonrahmen verdecken. Auch heute sollten wenigstens kleine Parallelflügel mit einer Gesimsplatte den Böschungsfuß aufnehmen (Bilder 4.1 und 4.2).
Bei Durchlässen direkt unter der Fahrbahn sind Parallelflügel mit niedriger Brüstung (50 bis 60 cm) günstig. Jedenfalls sollte man an diesen kleinen Brücken keine Geländer anbringen, die vom oberen Verkehrsweg aus ganz unmotiviert aussehen.
Feld- und Waldwege sind oft als gewölbte Durchlässe mit gemauerten Flügeln gebaut worden. Rauhes Bruchsteinmauerwerk paßt zur Waldlandschaft (Bild 9.65). Der Bogen hat eine parabolische Stützlinienform, die weniger steif wirkt als ein Halbkreis auf senkrechten Wänden. Viele solche Unterführungen sind unter den süddeutschen Autobahnen zu finden.
Für Wegunterführungen herrscht heute die einfache Stahlbetonplatte mit Parallelflügeln und verdecktem Auflager vor (Bild 9.64). Sie kann bei gleicher Form auch

bahn era, masonry facings were used to conceal the reinforced concrete frame. Nowadays also, at least a small area of wing wall can be built of masonry to good effect (see fig. 4.1 and 4.2).
For culverts directly under the roadway, parallel wing walls with a low parapet (50 to 60 cm high) are particularly suitable. At such small bridges one should not use an arrangement of railing which from the driver's view on the roadway seems to have no obvious purpose.
For field and forest paths, vaulted underpasses with masonry wing walls have often been built. A rough type of masonry fits well into a forest landscape (fig. 9.65). The arch has a parabolic shape which looks less formal than a semi-circle on vertical walls. Many such underpasses have been built under the South German autobahns.
For secondary road underpasses the simple reinforced concrete slab with parallel wing walls and concealed bearing seatings prevails (fig. 9.64). This type can be skew with

9.67 Unterführung einer künftig achtspurigen Straße unter einer Autobahn.

9.67 Underpass bridge for a future eight lane highway crossing an autobahn.

9.67

schiefwinklig sein – bis zu rund 45° Kreuzungswinkel entstehen dabei keine Schwierigkeiten.
Für verkehrsreiche Straßen ist auch bei Unterführungen mehr freie Sicht und damit weniger Beengung erwünscht, was durch eine größere lichte Durchfahrtsweite, also durch Wegrücken der Widerlager erreicht wird (Bild 9.66). Mit Rahmen läßt sich dabei die Bauhöhe niedrig halten, besonders wenn die Rahmenecken voutenartig versteift sind. Schweizer Brückeningenieure haben solche Rahmen-Unterführungen auch für spitzwinklige Kreuzungen mehrfach so verbessert, daß erstaunlich kleine Bauhöhen zustande kamen [42].
Einen weiten Durchblick erhält der Autofahrer, wenn die Widerlager hochgesetzt werden (Bild 9.66). Dies ist wohltuend, wenn die Straße in einer Mulde unter der Autobahn durchschwingt. Die Böschungsflächen müssen hier mit dunklen Platten belegt werden.
Hat die unterführte Straße einen Mittelstreifen, der die Richtungsfahrbahnen trennt, dann sind zweifeldrige Brükken angezeigt, wie die in Bild 9.67 gezeigte Unterführung der B 27 unter der Autobahn bei Ludwigsburg. Die künftig achtspurige B 27 ist noch nicht voll ausgebaut. Im Mittelstreifen stehen Rundstützen. Die Widerlager sind trotz der großen Brückenbreite hochgesetzt, dadurch ist die hinter der Brücke beginnende Verzweigung der Straße von weither sichtbar.

the same shape and there are no difficulties up to an angle of about 45°.
For highways with heavy traffic a greater field of vision and therefore greater width is desirable. Here frames allow a shallower depth, especially when vaulting is introduced at the frame corners. Swiss engineers have sometimes refined such frames for skew crossings to such an extent that surprisingly shallow depths result [42].
The driver has a wide field of vision if the abutments are raised up close to the top of the cut (fig. 9.66). This helps when the road passes under the bridge in a trough-shaped alignment. The areas of the slope under the bridge should be finished with a dark coloured paving.
If the highway crossing underneath an autobahn has a median to seperate traffic directions, then two span bridges are proper like the underpass bridge in 9.67 for the B 27 highway crossing under the autobahn near Ludwigsburg. The B 27 will have 8 lanes in the future; circular columns stand in the median and the abutments are raised making it possible to see the road junction behind the bridge from a good distance.

10. Hochstraßen

In Städten mit dichtem Straßennetz sind häufig Hochstraßen gebaut worden, um Hauptverkehrsadern kreuzungsfrei zu machen. In amerikanischen Großstädten wurden solche Brückenstraßen oft in Geschäftsstraßen zwischen hohen Häusern gebaut – zuerst für Stadtbahnen, dann für den Autoverkehr. Die Auswirkung war abschreckend. Gute Geschäfte und Büros zogen aus, die Straßen verkamen, die Gegenden wurden zu Slums. Ganze Stadtteile wurden durch Hochbahnen und Hochstraßen entwertet. Es waren die Häßlichkeit der Brücken, der Verlust an Tageslicht und vor allem der Lärm, die solche sozialen Wirkungen hatten.

Hochstraßen sollte man daher nur in reichlich breiten Straßen oder über geräumige Plätze hinweg oder am Rand von Siedlungen bauen, wo keine Menschen in nächster Nähe arbeiten oder wohnen müssen. Aber auch dann sind sie meist ein die Umgebung störendes, notwendiges Übel, und man sollte stets prüfen, ob die Tiefstraße – also die Straße im Einschnitt oder Tunnel – nicht möglich ist, um eine stark befahrene Strecke kreuzungsfrei zu machen.

Hat man eine Hochstraße zu bauen, dann muß auf gute Gestaltung besonderer Wert gelegt werden. Die sichtbaren Massen der Brückenkörper müssen möglichst reduziert werden, vor allem, wenn der Raum unter der Brücke für ruhenden oder fahrenden Verkehr genutzt werden soll – was ja in Städten in der Regel der Fall ist. Übersichtliche freie Flächen unter solchen Brücken sind schon allein wegen des Wetterschutzes beliebte Parkplätze.

Sichtbare Massen zu reduzieren bedeutet, daß die Überbauten schlank sein sollen, daß besonders die ins Auge springenden Flächen der Träger oder etwaiger massiver Brüstungen nicht zu hoch werden und dadurch bedrükkend wirken. Man wird daher keine zu großen Spannweiten wählen – meist genügen 20 bis 30 m. Aus einer Reihe von 30-m-Feldern heraus kann an Kreuzungen auch eine 40-m-Öffnung ohne Vergrößerung der Bauhöhe bewältigt werden.

Ganz wichtig ist die Wahl der Stützung. Hochstraßen sind meist breit (16 bis 25 m). Breite wandartige Pfeiler sind ungeeignet, weil sie in der Schrägsicht wenig Durchblick frei lassen. Doppelstützen sind annehmbar, wenn ihr Längsabstand mindestens etwa zweimal so groß ist wie der Querabstand. Die beste Lösung ist zweifellos die Beschränkung auf nur eine mittige Reihe schmaler Pfeiler oder runder oder achteckiger Stützen. Diese Einzelstützen dürfen aber auf keinen Fall plump sein, das heißt, ihre Dicke sollte wenigstens in der Längsrichtung nicht größer als etwa die halbe Höhe sein.

Als gutes Beispiel sei hier die *Fischerstraße in Hannover* herausgestellt, die schon 1958 gebaut wurde (Bild 10.1).

10. Elevated streets

In cities with dense traffic, elevated streets have often been built in order to obtain grade separation for main arteries. In American cities, such elevated street bridges are often to be found in business streets between tall buildings, initially for railroads and later for automobiles. They frightened people away. Good shops and business firms moved out, the streets decayed and became slums. Complete districts were devaluated by elevated rail and road traffic. These social effects were caused by the ugliness of the bridges, by loss of daylight and by the noise.

Elevated roads should therefore only be planned and built in ample wide streets or across spacious squares or on the borders of suburbs where no one must work or live nearby. But even under such conditions elevated streets can often be a disturbing though necessary evil and one should always investigate if a low level road in a cut or even in a tunnel would not be possible to achieve grade separation.

If, however, an elevated road has to be built, then a pleasing design is imperative. Experience has shown that at these bridges the visible masses must be reduced as much as possible, especially if the space under the bridge is to be used for parking or moving traffic as it is usually the case in cities. Clear wide open areas under such bridges are attractive for parking because they give shelter against sun and rain.

To reduce visible masses means that the superstructure must be slender, and especially that the vertical or almost vertical faces of beams or parapets are not too deep. Therefore spans should be chosen that are not too large – usually 20 to 30 m is sufficient. From a series of 30 m spans one can also manage a 40 m opening for crossing a street without increasing the depth.

Most important is the choice of the supports. Elevated streets are usually wide (16 to 25 m). Wide pier walls for such widths are unsuitable because they do not allow much free view in skew directions. Pairs of two columns are acceptable if their longitudinal spacing is at least twice the transverse spacing. The best solution is to restrict the support to one central row of narrow piers or to thick round or octagonal columns. These columns should, however, not be plump i. e. their thickness in longitudinal direction should at least not exceed half their height.

The elevated *Fischer street in Hanover,* built in 1958 (10.1), is a good example. A four-lane street, 17 m wide, is carried by a solid slab, only 53 cm thick, continuous overspans of 22.50 m ($\ell : d = 43$). The slab is so slender that it was possible to do without a cantilevering slab and the 25 cm deep fascia only required slight projection. The favourable appearance is caused by the elegant support with

10.1 Fischerstraße Hannover.
10.2 Hochstraße Düsseldorf, Zufahrt zur nördlichen Rheinbrücke.

10.1 Fischerstreet in Hanover.
10.2 Elevated street in Düsseldorf, approach-bridge to northern Rhine bridge.

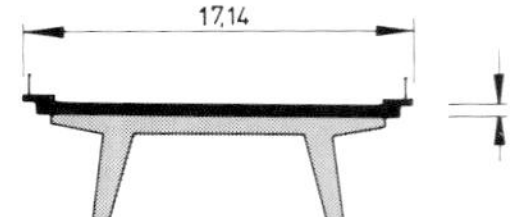

10.1

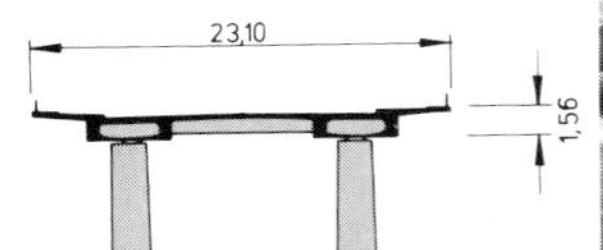

10.2

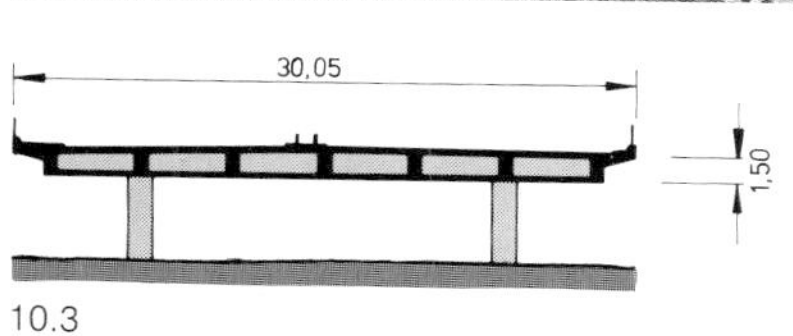

10.3

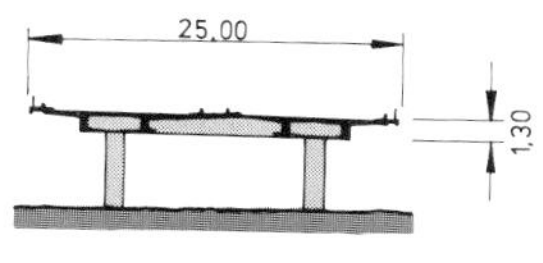

10.4

10.3 Westtangente in Berlin-Steglitz.
10.4 Stadtparkbrücke in Duisburg.

10.3 Western by-pass in Berlin-Steglitz.
10.4 Municipal Park Bridge in Duisburg.

Eine vierspurige Straße (Gesamtbreite 17 m) wird von einer nur 53 cm dicken Massivplatte über Spannweiten von 22,50 m (ℓ:d = 43) durchlaufend getragen. Die Platte ist so schlank, daß man auf eine Kragplatte verzichten konnte und das 25 cm hohe Gesimsband nur wenig vorspringen ließ. Der günstige Eindruck beruht auf der eleganten Stützung mit nach außen geneigten Stielen, die mit dem Querriegel einen Rahmen bilden. Die Riegelhöhe schließt die Plattendicke ein, so daß nur 70 cm Höhe sichtbar bleiben. Die Wirkung wird dadurch gesteigert, daß die Rahmen dunkel gefärbt sind und sich von der hell gestrichenen Unterfläche der Platte abheben. An den im Abstand von rund 112 m angelegten Dehnfugen stehen Doppelrahmen.

Die *Westtangente in Berlin-Steglitz* wurde für 30 m Breite mit einer Hohlplatte über acht Felder mit 28,50 m Stützweiten gebaut (Bild 10.3). Sie wird von je zwei schlanken Rundstützen im Abstand von 17,40 m getragen. Kein Querbalken ist sichtbar, die Platte selbst trägt auch quer, so daß der Raum unter der Brücke schlicht wirkt. Von außen betrachtet, sieht die Brücke schwer aus, weil die Bauhöhe der Hohlplatte mit 1,50 m (ℓ:d = 19) reichlich gewählt wurde und die Kragplatte am Rand nur 1,50 m vorspringt und eine halbhohe massive Brüstung trägt.

Für die 23,10 m breite *Hochstraße in Düsseldorf,* die zur Theodor-Heuss-Rheinbrücke führt, wurden zwei schmale Hohlkasten bei Spannweiten zwischen 31 und 34 m gewählt, welche die Fahrbahn dazwischen mit sichtbaren Querträgern tragen (Bild 10.2). Die schlanken Hohlkasten *(ℓ:d = 24)* werden von Stützen mit elliptischem Querschnitt getragen, die mit dunkler Basaltlava verkleidet sind und Anlauf haben. Der Abstand der Stützen ist mit 12,50 m nur 2/5 der Stützweite – so entsteht eine günstige Wirkung für den Raum unter der Brücke. Auch von außen wirkt die Brücke schlank, weil die Gehwegplatte rund 3 m weit auskragt und über dem 28 cm hohen Gesimsband das luftige Düsseldorfer Stabgeländer steht.

Eine ähnliche Hochstraße wurde für die *Duisburger Stadtautobahn* (25 m breit) durch den Stadtpark gebaut (Bild 10.4). Die Stützen sind hier kreisrund und zylindrisch, aber schlank, ihr Querabstand ist mit 13,70 m gerade etwa halb so groß wie die Stützweiten mit 27,80 m. Von außen wirkt die Brücke leicht, weil das Gesimsband mit 50 cm Höhe den 1,30 m hohen Balken zurückdrängt.

inclined struts which form a frame together with the transverse beam which is almost fully integrated into the thickness of the slab. Only 70 cm of the depth of this frame beam remains visible. The effect is heightened by the dark colouring of the frame in contrast to the bright colour of the slab. At the expansion joints – every 112 m – there are double frames.

The West Tangent in Berlin Steglitz (10.3) was built to width of 30 m with a continuous voided slab over eight spans of 28.50 m. The bridge is carried by two slender circular columns 17.40 m apart. No transverse beam is visible, the slab itself also carries transversely, leaving the space under the bridge undisturbed. The outward appearance of the bridge is heavy because the depth of the slab was chosen amply with 1.50 m ($\ell:d$ = 19) and the cantilevering slab projects only 1.50 m and carries a massive parapet.

The 23.10 m wide *approach bridge,* leading to the Theodor Heuss Bridge over the Rhine in *Düsseldorf,* is built with two narrow box girders over spans between 31 to 34 m which carry the deck with visible transverse beams (10.2). The slender box girders ($\ell:d$ = 24) are supported by well-tapered columns with elliptic section lined with dark Basalt-Lava stone. The transverse spacing of the columns is with 12.50 m only 2/5 of the span, giving a favourable effect to the space underneath the bridge. The bridge also looks slender from the outside, because the cantilevering slab projects by 3 m and has the lofty "Düsseldorf railing" (only vertical steel bars) on top of the 28 cm deep fascia beam.

A similar elevated street (25 m wide) was built for the *Duisburg City Autobahn* through the City Park (10.4). The columns are cylindrical and slender, their transverse spacing is with 13.70 m about half the span length of 27.80 m. The bridge looks light from outside because the 50 cm deep fascia strip hides the 1.30 m deep beam.

The extent to which the effect of spaciousness underneath the bridge and the free view is influenced by the slenderness and spacing of the pairs of supports is demonstrated by the *bridge near Oldenburg* (10.5). In the transverse direction the two piers are 4.50 m wide at the top. In this way the space below the bridge is "filled". This ist tolerable if these areas are not used as is apparently the case here.

10.5 Umgehungsstraße in Oldenburg, zuviel Pfeilermasse!
10.6 Vorgefertigte Balken auf schweren Querrahmen befriedigen nicht. Hüttenstraße Siegen.
10.7 Hochstraße Elbmarsch in Hamburg.

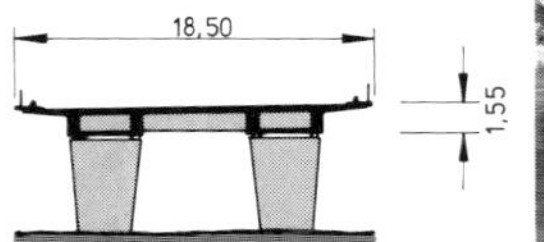

10.5

10.6

10.5 By-pass street in Oldenburg – piers too massive.
10.6 Prefabricated beams on heavy transverse frames are unsatisfactory.
10.7 Elbmarsch elevated freeway in Hamburg.

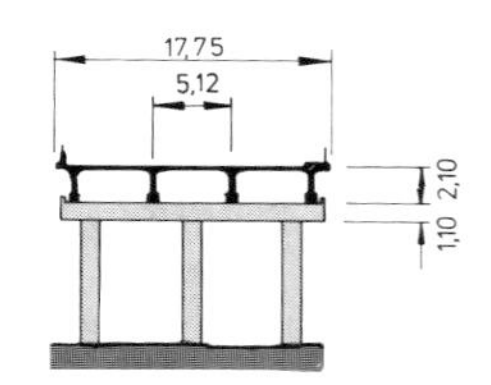

10.7

Wie sehr die Schlankheit und der Abstand der Stützenpaare die Raumwirkung unter der Brücke und die Durchsicht bestimmen, zeigt als Gegenbeispiel eine *Umgehungsstraße in Oldenburg* (Bild 10.5). Die beiden Pfeiler sind in der Querrichtung oben je rund 4,50 m breit. Der Raum unter der Brücke ist dadurch »ausgefüllt«, was möglich ist, wenn die Flächen wie hier offensichtlich nicht genutzt werden.
Will man vorgefertigte Balken für Hochstraßen verwenden, dann ist es konstruktiv am einfachsten, die Balken oben auf Querrahmen oder auf Hammerkopf-Pfeiler zu verlegen (Bild 10.6). Solche Brücken befriedigen jedoch in der Regel im Aussehen nicht.
Ein erträgliches Aussehen entstand bei der 3,8 km langen Hochstraße *Elbmarsch in Hamburg,* ohne daß eine verfeinerte Gestaltung gewählt wurde. Die Querbalken wurden

If prefabricated beams are to be used for such elevated streets, then the simplest way is to place them on top of transverse frames or hammer head piers (10.6). Such bridges, however, do not satisfy aesthetic requirements. A tolerable appearance was obtained without refined design at the 3.8 km long *Elbmarsch elevated highway in Hamburg.* The transverse beams were made relatively slender (1.10 m deep, 2 m broad) by supporting them on three columns 6.60 m apart (10.7). The span of the beams is 35 m rendering a good proportion to the total width of 13 m of the group of columns. The slenderness ratio of the beams $\ell:d$ = 35:2.10 = 16 is rather high and the slab's cantilever is small, therefore the outward appearance is a bit heavy. The bridge crosses an industrial region along a harbour basin where this design, aimed at low cost, can be excused.

10.8

10.9

10.8 Corso Francia in Rom – von Nervi entworfen – ist in bedauerlichem Zustand.
10.9/10.10 Hägersten-Viadukt in Stockholm. Querträger innerhalb Balkenhöhe.

10.8 Corso Francia in Rome, designed by Nervi, is in a very bad condition.
10.9/10.10 Hägersten Viaduct in Stockholm. Cross girders within depth of main girders.

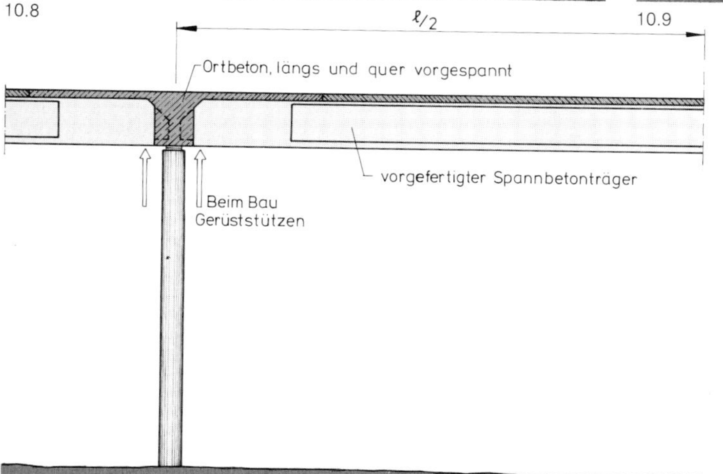

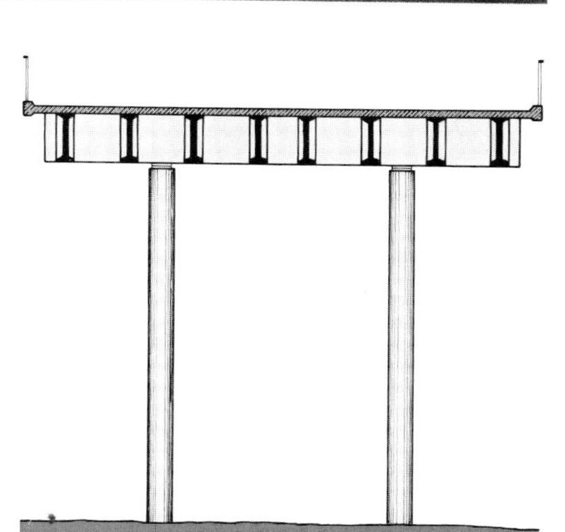

10.10

verhältnismäßig schlank (1,10 m hoch, 2 m breit), indem drei Stützen in je 6,60 m Abstand für die 17,75 m breite Brücke angeordnet wurden (Bild 10.7). Die Balken sind 35 m weit gespannt, so daß die Breite der Stützengruppe mit rund 13 m in einem guten Verhältnis zur Spannweite steht. Die Schlankheit der Balken ist mit $d = 2{,}10$ m nur $\ell:d = 16$, und die Platte kragt nur sehr wenig aus, die Brücke wirkt daher etwas plump. Sie führt durch Industriegelände und an Hafenbecken entlang, was diese auf Billigkeit ausgerichtete Gestaltung entschuldigt.

In Rom wurden die Richtungsfahrbahnen des *Corso Francia* durch einen offenen Mittelstreifen getrennt und die Balken auf Hammerkopf-Pfeiler verlegt (Bild 10.8). Obwohl diese Pfeiler von Pier Luigi Nervi kunstvoll geformt wurden, kann diese Lösung nicht befriedigen. Undichte Fugen führten zudem zu einer beschämenden Verschmutzung.

Wenn man bei diesem Bauverfahren ein gutes Aussehen erreichen will, dann muß man den Querbalken weitgehend oder ganz in der Bauhöhe der Brückenträger verschwinden lassen, wie dies beim *Hägersten Viadukt in Stockholm* geschehen ist (Bilder 10.9 und 10.10).

Die beste Wirkung für Hochstraßen erzielt man zweifellos, wenn man nur eine schmale Stützung in der Brückenachse vornimmt. In konstruktiver Hinsicht gibt es hierfür mehrere Lösungen.

Da ist zunächst der *flache Pilzkopf* über einer runden oder elliptischen oder achteckigen Stütze – eine Lösung, die U. Finsterwalder als erster in Ludwigshafen und später bei Innsbruck und bei der Elztalbrücke (siehe Bild 11.112) ausführte. Man muß jedoch die Stützen einigermaßen schlank wählen (in Ludwigshafen sind sie zu plump). Die Stützendurchmesser von 2,50 m für die 19 m breite Brücke der Hochstraße in Bremen-Vahr (Bild 10.11) liegt

In Rome, the two carriageways of the *Corso Francia* are separated by an open median strip, and the beams are positioned on top of hammer head piers (10.8). In spite of the artful shaping of these piers by the master Pier Luigi Nervi, the solution is not a particularly satisfying one. Moreover leaking joints made the bridge look filthy.

If a good appearance is to be obtained with this construction method, then the cross beam must more or less disappear by integrating it within the depth of the main girders, as was done at the *Hägersten Viaduct in Stockholm* (10.9 and 10.10).

The best appearance of elevated streets is obtained with narrow supports along the axis of the bridge. Several structural solutions are available.

There is the flat mushroom head on top of a circular, elliptic or octagonal column which was first used for bridges by U. Finsterwalder in Ludwigshafen and later near Innsbruck and at the Elztalbrücke (see 11.112). The columns must, however, be fairly slender. The elevated street in *Bremen-Vahr* (10.11) has columns with a diameter of 2.50 m for the 19 m wide bridge, which is close to the limit. In this case the span of 30 m has the advantage of being large so that the space underneath the bridge is invitingly open. Such columns must be fixed in wide foundations in order to resist unsymmetric traffic loads and render frame action in the longitudinal direction. This requires, however, that expansion joints be provided in every third or fourth span, which is the disadvantage of this solution.

Therefore it is more opportune to dispense with the fixity in the longitudinal direction and to use a continuous beam (slab or box girder) with which many spans can be bridged without expansion joints. Longitudinal mobility can be provided either by sliding bearings on fixed columns or by pendulum columns. The latter are preferable because their

10.11 Brücke Vahrer Kreuz in Bremen.
10.12/10.13 Hochstraße über den Raschplatz, Hannover.

10.11 Vahrer Kreuz Bridge in Bremen.
10.12/10.13 Flyover Raschplatz, Hanover.

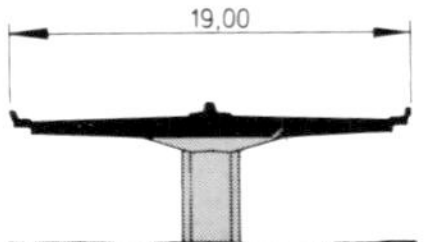

10.11

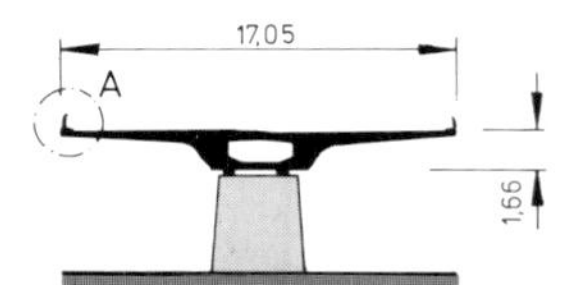

10.12

etwa an der Grenze. Die Spannweite ist hier mit 30 m günstig groß, so daß der Raum unter der Brücke wohltuend offen ist. Die Stützen müssen in breiten Fundamenten allseitig eingespannt sein, um einseitigen Verkehrslasten zu widerstehen und um längs eine Rahmenwirkung zu erzielen. Dies bedingt allerdings, daß in jedem dritten oder vierten Feld eine Bewegungsfuge für die Längsdehnungen eingebaut werden muß, was ein Nachteil dieser Lösung ist.

Günstiger ist es daher, wenn in Längsrichtung auf die Einspannung verzichtet und ein Durchlaufträger (Massivplatte oder Hohlkasten) angeordnet wird, damit viele Öffnungen fugenlos überbrückt werden können. Die Längsbeweglichkeit wird entweder mit Gleitlagern auf unten eingespannten Stützen oder mit Pendelstützen ermöglicht. Pendelstützen sind dabei vorzuziehen, weil ihre Liniengelenke Zuganker in den Gelenkachsen erlauben, mit denen Torsionskräfte des Überbaus aufgenommen werden.

Ein Beispiel dieser Bauart ist die Hochstraße über den *Raschplatz in Hannover* (Bilder 10.12 und 10.13). Die Spannweiten sind 33 bis 47 m, die Stützen sind oben nur 3,80 m breit. Die Hohlplatte weist mit 1,66 m Bauhöhe eine Schlankheit von $\ell:d$ bis 28 auf, die durch die weite Ausladung der Fahrbahnplatte gesteigert wird. Hier wurde über dem Gesims eine halbhohe Brüstung mit einem Lichtband darüber gewählt, was die Brücke wieder schwerer erscheinen läßt, auch wenn die Flächen der Brüstung und des Gesimses gegeneinander geneigt und durch eine Fuge getrennt sind. Bei Brücken am Flughafen Berlin-Tegel wurde das Lichtband in der Betonbrüstung untergebracht.

Bewegliche Lager können auch auf eingespannten Stützen mit Pilzkopf eingebaut werden, wie dies bei der *Hoch-*

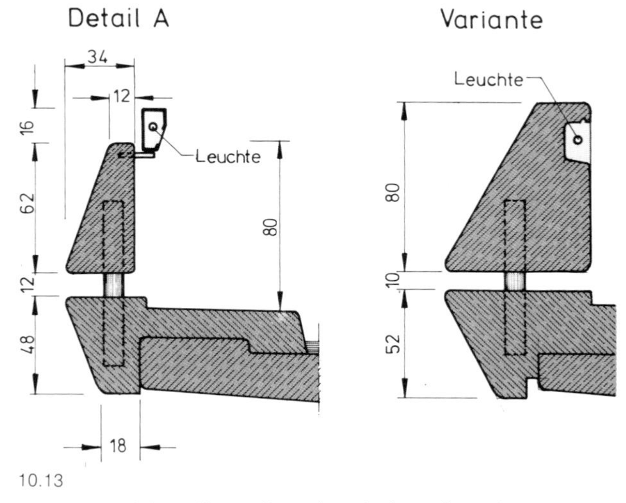

10.13

transverse hinge lines allow the placing of tension anchors to resist torsional actions of the superstructure.

An example of this type is the flyover crossing the *Raschplatz in Hanover* (10.12 and 10.13). The spans are 33 to 47 m and the columns are only 3.80 m wide on top. The voided slab is 1.66 m deep, rendering a slenderness ratio of up to $\ell:d = 28$ which is intensified by the wide cantilever of the deck slab. Above the fascia, a semi-deep parapet carrying a lighting encasement in bar shape was chosen and this makes the bridge look heavier in spite of a reversed inclination of the fascia strip against the parapet strip and their separation by an open joint. At similar bridges for the airport in Berlin-Tegel, the lights have been placed in a groove within the parapet.

Movable bearings can also be placed on top of a mushroom head on fixed columns as done for the *Namedy*

10.14 Hochstraße Namedy der B 9 zwischen Bonn und Koblenz
10.15 Hochstraße Jan-Wellem-Platz in Düsseldorf, vierspuriger Teil.

10.14 Viaduct in highway B 9 between Bonn and Koblenz.
10.15 Flyover Jan-Wellem-Platz in Düsseldorf, four lane section.

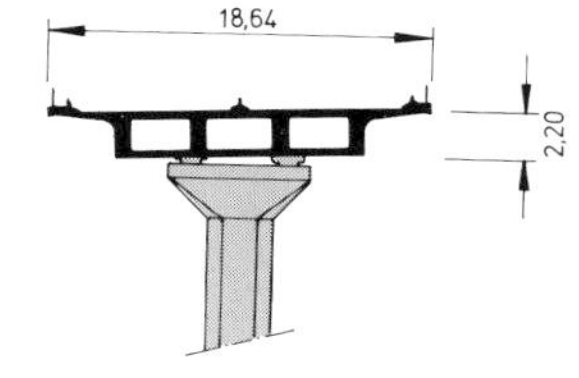

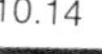

10.14

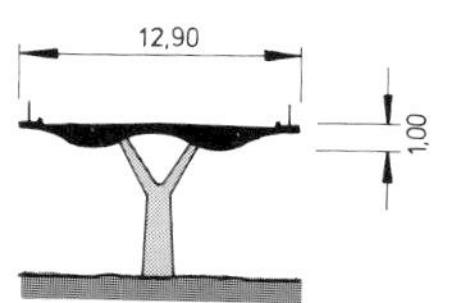

10.15

straße in Namedy zwischen Koblenz und Bonn geschah (Bild 10.14). Der Pilzkopf ist – von einer achteckigen Stütze ausgehend – zu einer rechteckigen Lagerfläche wohl geformt. Die Stege des dreizelligen Hohlkastens sind an der Unterfläche durch kleine Überstände abgezeichnet. Die Spannweiten betragen 39 m, die Bauhöhe des Kastenträgers ist 2,20 m (ℓ:d = 18), im Verhältnis dazu ist das Gesimsband mit nur 50 cm Höhe zu niedrig.

Die eleganteste Hochstraße entstand in *Düsseldorf* unter dem Einfluß des Architekten F. Tamms, der uns Ingenieuren die äußerste »Entmaterialisierung« abverlangt hat, um den Eindruck der Schwerelosigkeit zu gewinnen. Es ist die *Hochstraße am Jan-Wellem-Platz,* die mit rund 14 m Breite vier schmale Spuren trägt und sich in zwei zweispurigen Abfahrten (Breite 10 m) gabelt (Bilder 10.15 und

Bridge between Koblenz and Bonn (10.14). The head is formed from an octagonal column which widens into a rectangular shaped bearing block. The webs of the three cell box girder are made visible by small projections from the soffit face. The spans are 39 m, the depth is 2.20 m (ℓ:d = 18). The depth of the fascia with 50 cm is too small in proportion to the depth of the box.

The most elegant elevated road was built in Düsseldorf under the guidance of F. Tamms who persuaded us engineers to search for extreme "dematerialisation" in order to achieve the expression of weightlessness. It is the flyover at the *Jan-Wellem-Platz* which carries four narrow lanes (14 m width) and branches out into two double lane ramps 10 m wide (10.15 and 10.16). The cross section is "double bosomed" in the wider portion and "single bosomed" in the ramps; this means the bottom surface is curved like a

10.16 Jan-Wellem-Platz, zweispuriger Teil.
10.17 Zwölffeldrige, auch an beiden Widerlagern fugenlose »Bogenbrücke« westlich Toronto, Kanada.
10.18 Verzweigungsbrücken auf schlanken Einzelstützen, hier Duisburg-Kaiserberg.
10.19 Vierstöckige Kreuzung kalifornischer Autobahnen bei Los Angeles.
10.20 Das einfache Ordnungsprinzip – Platten und Rundstützen.

10.16 Düsseldorf, two lane section.
10.17 Twelve spans forming a laying arch without joints – also no joints at the abutments, west of Toronto, Canada.
10.18 Interchange bridges on single columns, here Duisburg-Kaiserberg.
10.19 Four level intersection of parkways near Los Angeles.
10.20 The principle of simple order, slabs and slender columns.

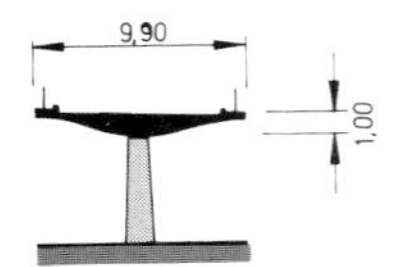

10.16

10.16). Der Querschnitt der Brücke ist im breiten Teil »doppelbusig«, in den Abfahrten »einbusig«, das heißt, die Unterfläche ist wie ein zarter Busen weich geschwungen, und zwar von konkav über konvex zu konkav. Damit ist die Bauhöhe der Massivplatte nicht ablesbar – sie ist für ℓ = 25 m nur 1 m. Auch das Gesims ist mit 45 cm Höhe schlank. Das Geländer besteht nur aus kräftigen Pfosten mit zwei längsgespannten Seilen. Der Querschnitt wurde oft nachgeahmt.
Der schwebende Eindruck wurde überwiegend dadurch erzielt, daß die Stützen aus hochfestem Stahl so schlank wie nur möglich bemessen wurden – für den doppelbusigen Teil sind es Y-förmige Stützen, für die einbusigen Teile einfache, rechteckige Hohlstützen mit kräftigem Anlauf, der trotz der Schlankheit das Gefühl von Stabilität vermittelt. Dank dieser Reduzierung der Massen auf das äußerste geht das städtische Leben unter der Brücke fast ungestört weiter.
An Autobahnknoten sind mehrfach lange Brücken für die Verzweigungen gebaut worden, die meist in Kurven liegen. Sie sind in der Regel für eine Fahrtrichtung zweispurig, so daß sich der schmale Hohlkasten auf schlanken Einzelstützen anbietet. Als Beispiel seien die *Verzweigungsbrücken bei Duisburg-Kaiserberg* gewählt (Bild 10.18).
In konstruktiver Hinsicht elegante Beispiele stehen an *Verzweigungen des Queen Elizabeth Way's bei Niagara Falls,* Kanada (Bild 10.17). Diese Brücke ist mit R = 200 m über 12 Öffnungen hinweg kontinuierlich gebaut und in beide Widerlager fugenlos eingespannt worden. Die Längenänderungen infolge der Temperaturänderungen wirken sich wie bei einem eingespannten Bogen durch radiale Querverschiebungen aus, die die schlanken Stützen leicht mitmachen.
In Kalifornien wurde schon 1950 die erste gekrümmte Brücke auf schlanken Einzelstützen gebaut, und zwar die Brücke über das Greenwood Tal (siehe [42] S. 225–226).
Ebenfalls in Kalifornien entstand sehr früh eine gut gestaltete Kreuzung zweier Autobahnen mit Anschlüssen in vier Ebenen (four level crossing). Bei Los Angeles kreuzen sich Hollywood Parkway und Harbour Parkway je sechsspurig (Bild 10.19). Die schwierige Aufgabe wurde mit Hohlplatten und schlanken Rundstützen sehr sauber gelöst (Bild 10.20). Keine sichtbaren Querträger, keine die

bosom from concave over convex to concave. As a result the depth of the slab can hardly be seen; it is 1 m for spans of 25 m. At 45 cm the fascia beam is also slender. The railing has strong posts and only two stressed steel ropes. The cross section has often been imitated.
The weightless expression was mainly achieved by the choice of extremely slender columns of high strength steel-Y-shaped columns for the double bosom portion and simple columns for the single bosom ramps. The columns are of rectangular section and have a strong taper which conveys a feeling of stability in spite of their extreme slenderness. Thanks to this reduction of masses city life goes on under the bridge almost undisturbed.
At freeway junctions long curved bridges have often been built. Usually they carry two lanes in one direction only and are therefore narrow so that a narrow box girder on slender single columns is the obvious solution. As an example, the bridges at the *Duisburg-Kaiserberg junction* are chosen (10.18).
Other examples of elegance and note from a structural point of view are to be found at *junctions of the Queen Elizabeth Way, west of Toronto,* Canada (10.17). This bridge curves with R = 200 m, spans continuously over 12 openings and is fixed at both abutments without any joints. The changes of length due to change of temperature etc. are converted into radial movements similar to those of arches and the slender columns follow.
In California the first curved bridge on slender single columns was built as early as in 1950, and is located in the Greenwood Valley (see [42] p. 225–226).
Again in California, well designed bridges for a *four-level junction* were built rather early. Near *Los Angeles* the Hollywood Parkway crosses the Harbour Parkway, each with six lanes (10.19). The difficult task was well solved with voided slabs and slender circular columns; no other elements were applied to disturb this simple order. The fascia strip continues all around, as well as at transverse branches.
Approach bridges to large bridges crossing big rivers can be classified as elevated roadways. For two-lane bridges, the box girder on single columns or narrow piers has been increasingly adopted (10.21). This type of structure is most suitable if the roadway is curved so that torsional moments can be resisted by groups of three columns which can be slender. The box girders of these bridges in Düsseldorf

10.17

10.18

10.19

10.20

10.21 Rampenbrücken an der Kniebrücke Düsseldorf.
10.22 Verschiedenartige Stützen stören die Ordnung.

10.21 Access bridges to Kniebrücke Düsseldorf.
10.22 Different types of columns and piers disturb.

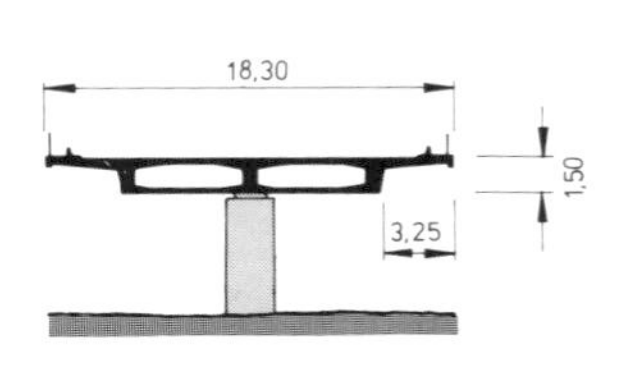

10.21

10.22

einfache Ordnung störenden Elemente. Das knappe Gesims läuft auch an Querriegeln durch.

Für die *Rampen* zu großen Flußbrücken braucht man Brücken, die als Hochstraßen eingestuft werden können. Für zweispurige Zufahrten hat sich mehr und mehr der ein- oder zweizellige Hohlkastenträger mit Einzelstützen in der Achse durchgesetzt (Bild 10.21). Diese Bauart ist besonders günstig, wenn die Straße in der Kurve verläuft, so daß die Torsionsmomente mit dem Kastenträger je über drei Stützen abgetragen werden und die Stützen sehr schlank sein können. Die Hohlkasten sind hier mit 1,50 m Bauhöhe für Spannweiten bis 38 m schlank (ℓ:d = 26). Brücken dieser Bauart lassen sich an Abzweigungen verbreitern oder an Einmündungen mit der Hauptbrücke vereinen, wobei die breiteren Hohlkasten dann zwei oder mehr Stützen erhalten.

are rather slender, 1.50 m deep for 38 m spans, $\ell:d$ = 26.

Bridges of this type can be widened for additional lanes or joined with the main bridge where wider box girders are supported by two or more columns.

Such ramps often cross each other. The skill of the design engineer sometimes does not suffice to maintain good order and proportions in such cases. A lack of order is found at the approach bridges to the Rhine Bridge in Koblenz-Süd (10.22).

Good order and good proportions are shown by the columns for the clover leaf junction at the *Pfälzischer Ring in Cologne* (10.23). The box girders have long spans (up to 56 m) and the columns have a rectangular cross section with bevelled edges.

Single columns facilitate skew crossings (compare

10.23

10.24

10.23 Brücken am Pfälzischen Ring in Köln.
10.24 Y-Stützen zur Erleichterung schiefwinkliger Kreuzungen.

10.23 High level bridges in Cologne.
10.24 Y-shaped columns to facilitate skew crossings.

Solche Rampenbrücken überkreuzen sich meist gegenseitig. Das Geschick des entwerfenden Ingenieurs reicht dann manchmal nicht aus, um bei der Wahl der Stützen Ordnung und gute Proportionen durchzuhalten. Gestörte Ordnung finden wir an den Auffahrten zur *Rheinbrücke Koblenz – Süd* (Bild 10.22).
Gute Ordnung und Proportionen zeigen dagegen wieder die Stützen der Brücken am Kleeblatt *Pfälzischer Ring* in *Köln* (Bild 10.23). Die Kastenträger weisen hier große Spannweiten auf (bis 56 m), die wenigen Stützen haben einen rechteckigen Querschnitt mit abgefasten Kanten.
Einzelstützen erleichtern schiefwinklige Kreuzungen (vergleiche Kapitel 9.3). Die Y-Stütze kann dabei Vorteile bringen, wenn die Brücke hoch genug liegt, so daß die oberen Arme das Lichtraumprofil nicht beeinträchtigen. Man findet gelegentlich solche Y-Stützen in Hochstraßen mit zwei

chapter 9.3). The Y-shaped column can in this case be advantageous, if the bridge is highly elevated so that the upper branches of the Y remain outside the clearance profile. Such Y-shaped columns are sometimes found under bridges with two rows of columns, if these two columns require spans that are too long for skew crossings (10.24). The change from two columns to Y-columns is tolerable in remote areas e. g. for railroad crossings. In urban districts this change to Y-columns is disturbing. For such Y-columns bevelled edges and tapering branches as shown in 10.24 are desirable.
The decision as to whether columns for elevated streets shall be tapered or prismatic depends mainly on the proportions between height and thickness. Circular columns are usually built with a constant section; however, they look clumsy and thick if their height is smaller than about twice

10.25 Zu den Stützenformen.
10.26 Rampenbrücke mit Pfeilern, nach unten verjüngt.
10.27 Rampe mit engen Stützenpaaren.

10.25 On column shapes.
10.26 Ramp bridge with piers, tapering downwards.
10.27 Ramp bridge with close pair of columns.

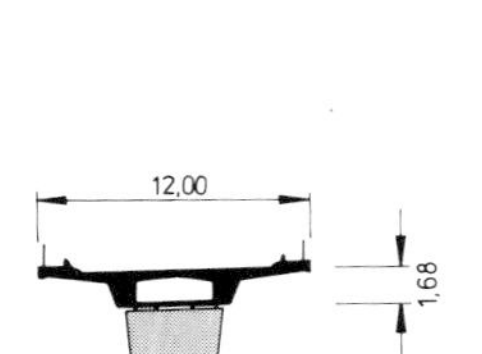

10.26

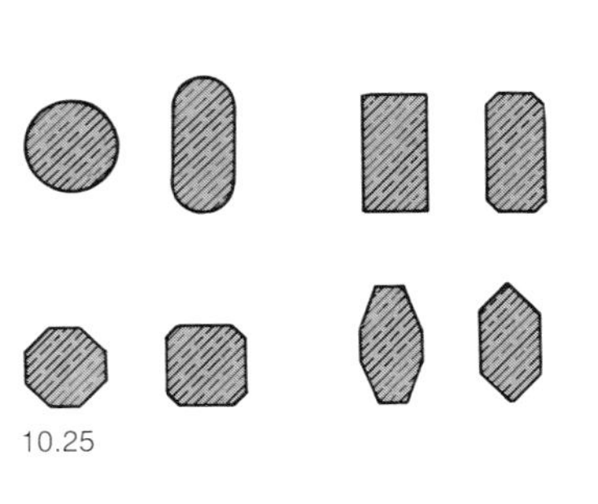
10.25

10.27

Stützenreihen, wenn an schiefen Kreuzungen die Doppelstützen eine zu große Spannweite bedingt hätten (Bild 10.24). Der Wechsel der Stützenart ist erträglich, wenn die Hochstraße über wenig besuchtes Gelände hinweggeht – wie über Eisenbahngleise. Bei innerstädtischen Hochstraßen stört der Wechsel zur Y-Stütze. Bei solchen Stützen ist außerdem eine Abfasung der Kanten und eine schlanke Form der Arme – nach oben in Höhe und Breite abnehmend – erwünscht.
Ob man den Stützen von Hochstraßen Anlauf gibt oder sie mit vertikalen Kanten prismatisch formt, das hängt stark vom Verhältnis der Höhe zur Dicke ab. Kreisrunde Stützen werden in der Regel mit konstantem Querschnitt gebaut, sie wirken jedoch rasch plump und dick, sobald ihre Höhe kleiner ist als etwa der zweifache Durchmesser. Achteckige Querschnitte oder Quadrate oder Rechtecke mit stark

the diameter. Octagonal sections or square and rectangular sections with strongly bevelled edges appear more slender due to their edge lines and shades than circular columns (fig. 10.25).
Once the height exceeds six times the breadth, an upward taper of 1:40 to 1:70 looks reassuring and strengthens the feeling of stability. A downward taper, i. e. narrowing from top to base, is unnatural, unless it is a wall-shaped pier that is tapered in this way and which can still inspire confidence (10.26). An inverted taper is only meaningful for frames when the columns are fully fixed above at the superstructure and have hinged bearings below.
Pairs of columns look pleasing if their transverse spacing is small in relation to the span, about 1:4 as shown in 10.27.
For wide and straight bridges over flat ground, the cross

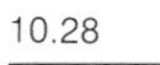
10.28

10.29

10.28/10.29 30 m breite Hochstraße über flachem Talgrund bei Neckarsulm.

10.28/10.29 30 m wide high level bridge over flat ground near Neckarsulm.

abgefasten Kanten (Bild 10.25) wirken durch die Linien der Kanten und durch Schatten schlanker als runde Stützen. Sobald die Höhe größer wird als etwa die 6fache Breite sieht ein Anlauf nach oben mit 1:40 bis 1:70 wohltuend aus, er verstärkt den Eindruck der Stabilität. Ein Anlauf nach unten, das heißt nach unten zugespitzte Stützen, ist unnatürlich, es sei denn, daß ein wandartiger Pfeiler so abgeschrägt wird (Bild 10.26) und dabei vertrauenerwekkend bleibt. Ein Zuspitzen nach unten ist nur bei Rahmen sinnvoll, wenn der Stiel (Stütze) oben im Überbau eingespannt und unten gelenkig gelagert ist.
Stützenpaare sehen gut aus, wenn ihr Querabstand im Vergleich zur Spannweite klein ist, etwa <1:4 (Bild 10.27).
Für breite, gerade Brücken über flaches Gelände eignet sich der von W. Homberg entwickelte Querschnitt mit nur

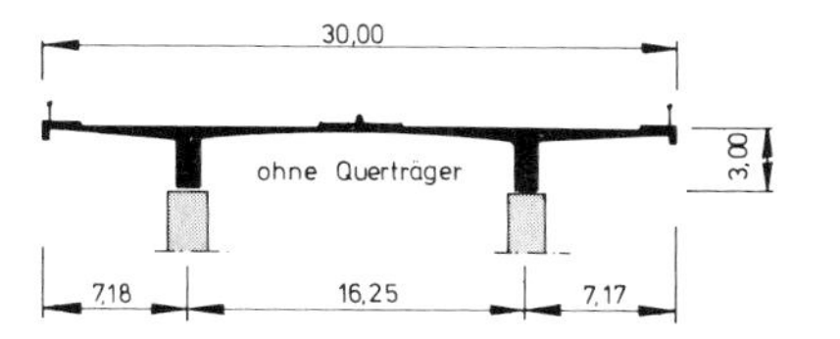

section with only two thick beam webs is suitable – as developed by H. Homberg – carrying the wide spanning p. c. deck slab with very long cantilevers (10.28 and 10.29). No transverse beams are necessary, nor are they needed at the columns which are fixed in the foundation and pleasingly well tapered for the 10 m height. The spacing of the columns is 16 m, the spans are 36 m. The bridge forms the approach to the Neckar bridge at *Neckarsulm*.

10.30 Prater-Hochstraße Wien.
10.31 Rampe zur Maracaibo Brücke in Venezuela.

10.30 High level bridge in the Prater Park, Vienna.
10.31 Ramp of Maracaibo Bridge in Venezuela.

10.30

10.31

zwei dicken Balkenstegen und weit gespannter Fahrbahnplatte, die entsprechend auch weit auskragen kann (Bilder 10.28 und 10.29). Auf Querträger wird auch an den Stützen verzichtet, damit das Lehrgerüst beim Bau durchfahren kann. Die Stützen haben Anlauf, was bei der Höhe von rund 10 m wohltuend wirkt (Abstand der Stützen quer 16 m, längs 36 m, *Autobahn bei Neckarsulm*). Unter der Brücke wäre dunkler Stein besser.
Manchmal »verkünsteln« sich architektonische Berater mit der Formgebung solcher Stützen und geben in der Querrichtung Anlauf nach unten, während in Längsrichtung Anlauf nach oben gegeben wird. Die Gesamtwirkung solcher Kunststücke ist in der Regel belanglos.
Eine gute Sonderform ist W. Pauser bei der *Prater-Hochstraße in Wien* mit V-förmigen Stützen gelungen, die bei der Überquerung des Heustadelwassers zu X-förmigen

A dark pavement underneath the bridge would be an improvement.
Sometimes consultant architects overdo the refinement of shaping columns by downward tapering in the transverse and upward tapering in the longitudinal direction. Such tricks have no significant effect on the overall expression.
For the *Prater elevated highway in Vienna,* W. Pauser succeeded with specially shaped V-columns which were extended to X-shaped columns at the crossing of the Heustadel brook and that reflect charmingly in the calm water (10.30).
For the ramp to the *Maracaibo Bridge in Venezuela* which is several kilometers long, R. Morandi, Rome, designed V-shaped "pier tables" which increase in height in a pleasing way (10.31 and 10.32). The V carries a beam

10.32

10.33

10.32 Morandi-Stützenform.
10.33 Hochstraße am Seine Ufer in St. Cloud.

10.32 Morandi column shape.
10.33 High level bridge along the Seine River in St. Cloud with bulging fascia.

Stützen erweitert wurden und sich im stillen Wasser reizvoll spiegeln (Bild 10.30).
Für die mehrere Kilometer lange Rampe der *Maracaibo-Brücke in Venezuela* hat R. Morandi, Rom, eine Form der V-Stützen entworfen, die sich für die zunehmende Höhe der »Pfeilertische« in ansprechender Form entwickeln läßt (Bilder 10.31/10.32). Das V trägt jeweils einen beidseitig auskragenden Balken. Die Einhängeträger zwischen den Pfeilertischen haben zur Mitte hin zunehmende Bauhöhe.
In manchen Ländern liebt man einen gerundeten Wulst am Rand der Brücken, der in die Brüstung übergeht. Ein Beispiel zeigt die *Hochstraße am Seine-Ufer in St. Cloud* bei Paris (Ing. Jean Muller) (Bild 10.33) – eine Hohlkastenbrücke mit geschlossener unterer Fläche. Die Bauhöhe des Kastenträgers erlaubte eine sehr großzügige, weiträumige Stützenstellung.

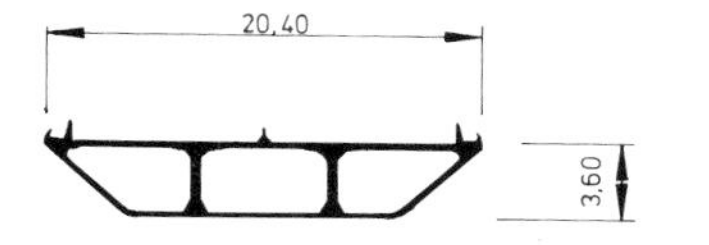

cantilevering on both sides to support drop-in prefabricated beams which have increasing depth towards the middle of the span.
In some countries rounded bulge edges of elevated bridges are found which extend into the parapet. A good example is the elevated highway along the bank of the *Seine River in St. Cloud* near Paris (10.33, Ing. Jean Muller). The multicell box girder has a closed bottom and a depth allowing a generously wide spacing of the columns.

10.34 Wulstiger Rand der Brücken im Flughafen von San Francisco.

10.34 Bulging fascia at San Francisco's airport bridges.

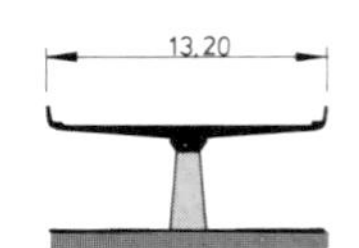

10.34

Am Flughafen in San Francisco ruht die außen gerundete Platte auf einem mittigen schmalen Balken (Bild 10.34) (Ingenieur T. Y. Lin).

Stützen und Pfeiler dürfen nicht durch lieblos außen angebrachte Entwässerungsrohre verschandelt werden.

At the airport of San Francisco the thick slab with the rounded edges is carried by a narrow spine girder (10.34, Eng. T. Y. Lin).

It is important that columns or piers are not disfigured by drain pipes carelessly attached to the outside faces.

11. Große Balkenbrücken 11. Large beam bridges

11.1. Flußbrücken

Es gibt viele tausend Balkenbrücken über Flüsse, gut und schlecht gestaltet. Wir können nur wenige auswählen und ihre Gestaltung erläutern.
Neben dem Fluß muß meist auch Flutgelände für Hochwasser überbrückt werden, so daß in der Regel mehrere Öffnungen nötig werden. Wählt man den *parallelgurtigen Balken,* dann muß man darauf achten, daß die Brücke nicht zu steif und damit zu technisch wirkt, besonders, wenn sie in einer schönen Landschaft steht.
Ein gut gelungenes Beispiel ist die *Jagstbrücke Möckmühl* (Bild 11.1), deren Balken über drei Öffnungen hinweg fast horizontal niedrig über Fluß und Flutgelände durchläuft. Die kräftigen Pfeiler lassen den Balken gestreckt wirken. Das Geländer ist so durchsichtig, daß man es im Bild kaum sieht.
Die *Brudermühlbrücke über die Isar* in München (Bild

11.1. River bridges

There are thousands of beam bridges across rivers, both well and badly designed. We can choose only a few and discuss their design features.
Usually flood land has to be bridged as well as the river and this requires several openings. If one chooses for this a beam with parallel edges, then one must take care that it does not look too stiff or technical, especially if the bridge stands in a beautiful landscape.
A successful example is the *Jagst bridge Möckmühl* (11.1) with the beam which is continuous over three spans, almost horizontal and passing low over the river and flood land. The thick piers make the beam appear stretched. The railing is so transparent that it is almost invisible.
The *Brudermühlbrücke over the Isar* in Munich (11.2), a three-span beam with the slenderness $\ell:h$ = 46.30:2.10 = 22, stretches at a very low level over the wide river bed.

11.1 Jagstbrücke Möckmühl – Baujahr 1954.

11.1 Jagst bridge Möckmühl, built in 1954.

11.1

11.2 Brudermühlbrücke über die Isar in München – Baujahr 1953.
11.3 Neckarbrücke Heilbronn-Neckargartach – Baujahr 1950.

11.2 Brudermühl Bridge over River Isar in Munich, built in 1953.
11.3 Neckar bridge Heilbronn-Neckargartach, built in 1950.

11.2

11.3

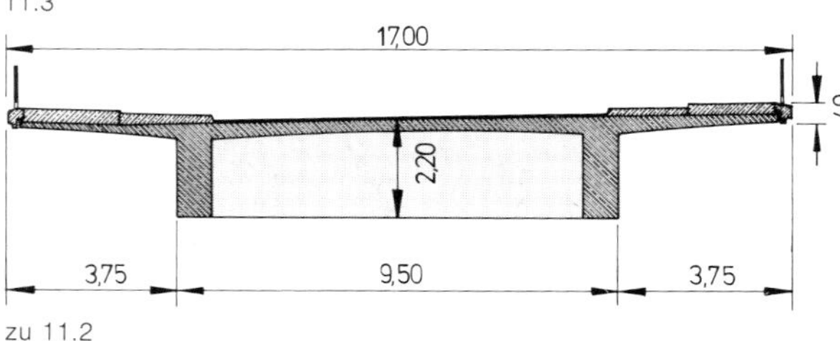

zu 11.2

zu 11.3

11.2), ein dreifeldriger Balken mit der Schlankheit $\ell : h$ = 46,30 : 2,10 = 22 überstreicht das breite Flußbett ganz flach. Auch hier wirken die dicken Pfeiler vertrauenerwekkend. Das Gesimsband ist 50 cm hoch, der Balken wird mehr durch die große Kragweite der Platte von 3,75 m zurückgedrängt.

Muß die Brücke wegen der Schiffahrt höher liegen und sind mehr als drei Öffnungen nötig, dann muß der Balken sehr schlank gehalten werden, damit die Brücke mit massiven Pfeilern nicht schwer und steif wirkt. Bei der *Neckarbrücke Neckargartach* (Bild 11.3) ist eine ansprechende Wirkung durch die Schlankheit $\ell : h$ = 43,50 : 1,80 ≈ 24 gelungen, obwohl die Platte nur 1,60 m auskragt und das Gesims mit 30 cm Höhe zu niedrig ist. Die Pfeiler würde man heute weniger lang machen.

Die parallelgurtige Balkenbrücke wird aber fraglich, wenn sie in einer bergigen Tallandschaft liegt und dann mit großen Spannweiten den schiffbaren Fluß überquert, wie dies bei der *Moselbrücke Wolf* (Bild 11.4) der Fall ist. Sie wirkt störend und steif, was durch die hellen Pfeiler ohne jeden Anlauf noch verstärkt wird. Sie paßt auch in ihrem Maßstab

The thick piers inspire confidence. The fascia strip is 50 cm deep, the beam is almost hidden by the great cantilever width of 3.75 m.

If the bridge elevation has to be higher on account of navigation and if more than three spans are needed, then the beam should be kept very slender on massive piers in order to avoid a heavy and rigid expression. At the *Neckar bridge Neckargartach* (11.3) an appealing look is attained by a slenderness of $\ell : h$ = 43.50:1.80 = 24 in spite of the small cantilever width of only 1.60 m and the excessively thin fascia strip (30 cm). The pier walls would be made less long today.

The beam bridge with straight parallel edges is, however, questionable if it is situated in mountainous country and has to cross a navigable river with wide spans, as is the case at the *Moselle bridge at Wolf* (11.4). It is disturbingly

11.4

11.5

11.4 Moselbrücke Wolf – zu steife Form für diese Landschaft.
11.5 Moselbrücke bei Bruttig – leicht geschwungen.

11.4 Bridge across the Moselle in Wolf – form too stiff for this landscape.
11.5 Bridge across the Moselle near Bruttig – slightly curved lines.

nicht zu den kleinen Häusern des Winzerdorfes (ℓ = 40 + 73 + 73 + 53 m; ℓ/h = 32; Auskragung 1,70 m).
Im gleichen schönen Moseltal liegt die *Brücke bei Bruttig* vor noch höheren Bergen und mit der gleichen Durchfahrtshöhe für die Schiffahrt wie in Wolf (Bild 11.5). Sie zeigt auch die Strenge des im Mittelfeld 105 m weit gespannten Balkens, jedoch gemildert durch eine Kuppenausrundung im Längsprofil, die über dem Fluß ihren Höhepunkt hat. Die Balkenhöhe nimmt zur großen Öffnung hin stetig zu (Ausrundung der Fahrbahn mit R = 1500 m, der Unterkante mit 4000 m). Das 75 cm hohe Gesimsband betont die leicht geschwungene Linie über dem Schatten der 3,90 m weit auskragenden Platte. Die Pfeiler sind im Verhältnis zum Balken zu dünn.
Bei der *Moselbrücke Neumagen* ist ein über sieben Felder durchlaufender Kastenträger auf kreisrunde Pfeiler ge-

stiff. This expression is intensified by the taperless bright piers. Nor is its scale in keeping with small houses of this wine-growing village (spans 40 + 73 + 73 + 53 m, ℓ/d = 32, cantilever 1.70 m).
The bridge near *Bruttig* lies in the same beautiful valley of the *Moselle* with a background of even higher mountains and the same clearance for navigation as in Wolf (11.5). It also appears somewhat rigid with its 105 m long main span but it is softened by the curvature of the vertical alignment with the crown point over the river. The depth of the beam increases steadily towards the middle of the big span by having different radii at the top (R = 1500 m) and bottom edge (R = 4000 m). The fascia strip (75 cm deep) emphasizes the curvature above the shadow cast by the 3.90 m wide cantilever. The piers are too thin in relation to the beam.

11.6

11.7

11.8

11.6 Moselbrücke Drohn-Neumagen.
11.7 Neckarbrücke Stuttgart-Bad Cannstatt – König-Karls-Brücke.
11.8/11.9 Elgeseterbrücke über den Nidelven, Trondheim, Norwegen – Baujahr 1950.

11.6 Moselle bridge Drohn-Neumagen.
11.7 Neckar bridge Stuttgart-Bad Cannstatt – König Karls Bridge.
11.8/11.9 Bridge over river Nidelven in Trondheim, Norway, built in 1950.

setzt worden, um die Brücke trotz schiefwinkliger Kreuzung der Mosel rechtwinklig konstruieren zu können (Bild 11.6). Der Kastenträger wurde schmal gehalten, so konnten auch die Pfeiler schmal werden, so daß sie auch in schräger Ansicht den Durchblick ermöglichen. Das 40 cm hohe Gesims dürfte im Verhältnis zum Balken höher sein.
Schlanke Stahlstützen tragen bei der *Neckarbrücke Cannstatt* eine breite stählerne Hohlplatte (Bild 11.7). Die Brücke liegt im Stau eines Wehres, so daß keine hohen Pfeiler gegen Hochwasser nötig waren. Rechts beginnt die Einfahrt zu einer Schiffsschleuse. Die Durchsichtigkeit der Stützung läßt die Breite der Brücke kaum in Erscheinung treten, die gelbe Farbe steigert die Leichtigkeit.
In Norwegen ist eine Balkenbrücke über neun Öffnungen hinweg auf schlanke Säulen gestellt worden, es ist die *Elgeseter-Brücke* über den Nidelven in *Trondheim* (Bilder 11.8 und 11.9). Die rund 15 m hohen Betonsäulen haben nur 80 cm Durchmesser und sind im Wasserbereich mit einem Rohr aus nichtrostendem Stahl gegen das mit über 2 m/s fließende Wasser geschützt. Kein Querriegel stört die Gruppen der Säulen, die Windkräfte werden von der fugenlosen Fahrbahntafel zu den Widerlagern abgetragen. Die Balken sind nicht schlank ($22{,}50:1{,}70 \approx 13$), wirken aber dennoch leicht unter dem hohen Gesims und der Kragweite von rund 3 m. Die Böschungsfläche am Widerlager würde sich mit einem dunklen Pflaster besser einfügen.
Bei der neuen Brücke über den *Ravi-Fluß in Lahore,* Pakistan, wurden die Pfeiler »unterschnitten«, das heißt, ihre Breite nimmt von oben nach unten ab, um die Gründung zu verkürzen (Bild 11.10). Die Pfeiler haben dreieckige Enden. Diese Form wirkte sich hydraulisch günstig aus, indem der Stau des Flusses am Pfeiler fast Null wird. Die Wiederholung der Pfeiler betont die Neigung. Das Gesims ist mit 70 cm hoch, weil die Auskragung über den vorgefertigten Einfeldbalken nur 1,40 m weit gebaut werden konnte. Das Geländer mit engen vertikalen Stäben, abwechselnd dick und dünn, und die eleganten Lichtmaste wirken schlicht.
Die sich nach unten verjüngenden Pfeiler können auch bei höherer Lage der Balken gut aussehen, wie dies Bild 11.11 der *St. Joseph-Island Brücke* in *Ontario,* Kanada, zeigt.
Die Steifigkeit und Strenge dieser Balkenbrücken mit ge-

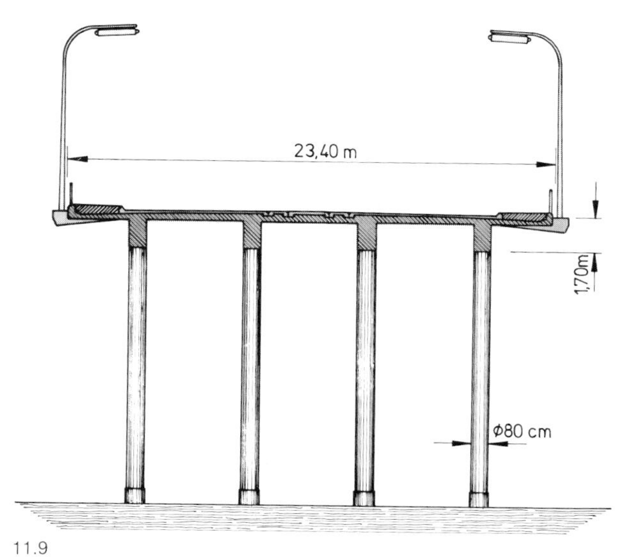

11.9

At the *Moselle bridge Neumagen* (11.6) a box girder, continuous over seven spans, has been placed on circular piers in order to allow rectangular structuring in spite of the skew crossing. The box girder is narrow above the narrow piers, so that the view remains open in skew directions also. The fascia strip, 40 cm deep, should be deeper.
Slender steel columns carry the *Neckarbrücke Stuttgart-Bad Cannstatt,* a very wide flat steel box girder (11.7). The bridge is situated over the back water of a weir, so that no strong piers are necessary to protect the columns against floods. At the right side, the entrance to a navigation lock begins. The clear view between the few columns makes the large width of the bridge (> 40 m) hardly perceivable. The yellow colour intensifies the lightness.
In Norway, a beam bridge over nine spans stands on very slender columns; it is the *Elgeseter Bridge* over the Nidelven in Trondheim (11.8 and 11.9). The 15 m high concrete columns have a diameter of only 80 cm and are protected by a stainless steel pipe in the region where they have to withstand the current that flows with a velocity of more than 2 m/s. No cross beam disturbs the groups of columns, the wind forces are carried to the abutments by the continuous deck. The beams are not slender ($\ell:d = 22.50:1.70 = 13$), but appear nevertheless light under the deep fascia and the 3 m wide cantilever. The slope area

11.10 Ravi Brücke Lahore, Pakistan.
11.11 St. Joseph-Island-Brücke, Ontario.
11.12 Kocherbrücke Weißbach – Baujahr 1951.

11.10 Ravi bridge Lahore, Pakistan.
11.11 St. Joseph-Island bridge, Ontario.
11.12 Kocher bridge Weißbach, built in 1951.

11.10

11.11

11.12

11.13 Kocherbrücke Griesbach – Baujahr 1953.
11.14 Kocherbrücke Sindringen – Schrägsicht.

11.13 Kocher bridge Griesbach, built in 1953.
11.14 Kocher bridge Sindringen.

11.13

11.14

raden Gurten läßt sich schon mit einer geringen Krümmung der unteren Balkenkante mildern, wie die *Kocherbrücke Weißbach* zeigt (Bild 11.12). Das Verhältnis der Spannweiten 22 + 35 + 22 m ist harmonisch. Die Bauhöhe des Balkens wechselt von 1,70 m am Pfeiler zu 1,20 m in der Mitte und an den Enden.
Ähnliche Verhältnisse zeigt die *Kocherbrücke Griesbach* (Bild 11.13), die jedoch höhere, sehr kräftige Pfeiler mit dreieckigem Kopf aufweist.
Solche Brücken sehen auch in der Schrägsicht gut aus (Bild 11.14, *Kocherbrücke Sindringen*). Die Balken liegen fast punktförmig auf den vorspringenden Pfeilern auf.
Bei der *Neckarbrücke Neckarhausen* (Bild 11.15) sind die Vouten geradlinig, aber nur schwach erhöht.
Im Kapitel 4.2.2 wurde bei den Gestaltungsregeln für Balken mit Vouten gesagt, daß die Balkenhöhe in der Mitte im

under the end of the bridge would blend in better if it had dark paving.
At the new bridge across the *River Ravi in Lahore,* Pakistan, the piers are "undercut", i. e. their width tapers downward in order to shorten the foundation (11.10). They have triangular faces. This shape has had a favourable hydraulic effect, reducing the rise of the flowing water in front of the piers to zero. The repetition of the piers emphasizes the inclination. At 70 cm the fascia is rather deep, because the deck slab could cantilever only 140 cm from the prefabricated beams. The railing with its narrow vertical bars, alternating between thick and thin, and the slender light poles give an impression of simplicity.
The downward tapering piers can look also pleasing in bridges of higher elevation as shown in 11.11, the *St. Joseph Island Bridge* in Ontario, Canada.

11.15 Neckarbrücke Neckarhausen.
11.16 Elzbrücke Emmendingen – die schlankste Straßenbrücke – Spannbeton – Baujahr 1950.
11.17 Murbrücke bei Bruck a. d. Mur, Österreich – als negatives Beispiel einer Voutenbrücke.

11.15 Neckar bridge Neckarhausen.
11.16 Elzbridge near Emmendingen, very slender road bridge, built in 1950.
11.17 Mur bridge near Bruck, Austria, as negative example of a haunched bridge.

11.15

11.16

11.17

Vergleich zur Höhe am Pfeiler nicht zu sehr abnehmen sollte. Wie fragwürdig dies aussieht, zeigt Bild 11.17 der Brücke über die *Mur bei Bruck* (Österreich), vor allem, wenn die starke Voute am Rand ins Leere stößt und der Kastenträger nur auf schmalen Rundstützen ruht.
Für dreifeldrige Balkenbrücken mit den schwingenden Linien flacher Vouten gibt es noch viele gute Beispiele, so die *Elzbrücke bei Emmendingen-Freiburg* (11.16), eine der ersten Spannbetonbrücken (Baujahr 1950). Sie ist wohl die schlankste Brücke für schwere Straßenlasten (70 t Raupe) und ist zudem schiefwinklig (64°). Bei 30 m Spannweite weist die Massivplatte an den Pfeilern nur 120 cm, in der Mitte nur 58 cm Bauhöhe auf, so daß sich Schlankheiten von 25 bis 52 ergeben. Das Gesims ist nur 20 cm hoch. Das schlanke Aussehen wird durch die kräftigen Pfeiler gesteigert.

The stiff and rigid character of these bridges with parallel edges can be eased by a slight curvature of the bottom edge as at the *Kocher bridge, Weißbach* (11.12). The ratio between the spans, 22 + 35 + 22 m, is harmonious. The depth of the beam varies from 1.70 m at the piers to 1.20 m at the middle and at the ends.
Similar ratios are to be found on the *Kocher bridge, Griesbach* (11.13) although it has higher and sturdier piers with triangular faces.
Such bridges also look good when seen from skew directions (11.14); the beam lies almost pointwise on the projecting piers.
At the *Neckar bridge, Neckarhausen* (11.15) the haunching portions of the bottom edge are straight but rather shallow.
In chapter 4.2.2, the guidelines for haunched beams suggested that the depth in the middle of the span should not be reduced too much in relation to the depth at the pier. Beams with too great a difference in depth can look very odd and this is demonstrated by picture 11.17 of the bridge across the *Mur near Bruck* (Austria). This is particularly true if the edges of the haunch terminate in emptiness and if the heavy box girder is supported by a column between the load bearing webs of the box-girder.
For three-span bridges with swinging lines of shallow haunches there are many more good examples like the *Elzbridge near Freiburg* (11.16), one of the first p. c. bridges (built in 1950). It is the most slender bridge that can take heavy traffic loads such as 70 ton tanks and is skew by an angle of 64°. For the 30 m main span, the solid slab has a depth of 120 cm at the piers and 58 cm in the middle, and so gives slenderness ratios of between 25 and 52. The fascia is only 20 cm deep. Its slender appearance is enhanced by the thick piers.

11.18

11.19

11.18 Elbebrücke Dessau – breites Flutgelände – Hauptöffnung 126 m.
11.19 Schrägsicht der Elbebrücke Dessau – genietete Stahlträger mit Stegsteifen aus der Zeit 1936.

11.18 Bridge across River Elbe near Dessau, wide flood land, main span 126 m.
11.19 Oblique view of Elbe bridge Dessau, riveted steel plate girders with web stiffeners of the year 1936.

11.2. Strombrücken

11.2.1. Stahlbrücken

Die großen Ströme fließen meist im Flachland und brauchen breite Flutgelände oder hohe Ufer zur Aufnahme des Hochwassers. In der Regel fordert die Schiffahrt Durchfahrtshöhen von 8 bis 10 m und lichte Durchfahrtsweiten von 100 bis 200 m. Diese Bedingungen beeinflussen die Gestaltung. Ein typisches Beispiel aus der Anfangszeit der deutschen Autobahnen ist die *Elbebrücke Dessau* (Entwurf 1936, Bild 11.18). Die Widerlager stehen an den Hochwasserdämmen, die Spannweiten der stählernen Balkenbrücke steigern sich über dem Flutgelände von Öffnung zu Öffnung bis zu den 126 m der Hauptöffnung mitten über der Elbe. Die Unterkante des Balkens ist fast horizontal, die Oberkante steigt leicht und ist in der Mitte

11.2. Bridges across wide rivers

11.2.1. Steel bridges

Large rivers often flow through flat land and need wide flood areas or high banks for floods. In Europe navigation usually requires clearances of 8 to 10 m high and 100 to 200 m wide. These conditions influence design possibilities. A typical example from the initial phase of German autobahn construction is the *Elbebrücke Dessau* (design 1936; fig. 11.18). The abutments are located at the flood protection dams, the spans increase over the flood land from opening to opening to the main span (126 m) in the middle of the Elbe. The bottom edge of the steel beams is almost horizontal, the upper edge ascends and is curved in the middle part hence increasing the depth for the main span (11.19). In those days, steel girders were still riveted

11.20

11.21

11.20 Donaubrücke Linz, Österreich.
11.21 Donaubrücke Aschach, Österreich.

11.20 Danube bridge Linz. Austria.
11.21 Danube bridge, Aschach, Austria.

geschwungen, so daß die Balkenhöhe zur Stromöffnung anschwillt (Bild 11.19). Damals wurden Stahlbalken noch genietet und mit vertikalen Steifen versehen, aus denen Konsolen auskragen. Die kräftigen Pfeiler haben eine Vormauerung aus Granit. Die Brücke paßt sich in die weite flache Landschaft gut ein.

Eine andere stählerne Balkenbrücke mit geradem Untergurt aus jener Zeit (1938) ist die *Donaubrücke Linz* (Bild 11.20). Die Spannung des schlanken Balkens wird durch die dicken Flußpfeiler und massigen Widerlager gesteigert. Die Trägerhöhe schwillt durch Ausrundungen mit R = 3000 m oben und R = 4000 m unten zur Mitte an. Das Gesims (55 cm) dürfte stärker betont sein. Spannweiten 75 + 100 + 75 m, Trägerhöhe 3,50 m, $\ell:h = 28$.

Die *Donaubrücke Aschach* mit fast gleichen technischen Merkmalen wie in Linz (Stahlbalken mit geradem Untergurt, Kuppenausrundung mit R = 4000 m, durchlaufend über drei Öffnungen mit 96 + 132 + 96 m) zeigt Bild 11.21, doch welch ein Unterschied in der ästhetischen Qualität: Der Balken wirkt trotz der Schlankheit $\ell:h = 24$ plump, das Gesims ist mit 36 cm viel zu dünn, die Pfeiler haben keinen Anlauf und wirken steif, sie haben auch keinen guten Übergang zu den Brückenlagern.

Auch bei den Strombrücken wird die Schönheit der Bal-

and the webs stiffened with vertical ribs, from which consoles project. The sturdy piers are faced with granite masonry. The bridge fits well into the wide flat countryside.

Another steel beam bridge of those days (1938) with almost straight bottom edges in the *Danube bridge in Linz* (11.20). The tense expression of this bridge is heightened by the contrast to the thick piers and massive abutments. The depth of the beam swells by curving the upper edge with R = 3000 m and the bottom edge with R = 4000 m. The fascia (55 cm) could be more accentuated. The spans are 75 + 100 + 75 m, the max depth is 3.50 m, $\ell:d = 28$.

The *Danube bridge in Aschach* (11.21) has similar technical data to the one in Linz: steel beam with straight bottom edge, upper edge curved with R = 4000 m, three spans of 96 + 132 + 96 m, but there is an enormous difference in aesthetic quality! The beam looks clumsy in spite of its relatively high slenderness of $\ell:d = 24$. The fascia strip (36 cm) is too thin, the piers have no taper, look stiff and lack a good transition to the bearings.

The beauty of such beam bridges over large rivers can be enhanced considerably by curved bottom edges, increasing and decreasing the depth in a suitable way. How important it is to follow here the rule given in chapter 4, fig. 4.39, is demonstrated by a comparison between the *two Rhine bridges in Cologne and Bonn-Beuel,* which were built almost simultaneously in 1946–1948 (11.22 and 11.23).

At the bridge in Cologne with spans of 132 + 184 + 121 m, the depth of the box beam at the pier is 7.80 m, in the middle of the main span 3.30 m and at the ends 3.20 m, giving a ratio of the depths of 7.80:3.30 = 2.36. It is relevant that the bottom edge lines in the side spans and in the middle of the main span are tangential to a line parallel to the curved upper edge (curved with R = 2800).

The side walk cantilevers are 4.50 m wide and end with a stepped fascia beam, 80 cm deep (see cross section) (G. Lohmer assisted as art advisor).

The corresponding data for the bridge in Bonn are: spans 99 + 196 + 99 m, depth at pier 11 m, at centre and at the ends 3.45 m. The ratio is 3.25, about 1.5 times the ratio of Cologne. The appearance is also impaired by the smaller

11.22

11.23

11.22 Rheinbrücke Köln-Deutz – ungewöhnlich schlanker Kastenträger auf Pfeilern einer alten Hängebrücke, Baujahr 1946.
11.23 Rheinbrücke Bonn-Beuel – vier offene Blechträger mit großer Höhe über den Pfeilern – Baujahr 1948.

11.22 Bridge across the Rhine in Cologne-Deutz, unusually slender steel box girder on the piers of a former suspension bridge, built in 1946.
11.23 Bridge across the river Rhine in Bonn-Beuel, four open plate girders with great depth above the piers, built in 1948.

kenbrücken durch eine geeignete Krümmung der Untergurte, also durch An- und Abschwellen der Balkendicke, wesentlich gesteigert. Wie wichtig dabei die im Kapitel 4 mit Bild 4.39 beschriebene Regel ist, zeigt ein Vergleich der *Rheinbrücke Köln-Deutz* mit der *Rheinbrücke Bonn-Beuel,* die etwa zur gleichen Zeit 1946–1948 gebaut worden sind (Bilder 11.22 und 11.23).
Bei der Rheinbrücke Köln-Deutz, Spannweiten 132 + 184 + 121 m, ist die Balkenhöhe am Pfeiler 7,80 m, in der Mitte der Hauptöffnung 3,30 m und an den Enden noch rund 3,20 m, das Verhältnis also 7,80 : 3,30 = 2,36. Wesentlich ist, daß die Balkenunterkante in den Seitenöffnungen und in der Hauptöffnung fast an eine Parallele zum geschwungenen Obergurt (Ausrundung mit R = 2800 m) tangiert. Der Gehweg kragt 4,50 m weit aus und schließt mit einem 80 cm hohen profilierten Gesims ab

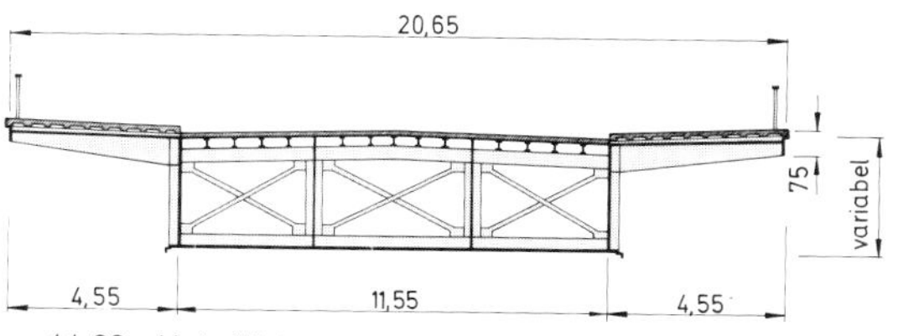

zu 11.22 Unterfläche geschlossen

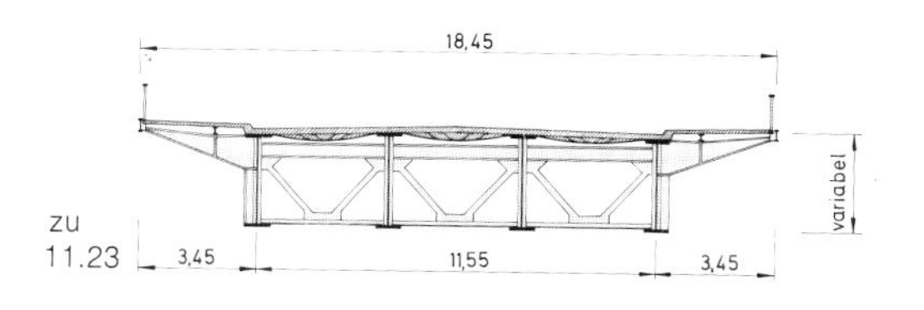

zu 11.23

11.24

11.24 Rheinbrücke Köln-Deutz – Verbreiterung mit Spannbetonkastenträger – 1978.
11.25 Vergleich der Ansichten der beiden Rheinbrücken in Köln und Bonn, überhöht.
11.26 Pfeilerkopf und Lager der Kölner Brücke.

11.24 Cologne-Deutz bridge, widened by a prestressed concrete box girder in 1978.
11.25 Comparison of the elevation of the bridges in Cologne and Bonn, heights tenfold.
11.26 Pier head and bearing of the Cologne bridge.

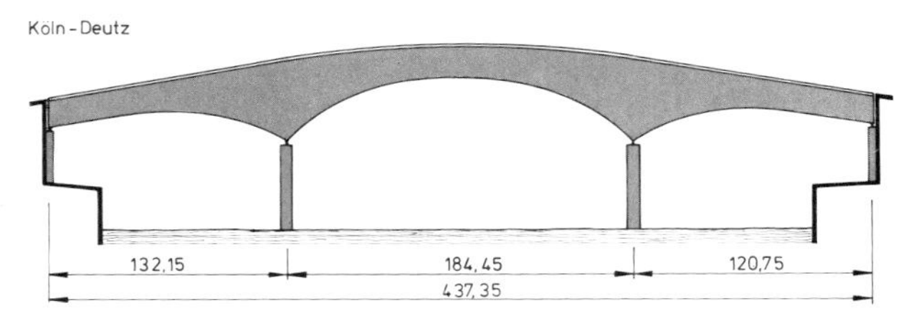

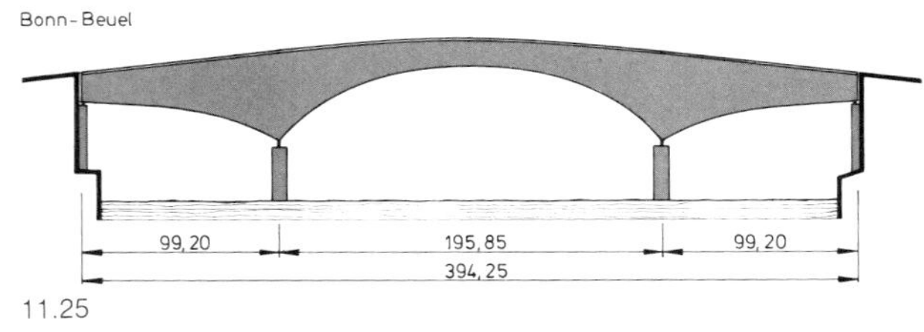

11.25

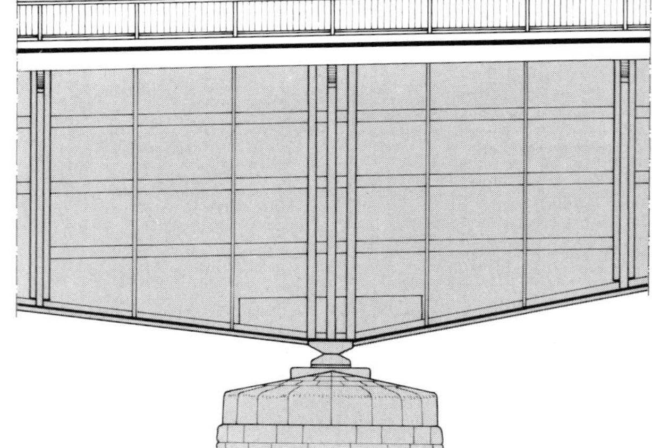

11.26

(siehe Querschnitt). Bei dieser Brücke wirkte Architekt G. Lohmer als künstlerischer Berater mit.

Die entsprechenden Maße der Rheinbrücke Bonn-Beuel sind: Spannweiten 99 + 196 + 99 m, Balkenhöhe am Pfeiler 11 m, in der Mitte und an den Enden je 3,45 m. Das Verhältnis ist damit 3,25, also rund 1,50mal so groß wie bei der Kölner Brücke. Das Aussehen wird aber auch durch die kleinere Kragweite (3,46 m) und das mit 0,34 m viel zu dünne Gesims beeinträchtigt (siehe Querschnitt).

Die mit Naturstein verkleideten kräftigen Pfeiler waren in beiden Fällen von den alten Brücken vorhanden, was die unnötig große Pfeilerlänge erklärt. Die Pfeilerkappen sind dachförmig geneigt und die Lager sitzen wohl proportioniert und sichtbar auf einem Sockel (Bild 11.26).

Die Kölner Brücke wurde 1978–1980 durch einen Spannbeton-Kastenträger verbreitert, dessen Gurte genau par-

cantilever width (3.46 m) and by the excessively thin fascia (34 cm) (see cross section).

The masonry piers were left over from older bridges in both cases and, this explains their excessive length. The pier caps have a roof-like slope and the bearings sit visibly on a well proportioned block (11.26).

The Cologne bridge was widened in 1978–1980 by a prestressed concrete box girder with exactly the same shape in elevation as the old steel girder. Following the request of the architect G. Lohmer, the beam faces got vertical ribs and a bottom flange, which correspond to the stiffeners and flanges of the steel beam and enliven the slender beam (11.24). The depth of the fascia was increased to 1 m. We succeeded in producing a warm and even tone. The beauty of this bridge has gained by this second structure.

11.27

11.28

allel zu denen des alten Stahlträgers verlaufen. Dem Wunsch des Architekten G. Lohmer folgend, wurden an den Stegen außen vertikale Rippen und ein unterer Flansch aufgesetzt, die den Steifen des Stahlträgers entsprechen und das schlanke Band beleben (Bild 11.24). Die Höhe des Gesimses wurde auf 1 m vergrößert. Es gelang, dem Beton eine gleichmäßige, warme Farbe zu geben. Die Schönheit dieser Brücke hat durch diesen zweiten Überbau gewonnen.

Eine ähnliche Eleganz weist die *Rheinbrücke Schierstein* auf (Spannweiten + 85 + 205 + 85 + . . . m), deren Stahlbalken noch gestreckter wirkt, weil das Verhältnis der Trägerhöhen am Pfeiler und in der Mitte mit 7,50 : 4,50 m = 1,66 noch niedriger ist als in Köln (Bilder 11.27 und 11.28). Das Gesims ist 1,20 m hoch. Die Schrägsicht zeigt einen Gestaltungsfehler: Der Pfeilerkopf ist oben horizon-

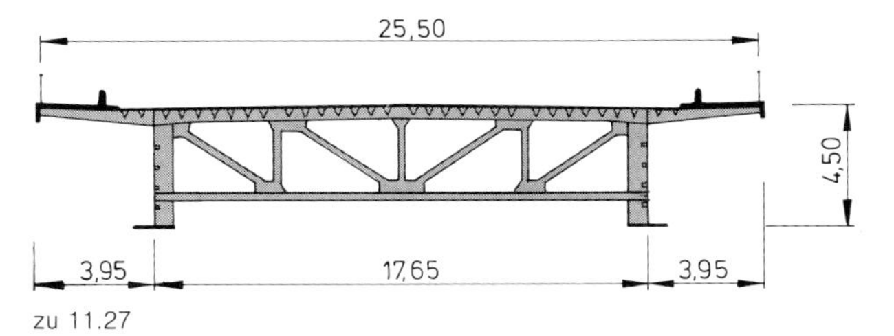

zu 11.27

The *Rhine bridge, Schierstein* (11.27 and 11.28) is equally elegant with main spans of 85 + 205 + 85 m. Its steel beam appears even more stretched, because the ratio between the depths at the piers and in the middle is here 7.50:4.50 m = 1.66 and thus lower than in Cologne. From an oblique angle we notice an imperfection: the top of the pier is horizontal and too close to the beam, so that the

11.27 Rheinbrücke Schierstein – Baujahr 1961.
11.28 Rheinbrücke Schierstein in der Schrägansicht – Flutöffnungen mit Rundstützen.

11.27 Rhine bridge, Schierstein, built in 1961.
11.28 Oblique view of Rhine bridge Schierstein, girders over the flood land on circular columns.

11.29

11.30

11.29 Rheinbrücke Bonn-Süd.
11.30 Schrägansicht der Rheinbrücke Bonn-Süd.

11.29 Rhine bridge, Bonn-South.
11.30 Rhine bridge, Bonn-South, skew view.

tal und befindet sich zu nah am Träger, das Lager ist kaum zu sehen – eine Lösung, wie Bild 11.26 sie zeigt, wäre besser gewesen. Die zwei Hauptträger sind sowohl in den Flutöffnungen auf der Rhein-Insel als auch außerhalb der beiden Stromöffnungen auf runden Säulen gelagert, die vollkommen frei stehen, also keine sichtbare Querverbindung haben.

Die *Rheinbrücke Bonn-Süd* (Baujahr 1967, Berater G. Lohmer, $\ell = 125 + 230 + 125$ m) brachte eine Variante für die Gestaltung des Auflagers der zwei schmalen stählernen Kastenträger auf den kräftigen Strompfeilern (Bild 11.29). Der Kasten erhielt einen V-förmigen Zapfen nach unten, um die Pfeilerhöhe zu verringern und die Lager zu betonen. Die Schrägsicht (Bild 11.30) zeigt, daß damit eine reizvolle Lösung gelungen ist. Die schlanke, straffe Form des Balkens wird hier durch die Farbgebung

bearing can scarcely be seen. A form such as that in 11.26 would have been better. The two main girders continue over several spans across an island and flood land and they are supported there by circular columns which stand free without any visible cross beams.

The *Rhine bridge Bonn-South* (11.29) (built in 1967, advisor G. Lohmer) has spans of 125 + 230 + 125 m and an exceptional shaping of the bearing for the two narrow box girders on the robust piers. A V-shaped cone protrudes downward from the box girders in order to reduce the height and mass of the piers and to accentuate the bearing. The skew view (11.30) shows that an attractive solution was obtained. The slender and stretched shape of the beam is enhanced here by the colouring; the 80 cm deep fascia is ivory white, the girder dark blue.

The box girders of the *Rhine bridge Koblenz-South* (11.31

11.31

11.32

11.33

betont: Das 80 cm hohe Gesims ist fast weiß, der Kastenträger dunkelblau gestrichen.
Bei der *Rheinbrücke in Koblenz-Süd* steht der Kastenträger auf stählernen Zapfen. Hier sieht diese Lagerung unbefriedigend aus. Dies liegt an den mißglückten Proportionen, die Stahlzapfen sind zu lang, und der Pfeiler ist viel zu schmal und zu kurz (Bilder 11.31 und 11.32).
Bei diesem dreifeldrigen Brückentyp mit geschwungenen Gurten läßt eine warme helle Farbe, für den Balken unter einem noch helleren hohen Gesimsband die Brücke in schöner Landschaft freundlich wirken – das Bild der *Moselbrücke Kobern* (Bild 11.33) macht dies deutlich.
Die Stadt *Köln* hat für ihre *Rheinbrücken* stets viel beachtete Wettbewerbe veranstaltet. Dies führte wiederholt zu originellen Lösungen, so bei der *Zoobrücke,* für die G. Lohmer mit einem »einhüftigen« Stahlbalken den Wett-

and 11.32) also rest on protruding cones, but here they look unsatisfactory. This negative impression is caused by the unfortunate proportions, the steel cones are too long and the pier is too short and too thin.
A warm yellow colour can harmonise with a beautiful landscape on bridges of this type with their swinging lines. This is illustrated by the *Moselle bridge, Kobern* (11.33).
The *City of Cologne* organised a series of major competitions for all its Rhine bridges. This lead to several outstanding designs, like the *Zoo Bridge* for which G. Lohmer won the competition with a "single haunch" steel beam (11.34 and 11.35). Single haunch means that the continuous beam has only one strong haunch with 9.85 m, deep over a sturdy pier and close to the right bank of the Rhine; from there it spans the whole stream with 259 m to two slender columns on top of the left bank, the depth steadily

11.31/11.32 Mißlungene Stützung bei der Rheinbrücke Koblenz-Süd – schlechte Proportionen.
11.33 Moselbrücke Kobern – die gelbe Farbe wirkt heiter und freundlich.

11.31/11.32 Rhine bridge Coblence. Unfavourable proportions of the support.
11.33 Bridge across the Moselle in Kobern, pleasing yellow colour.

11.34

11.34/11.35 Zoo-brücke über den Rhein in Köln – Baujahr 1962.
11.36 Loire-Brücke in Chaumont, Frankreich.
11.37 Pont du Mont Blanc, Genf, Schweiz.
11.38 Limmatbrücke Bellevue in Zürich, Schweiz.

11.34/11.35 Zoo Bridge across River Rhine in Cologne, built in 1962.
11.36 Bridge over the Loire River in Chaumont, France.
11.37 Mont Blanc Bridge in Geneva, Switzerland.
11.38 Limmat bridge in Zurich, Switzerland.

11.35

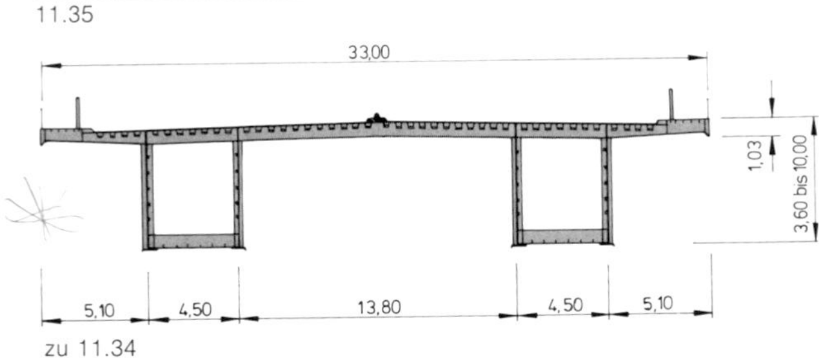

zu 11.34

bewerb gewann. Einhüftig bedeutet, daß der Balken nur am rechten Rheinufer eine kräftige Voute mit 9,85 m Trägerhöhe erhielt und von dort den ganzen Strom mit 259 m Spannweite bis zum hohen linken Ufer mit bis auf 3,40 m abnehmender Trägerhöhe überspannt (Bilder 11.34 und 11.35). Am rechten Ufer steht ein dicker Pfeiler zum Absprung, am linken Ufer nehmen zwei schlanke Stahlstüt-

decreasing to 3.40 m. The deck cantilevers 5.10 m and the fascia is 1 m deep. Its slenderness is fascinating.
Haunched girders over several openings look good if the spans are about equal as is the case on the *Loire bridge in Chaumont* (11.36) (built 1970). The piers taper downward. A thick handrail on top of the railing above the deep fascia marks the curvature of the vertical alignment.
A circular curve of the bottom edge, making the beam look like a flat arch, can be pleasing in repetition over several spans, if the bridge is close to the water level, as exemplified by the bridges at the ends of the lakes in *Zurich and Geneva* (11.37 and 11.38). Low piers are suitable in these cases.
An impressive bridge of this kind crosses the *Hamana Lake* in the Sizuoka Prefecture in Japan. The steel box girders span openings of 80 + 140 + 140 + 80 m with

11.36

11.37

zen die dünne Brücke auf, so wird dort der Ausblick von der Uferstraße kaum beeinträchtigt. Die Fahrbahn kragt 5,10 m aus, das Gesims ist 1 m hoch. Die Schlankheit ist faszinierend.

Mehrere Öffnungen mit Voutenträgern zu überspannen, bedingt etwa gleich große Spannweiten, wie bei der Brücke über die *Loire in Chaumont* (Baujahr 1970, Bild 11.36). Die Pfeiler verjüngen sich nach unten. Über dem hohen Gesims betont ein dicker Geländerholm die leichte Schwingung der Kuppen-Ausrundung.

Eine kreisförmige Ausrundung des Untergurts, die wie ein flacher Bogen wirkt, kann bei mehrfacher Wiederholung gut aussehen, wenn die Balkenbrücke flach über das Wasser streicht, wie dies sowohl in *Zürich* als auch in *Genf* am Ende der dortigen Seen zu finden ist (Bilder 11.37 und 11.38). Flache Pfeiler passen hier gut.

11.38

11.39

11.39 Brücke über den Hamana See in Japan – Baujahr 1968.

11.39 Bridge across Hamana Lake in Japan, built in 1968.

Eine sehr eindrucksvolle Brücke dieser Art überquert den *Hamana-See* in der Sizuoka Präfektur in Japan. Die flach gevouteten Stahlkastenträger (Trägerhöhen 6 m : 3 m) überspannen 80 + 140 + 140 + 80 m und passen sich im Grundriß der S-förmigen Kurve des Tomei-Expressways an (Bild 11.39).

shallow haunches (depths 6:3 m) and they smoothly follow the S-shaped curves of the Tomei Expressway (11.39).

11.2.2. Große Spannbeton-Balkenbrücken

Eine der ersten weitgespannten Balkenbrücken aus Spannbeton ist die *Neckarkanalbrücke in Heilbronn-Böckingen* (Bild 11.40, Spannweite 96 m, Baujahr 1950). Sie sieht aus wie eine Rahmenbrücke, ist jedoch als dreifeldrige Balkenbrücke konstruiert, die 19 m langen Seitenöffnungen sind durch die Flügelwände verdeckt. Die Höhen des Kastenträgers betragen am Auflager nur 3,90 m, in der Mitte 1,70 m, das Verhältnis ist also 2,30. Die Gehwege kragen nur 1,70 m weit aus, das Gesims ist mit 30 cm nach heutiger Auffassung zu dünn. Die große Schlankheit von 25 bis 56 gibt der Brücke eine elegante Spannung.

Der von U. Finsterwalder entwickelte Freivorbau führte schon nach wenigen erfolgreichen Anwendungen dazu, mit Spannbeton die magische Grenze der Spannweite von 200 m zu überschreiten. Die *Rheinbrücke Bendorf* quert den Strom mit 205 m Spannweite (Bild 11.41, Baujahr 1956). Die Pfeiler sind im Verhältnis zur Höhe der Kastenträger (10,60 m) dünn, was durch die spitz auslaufende Rippe noch betont wird. Der Freivorbau verführt dazu, die Trägerhöhe zur Mitte stark abnehmen zu lassen, hier auf 4,40 m (Verhältnis 10,60:4,40 = 2,40). Über die vielen Flutöffnungen hinweg läuft der Balken mit geraden Unterkanten zügig weiter.

Die Zahl gut gestalteter Balkenbrücken dieser Art ist groß,

11.2.2. Large prestressed concrete beam bridges

One of the first long span prestressed concrete beam bridges is the *Neckarkanalbrücke in Heilbronn-Böckingen* (11.40), (span 96 m, built in 1950). It looks like a frame bridge, but is a three-span continuous beam with 19 m long side spans, hidden by the wing walks. The depth of the box beam is 3.90 m at the support and 1.70 m in the middle, the ratio is 2.3. The side walls cantilever only 1.70 m and the fascia of 30 cm is today considered too thin. The high slenderness ratio from 25 to 56 gives the bridge an elegant tension.

The construction method of free cantilevering was developed by U. Finsterwalder and after only a few successful applications it enabled the magic limit of 200 m spanlength to be surpassed with prestressed concrete. The *Rhine bridge Bendorf* (11.41) (built in 1956) crosses the river with a main span of 205 m. The piers are thin in proportion to the depth of the box girder (10.60 m) and this is emphasized even more by the acutely ending rib. The free cantilevering technique leads the engineer to considerably reduce the depth towards the centre, in this case down to 4.40 m (ratio 10.60:4.40 = 2.40). The beam continues steadily over the many following flood spans.

The number of well designed beam bridges of this type is large, in the following section I have only included those bridges with design features from which we can learn.

11.40

11.41

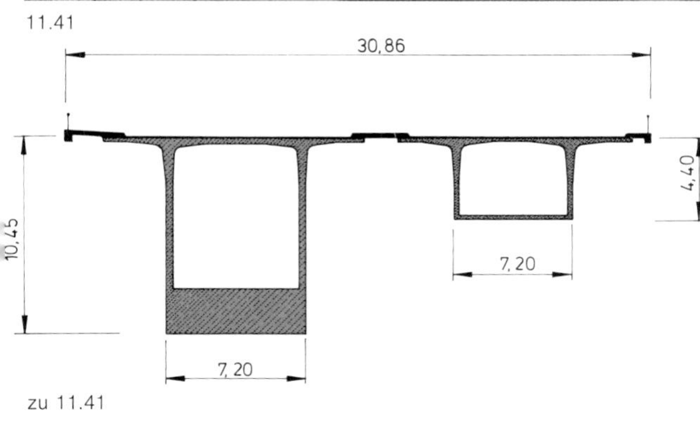

zu 11.41

At the *Moselle bridge, Minheim* (11.42) the mighty beam with a depth 7.80 m rests on a low thick pier and inspires confidence. As a whole, this beam with its 165 m main span is too massive for the lovely Moselle valley.
The even longer spans of the *Moselle bridge, Schweich* (11.43) (ℓ = 192 m, depth at pier 9.80 m, in the middle 4.10 m) are supported by two thin pier walls, 8 m apart, which continue as ribs on the outside face of the beam, hereby subdividing the large beam area. This dissolution of the support together with the higher elevation and slenderness of the beam makes this massive bridge bearable, as far as scale to the landscape is concerned. The size of the members is nevertheless almost Egyptian; just compare the man at the pier base on picture 11.44.
Such beams can also be supported by thick round columns, as on the *Main bridge, Sindlingen* (11.45) (ℓ =

11.40 Neckarkanalbrücke Heilbronn – Baujahr 1950.
11.41 Rheinbrücke Bendorf.

11.40 Bridge across Neckar Canal in Heilbronn, built in 1950.
11.41 Bridge across River Rhine near Bendorf.

11.42

11.43

11.42 Moselbrücke Minheim – Baujahr 1979.
11.43 Moselbrücke Schweich – Autobahn – Baujahr 1970.
11.44 Moselbrücke Schweich – Pfeiler.

11.42 Moselle bridge, Minheim, built in 1979.
11.43 Moselle bridge, Schweich, built in 1970.
11.44 Moselle bridge, Schweich.

im folgenden werden nur solche ausgewählt, an denen sich Gestaltungsmerkmale betrachten lassen, aus denen wir lernen können.
Bei der *Moselbrücke Minheim* (Bild 11.42) liegt der mächtige Balken mit 7,80 m Trägerhöhe auf einem niedrigen und dicken Pfeiler, was Vertrauen weckt. Insgesamt erscheint dieser 165 m weit gespannte Balken zu mächtig für die liebliche Mosellandschaft.
Die noch weiter gespannten Balken der *Moselbrücke Schweich* (Bild 11.43, ℓ = 192 m, Trägerhöhe am Pfeiler 9,80 m, in der Mitte 4,10 m) sind mit zwei Pfeilerscheiben im Abstand von 8 m gestützt, die außen am Balken als Rippen hochgezogen sind und so die große Balkenfläche etwas gliedern. Die Auflösung der Stützung und die hohe Lage und Schlankheit des Balkens machen die mächtige Brücke im Maßstab zur Landschaft noch erträglich, wenn-

11.44

11.45

11.46

11.45 Mainbrücke Sindlingen.
11.46 Seinebrücke bei Juvisy, Frankreich.

11.45 Moselle bridge, Sindlingen.
11.46 Seine bridge near Juvisy, France.

gleich die Baukörper beinahe ägyptisch wirken (vgl. den Mann am Pfeilersockel auf Bild 11.44).
Daß man solche Balken auch auf dicke runde Säulen stellen kann, zeigt Bild 11.45, *Mainbrücke Sindlingen* (ℓ = 150 m, Höhen 5,85 m und 4 m, Baujahr 1979). Diese Lösung befriedigt hier, weil die Säulen am Ufer stehen, genügend dick und hoch sind und der Balken bei mäßiger Betonung der Voute ausreichend schlank ist. Bei einer Gesamtbreite von 37 m kragt die Platte an den Rändern je 5 m weit aus.
Die französischen Brückeningenieure haben mehrfach interessante Varianten der Stützung gevouteter Balkenbrükken gezeigt, so bei der *Seinebrücke Juvisy* (Bild 11.46) mit zwei leicht V-förmig geneigten Scheiben.
Die zügige Linienführung der Straßen bedingt manchmal, daß die Brücke größere Flüsse nicht nur schiefwinklig,

150 m, depths 5.85 m and 4 m, built in 1979). This solution is satisfactory in this case, because the columns stand on the banks, are sufficiently thick and high and the beam is slender and has only shallow haunches. The total width is 37 m, the cantilever width is 5 m.
French bridge engineers have shown in several cases interesting variants for the support of haunched beam bridges; an example is the *Seine bridge, Juvisy* (11.46) with two V-shaped pier walls.
Smooth alignment for high-speed freeways sometimes makes it necessary to cross rivers not only at a skew angle, but also in curves.
This is the case at the *Neckar bridge Hirschhorn* (11.47); in addition the highway branches out within the far side span. Under such conditions it is difficult to design a haunched beam with curved bottom edges well. This was success-

11.47

11.47 Neckarbrücke Hirschhorn – schiefe und gekrümmte Kreuzung.

11.47 Neckar bridge Hirschhorn, skew and curved crossing.

11.48

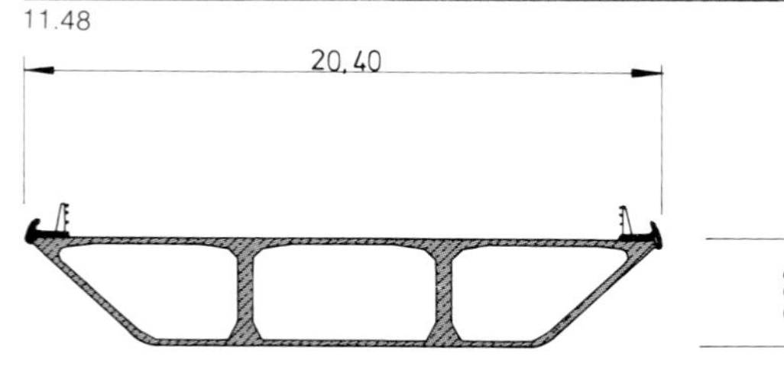

zu 11.49

11.49

11.50

11.48/11.49 Seinebrücke St. Cloud, Frankreich.
11.50 Swan River Brücke in Perth, Australien.

11.48/11.49 Seine bridge St. Cloud, France.
11.50 Swan River Bridge in Perth, Australia.

sondern auch in der Kurve überquert. Dies ist bei der *Neckarbrücke Hirschhorn* der Fall (Bild 11.47). Die Straße verzweigt sich außerdem in der hinteren Seitenöffnung. Es ist schwierig, bei einer solchen Lage eine Brücke mit geschwungener Unterkante zu entwerfen. Dies ist gut gelungen, weil die Höhen des Kastenträgers nur wenig variiert wurden und die Krümmungen im Grundriß sich stetig verändern. Die elliptischen Pfeiler verjüngen sich nach unten, um die Strömung weniger zu behindern. Der Pfeilerkopf ist nicht ganz geglückt, der Auflagerklotz müßte genau unter dem Balken sitzen und die Pfeilerkante höher und weiter herausgezogen werden (siehe Skizze).
Ein eindrucksvolles Beispiel einer spitzwinkligen Kreuzung ist die *Seinebrücke St. Cloud bei Paris* (Bilder 11.48 und 11.49), die am rechten Ufer in eine Hochstraße übergeht (siehe Bild 10.33). Die elliptischen Pfeiler sind in die

fully done, because the depths of the box girder were varied only slightly and because all curvatures change steadily. The elliptic piers taper downward in order to decrease the size at water level and hereby lessen the obstruction of the stream flow. The pier head has not worked out very well; the bearing block should be exactly under the seat at the beam and the upper edge should be higher and wider (see sketch).
An impressive example of an acute crossing is the *Seine bridge at St. Cloud* near Paris (11.48 and 11.49) which continues as an elevated highway on the right bank (see 10.33). The elliptic piers stand with their long axis in the direction of the river and have vertical grooves. The view from below shows a closed bottom face and rounded edges passing on to parapets.
The artful shaping of the piers supporting the *Swan River*

11.51

11.52

11.51 Rhonebrücke in Bourg-Saint-Andéol, Frankreich.
11.52 Jintsugawa Brücke in Japan.

11.51 Rhône bridge in Bourg-Saint-Andéol, France.
11.52 Jintsugawa Bridge, Japan.

Flußrichtung gestellt und mit vertikalen Rillen versehen. Die Untersicht ist eine geschlossene Fläche, die mit einer Rundung in die Brüstung übergeht.
Weniger glücklich ist die kunstvolle Stützung der *Swan River Brücke* in Perth, Australien (Bild 11.50). Die Stege der schweren Kastenträger lagern auf schwächlichen Konsolen der Stützrahmen. Die Stege sind zudem unterschiedlich geneigt, um die Breite der unteren Kastenplatte konstant zu halten, dadurch wandert der Schatten der Kragplatte wellenförmig an der Voute nach oben und betont die dortige Trägerhöhe.
Einen Kastenträger mit konstanter Stegneigung und starken Vouten hat die *Rhônebrücke Bourg Saint Andéol* (nördlich der Ardèche-Mündung) (Bild 11.51). Die Breite der Bodenplatte nimmt hier zur Mitte hin zu. Die Pfeiler sind zu primitiv und wirken steif; ein Anlauf und ein drei-

Bridge in Perth, Australia, is not quite so fortunate (11.50). The outer web of the heavy box girders sits on weak looking consoles of the frame-shaped piers. The web has changing angles of inclination in order to keep the width of the bottom slab constant. This causes the shadow of the cantilevering deck slab to move upwards in a wavelike manner at the haunch and accentuates the great depth at this point.
The Rhône bridge, Bourg St. Andéol has a box girder with constant inclination of the webs and strong haunches (11.51). Thus the width of the bottom slab increases from the piers to the middle of the span (not visible on this photo). The piers' shape is here too primitive, a taper and some face profile against floods would improve the appearance. The deep and well curved fascia ribbon holds the bridge together.

11.53

11.54

eckiges Profil gegen Hochwasser wären zu empfehlen. Das kräftige und großzügig ausgerundete Gesimsband hält die Brücke zusammen.

Die Wiederholung des Voutenträgers über viele Öffnungen hinweg zeigt Bild 11.52 an der *Jintsugawa Brücke* in der Toyama Präfektur in Japan. Die Spannweiten betragen 72,60 + 5 × 81,60 + 72,60 m, die Trägerhöhen wechseln von 4,50 zu 2 m. Das hohe Band der massiven Brüstung läßt den Balken schlank erscheinen. Die Pfeiler sind wohltuend dick und gerundet.

Fragwürdig wird der gevoutete mehrfeldrige Kastenträger, wenn die Trägerhöhe an den Pfeilern zu hoch gewählt wird, z. B. mit rund 9 m an der Brücke über den *Brisbane River in Brisbane,* Australien (Bild 11.53). Der helle Anstrich, die geringe Auskragung der Gehwegplatte und die kleine Gesimshöhe steigern die Wucht dieses Trägers,

The repetition of haunches for bridges over many spans is exemplified by the *Jintsugawa Bridge* in the Toyama Prefecture in Japan (11.52). The spans are 72.60 + 5 × 81.60 + 72.60 m, the depth of the beam varies between 4.50 and 2 m. The deep ribbon of the solid parapet increases the expression of slenderness of the beams. The piers are agreeably thick and rounded.

The haunched box girder over several spans becomes questionable, if the depth at the piers is too deep such as the 9 m at the *Brisbane River Bridge* in Brisbane, Australia (11.53). Its brightly coloured paintwork, the small cantilever width, the thin fascia and the slim piers add to the massive appearance of this bridge. One should have chosen a more slender beam, a wider cantilevering deck, deeper fascia and a dark colour for the web faces.

Finally, I would like to show a bridge crossing high above

11.53 Brücke über den Brisbane River in Brisbane, Australien.
11.54 Störbrücke bei Itzehoe.

11.53 Bridge across the River Brisbane in Brisbane, Australia.
11.54 Stör bridge near Itzehoe.

11.55/11.56 Avon Mouth Brücke bei Bristol, England.

11.55/11.56 Avon Mouth Bridge near Bristol, England.

11.55

11.56

der auf zu dünnen Pfeilern ruht. Hier hätte man einen schlankeren Kasten mit weit auskragender Fahrbahnplatte und für die Stege eine dunkle Farbe wählen müssen.

Zum Schluß sei noch eine hoch über dem Stör geführte Brücke bei Itzehoe (Schleswig-Holstein) gezeigt (Bild 11.54), deren gevoutete Hauptöffnung stetig in die lange parallelgurtige Rampenbrücke übergeht, die auf frei stehenden Stützenpaaren steht, während die Vouten von kräftigen Pfeilern aufgenommen werden. Pfeiler und Stützen haben den gleichen geringen Anlauf.

Eine noch schönere Lösung zeigen die Brücke über die Mündung des Avon bei Bristol, England (Ing. B. Wex), und die *Raderinsel-Brücke* über den Nordostseekanal (max. ℓ = 221 m) (Bilder 11.55 bis 11.58). Hier werden auch die Voutenträger der Schiffahrtsöffnung von frei stehenden Stützen mit starkem Anlauf 1:32 getragen.

the *Stör River near Itzehoe* (11.54). The main span is bridged with haunched beams and the curve of the bottom edge in the side spans ends tangential to the parallel edged beams of the many ramp spans, which are supported by pairs of free standing columns. The haunches rest on strong piers. Piers and columns have the same angle of taper.

An even better solution was chosen for the high level bridge across the mouth of the *Avon near Bristol* (11.55 and 11.56) and for the bridge crossing the canal between North Sea and Baltic Sea at *Rader Island* (11.57 and 11.58). Here, too, the haunched girders of the main span are carried by free standing columns. The transverse beams which are needed to bring wind loads to both columns and to the foundations are placed between the main girders and below ground level. Both bridges have steel

11.57

11.58

11.57/11.58 Brücke über den Nord-Ostsee-Kanal bei der Raderinsel.

11.57/11.58 Bridge over the Kiel Canal near Raderinsel.

Die zur Aufnahme der Windkräfte nötigen Querriegel der Stützenpaare liegen oben zwischen den Hauptträgern, unten unter dem Gelände. Beide sind Stahlbrücken und gehören daher eigentlich zu 11.2.1, die Gestaltungselemente sind jedoch die gleichen.

11.2.3. Brücken mit Gehwegen unter Kragplatten

Gehwege neben den Fahrbahnen sind unbeliebt, weil die schnell vorbeirasenden Autos Angst wecken und bei Regen spritzen. Deshalb werden Gehwege neuerdings gern unter eine weit auskragende Fahrbahnplatte gelegt, die Schutz bietet. Die neue *Reichsbrücke* über die Donau in Wien und die *Stephanibrücke über die Weser in Bremen* (Bilder 11.59 und 11.60) zeigen diese Lösung. Selbst in Australien wurde diese vorteilhafte Anordnung gewählt,

girders and belong to 11.2.1, the design criteria are, however, the same as for concrete girders.

11.2.3. Bridges with walkways underneath cantilevering deck slabs

Walkways adjacent to road lanes are unpopular, because cars passing at speed are alarming and splash dirty water during wet weather. That is why walkways are now often situated underneath widely cantilevering deck slabs, which provide protection. The new Reichsbrücke over the Danube in Vienna and the *Stephani Bridge* over the Weser in *Bremen* (11.59 and 11.60) are examples of this solution. In Australia, too, this beneficial arrangement was chosen at

11.59

11.60

11.59/11.60 Stephanibrücke in Bremen mit Gehwegen unter der ausgekragten Fahrbahnplatte.
11.61/11.62 Mount Henry Brücke in Perth, Australien, Gehweg unter der Fahrbahn.

11.59/11.60 Stephani Bridge in Bremen, walkways underneath cantilevering deck.
11.61/11.62 Mount Henry Bridge in Perth, Australia, walkways underneath cantilevering deck.

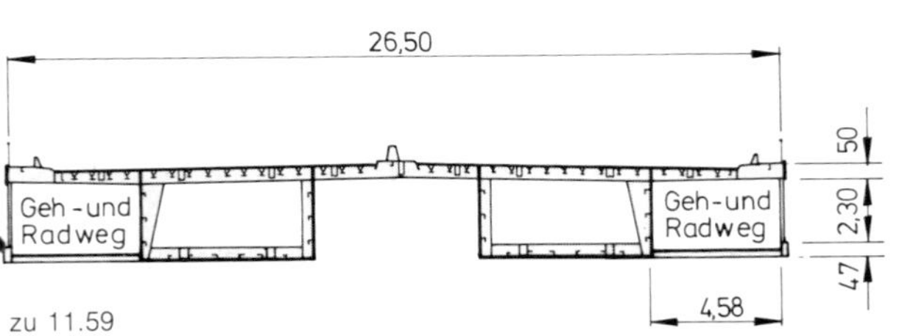

zu 11.59

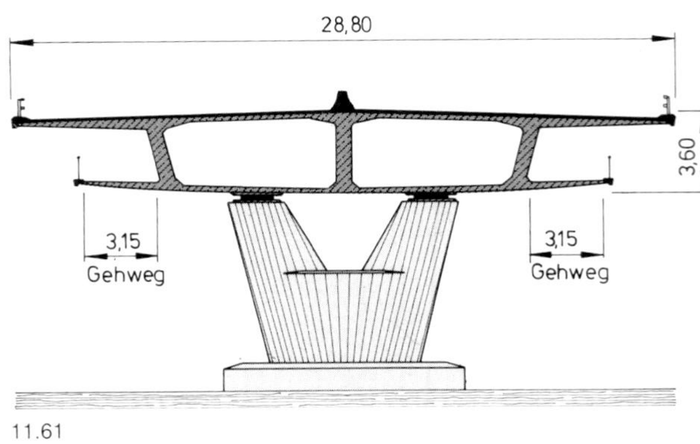

11.61

11.62

11.63

11.63 Das abschrekkend wirre Fachwerk der Hooghly River Brücke in Kalkutta.

11.63 The off-putting jumble of the trusses of Hooghly River bridge in Calcutta (Howrah bridge).

wobei die *Mount Henry Brücke in Perth* reizvoll gestaltete V-förmige Pfeiler aufweist (Bilder 11.61 und 11.62, Spannweiten 76 m, Bauhöhe 3,60 m). Man beachte, daß die Unterfläche dieses Kastenträgers leicht gewölbt ist. Der Gehweg kann benützt werden, um der Brücke unter dem Gesimsband ein zweites helles Band zu geben, das die Brücke schlanker erscheinen läßt, besonders wenn die Stegwand des Kastenträgers in einer etwas dunkleren Farbe gehalten wird.

the *Mount Henry Bridge* in Perth (11.61 and 11.62), which also has graceful V-shaped piers (spans 76 m, depth 3.60 m). Attention should be given to the slightly curved bottom slab of this box girder (see cross section). Such walkways can be used to give the bridge a second bright ribbon underneath the fascia ribbon, strengthening the slender and stretched expression, and this can be further intensified by using a dark colour for the web face of the girder.

11.2.4. Fachwerk – Strombrücken

Mit Fachwerken sind schon abschreckende Brücken gebaut worden mit einer verwirrenden Unordnung der Stabführung. So ist die erste *Hooghly-River-Brücke in Kalkutta* (Bild 11.63) in meinen Augen eine der häßlichsten Brükken, die täglich von Tausenden von Menschen und Fahrzeugen benutzt werden muß.

Fachwerke können jedoch erträglich aussehen und in manchen Fällen sogar schön sein, wenn ihr Stabwerk nach den in Kap. 4.5 geschilderten Ordnungsregeln entworfen ist. Meist wird das Fachwerk über der Fahrbahn gewählt, wenn nur eine sehr kleine Bauhöhe unter der Straße oder Bahn zur Verfügung steht, was bei *Kanalbrükken* oft der Fall ist. Bild 11.64 zeigt eine solche Brücke über den Dortmund-Ems-Kanal mit 76 m Stützweite. Die Breite der Autobahn bedingte zwei Überbauten. Für Hauptträger und Windverbände haben die Diagonalen nur je zwei Richtungen.

Bei der *Kanalbrücke Sedelsberg* mit 86 m Spannweite hat man auf den oberen Windverband verzichtet (Bild 11.65). Bei dem über 9 m hohen Fachwerk geht dadurch das Gefühl der Stabilität etwas verloren, dennoch ist der freie Durchblick willkommen.

Die erste Strombrücke mit dieser Fachwerksart war die *Rheinbrücke Neuwied* (Bild 11.66), die 1975 durch eine

11.2.4. Truss bridges across rivers

Some horrible bridges have been built with trusses with a bewildering disorder of the truss members. This is true of the first *Hooghly River bridge in Calcutta* (11.36) (to my mind one of the ugliest bridges of all), which is daily used by thousands of people and vehicles.

Trusses can, however, look passable and in some cases even pleasing if their bar members are designed following the rule of good order, described in chapter 4.5. A truss above the roadway deck is often chosen if only a small depth underneath the road or rail is required. This is often the case for bridges crossing navigation canals. Picture 11.64 shows such a bridge across the *Dortmund-Ems Canal* with 76 m span. The width of the autobahn made two bridges necessary. The diagonals of the main girder trusses and of the wind bracing also only have two directions each.

At the *Canal Bridge, Sedelsberg* with an 86 m span no upper wind bracing was provided (11.65). Due to the great height of the trusses of more than 9 m, the feeling of stability somehow gets lost, although the open view is agreeable.The first big bridge with this type of truss was the *Rhine bridge, Neuwied* (11.66), which was replaced in 1975 by a cable-stayed bridge (see 13.19). The expression is orderly, but nevertheless severe, technical and sober.

11.64

11.65

11.64 Fachwerkbrücke über den Dortmund-Ems-Kanal für eine Autobahn.
11.65 Kanalbrücke Sedelsberg – ohne oberen Verband.
11.66 Alte Rheinbrücke Neuwied – erste Brücke dieser Art. Baujahr 1934, Spannweite 212 m.
11.67 Dünnstabige Fachwerkbrücke über den Hida Fluß in Japan.

11.64 Truss bridge across the Dortmund-Ems Canal for a 6 lane freeway.
11.65 Canal bridge near Sedelsberg, without upper wind bracing.
11.66 Former Rhine bridge in Neuwied, first bridge with this type of truss, built 1934. Main span 121 m.
11.67 Truss bridge, with thin members, over Hida River in Japan.

11.66

11.67

Schrägkabelbrücke ersetzt wurde (Bild 13.19). Die Wirkung ist ruhig und geordnet, aber dennoch streng technisch.
In *Japan* sind viele solche Fachwerke mit einfachem Strebenzug gebaut worden. Dünne Stäbe lassen diese *Brücke über den Hidafluß* leicht und zierlich, aber dennoch nüchtern erscheinen (Bild 11.67). Ein Bogen über der Fahrbahn würde besser in die Gebirgslandschaft passen.
Im Bild 11.68 wird ein breites Strombett in acht Öffnungen mit einem solchen Fachwerk überbrückt. Diese *Tonegawa-Brücke* erhielt für den breiten Tohoku-Expressway drei Hauptträger. Die Luftaufnahme läßt den Eindruck eines Käfigs entstehen, beim Durchfahren bietet sich jedoch ein ziemlich freier Blick.
In den USA wählte man bis in die jüngste Zeit gern Fachwerke, die statisch zwar Balken sind, sich aber wie ein Saurier bogenartig von der Fahrbahn abheben. Bild 11.69

In *Japan*, many such truss bridges with only two inclinations of all diagonals have been built. Thin bars make the bridge across the *Hida River* (11.67) appear light and neat, though still prosaic and not well suited for the poetic mountain scenery, where an arch would look better.
In 11.68 wide river bed is bridged with such a truss over eight openings. This is *Tonegawa Bridge* which has a truss with three vertical planes to serve the wide Tohoku expressway. The aerial view gives the impression of a cage, but driving through the bridge, one has a relatively open view.
Until recently in the USA, trusses were used which statically are beams, but look like arches and shaped like the curved backs of saurians. Illustration 11.69 shows the *Francis Scott Key Bridge* near Baltimore, Maryland, with a main span of 360 m, built in 1978. The truss has changing

11.68

11.69

11.68 Brücke über den Tonegawa Fluß für den Tohoku Expressway in Japan, Baujahr 1972.
11.69 Francis Scott Key Bridge, Baltimore, USA, Baujahr 1978, Spannweite 360 m.

11.68 Bridge across the Tonegawa River for the Tohoku expressway in Japan. Built in 1972.
11.69 Francis Scott Key Bridge, Baltimore, USA, built in 1978.

11.70

11.71

11.70 Tenmon Brücke in der Kumamoto Praefektur. Spannweiten 100 + 300 + 100 m. Lichte Höhe über Wasser 42 m, Baujahr 1966.
11.71 Kuronoseto Brücke in der Kagoshima Praefektur. Gleiches Fachwerk wie Tenmon Brücke, jedoch nur 27 m über Wasser, Baujahr 1974.

11.70 Tenmon Bridge in Kumamoto Prefecture, Japan. Spans 100 + 300 + 100 m, clearance above water level 42 m, built in 1966.
11.71 Kuronoseto Bridge in Kagoshima Prefecture, Japan. Truss equal to Tenmon Bridge, however only 27 m above water level, built in 1974.

zeigt die *Francis Scott Key Bridge,* Baltimore, Maryland, max. ℓ = 360 m, Baujahr 1978). Das Fachwerk wechselt von fallenden Zug-Diagonalen zu steigend und fallend geneigten Stäben, unten sind Zwischenstäbe eingeschaltet. Windverbände verbinden die Ober- und die Untergurte.
Die Japaner haben diesen Brückentyp wiederholt gebaut, aber das Fachwerk einfacher gestaltet (Bild 11.70). Alle Diagonalen sind zwischen vertikalen Stäben zur Mitte hin fallend, alle Stäbe sind ziemlich dünn, so wirkt diese Brücke aus der Ferne luftig, durchsichtig und masselos.
Wenn man jedoch das gleiche Fachwerk (an einer anderen Brücke) aus der Nähe in der Schrägsicht betrachtet (Bild 11.71), dann verwirren die vielen, zum Teil unnötigen Stäbe der Querverbände, die auf eine längst vergangene Entwurfsperiode zurückgehen. Die silbergraue Metallik-Farbe wirkt über diesem breiten Strom zurückhaltend.

directions of diagonals and in the lower part even secondary bars. Horizontal bracings connect the top and bottom chords – an entangled picture!
The Japanese have built this type of truss bridge on several occasions but with simpler truss configurations (11.70). All diagonals between vertical posts decline towards the middle of the span, all bars are relatively thin and so, from a distance, the bridge looks airy, transparent and weightless.
However, if one looks at the same trusswork (on another bridge) from close up and from an oblique angle (11.71), then confusion is caused by the many largely unnecessary bracing bars, which belong to a past design period. The silver-gray metallic colour has a favourable reducing effect.

11.72

11.73

11.72 Werratalbrücke Hedemünden, Natursteinpfeiler.
11.73 Talübergang Rüdersdorf bei Berlin. Baujahr 1936.

11.72 Werratal Viaduct, masonry piers.
11.73 Viaduct near Rüdersdorf-Berlin, built in 1936

11.3. Balken-Talbrücken

Wenn man für die Überquerung von Tälern eine Balkenbrücke wählt, dann hängt deren Schönheit wesentlich von den Proportionen ab, die zwischen Höhe und Breite der Pfeiler und deren Abständen bestehen. Auch der Anlauf und die Farbe der Pfeiler spielen eine Rolle. Dies wurde schon in Kapitel 4 mit Skizzen erläutert.
Bei älteren Talbrücken wurden meist kräftige Natursteinpfeiler in großen Abständen gebaut, die damals nur mit Stahlbalken überbrückt werden konnten, so z. B. die *Werratalbrücke Hedemünden* (Bild 11.72). Dank der großen Höhe wirken die Pfeiler schlank.
Bei geringer Höhe wird die Breite solcher Pfeiler für eine Autobahnbrücke größer als die Höhe. Um dann die Pfeiler nicht zu massig werden zu lassen, wurden Öffnungen an-

11.3. Beam-viaducts

If a beam bridge is chosen for crossing a valley, its aesthetic quality depends mainly on the proportions between the height and width of the piers and their spacing. Also the taper and the colour of the piers play a part. This has already been explained in chapter 4.
At older viaducts, sturdy masonry piers were usually built well apart and in those days the gap could only be bridged with steel beams, as at the *Werra Viaduct Hedemünden* (11.72). Thanks to the great height, the piers appear slender.
If the height is small, then the width of such piers for wide autobahns exceeds their height. For such a case vertical openings are arranged to reduce the mass, as done for the *Rüdersdorf Viaduct* near Berlin (about 1937) (11.73). Brick

11.74

11.75

11.74 Aitertalbrücke bei Linz, Österreich, Baujahr 1948. Überbau 1956.
11.75 Talbrücke über den Zeitzgrund, Thüringen.
11.76 Alte Sulzbachtalbrücke der Autobahn bei Stuttgart.

11.74 Aitertal bridge near Linz, Austria, built in 1948, Superstructure 1956.
11.75 Viaduct across the Zeitzgrund, Thüringen.
11.76 Former Sulzbachtal bridge near Stuttgart.

11.76

geordnet, wie beim *Talübergang Rüdersdorf* bei Berlin (etwa 1937) (Bild 11.73). Hier wurde Ziegelmauerwerk verwendet. Die Stahlbalken sind schlank und 61,20 m weit gespannt.
Mit den Spannbetonbalken waren am Anfang keine so großen Spannweiten möglich wie mit Stahl, und so wurden die mächtigen Pfeiler enger gestellt, wie bei der *Aitertalbrücke* (Bild 11.74). Trotz 55 m Spannweite verschließen die Pfeiler den Blick durch das Tal – zuviel Masse. Solche Pfeiler sind nur dank der lebhaften Flächenstruktur des Natursteinmauerwerks erträglich.
Führt man so massige Pfeiler mit Beton aus, dann stört ihre helle, strukturlose Fläche die bewaldete Tallandschaft.
Der Beton der Pfeiler im *Zeitzgrund* (Thüringen) ist zwar grob gespitzt, aber dennoch langweilig (Bild 11.75).

masonry is used here. The steel girders are rather slender and span 61,20 m.
With prestressed concrete beams, no such long spans were possible in those early days, and therefore the massive piers were placed closer together as on the *Aiter Viaduct* (11.74). In spite of 55 m spans, the piers obstruct the view over the valley – too much mass. Such piers are only acceptable due to the vivid and coloured texture of the natural stone masonry.
If such massive piers are built with concrete, then their pale, unstructured surfaces impair the landscape. The concrete of the piers of the *Zeitzgrund Viaduct* is roughened by bush-hammering, but nevertheless appears monotonous (11.75).
The first viaduct with almost massless slender steel frames was the *Sulzbach Viaduct* near Stuttgart (11.76) (designed

11.77

11.78

11.77 Helderbachtalbrücke bei Kassel, Baujahr 1936.
11.78 Taubertalbrücke bei Tauberbischofsheim, Baujahr 1968.

11.77 Helderbachtal bridge near Kassel, built in 1936.
11.78 Taubertal bridge near Tauberbischofsheim, built in 1968.

Die erste Talbrücke mit fast masselosen schlanken Stahlrahmen war die *Sulzbachtalbrücke* bei Stuttgart (1934) (Bild 11.76). Die Rahmen haben einen kräftigen Querriegel unter den Stahlbalken und sind unten und oben gelenkig gelagert. Die Brücke wurde am Ende des Krieges, 1945, zerstört.
Bald wurden auch Talbrücken mit schlanken Stahlbetonstützen gebaut, so die *Helderbachtalbrücke* bei Kassel (11.77). Die Spannweiten sind 20 m, die größte Höhe der Stützen ist 27 m und die Breite der Stützengruppe 19 m, die Stützengruppen stehen also ziemlich eng aufeinander wie die Tannen im Hintergrund. Der Querriegel für die Rahmenwirkung ist innerhalb der Balkenhöhe untergebracht.
Bei den neueren Autobahnbrücken, die nicht sehr hoch über das Tal gehen, haben sich die Doppelpfeiler einge-

in 1934). The frames have a deep cross beam below the steel girders and have hinge bearings on top and at the bottom. The bridge was destroyed at the end of World War II, 1945.
Soon concrete viaducts were also designed with slender concrete columns, like the *Helderbach Viaduct* near Kassel (11.77). The spans are only 20 m, the maximum height of the columns is 27 m and the width of a group of columns is 19 m. The groups stand rather close together like the fir trees in the background. The cross beam for transverse frame action is within the depth of the main beams.
For freeways, which are not very high above the floor of valley, double piers became popular, because for such wide bridges it is advantageous to construct two box girders separated by a median joint. The *Taubertal Viaduct* of the autobahn Heilbronn – Würzburg (11.78) is an example.

11.79 Obernberger Talübergang der Brenner-Autobahn, Österreich, Baujahr ~ 1965, Spannweiten bis 65 m.
11.80 Grenzwaldbrücke der Autobahn Würzburg – Kassel, Baujahr 1968.

11.79 Viaduct Obernberg at the Brenner Pass freeway, Austria, built in 1965, spans up to 65 m.
11.80 Grenzwald Viaduct of the autobahn Würzburg-Kassel, built in 1968.

11.79

11.80

11.81

11.82

11.81 Ahrtalbrücke der Autobahn A 61 Köln – Koblenz.
11.82 Brücke über den Rhödaer Grund, Autobahn Kassel – Ruhrgebiet.

11.81 Ahrtal Viaduct of the autobahn A 61 Cologne-Koblenz.
11.82 Bridge over the Rhödaer Grund, autobahn Kassel – Ruhrgebiet.

bürgert, schon weil man für diese breiten Brücken gern zwei durch eine Fuge getrennte Überbauten macht. Ein Beispiel ist die *Taubertalbrücke* der Autobahn Heilbronn–Würzburg (Bild 11.78), die mit einer Mulden-Ausrundung über das Tal führt. Die Spannweiten von rund 55 m sind der Breite der Pfeilergruppe mit rund 13 m angemessen. Die Schlankheit der Pfeiler wird bei günstigem Lichteinfall durch die Kante in der Pfeilerfläche betont.
Bei den folgenden beiden Talbrücken sind die Spannweiten so groß, daß das Zusammengehören der zwei Pfeiler auch bei starker Schrägsicht klar abgelesen wird. Die Pfeiler verjüngen sich nach oben, was bei solchen Pfeilerhöhen stets gefordert werden sollte (Bilder 11.79 und 11.80).
Zahlreiche Talbrücken der letzten Jahrzehnte mit zwei getrennten Kastenträgern werden von Pfeilerpaaren gestützt, die keinen Anlauf haben und dadurch steif wirken und mit ihrer hellgrauen Farbe das Landschaftsbild stören. Als Beispiele seien gezeigt: Bild 11.81: die *Ahrtalbrücke bei Bad Neuenahr,* die das Tal in etwa 50 m Höhe in einer Gesamtlänge von 1520 m überquert. Die Spannweiten betragen im Mittel 78 m, über der Ahr 106 m.

It lies in a downward curved alignment. The spans of 55 m are appropriate in relation to the width of the pier group of 13 m. The slenderness of the piers is underlined by the slight vertical break in the transverse face.
For the two viaducts shown in 11.79 and 11.80, the spans are so large that the correlation of the two piers is evident even from a very oblique angle. The piers taper upwards as should be specified for all high piers.
Numerous viaducts of the last decades with two separated box girders have pairs of piers without taper. They therefore look stiff and further disturb the landscape by their unpleasant light grey colour. This is the case at the *Ahr Viaduct* near Bad Neuenahr (11.81), which crosses the valley at a height of about 50 m over a length of 1520 m. The spans are about 78 m and 106 m above the river.
The viaduct over the *Rhödaer Grund* (11.82) has almost the same cross section as the Ahr Viaduct, but smaller spans of 42 m and this results in an unfavourable ratio between the spacing and the width of the double piers, which are up to 48 m high.
The *Vinxtbach Viaduct* (11.83) has better looking proportions between the double piers and the spans, which are

11.83 Vinxtbachtalbrücke.
11.84/11.85 Siegtalbrücke Eiserfeld der Sauerland-Autobahn. Lage siehe Bild 5.1.
11.86 Schrägsicht der Siegtalbrücke.

11.83 Vinxtbachtal bridge.
11.84/11.85 Siegtal Viaduct Eiserfeld of the Sauerland autobahn. Situation see 5.1.
11.86 Oblique view of the Siegtal Viaduct.

11.83

11.84

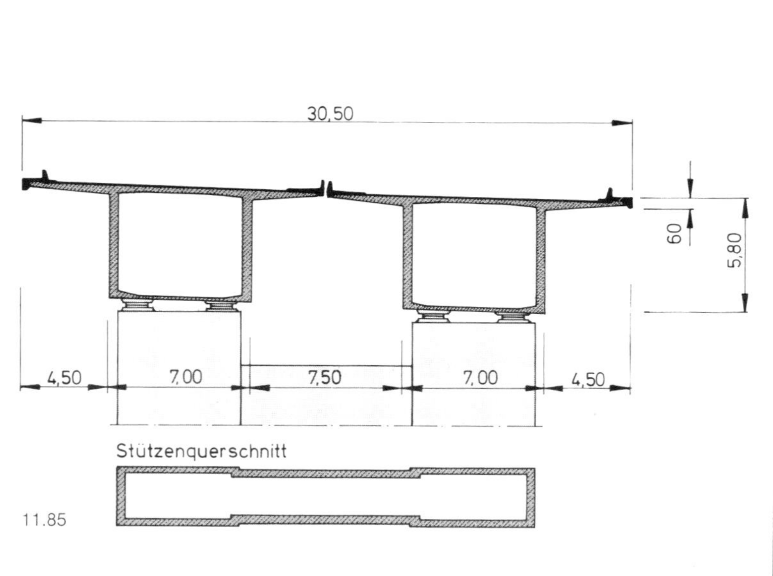

11.85

11.86

11.87

11.88

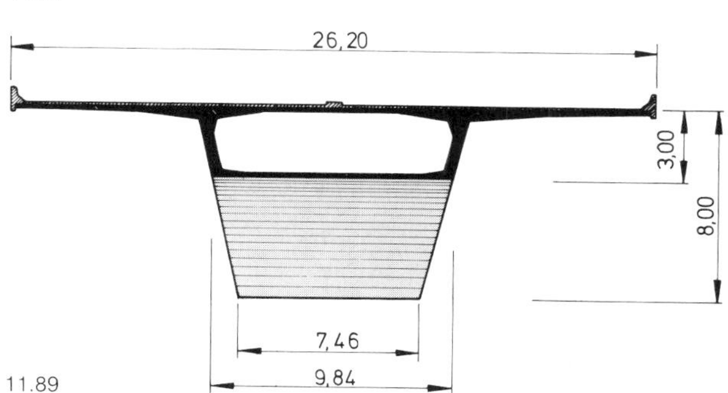

11.89

11.87 bis 11.89 Felsenaubrücke in Bern.

11.87 to 11.89 Felsenau bridge in Bern.

Bild 11.82: Die Talbrücke über den *Rhödaer Grund* hat fast den gleichen Querschnitt wie die Ahrtalbrücke, aber mit 42 m kleinere Spannweiten, so daß ein ungünstigeres Verhältnis von Breite zum Abstand der Pfeilerpaare entsteht, die im Talgrund 48 m hoch sind.
Bild 11.83 zeigt die *Vinxtbachtalbrücke* mit günstigeren Verhältnissen der Pfeilerpaare zur Spannweite, die hier 50 m bei 43 m Höhe im Talgrund beträgt. In den Pfeilerköpfen sind Schlitze offengelassen, die für das Bauverfahren mit Vorschubrüstungen nötig sind. Die Öffnungen stören, es ist besser, sie nachträglich zu schließen wie in Bild 11.82.
Bei den Bildern dieser drei Beispiele 11.81 bis 11.83 stand die Sonne jeweils so, daß die breite Fläche der Pfeiler im Schatten lag. Stehen die Pfeiler mit der Breitseite im Licht, dann kommen die störende Steifheit und Farbe mehr zum Ausdruck.
Eine der größten Talbrücken der deutschen Autobahnen erregte 1965 durch die hervorragende Pionierleistung von H. Wittfoth [43] mit der ersten Anwendung der Vorschubrüstung für Spannweiten über 100 m Aufsehen. Es ist die *Siegtalbrücke Eiserfeld* (Bild 11.84). Sie ist 1050 m lang und verläuft bis zu 100 m über dem Tal. Ihre Spannweiten sind von 63 m am Ende bis 105 m im Mittelbereich wohltuend abgestuft. Obwohl die 30,40 m breite Autobahn zwei getrennte Überbauten hat, sind die Pfeiler in Querrichtung fugenlos und wurden so 20,70 m breit. In der Schrägsicht summieren sich diese breiten Betonflächen zu einer die Sicht versperrenden Masse, die im Maßstab die kleinen Häuser von Eiserfeld erdrückt (Bilder 11.85 und 11.86). Die Profilierung der Pfeiler mit nur 15 cm Rücksprung ist viel zu schwach und wirkt nicht. Man hätte die Querwand zwischen diesen Rücksprüngen weglassen müssen.
Um die breiten Brücken mit schmäleren Pfeilern bauen zu können, haben die Schweizer Brückeningenieure die breite Fahrbahntafel aus nur einem schmalen Hohlkasten beidseitig weit ausgekragt, so die *Felsenaubrücke*, die die Autobahn über das Aaretal in *Bern* hinwegträgt (Ing. Chr. Menn) (Bilder 11.87 bis 11.89). Der Kastenträger ist oben 11 m breit für eine Gesamtbreite von 26,20 m. Sie war durch Siedlung und Topographie sehr schwierig zu entwerfen und bedingte Spannweiten bis zu 156 m, die mit gevouteten Kastenträgern bewältigt wurden.
Eine ähnlich weite Auskragung, jedoch mit Querrippen,

50 m. The height reaches 43 m at the bottom of the valley. In the pier heads, gaps which were used for construction equipment have been left open. They are disturbing and it would be better to close them as in 11.82. The photos of these three examples (11.81 to 11.83) were taken with the wide faces of the piers in shadow. If the light falls directly on the wide faces of these piers their expression of stiffness and unpleasant colour increases.
One of the biggest viaducts of the German autobahn network was widely acclaimed for its outstanding and pioneering construction method, namely with launching girders for moving cantilevering formwork developed by H. Wittfoth [43]. It is the *Siegtal Viaduct, Eiserfeld* (11.84). It is 1050 m long and up to 100 m above the ground. The spans increase pleasingly from 63 m at the end to 105 m in the middle section. In spite of the two separate box girders, single piers with a width of 20.70 m were chosen. In skew view these wide concrete faces form a mass that obstructs the view and oppresses the small houses of Eiserfeld by its scale (11.85 and 11.86). With a depth of only 15 cm the small recesses in the pier walls are far too weak to achieve a profile effect. It would have been better to leave out the transverse walls between these recesses.
In order to build such wide bridges on narrow piers, Swiss bridge engineers began to use narrow single box beams with very wide cantilevers of the prestressed concrete deck slab, like the *Felsenau Viaduct,* which carries the autobahn across the Aaretal in Bern (11.87 to 11.89). The box girder is on top 11 m wide for a total width of 26.20 m. Due to built up areas and topography, it was most difficult to design this bridge; spans up to 156 m were needed and ma-

11.90

11.91

11.92

11.90 bis 11.93 Brücke am Lac de Gruyère.
11.94 Dunkle Farbe der Pfeiler verbessert die Wirkung im Landschaftsbild, Pfeiler mit Anlauf wären besser.

11.90 to 11.93 Different angles of view of the Gruyère bridge.
11.94 Dark coloured piers improve the appearance in the landscape, tapered piers would further improve.

weist die Brücke am *Lac de Gruyère* der Autobahn Bern–Lausanne auf, die aus der Ferne in der bergischen Landschaft mit ihren verschieden hohen Pfeilern ansprechend aussieht (Bild 11.90). Betrachtet man sie aus der Nähe und gar in Schrägsicht (Bilder 11.91 bis 11.93), dann wirken die nackten Betonpfeiler, die keinen Anlauf haben, in der grünen Natur doch sehr steif und störend, obwohl sie mit 6 m Breite relativ schmal sind. An diesem Beispiel kann man zeigen, wie das Bild durch eine dunklere Farbe der Pfeiler wesentlich verbessert wird (Bild 11.94).
Ein zweiter Weg, breite Brücken mit nur einem schmalen Hohlkasten und mit entsprechend schmalen Pfeilern zu bauen, wurde zunächst bei Stahlbrücken beschritten, indem die Fahrbahntafel mit Schrägstreben ausgekragt wurde, so z. B. bei der *Jagsttalbrücke Widdern* der Auto-

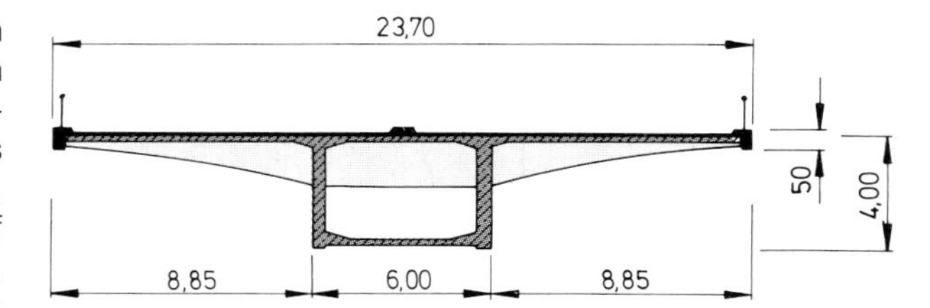

stered with haunched box girders, built by free cantilevering from double piers (Eng. Chr. Menn).
Similar wide cantilevers, but with transverse ribs, characterize the bridge at the *Lac de Gruyère* on the autobahn Bern–Lausanne (11.90). From far away, it looks appealing in the Swiss mountain countryside. However, if we regard this bridge from close up and even under a skew angle, the

11.93

11.94

11.95 Jagsttalbrücke Widdern.

11.95 Jagst Viaduct Widdern.

11.95

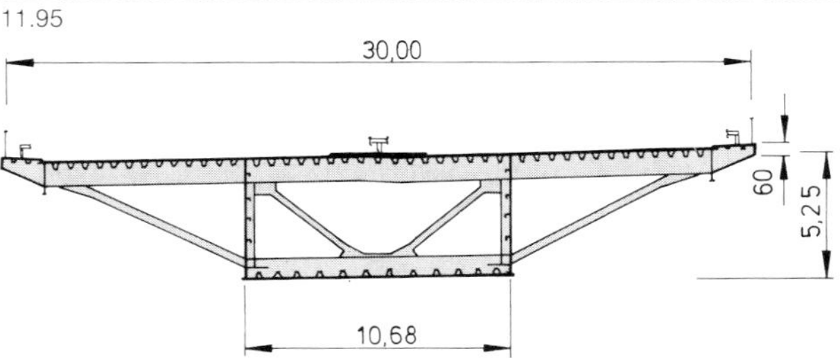

bahn Heilbronn–Würzburg (Bild 11.95). Die 30 m breite Autobahn liegt in der Kurve und in einer Mulde. Der Kastenträger ist nur 10,70 m breit und überspannt das Tal mit bis auf 150 m anwachsenden Spannweiten. Die bis zu 75 m hohen Pfeiler haben mit 1:38 einen kräftigen Anlauf. Im Gegenlicht ist ihre doch recht beachtliche Masse trotz der Betonfarbe erträglich.

Die Pfeiler der *Moseltalbrücke Winningen* (Autobahn A 61 bei Koblenz) erreichen Höhen bis 150 m und sind dank des schmalen Hohlkastens oben nur 10 m breit. Sie haben quer und längs einen kräftigen Anlauf, der Vertrauen weckt. Die Spannweiten nehmen stufenweise von 109 bis zu 218 m über der Mosel zu (Bilder 11.96 und 11.97). Ein imponierendes Bauwerk, das trotz seiner Größe im schönen Moseltal als harmonisch empfunden wird. Auch hier wäre der Ausdruck besser, wenn die relativ schlanken, aber absolut doch massigen Pfeiler eine dunklere Farbe oder gar eine Natursteinvormauerung hätten.

Schmale Kastenträger mit Streben-Auskragungen tauchten bald auch bei Spannbetonbrücken auf, so bei der *Lösterbachtalbrücke* der Autobahn Trier–Saarbrücken (Bild 11.98). Die Streben sind flach und eng gesetzt, was in der Untersicht gut aussieht. Leider sind die Pfeiler ohne Anlauf und verbauen durch ihre enge Stellung das Tal.

naked concrete piers, which are not tapered, look stiff and rigid and disturb the surrounding countryside in spite of the relatively small width of the piers (11.91–11.93). This is a good example on which to demonstrate how the expression could be improved by painting such piers with a dark colour (11.94).

A second way to build wide bridges with single narrow box girders was first attempted with steel bridges by cantilevering the deck slab with inclined struts as at the *Jagst Viaduct, Widdern* on the autobahn Heilbronn – Würzburg (11.95). The 30 m wide autobahn is curved in elevation and plan. The box girder is only 10.70 m wide and has bridge openings which increase up to 150 m from the abutments to the middle. The piers which reach a maximum height of 75 m are strongly tapered with 1:38. Seen against the light, their still considerable mass is bearable in spite of the plain concrete colour.

The piers of the *Moselle Viaduct, Winningen* (autobahn A 61 near Koblenz) reach heights of up to 150 m and are only 10 m wide on top thanks to the narrow box girder (11.96 and 11.97). They are strongly tapered. The spans increase from 109 m to 218 m above the river. An impressive structure, which in spite of its size is widely considered to be in harmony with the beautiful Moselle valley. But the expression would indeed be improved, if the relatively slender piers, which are still massive in absolute terms, had a dark colour or even a stone masonry facing.

Narrow box girders with strut-supported cantilevers were also soon found at prestressed concrete bridges like the *Lösterbach Viaduct* on the autobahn Trier – Saarbrücken (11.98). The struts are closely spaced flat concrete posts, which look good seen from underneath. It is a pity that the piers have again no taper and stand so close that the view of the valley is blocked.

11.96

11.97

11.96/11.97 Moseltalbrücke Winningen.

11.96/11.97 Moselle Viaduct Winningen.

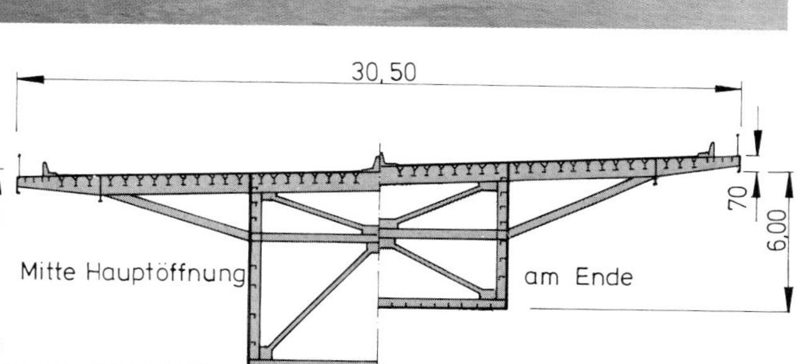

11.98 Lösterbachtalbrücke.

11.98 Lösterbach viaduct.

11.98

Die Beispiele zeigen, daß die Schönheit großer Talbrükken wesentlich davon abhängt, die Summe der Massen der Pfeiler klein zu halten, das heißt verhältnismäßig große Spannweiten zu wählen und die Pfeiler quer und längs so schlank wie möglich anzulegen.

Dieses Ziel ist bei der *Kochertalbrücke Geislingen* (Autobahn Heilbronn–Nürnberg) in glücklicher Weise erreicht worden (Bild 11.99). Sie ist 1128 m lang, und ihre Fahrbahn liegt 185 m über dem Fluß. Durch das in Deutschland übliche Verfahren, beim Angebot zur Bauausführung Sonderentwürfe zuzulassen, konnte man zwischen mehreren Lösungen wählen. Zur Beurteilung wurden gleichartige Modelle hergestellt, von denen drei in den Bildern 11.100 bis 11.102 gezeigt sind. Das obere hatte 12 breite Pfeiler und Spannweiten bis 90 m, das mittlere acht sehr schmale Pfeiler und Spannweiten bis 138 m, das untere acht Pfeiler mit Gabelkopf und eine leicht geschwungene Balkenunterkante. Die obere Lösung war am billigsten, die untere am teuersten angeboten. Die mittlere Lösung wurde trotz Mehrkosten gewählt, obwohl die untere schönheitliche Vorzüge gehabt hätte, die Kostendifferenz war jedoch zu hoch. Der Wettbewerb hat sich gelohnt, das Bauwerk ist trotz seiner großen Abmessungen so schön geworden, daß es allgemein Anerkennung fand.

Die 31 m breite Autobahn wird von dem nur 8,60 m breiten und 6,50 m hohen Kastenträger mit Hilfe der Schrägstreben (Abstand 7,66 m) über Spannweiten bis zu 138 m hinweggetragen. Der schmale Kastenträger erlaubte es, die Pfeiler oben nur 8,60 m breit und 5,0 m dick anzulegen. Sie erhielten einen leicht geschwungenen Anlauf und haben an der Basis 15 m Breite und 9,50 m Dicke. Ein geradliniger Anlauf hätte bei diesen Höhen steif gewirkt, die leichte Krümmung der Pfeilerlinien trägt hier wesentlich zur guten Wirkung bei. Dank der großen Schlankheit bilden die Pfeiler auch in extremer Schrägsicht keine störende Masse (Bild 11.103). Aus der Ferne wirkt die Brücke trotz ihrer Größe so grazil, daß sie das schöne Kochertal nicht beeinträchtigt (Bild 11.104).

Mit der *Neckartalbrücke Weitingen* (Autobahn Stuttgart–Singen) ergab sich Gelegenheit für eine weitere Steigerung zu einer fast masselosen Stützung einer großen Talbrücke (Bild 11.105). Aus geologischen Gründen

We learn from these examples that the beauty of large modern viaducts mainly depends on keeping the sum of the masses of the piers small, i. e. to choose relatively large spans and to keep the piers crosswise and lengthwise as slender as possible.

This aim has been reached with fortunate results at the *Kocher Viaduct, Geislingen* (autobahn Heilbronn – Nürnberg) (11.99). It is 1128 m long and the roadway's level is 185 m above the river. Due to the usual bidding procedure in Germany, which allows the proposal of alternate designs, the client could choose between different solutions. For the purposes of judgement, models were made, of which three are shown in 11.100 to 11.102. The top one had 12 wide piers and spans up to 90 m, the middle one had 8 slender piers and spans up to 138 m, the bottom one 8 piers with V-shaped branches on top and slightly curved bottom edges. The bids were lowest for the top and highest for the design at the bottom. The middle one was chosen in spite of the higher cost. The bottom one would have had aesthetic merits, but the cost difference was too high. The competition was a success, in as much as the bridge turned out to be beautiful despite its size and it met with general approval.

The 31 m wide autobahn is carried over spans up to 138 m by a box girder, only 8.60 m wide and 6.50 m deep, aided by inclined struts every 7.66 m. The slim box girder enabled the piers on top to be only 8.60 m wide and 5 m thick, and they have a curved, parabolic taper leading to a width of 15 m and a thickness of 9.50 m at the ground. A straight line taper would have looked too stern for this great height, the slightly curved lines of the piers' edges contribute to the refined expression. Thanks to their great slenderness the piers do not present any disturbing mass even from a very oblique angle. (11.103). From a far distance, the bridge looks so gracious in spite of its great dimensions that the beauty of the Kocher valley is not impaired (11.104).

At the *Neckar Viaduct, Weitingen* we got an opportunity to take the reduction of mass for supporting a big viaduct a step further (11.105). For geological reasons piers could not be placed on the wooded slopes of the valley. Therefore, very long side spans (263 m on the south side) were

11.99 Kochertalbrücke Geislingen.
11.100 bis 11.102 Modelle dreier Angebotsentwürfe.
11.103 Kochertalbrücke in extremer Schrägsicht.

11.99 Kocher Viaduct Geislingen.
11.100 to 11.102 Models of three alternative designs at bidding.
11.103 Kocher Viaduct seen from an extremely acute angle.

11.99

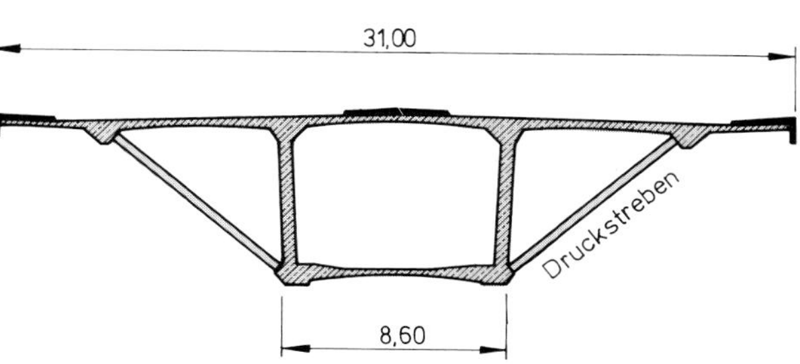

11.100

11.101

11.102

11.103

11.104

11.105

11.106

11.107

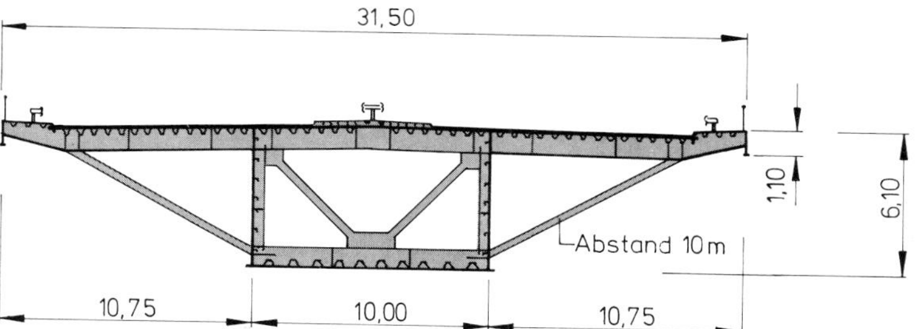

konnten hier in die Talhänge keine Pfeiler gestellt werden. Man unterspannte die Randfelder (Südseite 263 m) mit Seilen, die eine Luftstütze tragen, und stellte an den Talrändern Doppelstützen, die Windkräfte aufnehmen. Im Talgrund genügten dann zwei überschlanke achteckige 120 m hohe Stützen, die den torsionssteifen Stahl-Hohlkasten in Abständen von je 134 m nur in der Achslinie stützen (Bilder 11.106 und 11.107). Die Stützen haben einen kräftigen, hier geradlinigen Anlauf mit 1:70.

needed, in which the box girder was propped up with steel struts on suspended cables. Twin columns were placed at the ends of the slopes and were braced transversely to carry wind loads. Two single over-slender octagonal columns were sufficient in the meadow land, which is about 400 m wide, to support the steel box girder over spans of 134 m in its axis only, because the box girder has high torsional stiffness (11.106 and 11.107). These columns are 120 m high and have a straight taper with 1:70.
Among the large viaducts we should not omit the Europa Bridge of the Brenner Autobahn south of Innsbruck (11.108). Built in 1960 it was the first bridge of this size. Its main spans are 108 + 198 + 108 m, the tallest pier is 146.50 m high. The scale of the alpine scenery makes the mighty piers underneath the steel box girder compatible. Slender pairs of columns without transverse bracing below the superstructure make bridges look light and daring. This type of support was successfully applied for the viaduct over the *Morschler Grund* (11.109). The spans are only 37 m, the columns almost 50 m high, resulting in good vertical proportions. The columns appear to soar upwards; this effect is heightened by their taper.
At the *Diemel Viaduct* near Paderborn (11.110 and 11.111), the octagonal columns have no taper, but they

11.104 Kochertalbrücke in der Landschaft.
11.105 Neckartalbrücke Weitingen, Luftbild.
11.106 Neckartalbrücke Weitingen, 900 m lang, 125 m hoch.
11.107 Die schlanken Stützen im Tal tragen nur die vertikalen Lasten.

11.104 The Kocher Viaduct in the landscape.
11.105 Neckar Viaduct Weitingen, aerial photo.
11.106 Neckar Viaduct Weitingen, 900 m long, 125 m high.
11.107 The slender columns in the valley carry only vertical loads.

11.108 Europabrücke – Brenner-Autobahn.
11.109 Talbrücke Morschler Grund.

11.108 Europa Bridge of the Brenner pass freeway.
11.109 Viaduct over the Morschler Grund.

11.108

11.109

11.110

Bei den großen Talbrücken darf die *Europabrücke* der Brenner-Autobahn südlich von Innsbruck nicht fehlen, sie war die erste dieser Größe (Bild 11.108) (Baubeginn 1960). Ihre Hauptspannweiten betragen 108 + 198 + 108 m, und der höchste Pfeiler ist 146,50 m hoch. Die Größe der Gebirgslandschaft verträgt die kräftigen Pfeiler unter dem stählernen Kastenträger.

Schlanke Stützenpaare ohne Querriegel unter den Balken machen die Brücken in der Regel leicht und kühn. Bei der Talbrücke *Morschler Grund* ist diese Stützung gut gelungen (Bild 11.109). Bei 37 m Spannweiten sind die Stützen fast 50 m hoch, die vertikale Proportion wird betont. Der Anlauf der Stützen steigert die Wirkung des in die Höhe Strebens.

Bei der *Diemeltalbrücke* nahe Scherfede – Paderborn haben die achteckigen Säulen keinen Anlauf und sind extrem schlank, was nur möglich ist, wenn die fugenlose Fahrbahntafel genügend breit ist, um Wind- und andere Seitenkräfte zu den Widerlagern abzutragen (Bilder 11.110 und 11.111). Die Balken sind gelenkig gelagert. Wenn man im Tal auf die Brücke zufährt, löst sie durch ihre Leichtigkeit selbst bei einem alten Brückenbauer Überraschung aus, man staunt und genießt das grazile Werk.

Ein weiteres Meisterwerk ist die in einem fast unzugänglichen Waldtal des Eifelgebirges versteckt gelegene *Elztalbrücke* (Autobahn Koblenz–Trier), bei der eine nur 55 cm dicke Massivplatte im Abstand von 37,50 m von schlanken achteckigen Säulen mit einem flachen Pilzkopf getragen wird (Bilder 11.112 und 11.113). Die Stützen sind quer 5,80 m und längs 4,80 m dick und bis zu 95 m hoch. Die Vertikale wird wirkungsvoll betont. Diese Bauart wurde vor allem bei der Brenner-Autobahn viel für Hangbrücken angewandt.

11.111

are extremely slender. This slenderness is possible if the continuous bridge deck is sufficiently wide to carry the wind and other horizontal loads directly to the abutments. The beams have hinge bearings. If one approaches the bridge in the valley, its lightness gives rise to the well known Aha-effect, even to an old bridge engineer – and one is amazed and pleased by its gracefulness.

Another masterpiece is the Elztalbrücke, hidden in almost inaccessible woods of the Eifel mountains (autobahn Koblenz – Trier) (11.112 and 11.113). A solid slab, only 55 cm thick is carried over spans of 37.50 m by slender octagonal columns with a shallow mushroom head.

11.110/11.111 Diemeltalbrücke südlich Paderborn.

11.110/11.111 Diemel Viaduct south of Paderborn.

11.112

11.112/11.113 Elztal-brücke.

11.112/11.113 Elz Viaduct.

11.113

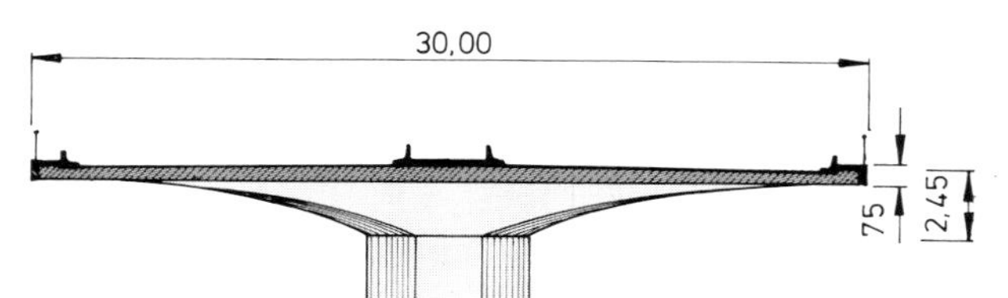

Brückenuntersicht mit Stützenquerschnitt

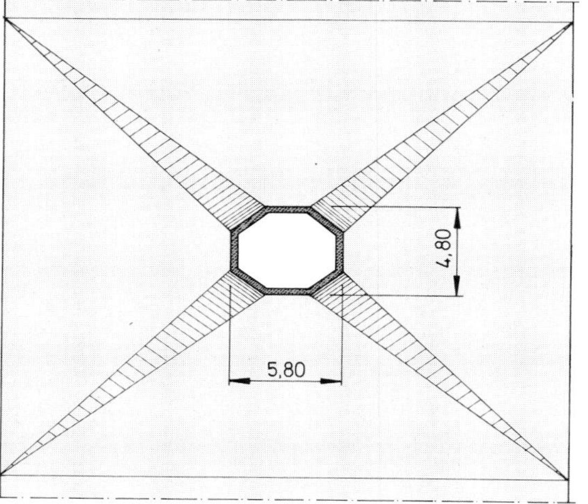

zu 11.112

11.114

11.115

11.116

An zwei Fällen soll noch gezeigt werden, wie sich mangelhafte Ordnung bei Talbrücken auswirken kann. Bei der *Talbrücke Sechshelden* bei Dillenburg wurden quer jeweils vier Stützen gestellt und die Spannweiten so klein gewählt, daß ein unordentlicher Stützenwald entsteht, ein Eindruck, der durch die Doppelstützen an den Fugen noch verstärkt wird (Bild 11.114).
Bei der *Talbrücke Haiger* bei Dillenburg wollte der entwerfende Ingenieur mit paarweisen V-Stützen einmal etwas Besonderes tun. Ein solches Stützenpaar für sich allein hat einen gewissen Reiz (Bild 11.115), die Stützen wiederholen sich aber, und die Richtung ihrer Ebene ändert sich ständig, weil die Brücke in der Kurve liegt. Die Neigungen der Stützen bleiben also – räumlich gesehen – nicht parallel, so daß ein Ausdruck der Unordnung entsteht (Bild 11.116).

The columns are transversely 5.80 m wide and longitudinally 4.80 m thick and up to 95 m high. The vertical is effectively accentuated. This type of bridge has often been repeated, particularly along the steep slopes of the Brenner Autobahn.
Let me now illustrate the possible consequences that a lack of order can have on viaducts. At the *Sechshelden Viaduct* near Dillenburg four columns were placed transversely and the spans were chosen so small that a confusion is the result and the effect is worsened by the double columns at the expansion joints (11.114).
At the *Haiger Viaduct* near Dillenburg, the designing engineer intended to produce something special by means of pairs of V-shaped columns (11.115). A single pair of such columns may have had some appeal, but these columns recur many times and the direction of their transverse

11.114 Unübersichtlicher Stützenwald.
11.115 V-Stützen-Paar.
11.116 Die V-Stützen wirken unordentlich, weil sich ihre Richtung durch die Kurve der Brücke ändert.

11.114 Badly ordered "forest of columns".
11.115 Pair of V-shaped columns.
11.116 The V-shaped columns look ill ordered because their inclination changes due to the curve of the road.

11.117

11.118

11.117/11.118 Loisachtalbrücke.
11.119/11.120 Viaduc du Magnan bei Nizza.
11.121 Günstige Pfeilerform für mehrfeldrige Vouten-Balken.

11.117 /11.118 Loisachtal Bridge.
11.119/11.120 Viaduc du Magnan near Nizza.
11.121 Suitable shapes of piers for multispan haunched girders.

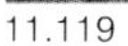

11.119

11.120

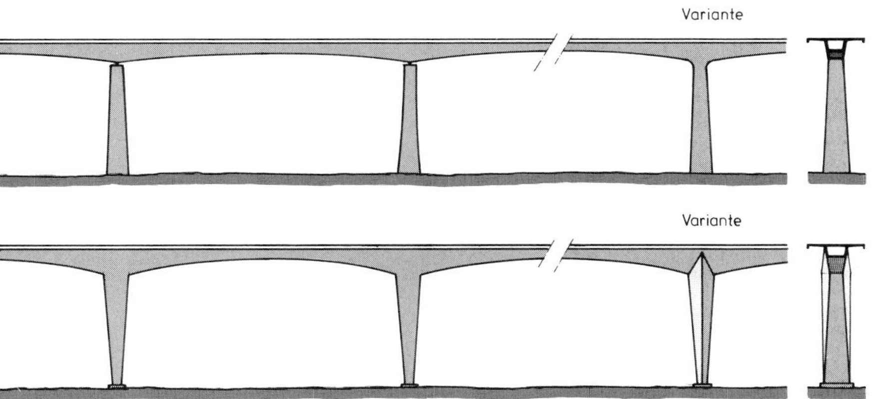

11.121

Mit vier Stützen im Querschnitt einer breiten Brücke kann man auch ein gutes Bild erhalten, wenn die Stützen paarweise zusammenrücken und die Spannweiten genügend groß gewählt werden, wie dies bei der *Loisachtalbrücke* (Autobahn München–Garmisch) geschehen ist (Bilder 11.117 und 11.118). Die schlanken Stützenpaare belasten die Landschaft nicht.

Die für den Freivorbau beliebten Doppelpfeiler (zwei Pfeiler hintereinander) mäßigen bei hohen Talbrücken die Schwere gevouteter Durchlaufträger, besonders wenn sie einen starken Anlauf haben. Ein überzeugendes Beispiel ist der *Viaduc du Magnan* der Umgehungsstraße A 8 bei Nizza (Bilder 11.119 und 11.120). Das I-Profil der Pfeiler trägt zur günstigen Wirkung bei. Schade ist nur, daß die Fundamentblöcke aus dem Geländer herausragen.

plane changes because the bridge lies in a curve. Therefore, the inclinations of the columns in space do not remain uniform, causing an impression of disorder (11.116).

Four columns transversely for wide bridges look good only if the spans are sufficiently large and two columns are placed close together to form a pair as is the case at the *Loisach Viaduct* (autobahn München – Garmisch) (11.117 and 11.118). The pairs of slender columns do not encumber the beautiful scenery.

Double piers (longitudinally) which are helpful for free cantilevering construction, reduce the expression of heaviness of haunched continuous beams on tall piers, especially if they have a forceful taper. A convincing example is the *Magnan Viaduct* on the A 8, the Nice by-pass road (11.119 and 11.120). The I-section of the piers contributes to the favourable appearance; it is, however, a pity that the foundation blocks stand out so much above the ground.

11.122

11.123

11.124

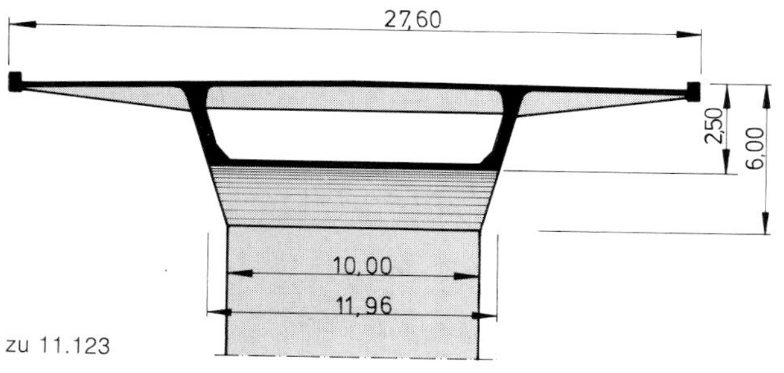

zu 11.123

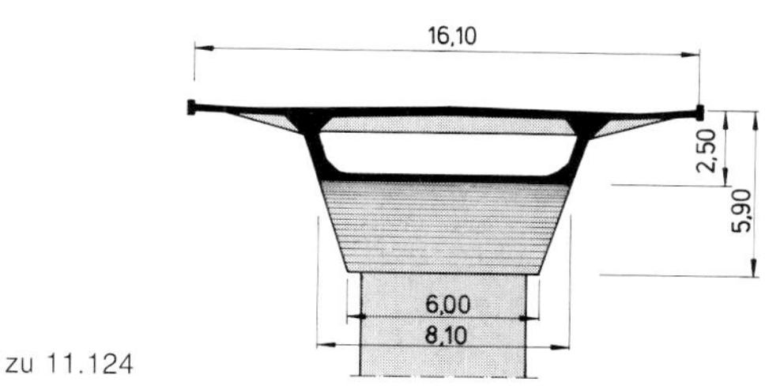

zu 11.124

11.122 Talbrücke bei Morlaix.
11.123 Vejle-Fjord Brücke.
11.124 Sallingsund-brücke.

11.122 Viaduct near Morlaix, France.
11.123 Vejle Fjord Bridge.
11.124 Sallingsund Bridge.

11.4. Lange Hochbrücken mit gevouteten Balken

Mehrfeldrige Balken mit Vouten auf hohen Pfeilern bedingen in den Pfeilern eine Antwort auf die Vouten: entweder durch einen kräftigen Anlauf oder durch sich nach unten zuspitzende Pfeiler mit Rahmenwirkung (Bild 11.121).
Leider sind die meisten Brücken dieser Art mit Pfeilern konstanten Querschnitts, also mit vertikalen, geraden Kanten gebaut worden, was gar nicht zu den geschwungenen Linien des Balkens paßt (Bild 11.122). Bei der *Vejle-Fjordbrücke* in Dänemark (Bild 11.123) sind die Pfeiler wenigstens gleich breit wie die Kastenträger, die Konsolträger sind kräftig und tragen ein hohes Gesims.
Bei der *Sallingsundbrücke* in Dänemark (Bild 11.124) stehen die Vouten am Pfeiler über – die Voutenkraft geht ins Leere – und die Konsolträger sind unproportioniert klein. Sie erinnert an die Brücke über die *Dordogne* bei *St.-André de Cubzac* und an die Brücke zur *Insel Oléron* (Bild 11.125) nahe der Gironde-Mündung, die wohl die erste dieser Art war und sich durch das zügige Längsprofil auszeichnet.

11.4. Long high level bridges with haunched beams

The shape of tall piers for haunched beams over several spans should respond to the curved haunches, either by an efficient taper or by a framelike shape, tapering downward (11.121).
Unfortunately, most bridges of this type have been built with piers of constant cross section, i. e. with straight vertical edges, which do not suit the swinging lines of the beams (11.122). At the *Vejle Fjord Bridge* in Denmark (11.123) the piers are at least as wide as the box girder, the transverse beams of the cantilevering deck are strong and carry a deep fascia beam.
At the *Sallingsund Bridge in Denmark* (11.124) the box girders are wider than the piers at the top, the pointed bends of the haunches find no support and the cantilever beams are unproportionately small. It reminds one of the bridge across the *Dordogne* near St. André de Cubzac and of the bridge to the island of *Oléron* near the mouth of the Gironde (11.125) which was probably the first of this kind. The aerial view shows the smooth vertical alignment for reaching the navigation clearance.
In northern Norway a high level bridge leads over the har-

11.125 Brücke zur Insel Oléron.
11.126 Hochbrücke in Tromsö, Norwegen.

11.125 Bridge connecting Oléron Island in France.
11.126 High level bridge in Tromsö, Norway.

11.125

11.126

11.127

11.128

11.127 Ölandbrücke in Schweden.
11.128 Osterschelde Brücke, Holland.

11.127 Öland Bridge in Sweden.
11.128 Eastern Schelde Bridge, Holland.

Im Norden Norwegens führt eine Hochbrücke auf schlanken Rundstützen über die Hafeneinfahrt von *Tromsö* (Bild 11.126). Die Ballung der Kräfte an den Vouten wird von Doppel-Stützenpaaren aufgenommen. Es stört ein wenig, daß die gevouteten Seitenöffnungen kleiner sind als die folgenden Öffnungen der Rampenbrücken.
Eine der längsten Brücken (6 km) über das Meer ist die *Ölandbrücke* in Schweden, bei der die Balken der Schiffahrtsöffnungen sehr dünn werden (Bild 11.127). Dieser Gegensatz zwischen hoher Voute und dünnem Scheitel stört das visuelle Gleichgewicht der Massen des Balkens gegenüber den schmalen hohen Pfeilern.
Eine eigenartige Pfeilerform hat die *Osterschelde Brücke* an der holländischen Küste, die 5 km lang ist. Im Verhältnis zur Spannweite von 91,40 m ist der Bock beinahe zu breit (Bild 11.128).

bour inlet of *Tromsö,* supported by slender circular columns (11.126). The concentration of forces by the haunches finds its response in double pairs of columns. It is a bit disturbing that the haunched side spans are shorter than the following spans of the ramp bridge.
One of the longest bridges crossing the open sea is the *Öland* Bridge in Sweden (11.127), at which the beams over the long navigation spans are very thin in the middle of the spans. This contrast between the large depth of the haunch and the thin crown disturbs the visual equilibrium between the masses of the beam and the tall slender piers.
A peculiar shape was chosen for the piers of the *Oosterschelde Bridge* on the Dutch coast, which is 5 km long (11.128). In comparison to the span length of 91.40 m the width of the inverted V-piers is almost too large.

11.129 Eisenbahnbrücke bei Freudenstadt (Baujahr ~ 1890).
11.130 Fuldatalbrücke bei Kassel.

11.129 Old railroad bridge near Freudenstadt, built approx 1890.
11.130 Fulda viaduct near Kassel.

11.129

11.130

11.5. Talbrücken mit Fachwerkbalken

In alten Zeiten wurden viele Eisenbahn-Talbrücken mit stählernen Gitterfachwerken auf kräftigen Naturstein-Pfeilern gebaut (Bild 11.129). Die Fachwerke sind parallelgurtig und ihre sich kreuzenden Diagonalen haben nur zwei Richtungen, die ihnen einen filigranartigen Ausdruck geben, dessen Leichtigkeit durch die dicken, aber in großem Abstand stehenden Pfeiler gesteigert wird.
In neuerer Zeit sind Fachwerke für Talbrücken selten geworden, was bedauerlich ist, weil sie große Spannweiten mit leichten Überbauten erlauben, die das Landschaftsbild weniger belasten als die Vollwandbalken. Die *Fuldabrücke bei Kassel* ist ein gutes Beispiel (Bild 11.130). Die Fachwerke der beiden Hauptträger entsprechen den in Kapitel 4.5 entwickelten Ordnungsregeln.
Beim Wiederaufbau der im Krieg zerstörten vollwandigen Stahlbalkenbrücke über das *Mangfalltal* südlich von München entstand ein Spannbeton-Fachwerkträger, der zwar gut aussieht, aber teuer war (Bild 11.131). Auch hier ist ein Ordnungsprinzip eingehalten, indem die sich kreuzenden Diagonalen zwischen den Pfosten in allen Feldern gleich sind. Zur Verbreiterung der Autobahn wurde später eine Kastenträgerbrücke daneben gebaut.

11.5. Viaducts with truss-girders

Formerly many railroad viaducts were built with steel trusses of the trellis type on sturdy masonry piers (11.129). The trusses have parallel chords and the diagonal bars, crossing each other, have only two directions and give a filigree impression which is enhanced by the thick piers and the considerable distance between them.
In our days, trusses have become rare for viaducts. This is regrettable, because they allow large spans with transparent, light looking structures, which burden the landscape less than plate girders. The *Fulda Bridge* near Kassel is a good example (11.130).
For the reconstruction of the *Mangfall Viaduct* south of Munich after the war (it was originally a steel plate girder) a prestressed truss girder was erected (11.131). It looks good, but it was expensive. The principle of good order was observed by making all crossing diagonals equal between the vertical posts. Later a box girder on a separate pier was added for widening the autobahn.

11.131

11.132

11.131 Mangfall-Talbrücke südlich von München.
11.132 Das Prinzip der Hangbrücke, hier mit Pilzkopfstütze.
11.133 Krahnenbergbrücke am Rhein.

11.131 Mangfall Viaduct south of Munich.
11.132 The structural principle for slope bridges here with mushroom cap.
11.133 Krahnenberg Bridge along the Rhine.

11.133

11.6. Hangbrücken

Im Bergland müssen häufig breite Straßen an stark geneigten Berghängen entlanggeführt werden. Die heutige Brückenbautechnik macht es möglich, solche Straßen wirtschaftlich als Brücken mit wenigen Pfeilern zu bauen, die im Hang gegründet werden (Bild 11.132). Man schont so die an Berghängen empfindliche und als Schutz gegen Erosion nötige Vegetation und erhält den Bewuchs der Hänge ober- und unterhalb der Straße für das Landschaftsbild.
Die erste Brücke dieser Art war die von H. Wittfoth entworfene *Krahnenbergbrücke* bei Andernach am Rhein (Bild 11.133) (1961), bei der erstmalig die Vorschubrüstung für eine so lange (1100 m) und verschieden gekrümmte Brücke verwendet wurde.

11.6. Bridges along steep slopes

In mountain regions, modern wide highways must often be routed along steep hillsides. Today's construction methods make it possible to build bridges economically for such highways on a few piers with their foundations in the slope (11.132). The delicate balance of the vegetation on steep hills, which is necessary as protection against erosion, is well preserved in this way and keeps its scenic value for the environment.
The first bridge of this type was the *Krahnenberg Bridge* near Andernach along the steep mountains in the Rhine Valley (11.133). It was designed 1961 by H. Wittfoth who used here for the first time the movable steel launching equipment. The bridge is 1100 m long and has changing curvature.

11.134

11.134 Luegbrücke – Brenner-Autobahn.
11.135 Querschnitte der Luegbrücke.

11.134 Lueg Bridge – Brenner Autobahn.
11.135 Cross sections of the Lueg Bridge.

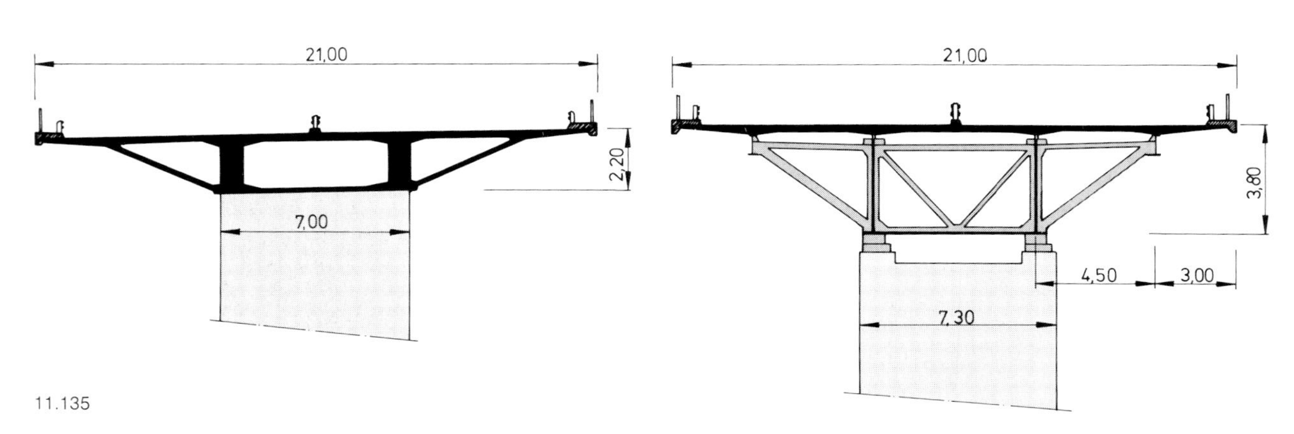

11.135

11.136 bis 11.138
Lehnen-Viadukt Bekkenried am Vierwaldstätter See.

11.136 to 11.138
Beckenried Bridge along the slopes of the Lake of Lucerne.

11.136

11.137

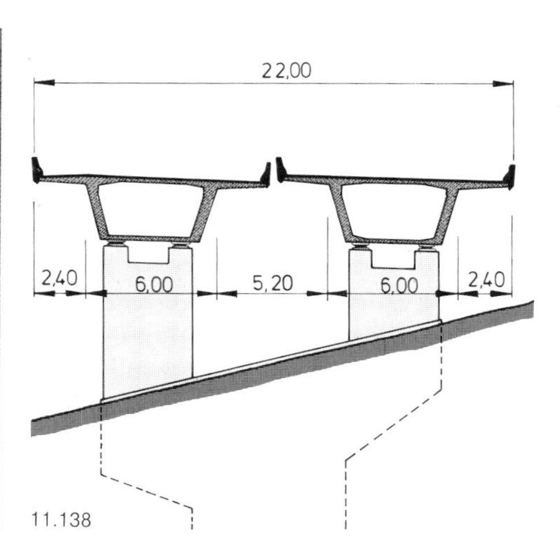

11.138

Die nächste große Hangbrücke wurde für die Brenner-Autobahn gebaut, wo sich die *Lueg-Brücke* mit 1804 m Länge in Kurven elegant an den zum Teil felsig steilen Berghang schmiegt (Bild 11.134). Der größte Teil der Brücke ist mit 2,20 m hohen Spannbeton-Kastenträgern mit Spannweiten von rund 36 m gebaut. Die nur 7 m breiten Pfeiler tragen die 21 m breite Autobahn. In einem rund 380 m langen Teilstück wurden 3,80 m hohe Stahlbalken mit 72,50 m Spannweite eingesetzt, weil dort Pfeilerverschiebungen durch Kriechverformungen der Gründung nicht auszuschließen waren (Bild 11.135). Der Wechsel fällt im Gesamtbild der Brücke kaum auf, weil Pfeilerform, Gesims und Geländer gleichartig durchgehen.
An vielen Stellen wurde der Pilzkopfquerschnitt der Elztalbrücke (siehe Bild 11.112) für Hangbrücken am Brenner verwendet.

This bridge type was applied for several "slope bridges" of the Brenner Autobahn, where the *Lueg Bridge* clings elegantly in curves over a length of 1804 m to the rocky, wooded mountainside (11.134). The greater portion of this bridge was built with 2.20 m deep prestressed box beams over spans of 36 m. The piers, only 7 m wide, carry the 21 m wide autobahn. In a 380 m long portion, 3.80 m deep steel plate girders were used to bridge 72.50 m spans, because the soil condition there did not preclude considerable displacement of the piers (11.135). The change is hardly visible because the shape of the piers, the fascia and the railing are the same over the whole bridge length.
The mushroom design of the Elztal Viaduct (11.112) was applied for slope bridges of the Brenner Autobahn at several points, because it is very suitable and pleasing.

11.139 Meisslgrabenbrücke der Phyrn-Autobahn, Steiermark.
11.140 Hangbrücke Rauchenkatsch, Tauernautobahn.
11.141 Autobahn oberhalb Château Chillon, Genfer See.
11.142 Kremsbrücke Pressingberg.

11.139 Slope bridge of the Phyrn-Freeway in Styria.
11.140 Slope bridge Rauchenkatsch of the freeway through the Tauern-Alps.
11.141 Autobahn along the slopes at the Lake of Geneva above Chillon Castle.
11.142 Krems bridge Pressingberg.

11.139

Vegetation unter der Brücke noch nicht erholt.

Vegetation under the bridge not yet recovered.

11.140

11.141

11.142

11.143 Wendebrücke an der Gotthardstraße.

11.143 Bridge for a road turn on the Gotthard Pass road.

11.143

Am Vierwaldstätter See in der Schweiz trug diese Brükkenart zur Schonung des Berghangs am Südufer bei (Bild 11.136 bis 11.138, *Lehnen Viadukt Beckenried*). Dabei wurden je zwei Pfeiler nebeneinander gebaut, wie dies auch bei einigen Hangbrücken der Phyrnautobahn in der Steiermark geschah (Bild 11.139 *Meisslgrabenbrücke*).
Die Bauart mit nur einem schmalen Pfeiler und weit auskragenden Überbauten ist für solche Brücken entschieden vorzuziehen. Die Hangbrücke *Rauchenkatsch* der Tauernautobahn im Liesertal ist mit Einzelpfeilern gebaut (Bild 11.140). Die Wunden im Berghang durch die Bauarbeiten sind hier noch nicht wieder begrünt.
Diese Bilder zeigen wieder die störende Wirkung der hellen Betonfarbe in grüner Landschaft. Wenigstens sollte man die Pfeiler dunkel halten.
Am schönen Genfer See wurde die Autobahn oberhalb des *Château Chillon* mit großen Spannweiten auf gevouteten Balken geführt, die auf Doppelpfeilern stehen, um den Freivorbau zu erleichtern. Der Wald am Hang konnte in ausreichendem Umfang erhalten bleiben (Bild 11.141).
Häufig gehen solche Hangbrücken direkt in Talbrücken über, wie bei der *Kremsbrücke Pressingberg* der Tauernautobahn im Liesertal (Bild 11.142). Die Zwillingspfeiler erleichtern den Bau der Balken über die großen Spannweiten der Talbrücke.
An steilen Berghängen bereitete früher der Bau von Haarnadelkurven große Schwierigkeiten. Heute wird diese Aufgabe elegant mit Hangbrücken gelöst, die in das Tal hinausgreifen, um den Radius genügend groß zu machen und dennoch den Hang wenig zu verletzen. Bild 11.143 zeigt die *Wendebrücke* der neuen Gotthardstraße.

Along the southern banks of the Vierwaldstätter Lake in Switzerland a long slope bridge helped to preserve the beauty of these mountain slopes; this is the *Lehnen Viaduct, Beckenried* (11.136 to 11.138). The bridge can scarcely be seen from a distance. Two separate box beams on two piers were chosen, as is the case on some slope bridges in Styria (Austria), here shown at the *Meiselgraben* Bridge (11.139).
The cross section with one box and wide cantilevers, supported by single narrow piers must definetly be preferred for such bridges. The slope bridge *Rauchenkatsch* of the Tauern Autobahn through the Lieser Valley stands on such single piers (11.140). The scars in the mountainside caused by the construction work have not yet been replanted in this case.
These pictures again demonstrate the detrimetal effect of a light grey concrete colour in a green scenic landscape. At least the piers should be given a darker colour.
Along the beautiful Lake of Geneva above the Chateau Chillon near Montreux, the autobahn was built with haunched beams over long spans on double piers in order to ease the free cantilevering construction (11.141). The forest on this steep mountainside was well preserved.
For these slope bridges there is often a direct transition into a viaduct as at the *Krems Bridge, Pressingberg* on the Tauern Autobahn in the Lieser Valley (11.142). The twin piers help to bridge the great span lengths across a side valley.
For roads climbing on steep slopes it used to be difficult to build the "hair pin bends". Nowadays such turns are elegantly solved with bridges which reach far out into the valley in order to allow a sufficiently large radius without doing too much damage to the slope. The photo 11.143 shows such a turn bridge on the new Gotthard Pass road.

12. Große Bogen- und Rahmenbrücken

12. Large arch and frame bridges

12.1. Flußbrücken – vollwandige Bogen

In gebirgiger Landschaft gibt unregelmäßiges Mauerwerk aus Stahlbeton für die Stirnwände einer Bogenbrücke Maßstab und Lebendigkeit, wie dies die *Saalachbrücke bei Berchtesgaden* zeigt (Bild 12.1) (Baujahr etwa 1935). Die gleiche Brücke mit glatten Betonflächen würde brutal und tot wirken.

Der Dreier-Rhythmus der Bogen wirkt bei der *Rheinbrücke Eglisau* harmonisch, der helle, kleinformatige Naturstein gibt eine warme Tönung (Bild 12.2).

Die flachen Bogen der Brücke über die *Isère in Grenoble* gehen mit einer Ausrundung in die breiten Pfeiler über (Bild 12.3). Die halbhohen Pfeilerköpfe befriedigen nicht ganz.

Wenn die Schiffahrt eine große Öffnung erfordert, dann bleiben seitlich nur kleine Bogenöffnungen, wie bei der *Saône-Brücke in Lyon* (Bild 12.4) oder dem *Pont de la*

12.1. River bridges, full face arches

In mountain country, stone masonry with irregular courses at the face walls of a concrete arch bridge gives scale and liveliness as can be seen at the *Saalach Bridge* near Berchtesgaden (12.1) (built in 1935). The same bridge but with plain concrete face walls would look brutal and dead.

The three-span rhythm of the arches of *Eglisau Bridge* across the River Rhine has a harmonious effect. The brightly coloured and small-sized stones give a mellow texture (12.2).

The shallow arches of the *Isère bridge in Grenoble* (12.3) have a curved transition to the wide piers. The ending of the pier heads at half height is not quite satisfying.

If navigation requires one large span, then small side spans can follow as at the *Saône bridge in Lyon* (12.4) or at the *Pont de la Tournelle* over the Seine in *Paris* (12.5)

12.1

12.1 Saalachbrücke bei Berchtesgaden.

12.1 Bridge across Saalach river near Berchtesgaden.

12.2 Rheinbrücke Eglisau.
12.3 Isère Brücke in Grenoble.

12.2 Bridge across the Rhine near Eglisau.
12.3 Bridge across the Isère in Grenoble.

12.2

12.3

Tournelle über die Seine in Paris, dessen Hauptbogen 74 m weit mit nur 7 m Pfeilhöhe gespannt ist (Bild 12.5) (Baujahr 1927). Beide Brücken sind mit Naturstein verkleidet, dessen helle, warme Farbe über Jahrzehnte gehalten hat. Der Hauptbogen wird durch kräftige Pfeilervorlagen gegen die Seitenbogen abgesetzt. In Lyon sind die bis oben glatt durchgehenden, sich leicht verjüngenden Pfeiler überzeugend. In Paris glaubte man ein Ausrufezeichen anfügen zu müssen.
Monumentale Wirkung sollte bei der *Arlington Memorial Brücke* über den Potomac River in Washington D. C. durch helle Granitquader erzielt werden (Bild 12.6). Im Hintergrund das Lincoln Memorial.
Beim Bau der ersten deutschen *Autobahnen* (1933–1940) sind mehfach Bogenbrücken aus Naturstein über Flüsse gebaut worden, so die Brücke über die *Ilm bei Weimar* mit

which has a main span of 74 m with only 7 m rise between spring and crown (built in 1927). Both bridges have a masonry facing whose warm tone has lasted over the decades. Strong piers project over the face walls and separate the main arch from the side arches. In Lyon these piers are smooth and slightly tapered, while in Paris the designer of the bridge thought that an exclamation mark would be fine.
A monumental effect was aimed at with the granite facing at the *Arlington Memorial Bridge* over the Potomac River in Washington, D. C. (12.6). In the background the Lincoln Memorial can be seen.
During the first period of the construction of the German autobahn network (1933–1940), several masonry arch bridges were built crossing rivers, like the *Ilm bridge* near Weimar (12.7) with 5 spans. The large face areas are

12.4

12.5

12.6

12.4 Saône Brücke in Lyon.
12.5 Pont de la Tournelle über die Seine in Paris.
12.6 Potomac River Brücke in Washington, D. C.

12.4 Bridge across the Saône in Lyon.
12.5 Pont de la Tournelle across the Seine in Paris.
12.6 Potomac River bridge in Washington, D. C.

12.7 Autobahnbrücke über die Ilm bei Weimar, Baujahr 1937.
12.8 Saalebrücke Jena – Autobahn.

12.7 Bridge across the Ilm River near Weimar, built in 1937.
12.8 Bridge across the Saale valley near Jena.

12.7

12.8

fünf Öffnungen (Bild 12.7). die großen Stirnflächen werden über den breiten, flachen Pfeilern im Anklang an Römerbrücken durch schmale Öffnungen unterbrochen. Das exakte Quadermauerwerk aus Muschelkalk ist in der freien Landschaft beinahe zu streng (Entwurf F. Tamms). Die *Saalebrücke* der Autobahn bei *Jena* gehört zu diesen Brücken (Bild 12.8, Entwurf F. Tamms 1936). Die mächtigen Gewölbe mit den großen Stirnflächen wirken in der lieblichen Landschaft zu schwer. Der Vorteil dieser Bauart ist ihre Dauerhaftigkeit, man darf wie bei den Römerbrükken mit mehreren hundert Jahren Lebensdauer rechnen.
Von den vielen Bogenbrücken mit geschlossenen Stirnflächen aus Beton sei nur die *Moselbrücke Zeltingen* gezeigt (Bild 12.9). Die Öffnungsweiten steigern sich zur Hauptöffnung hin. Die Bogenscheitel sind beinahe zu dünn, und doch gibt dies einen eigenartigen Reiz.

broken up by slim openings above the wide, shallow piers – a reminder of Roman bridges (design F. Tamms in 1937).
The *Saale bridge* at Jena is one of these bridges (12.8) (design F. Tamms, 1936). The mighty vaults with the large but pallid face walls appear too heavy in relation to the lovely landscape. The advantage of this type of structure is its great durability; such bridges can be expected to stand for several hundred years, as has been proved by Roman bridge.
Of the large number of concrete arch bridges with concrete face walls, we show only the *Moselle bridge, Zeltingen* (12.9). The widths of the spans increase culminating in the main span. The crowns of these arches are almost too thin but, somehow, this has a certain appeal.

12.9

12.10

12.9 Moselbrücke Zeltingen.
12.10 Le Pont Neuf über den Lot in Villeneuve.

12.9 Bridge across the Moselle in Zeltingen.
12.10 Pont Neuf over the Lot river in Villeneuve.

12.2. Flußbrücken – Bogen mit durchbrochenem Aufbau

Der bekannte französische Ingenieur Eugène Freyssinet entwarf 1914 eine ungewöhnlich kühne Bogenbrücke aus unbewehrtem Beton, den *Pont Neuf über den Lot* in *Villeneuve* (Bild 12.10). Sie hat 90 m Spannweite und einen Stich von nur etwa $\ell/8$. Der durchbrochene Aufbau ist ganz mit Ziegeln gemauert, das Gewölbe liegt auf dünnen Querwänden. Das Ziegelrot leuchtet warm vor dem Grün der Flußufer. Freyssinet rüstete den Bogen hier erstmalig mit hydraulischen Pressen in der Scheitelfuge aus, durch die das Gewölbe vom Lehrgerüst abgehoben wurde.
Bei der *Neckarbrücke Heilbronn* (Bild 12.11) wurde der sichelförmige Zweigelenk-Bogen gewählt, der im Scheitel mit der Fahrbahn verschmilzt. Die Fahrbahn wird von

12.2. River bridges, barrel arches

In 1914 the famous French engineer Eugène Freyssinet designed a daring arch bridge in nonreinforced concrete, *le Pont Neuf over the river Lot* in Villeneuve (12.10). It has a span of 90 m and a rise of only about $\ell/8$. The barrels are of brick masonry, small vaults on thin spandrel walls. The red colour of the bricks shines warmly against the green river banks. Freyssinet released the arch from the scaffolding here for the first time with hydraulic jacks in the crown joint.
At the *Neckar Bridge, Heilbronn* (12.11) a two-hinged arch with sickle shape was chosen which joins the deck slab at its crown. The deck is supported by transverse spandrel walls. The massive piers at the banks help to resist the

12.11 Rosenbergbrücke in Heilbronn, Aufnahme 1951.
12.12 Rosenbergbrücke Heilbronn, Schrägsicht 1982.
12.13 Pont de Clairac über den Lot.
12.14 Valtschielbachbrücke bei Donath.
12.15 Salginatobelbrücke.
12.16 Die Merkmale des Maillart-Bogens, hier Donaubrücke Leipheim.

12.11 Rosenberg Bridge in Heilbronn, photo taken in 1951.
12.12 Rosenberg Bridge in Heilbronn, photo taken 1982.
12.13 Pont de Clairac over the Lot river.
12.14 Valtschielbach bridge near Donath.
12.15 Bridge across Salgina gorge.
12.16 Criteria of Maillart's arches, here bridge across the Danube near Leipheim.

12.11

12.12

Querwänden getragen. Die kräftigen Pfeiler am Ufer helfen, den Bogenschub aufzunehmen ($\ell = 59$ m, Baujahr 1950). Solche Brücken sehen auch in steiler Schrägsicht gut aus (Bild 12.12).
Zweigelenkbogen über drei Öffnungen hinweg hat der von N. Esquillan entworfene *Pont de Clairac über den Lot in Villeneuve* (Bild 12.13). Der durchsichtige Aufbau mit nur wenigen Stützen verläuft sehr schön über die niedrigen, schmalen Zwischenpfeiler.
Der Schweizer Professor Wilhelm Ritter (ETH) fand schon um 1890, daß der Bogen sehr dünn werden kann, wenn man dafür die Fahrbahntafel biegesteif macht, so daß sie die Biegemomente aus der Verkehrslast aufnimmt. Sein Schüler *Robert Maillart* baute bald solche Brücken von beachtlicher Schönheit, so die *Valtschielbachbrücke bei Donath* (Kanton Graubünden) mit 43 m Spannweite (Bild

thrust of the arch ($\ell = 59$ m, built in 1950). Such bridges also look handsome from a low angle view (12.12).
Two hinged arches over three spans were designed by N. Esquillan for the *Pont de Clairac over the Lot in Villeneuve* (12.13). The lucid barrel structure with few columns runs pleasingly over the low and narrow intermediate piers.
The Swiss Professor Wilhelm Ritter (ETH) found as early as 1890 that the vaults can be very thin if the deck structure has bending stiffness, thereby taking up the bending moments due to live load. His student *Robert Maillart* soon built such bridges of notable beauty like the *Valtschielbach Bridge* near Donath (the Grisons) with 43 m span (12.14, built in 1925). The thinness of the arch vault is intensified by the contrast to the masonry abutments.
Later such bridges with stiffened slab arches were often built because the scaffolding can be light. An example is

12.13

12.14

12.15

12.14, Baujahr 1925). Die »Dünne« des Bogens wird durch den Kontrast zu den gemauerten Widerlagern gesteigert.
Solche »Stabbogenbrücken« wurden später oft gebaut, weil dabei das Lehrgerüst leicht wurde, so zum Beispiel über den *Neckar in Tübingen* (Bild 12.17). Die Bogen werden polygonal geformt, durch kleine Abstände der Querwände muß man dafür sorgen, daß die Knickwinkel des Polygons nicht zu groß werden.
Maillart entwickelte auch den Dreigelenkbogen zu einer besonders sparsamen Form. Seine *Salginatobel-Brücke*, hoch in den Davoser Bergen, wurde weltberühmt (Bild 12.15), Spannweite 90 m, Baujahr 1930, an der Straße Schiers – Schuders, Graubünden). Der Bogen schwillt vom dünnen Kämpfer zum Viertelpunkt an und wird im Scheitel wieder ganz dünn, wie dies Bild 12.16 zeigt, das

Längsschnitt im Bogen

$\ell/2$ = 40,30m

Gelenk

I II III

1,10 | >2,00

2,20 | 2,20 | 2,20

12.16

12.17 Stabbogenbrücke über den Neckar in Tübingen.
12.18/12.19 Brücke über den Valser Rhein.

12.17 Deck stiffened arch bridge over the Neckar in Tübingen.
12.18/12.19 Bridge across the Valse Rhine.

12.17

12.18

zur Donaubrücke Leipheim gehört. Dies gibt eine ungewöhnliche Spannung, die durch die herbe Gebirgslandschaft noch gesteigert wird.
Diese von Maillart geschaffenen Typen der Bogenbrücken sehen aber nur in dafür geeigneten Situationen gut aus, wie zum Beispiel bei verhältnismäßig flachen Bogen gegen eine Bergkulisse. In vielen anderen Fällen ist der normale kräftige Bogen mit weitgehend offenem, leichtem Überbau schöner, vor allem wenn die Spannweiten größer werden. Solche Brücken hat der Schweizer *Chr. Menn* mehrfach meisterhaft gebaut, z. B. über den *Valser Rhein* bei Uors in Graubünden (Bilder 12.18 und 12.19) oder *über den Hinterrhein in der Viamala-Schlucht* mit 86 m Spannweite (Bilder 12.20 und 12.21). Die Fahrbahnen dieser Brücken sind mit rund 8 bis 9 m ziemlich schmal, so daß schmale Bogen und schmale Querwände auch in der

12.19

12.20

12.21

the *Neckar bridge in Tübingen* (12.17). The slab arch has a polygonal shape and one must take care that the angles of deviation do not become too large by choosing small distances between the spandrel walls.

Maillart also developed a very economical shape for the three-hinged arch. His bridge across the *Salginatobel,* high up in the Davos Alps, became world-famous (12.15, span 90 m, built in 1930). The arch depth swells from the thin springing to the fourth-point ($\ell/4$) and decreases to a thin crown, as the drawing 12.16 displays (dimensions of the Danube Bridge). This gives an unusual thrill which is intensified by the austere alpine landscape.

These Maillart-type arch bridges only look good in special situations as here over a gorge and against a mountainous background. In many other cases the normal strong arch with wide openings between deck and arch lends more beauty. Such bridges have been built in masterly fashion by the Swiss engineer *Chr. Menn* on several occasions, e. g. over the *Valse-Rhine* near Uors in the Grisons (12.18 and 12.19) or over the *Hinterrhine* in the *Viamala Gorge* (12.20 and 12.21). The widths of these bridges are rather small (8 to 9 m), resulting in narrow arches and spandrel walls which leave the view through the bridge open even when seen from an acute angle.

The two arches close together bridging the *Moesa Torrent* give a special appeal to the southern ramp of the *Bernardino Pass route* above Mesocco (12.22 and 12.23). The solid slabs of the arches are unobtrusively polygonal-shaped, the spacing of the spandrel walls remains equal on the slopes outside the arch till the very small abutments are reached. The deck cantilevers 2.95 m over the arch and this wide cantilever is acceptable due to the very open structure even when the crown of the arch is swallowed by shadow.

12.20/12.21 Viamala Brücke (Bernardino Paß).

12.20/12.21 Viamala Bridge on Bernardino Pass road.

12.22

12.22/12.23 Südrampe des St. Bernardino Passes oberhalb Mesocco, Tessin; zwei Bogenbrücken.

12.22/12.23 Southern ramp of Bernardino Pass road near Mesocco in the Ticino. Two arch bridges.

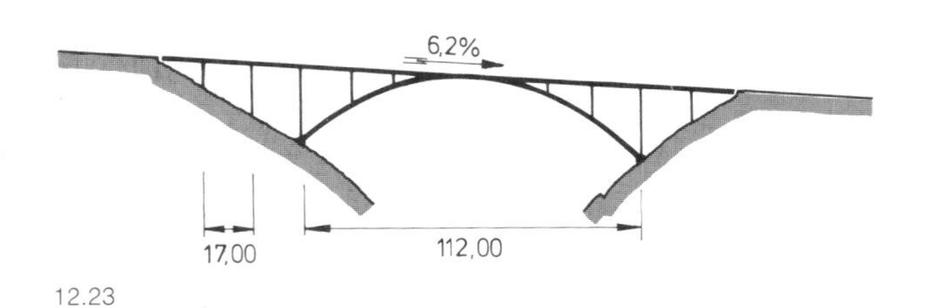

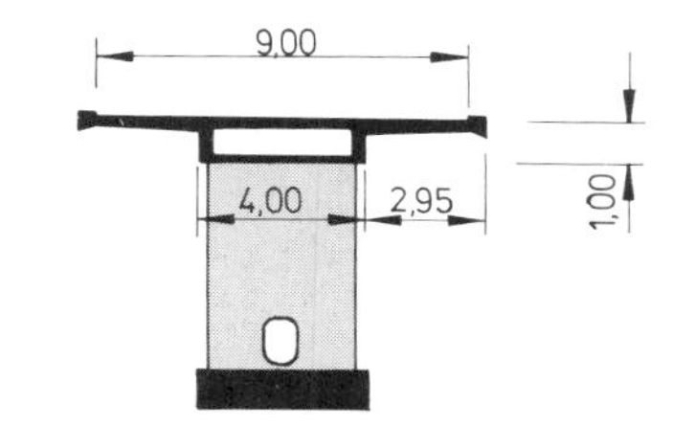

12.23

Schrägsicht wenig Raum einnehmen und den Durchblick offenlassen.
Besonders reizvoll sind die zwei nahe übereinanderliegenden *Bogenbrücken über den Moesa-Bach* in der Südrampe der St. Bernardino-Paßstraße oberhalb Mesocco (Bilder 12.22 und 12.23). Die massiven Bogen (ℓ = 112 m) sind in unauffälliger Weise polygonal geformt, die Abstände der schmalen Querwände bleiben am Hang gleich groß, bis das sehr kleine Widerlager erreicht ist. Die Fahrbahntafel kragt 2,95 m weit über die obere Hohlplatte aus, was bei der starken Auflösung erträglich ist, auch wenn der Scheitel des Bogens im Schatten verschwindet.
Eine der reizvollsten Bogenbrücken über eine Schlucht ist die *Bixby Creek Brücke* an der kalifornischen Küstenstraße (Bild 12.24, Spannweite 100 m, Baujahr etwa

One of the most charming arch bridges over a gorge is the *Bixby Creek Bridge* on the Californian coast highway (12.24, span 100 m, built around 1940). Arch and columns taper from bottom to top into graceful dimensions, only the piers above the springs are old-fashioned and a bit too massive, though they accentuate the thinness of the other members. The cross beams between the columns should have been avoided.
Somewhat similar ist the *Russian Gulch Bridge* – also situated on the Californian coast highway about 150 miles north of San Francisco (12.25). Here the posts continue without a break over banks and arch in the same rhythm becoming smaller from ground to top.
An arch bridge in Brittany (12.26) has a very scant type of support for the deck. Two rows of circular columns carry the deck on two arch ribs. The columns continue behind

12.24

12.25

12.24 Bixby Creek Brücke.
12.25 Russian Gulch Brücke.

12.24 Bixby Creek Bridge, California.
12.25 Russian Gulch Bridge, California.

1940). Bogen und Stützen verjüngen sich von unten nach oben zu zierlichen Abmessungen – nur die Kämpferpfeiler sind etwas zu massig, obwohl sie die Feingliedrigkeit der anderen Teile steigern. Die Querriegel zwischen den Stützen hätte man vermeiden können.

Eine gewisse Ähnlichkeit hiermit hat die *Russian Gulch-Brücke* – auch an der kalifornischen Küstenstraße, etwa 150 Meilen nördlich von San Francisco (Bild 12.25). Hier geht die Aufständerung am Kämpfer in gleichem Rhythmus durch.

Eine sehr sparsame Aufständerung zeigt eine *Brücke in der Bretagne* (Bild 12.26). Zwei Reihen runder Stützen tragen die Fahrbahn auf zwei kräftigen Bogenrippen, die Stützen gehen hinter dem Bogen in gleichem Rhythmus bis zum Widerlager weiter. Die Bogen stemmen sich ohne Pfeiler direkt gegen den Grund.

the arch in the same spacing to the small abutments. The arches stem directly against the ground without visible abutments.

Finally a truss-stiffened arch shall be shown; it is the *Rip Bridge* across a narrow inlet at the Australian coast north of Sydney (12.27). The arch spans 183 m and continues into cantilevering half arches on both sides which are held back by the prestressed deck slab acting as a tie. The tension diagonals have small sections. Arch and deck join in the crown to form a very thin slab.

This group of barrel type concrete arch bridges may be rounded off with two older city bridges: The *Pont de l'Hôtel-Dieu* over the Rhône in *Lyon* (12.28 and 12.29, built 1912–1916) belongs to a period in which monumentality was in vogue. It is designed with love in all details such as its stone cutting, cornice balustrade and piers, and fits in

12.26 Bogenbrücke in der Bretagne.
12.27 Rip-Brücke nördlich von Sidney.
12.28/12.29 Pont de l'Hôtel-Dieu über die Rhône in Lyon.
12.30 Francis Scott Key Brücke über den Potomac in Washington, D. C.

12.26 Arch bridge in Brittany, France.
12.27 Rip Bridge north of Sydney.
12.28/12.29 Pont de l'Hôtel-Dieu over the Rhône in Lyon.
12.30 Francis Scott Key Bridge over the Potomac in Washington, D. C.

12.26

12.27

Schließlich soll noch eine fachwerkartig versteifte Bogenbrücke gezeigt werden, die sich sehr elegant über eine kleine Meerenge an der australischen Küste *nördlich Sidney* spannt, die sogenannte *Rip-Brücke* (Bild 12.27). Der Bogen ist 183 m weit gespannt und setzt sich beidseitig als Kragbogen fort, wobei die Fahrbahntafel als vorgespanntes Zugband wirken muß. Die Zugdiagonalen sind dünn gehalten. Bogen und Fahrbahntafel vereinigen sich im Scheitel zu einer sehr dünnen Platte.
Mit zwei älteren *Stadtbrücken* sei diese Gruppe der aufgelösten Massiv-Bogenbrücken abgeschlossen: Der *Pont*

well with the monumental buildings along the banks of the Rhône which give the city of Lyon its character. The arches are rather flat, have a main span of 49 m and are propped against low piers.
The *Francis Scott Key Bridge* over the Potomac River in Washington, D. C. (12.30) also retains a touch of monumentality through its shape and ashlar masonry, though unnecessary architectural elements were avoided here. The arches and barrels are shaped in such a way that they do justice to the stone material. The three arch ribs lead one to assume that the bridge has been widened twice.

12.28

de l'Hôtel-Dieu über die Rhône in Lyon (Bilder 12.28 und 12.29), 1912–1916 erbaut, gehört in die Zeit, in der Monumentalität gefragt war. Er ist in all seinen Details des Steinschnitts, der Gesimse, der durchbrochenen Brüstung liebevoll gestaltet und paßt gut zu den monumentalen Gebäuden, die den Rhôneufern der Stadt Lyon ihr Gesicht geben. Die Bogen sind ziemlich flach bis zu 49 m weit gespannt und stemmen sich gegen niedrige Pfeiler.

Auch bei der *Francis Scott Key Bridge* über den Potomac River in Washington D. C. blieb durch Form und Naturstein ein Hauch von Monumentalität, auf unnötige Architekturelemente wurde verzichtet, und die Bogen und Aufbauten sind in der zum Naturstein gehörigen reinen Form gestaltet (Bild 12.30). Die drei Gewölbestreifen lassen vermuten, daß die Brücke in der Zwischenzeit zweimal verbreitert wurde.

12.29

12.30

12.31

12.32

12.31 Telford Brücke über den Spey River in Schottland.
12.32 Rheinbrücke Mainz.

12.31 Telford's Bridge across the Spey River in Scotland.
12.32 Bridge across the Rhine in Mainz.

12.3. Flußbrücken – Stahlbogen

Ein Meisterwerk aus früher Zeit ist die von Thomas Telford, dem großen englischen Brückenbauer, 1812 erbaute *Brücke über den Spey River* in Craigelaiche in Schottland (Bild 12.31, Spannweite 50 m). Der flache Bogen besteht aus vergitterten Gußeisenstücken, die ausgerundete Fahrbahn wird von dünnen sich kreuzenden Diagonalstäben getragen, die oben und unten je gleichen Abstand haben, so daß die Schnittpunkte auf der Linie mitten zwischen Bogen und Fahrbahn liegen (Ordnungs-Regel!). In der Telford-Biographie von L. T. C. Rolt heißt es: ». . . the design is so graceful, so delicate in its nicety of proportions . . .« Dieser Eindruck stimmt heute noch!
Mehrere Rheinbrücken waren mit flachen vergitterten Stahlbogen gebaut worden (Worms, Koblenz, Mainz), sie

12.3. River bridges, steel arches

A masterpiece of a bygone era was built around 1812 by the great English bridge engineer Thomas Telford. It is the *bridge over the Spey River in Craigelaiche* in Scotland (12.31, span 50 m). The arch is composed of cast iron ribs joined with lattice work, the curved deck is supported by lattice type spandrels which have the same spacings at top and bottom so that the points of intersection lie on a line in the middle between arch and deck (rule of good order!). L. T. C. Rolt says in his Telford biography: ". . . the design is so graceful, so delicate in its nicety of proportions . . .". This impression is valid till today!
Several bridges across the Rhine were built with arch ribs of such lattice work (Worms, Koblenz, Mainz), they were garnished with gate towers, bastions and pillars, but they

12.33

12.34

12.33/12.34 Pont Galiéni über die Rhône in Lyon.

12.33/12.34 Pont Galiéni over the Rhône in Lyon.

waren mit Tortürmen, Bastionen und Pilastern verziert – sie fielen dem Krieg zum Opfer. Nur die *Rheinbrücke Mainz-Kastel* wurde 1948 mit den vergitterten Bogen auf den alten Pfeilern wieder aufgebaut, über den Bogen aber von allem Zierrat befreit, Gesims und Geländer entsprechen der heutigen Zeit (Bild 12.32). Die Kuppenausrundung der Fahrbahn erstreckt sich über die drei mittleren Öffnungen, die Spannweiten nehmen mit 87 + 99 + 103 m entsprechend der Pfeilhöhe zur Mitte zu. So entsteht ein harmonischer Eindruck.
Vergitterte Stahlbogen weist auch der *Pont Galiéni in Lyon* auf, der die breite Rhône in drei Sprüngen überbrückt (Bilder 12.33 und 12.34). Auch hier ist die Fahrbahn mit großem Radius ausgerundet, und die äußeren Bogen passen sich mit kleineren Spannweiten der Pfeilhöhe an. Gußeiserner Schmuck ziert die Bogen, die äußeren Stützen und

were destroyed at the end of World War II. Only the *Mainz-Kastel Bridge* over the Rhine was rebuilt in 1948 with the old type of latticed arch ribs on the old piers, but without the former ornaments above the road deck (12.32). The curvature of the vertical alignment stretches over the three middle openings, the spans increase from 87 over 99 to the 103 m of the central opening and the rises of the arches increase proportionally. A harmonious expression is the result.
Latticed arch ribs are also a feature of the *Pont Galiéni in Lyon* (12.33 and 12.34) which crosses the wide Rhône River with three spans. Again, the deck is vertically curved with a great radius and the arches of the side spans adapt their span widths to the decreasing rise. Cast iron ornaments embellish the arches, the posts and the railing and emphasis is also given to the piers by such ornaments.

12.35

12.36

12.35 bis 12.37 Pont d'Alexandre III über die Seine in Paris.
12.38 Die Bogen ohne Verzierung.

12.35 to 12.37 Pont Alexandre III over the Seine in Paris.
12.38 The arch rib of Pont Alexandre without the ornaments.

12.37

12.38

12.39

12.40

12.41

12.39 Eisenbahnbrücke über die Loire in Nevers.
12.40 Newa Brücke in Leningrad.
12.41 Zwei Bogenbrücken über den Donau-Kanal in Wien.

12.39 Railroad bridge across the Loire in Nevers.
12.40 Bridge over the Newa river in Leningrad.
12.41 Two arch bridges across the Danube Canal in Vienna.

das Geländer sowie die massiven Pfeiler sind durch Ornamente betont.
Die wohl eindrucksvollste und auch kühnste Bogenbrücke dieser Epoche (1899) ist der *Pont d'Alexandre III in Paris* (Bilder 12.35 bis 12.37), der die Seine in einer einzigen Öffnung mit 107,50 m Spannweite überspringt. Das Pfeilverhältnis beträgt nur 1:17, was sehr widerstandsfähige Widerlager voraussetzt, die durch die massiven Bollwerke an beiden Ufern Ballasthilfe erhalten. Der Ingenieur war Louis-Jean Résal.
Die Bogenträger selbst bestehen aus gußeisernen I-Profilen (Bild 12.38). Die äußeren Bogen sind durch gußeiserne Verzierungen verdeckt (Bild 12.37). Girlanden hängen oben von Stütze zu Stütze, die Balustrade ist von Kandelabern unterbrochen. Den Scheitel ziert ein von Engeln behütetes Wappen. Die Brücke strahlt den Zeitgeist der Weltausstellung zur Jahrhundertwende aus, und man freut sich auch heute an so üppigem Zauber.
Eine Anlehnung an Telfords Spey-Brücke finden wir bei der *Eisenbahnbrücke über die Loire in Nevers,* jedoch mit Vollwandbogen (Bild 12.39). Die sich kreuzenden Ständer sind durchweg parallel, so daß sich die Abstände zum Scheitel hin verkleinern. Das Motiv der Ständer wiederholt sich im Geländer. Die kräftigen Pfeiler haben eine helle Steinverkleidung.
In *Leningrad* beeindrucken die *Newa-Brücken* durch ihre Länge und Form. Die Steigerung der Spannweiten zur Hauptöffnung hin ist für den günstigen Eindruck der Fachwerkbogen wesentlich. Die gleichartige enge Ausfachung gibt der Brücke Maßstab (Bild 12.40).
Leider existieren nur wenige moderne stählerne Bogenbrücken über Flüsse. Eine Ausnahme bietet Wien mit zwei benachbarten Zweigelenkbogenbrücken über den Donaukanal (Bild 12.41). Die vordere trägt die Stadtbahn, die hintere eine Straße. Die Wiederholung der fast gleichen Form ist hier wohltuend. Die alten Widerlager deuten an, daß hier früher andere Brücken standen.

The most impressive and daring arch bridge of this epoch (1899) is the *Pont Alexandre III in Paris* (12.35 to 12.37) which flings itself across the Seine river in one single span of 107.50 m. The rise/span ratio of 1:17 requires stiff and very resistant abutments which are backed up by the heavy ballast of the massive bulwark-like underpasses on both banks. The engineer was Louis Jean Résal.
The arches are composed of cast iron I-sections (12.38). The outer arch ribs are totally concealed by cast iron ornaments (12.37). Garlands hang from post to post, the balustrade is interrupted by candelabra, the crown is highlighted with a coat of arms guarded by angels. The bridge reflects the spirit of the age around the turn of the century. Somehow even in our day one is pleased by all this opulent glamour, especially because it is in Paris.
A touch of Telford's Spey Bridge is found in the railway bridge over the *Loire in Nevers,* though here it has plate arch ribs (12.39). The crossed spandrel posts are parallel throughout and so their spacing decreases towards the crown. The pattern of the crossed posts is repeated in the railing of crossed bars. The sturdy piers have a fine masonry facing.
In *Leningrad* the bridges across the *Newa River* impress by their length and shape (12.40). An increase in span width towards the main central span is essential to the favourable expression of the truss arches. The uniform narrow bracing gives an adequate scale to the bridge.
Unfortunately, there are not many steel arch bridges over rivers. *Vienna* offers two arch bridges across the *Danube Canal* (12.41) with the shape of the two-hinged arch. The one in front is for city rail traffic, the one behind is for road traffic. The repetition of almost the same shape is comforting. The old abutments hint that there were earlier bridges on these sites.

12.4 Talbrücken – Bogen aus Stein und Beton

Zu Beginn der Autobahnzeit wurden auch Talbrücken wegen der großen Dauerhaftigkeit gern mit Naturstein gebaut. Die *Lahntalbrücke bei Limburg* (Bilder 12.42 und 12.43) war das eindrucksvollste Bauwerk, wenngleich die Massen der bis zu 60 m hohen ungegliederten Pfeiler im Maßstab nicht zum Limburger Dom im Hintergrund und auch nicht zur Landschaft passen. Die Schönheit des Mauerwerks milderte die Wirkung der Masse (Bild 12.44) (Architekt P. Bonatz). Die Lahntalbrücke wurde im Krieg

12.4. Viaducts – masonry and concrete arches

During the initial construction period of the German autobahn network, viaducts were also built with masonry due to its durability. The *Lahntal Viaduct near Limburg* (12.42 and 12.43) was the most impressive structure of this type, though one must admit that the masses of the plain piers with heights of up to 60 m are neither compatible with the scale of Limburg Minster in the background nor with the landscape. The beauty of the masonry moderates the daunting impression caused by the enormous mass

12.42

12.44

12.43

12.42/12.43 Ehemalige Lahntalbrücke Limburg.
12.44 Gesims und Gewölbe der Lahntalbrücke.
12.45 Autobahnbrücke bei Herleshausen.

12.42/12.43 Former Lahn viaduct near Limburg.
12.44 Cornice with brackets at the Lahn viaduct.
12.45 Autobahn viaduct near Herleshausen.

12.45

12.46 Talbrücke in Fribourg, Schweiz.
12.48 Rohrbachtalbrücke bei Stuttgart.

12.46 Viaduct in Fribourg.
12.48 Rohrbach viaduct near Stuttgart.

12.46

12.48

zerstört und ist als Spannbeton-Balkenbrücke mit der halben Zahl der Pfeiler wieder aufgebaut worden und paßt so besser zur Umgebung.
Einige dieser Natur-Talbrücken der Autobahn haben den Krieg überstanden, so die *Brücke bei Herleshausen* der Autobahn Eisenach–Bad Hersfeld (Bild 12.45). Die Schönheit des Mauerwerks paßt gut in die dortige Landschaft.
Baut man diese Brückenform mit glatten Betonflächen, dann ist der Ausdruck weniger günstig, auch wenn sie in so schöner Umgebung steht, wie die in Bild 12.46 gezeigte *Brücke über die Sarine* in Fribourg, Schweiz.
In der Schweiz, in Italien und in den USA hat man mehrmals die Stirnflächen der Bogen solcher Viadukte aufgelöst, was sie maßstäblich verbessert. Der Eisenbahnviadukt über den Schiffenensee nördlich Fribourg, genannt

(12.44) (design by P. Bonatz). The Lahntal Viaduct was destroyed during the war and was rebuilt with p. c. continuous beams supported by half the number of piers and it now blends better into the environment.
Some of these masonry viaducts survived the war, e. g. *the bridge near Herleshausen* on the Autobahn Eisenach – Bad Hersfeld (12.45). The beauty of the masonry suits the landscape well.
If such viaducts are built with plain concrete faces, they make a less favourable impression even if situated in beautiful surroundings as in the case of the *viaduct* across the *Sarine Valley in Fribourg,* Switzerland (12.46).
In Switzerland, Italy and in the USA one often broke up the face areas of such arches and thereby improved the scale. The *Grandfey railroad viaduct* across the *Schiffenen Lake* north of Fribourg is a fine example (12.47). There

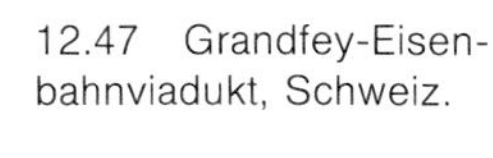

12.47

12.47 Grandfey-Eisenbahnviadukt, Schweiz.

12.47 Grandfey railroad viaduct.

Grandfey-Viadukt, ist ein schönes Beispiel (Bild 12.47). Über den Gewölben geht ein Fußweg hindurch.
Eine weitergehende Auflösung zeigt die *Rohrbachtalbrücke* bei Stuttgart (Bild 12.48). Die Bogenrippen sind bis zum Talgrund geführt (vgl. auch Bild 4.21).
In ästhetischer Hinsicht wird es problematisch, wenn solche Viadukte in ein Stabwerk aufgelöst werden, wie bei dieser Brücke im Appenin der *Autobahn Bologna-Firence* (Bild 12.49).
Eine gut gelungene Talbrücke mit mehreren Bogenöffnungen führt über den *Rio Canimar in Kuba* (Bild 12.50, Spannweiten 66 m). Schön, daß die Stützen so breit gemacht wurden, daß sie ohne Querriegel hochgeführt werden konnten. Auch auf die störenden Querriegel zwischen den Bogenrippen hätte man verzichten können.
Eine sehr eigenwillige Form zeigt der *Eisenbahn-Viadukt*

is a pedestrian path between the vaults and the deck. A further increase of voids is shown by the *Rohrbach Viaduct* near Stuttgart (12.48). The arch ribs extend to the ground, see also 4.21.
With regard to beauty it is problematic to resolve such viaducts into structures composed of straight members as at this bridge on the Bologna–Florence autostrada (12.49).
A well built viaduct with several arch spans crosses the *Rio Canimar in Cuba* (12.50, spans 66 m). It is good that the columns were dimensioned sufficiently wide so that no transverse bracing was needed. One could have even done without the cross beams between the arch ribs.
The *Longeray railroad viaduct* over the Rhône has a very individualistic shape (12.51, spans up to 60 m, height 70 m, engineer M. Oudette, 1943). The agreeable effect is

12.49 Brücke an der Autostrada Bologna–Firence.
12.50 Brücke über den Rio Canimar in Kuba.

12.49 Bridge on the Autostrada Bologna – Florence.
12.50 Bridge across Rio Canimar in Cuba.

12.49

12.50

von Longeray über die Rhône (Bild 12.51, Spannweiten bis 60 m, Höhe 70 m, Ingenieur M. Oudotte, Baujahr 1943). Die günstige Wirkung beruht auf der starken Verjüngung der Pfeiler und Bogen nach oben und auf der Wiederholung der steilen Bogenform, zu der die normalen Viaduktbogen an den breiten Brückenenden nicht passen.
Doch wenden wir uns nun den Brücken zu, die das Tal mit einem großen Bogen aus Stahlbeton überspannen. Die ersten Brücken dieser Art finden wir in der Schweiz, die *Gmünder Tobel Brücke* (1904, E. Mörsch, ℓ = 79 m), die *Hundwiler Tobel Brücke* (1924, ℓ = 105 m). Sie haben kräftige Kämpferpfeiler und dahinter kleine Bogenviadukte. Mit der *Teufelstalbrücke der Autobahn Gera-Jena* wurde 1937 erstmalig die Aufständerung der Bogenöffnung (ℓ = 138 m, Pfeilverhältnis 1:5,50) an den Hängen weitergeführt, was gestalterisch vorzuziehen ist (Bild

based here on the intense taper of the piers and arches and on the repetition of the steep arch shape which does not match the regular viaduct arches at both ends of the bridge.
But let us now turn to the bridges which span over a valley with one great arch. We find the first bridges of this type in Switzerland: the *Gmünder Tobel Bridge* (1904, engineer E. Mörsch, ℓ = 79 m), the *Hundwiler Tobel Bridge* (1924, ℓ = 105 m). They have massive piers above the arch springs and regular viaduct arches behind these piers. The *Teufelstal Viaduct* on the autobahn Gera–Jena was the first on which the deck supporting structure above the arch was uniformly continued over the adjacent slopes without interruption by piers (12.52, ℓ = 138 m, rise/span ratio 1:5.50). The thickness of the spandrel walls, 11 m apart, increases with relation to their height, which is 55 cm near

12.51

12.52

12.51 Viaduc de Longeray über die Rhône.
12.52 Teufelstalbrücke der Autobahn Gera–Jena.

12.51 Longeray viaduct over the Rhône (railroad).
12.52 Teufelstal viaduct on the autobahn Gera – Jena.

12.52). Die Querwände im Abstand von 11 m sind mit zunehmender Höhe dicker (55 cm nahe am Scheitel, 80 cm am Kämpfer). Die Fahrbahntafel kragt um 2 m über die Bogenstirn aus.
Eine ähnliche Form hat die 181 m weit gespannte *Tranebergsundbrücke in Stockholm* (Bild 12.53). Ihr Bogen ist mit 1:7 flacher als die Teufelstalbrücke und durch eine vorstehende Rippe betont.
Im hohen Norden Schwedens steht eine der kühnsten und schönsten Bogenbrücken dieser Art, *die Sandöbrücke*, die den Sund mit 280 m frei überspannt (Bild 12.54). Die runden Stützen sind beinahe zu schlank, sie setzen sich in den Rampen im gleichen Rhythmus fort, sie sind dort dikker und oben mit einem Querriegel (leicht störend!) verbunden, der wohl nötig wurde, weil die Fahrbahntafel über dem Kämpfer durch eine Fuge unterbrochen ist.

the crown and 80 cm near the springings. The deck slab cantilevers 2 m over the arch face.
The *Tranebergsund Bridge in Stockholm* with 181 m span (12.53) has a similar shape. The arch has a smaller rise/span ratio = 1:7 than the Teufelstal Bridge, its lines are accentuated by a projecting rib along the upper edge.
Way up in the north of Sweden stands one of the boldest and most handsome arch bridges of this type, the *Sandö Bridge* which crosses the Sund with one 280 m span (12.54, engineer H. Häggbom). The circular columns are almost too slender, they continue in the same rhythm along the ramps. They are thicker at this point and transversely braced with a beam (slightly disturbing!) which was probably needed for wind loads because the deck slab is interrupted by a joint above the arch springs.

12.53 Tranebergsundbrücke Stockholm.
12.54 Sandöbrücke in Schweden.
12.55 Blombachtalbrücke bei Wuppertal.

12.53 Tranebergsund Bridge in Stockholm.
12.54 Sandö Bridge in Sweden.
12.55 Blombach Viaduct near Wuppertal.

12.53

12.54

12.55

12.56/12.57 Gladesville Brücke bei Sidney.
12.58 Skizze der Bloukrans-Brücke, Südafrika, 1982 im Bau.

12.56/12.57 Gladesville Bridge in Sydney.
12.58 Sketch of the Bloukrans Bridge, South Africa, under construction in 1982.

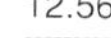

12.56

12.57

12.58

Die sehr durchsichtige Aufständerung mit je zwei schlanken Stützen zeigt auch die 1958 gebaute *Blombachtalbrücke* in Westfalen (Bild 12.55), bei der G. Lohmer als Architekt mitgewirkt hat.
Wie schlecht das Bild wird, wenn bei solchen Bogenbrükken die Fahrbahnträger auf Querriegel verlegt werden, zeigen die Bilder 12.56 und 12.57 einer 300 m weit gespannten Brücke bei Sidney.
Die schönste Brücke dieser Art wird wohl die 272 m weit gespannte, insgesamt 450 m lange *Bloukrans-Brücke* im südlichen Kapland S. A. sein. Hier ist nichts Störendes, das weggelassen werden könnte (Bild 12.58).
Für die neue Südrampe der *Tauernbahn* haben die Ingenieure der Österreichischen Bundesbahn mehrere Bogenbrücken dieser Art gebaut, so die *Pfaffenbergbrücke* mit 200 m Spannweite und 50 m Pfeilerhöhe (Bild 12.59),

This great transparency obtained by supporting the deck with only two rows of slender columns is also found at the *Blombachtal Viaduct* in Westphalia (12.55) for which G. Lohmer was art advisor.
The good appearance of such arch bridges is lessened if the deck beams are placed on hammer head supports as on the *Gladesville Bridge in Sydney* (12.56 and 12.57, ℓ = 300 m).
The finest bridge of this type is perhaps the 450 m long *Bloukrans Bridge* in the southern part of Cape Province, S. A., which has an arch of 272 m spanning over a rocky gorge (12.58, 1982 under construction). There is nothing disturbing here that could have been be omitted.
Several arch bridges of this type have been built by the engineers of the Austrian Railways for the new southern ramp of the Tauern railway. The *Pfaffenberg Bridge* (12.59)

12.59 Pfaffenbergbrücke der Tauern-Eisenbahn.
12.60 Bogenbrücke über den Moldau-Stausee, CSSR.

12.59 Pfaffenberg Bridge on the Tauern railroad, Austria.
12.60 Arch bridge across the Moldava Reservoir, CSSR.

12.59

12.60

12.61/12.62 Brücken an der Adriaküste zur Insel Krk.

12.61/62 Arch bridges on the Adria coast to the Krk island, Yugoslavia.

12.61

12.62

die zeigt, daß selbst Eisenbahnlasten mit schlanken Bogen und Stützen getragen werden können.
Bei der Brücke über den *Moldau-Stausee* südlich Prag wurden die kleinen aufgeständerten Bogen der langen Rampenbrücken auf dem weit gespannten Hauptbogen weitergeführt (Bild 12.60). Eine originelle Lösung, die jedoch nicht überzeugt und wohl auch unnötig große Biegemomente im stetig gekrümmten Hauptbogen ergibt.
Die *Jugoslawen* haben an der Adriaküste mehrere sehr weit gespannte und in den Abmessungen elegante Bogenbrücken gebaut, von denen die größten und jüngsten in den Bildern 12.61 und 12.62 gezeigt sind. Sie verbinden das Festland mit der *Insel Krk* mit Spannweiten von 244 und 390 m, Baujahr 1976–1980. Die großen Abstände der Stützrahmen machen diese Brücken sehr transparent.

with 200 m span shows that even heavy railroad loads can be carried by slender arches and columns.
At the bridge across the *Moldava Reservoir,* south of Prague, the small arches of the long approach bridge are continued over the main span arch (12.60). This is an original solution but it is not convincing, because the concentrated loads of the small arches cause unnecessarily high bending moments in the main arch with its steady curvature.
The Yugoslavs have built several very wide spanned arch bridges with graceful dimensions along the coast of the Adriatic. In 12.61 and 12.62 the two largest and most recent ones are shown, they connect the main land with *Krk Island* and have spans of 244 and 390 m (built in 1976–1980). The large distances between the column frames make these bridges very transparent.

12.5 Talbrücken – Stahlbogen

Die *Regenbogen-Brücke* unterhalb der *Niagara-Fälle,* die von Kanada nach USA führt, imponiert schon durch die landschaftliche Lage (Bild 12.63, ℓ = 286 m). Sie könnte schöner wirken, wenn das Fahrbahnband deutlich dünner wäre als der Bogen und im Scheitel nicht mit dem Bogen in einer Ebene verschmelzen würde. Die gemauerten Bogen an den steilen Ufern passen nicht.
Bei der Brücke über den Moldau-Stausee in Stara-Sedlo, CSSR (Bilder 12.64 und 12.65), dominiert der Bogen gegenüber der dünnen Fahrbahn, die Stützen sind jedoch so schlank, daß sie im Wind schwingen. Abträglich ist der doppelte K-Verband zwischen den Bogen-Kastenträgern, der bei einer Verbreiterung der Bogen leicht zu vermeiden ist.

12.5. Viaducts, steel arches

The *Rainbow Bridge* below Niagara Falls (12.63, ℓ = 286 m) which leads from Canada to USA impresses first with its scenic situation. Its beauty would gain if the depth of the deck strip were distinctly smaller than the depth of the arch and if both did not fuse into one plane at the crown. The masonry arches on the steep banks are not very suitable.
The *arch bridge across the Moldava Reservoir in Stara-Sedlo,* CSSR (12.64 and 12.65) has a strong arch which dominates over the thin deck. The steel tube columns are almost too slender and therefore oscillate in the wind. The double K-bracing between the box girders of the arch is aesthetically unfavourable and could have been avoided by a slight increase of the breadth of the box sections.

12.63

12.64

12.63 Regenbogen-Brücke unterhalb der Niagara Fälle.
12.64/12.65 Bogenbrücke über den Moldau-Stausee, CSSR.
12.66 Brücke über den Mälarsee in Stockholm.

12.63 Rainbow Bridge near the Niagara Falls.
12.64/12.65 Arch bridge across the Moldava Reservoir, CSSR.
12.66 Western bridge across Mälaren Lake in Stockholm.

12.65

12.66

Die *Mälarsee-Brücke in Stockholm* (Bild 12.66) hat zwei Bogen hintereinander mit der Kulmination über dem linken Bogen. Die schlanken Rohrstützen wetteifern mit den schlanken Masten der Segelboote. Wieder stört der starke K-Verband zwischen den Bogen-Kastenträgern.
Rohrbogen wurden erstmals von deutschen Ingenieuren für die Tjörnbrücke in Schweden gebaut, die 1980 von einem Schiff zum Einsturz gebracht wurde. Die Japaner lieben rote Brücken. Bild 12.67 zeigt die *Matsushima-Brücke* in der Kumamoto Präfektur in Japan. Sie hat 126 m Spannweite und ist nur 8,30 m breit. Die Rohre haben einen Durchmesser von 1,80 m. Auch hier hätte man auf die störenden Querverbände verzichten können, wenn man die Rohre im Scheitel an die Fahrbahntafel angeschlossen und die Stützen am Kämpfer unten quer eingespannt und breiter gemacht hätte.

The bridge across the *Mälaren Lake in Stockholm* (12.66) has two arch spans with the culmination at the crown of the left span. The slender steel pipe columns compete with the masts of the sailing boats. Again, the strong K-shaped bracing between the arch box girders is disturbing.
Steel tubes for arches were first used by German engineers for the Tjörn-Bridge in Sweden which was wrecked by a ship in 1980. Here we show a sister of the Tjörn Bridge, the *Matsushima Bridge* in the Kumamoto Prefecture in Japan (12.67). The Japanese are fond of red bridges. It has a span of 126 m and is only 8.30 m wide. The tubes have a diameter of 1.80 m. Here also one should have built the bridge without the bracing which is not necessary if the arches are connected with the continuous deck slab in the crown and fixed transversely at the springs.

12.67

12.68

12.67 Matsushima Brücke, Japan.
12.68 Saikai Brücke, Japan.
12.69 Matoya Brücke, Japan.

12.67 Matsushima Bridge, Japan.
12.68 Saikai Bridge, Japan.
12.69 Matoya Bridge, Japan.

12.69

Die *Matoya-Brücke* in Mie, Japan (Bild 12.69), zeigt die bei K-Verbänden mangelhafte Ordnung der Stäbe. Die Bogenrippen sind mit Querriegeln ohne Diagonalen verbunden. Die Bogen dürften kräftiger, die Fahrbahnträger dafür schlanker sein. Interessant ist die Spreizung der Bogen zu den Kämpfern hin, um die schmale Brücke gegen Wind- und Erdbebenkräfte besser zu sichern.
Vor 80 bis 100 Jahren wurden mehrere große *Fachwerk-Bogenbrücken* gebaut, so vom Meister des Eiffelturms, Gustave Eiffel, die Brücken in Garabit und O-Porto oder in Deutschland die Müngstener Talbrücke.
Auch heute werden noch Fachwerkbogen gebaut, die schön werden können, wenn die Ordnungsregeln (Kapitel 2.9.3) beachtet werden. Gehen die Stäbe jedoch in alle Richtungen und bestehen teils aus geschlossenen, teils aus offenen Profilen mit Bindeblechen, dann wird das Auge verwirrt (Bild 12.68, *Saikai-Brücke,* Nagasaki, Spannweite 243 m, Baujahr 1955). Welch ein Gegensatz zur schönen japanischen Landschaft.
Der größte Fachwerkbogen wurde in *West Virginia,* USA, über den *New River Gorge* gebaut (Bilder 12.70 und

The *Matoya Bridge* in Mie, Japan (12.69) shows the lack of good order of such K-shaped truss bracings. The arch ribs are connected by transverse beams without diagonal bars. The arches could be thicker, the deck beams thinner. The spreading of the arch ribs in plan towards the abutments is interesting here, for it secures the narrow bridge against wind and seismic forces.
About 80 to 100 years ago, several large arch trusses were built, such as the bridges in Garabit, France and in Oporto, Portugal, which were designed by Gustave Eiffel, the builder of the Eiffel Tower; an example in Germany is the Müngsten railroad viaduct. There is no space here to show these famous bridges.
Such arch truss bridges are still being built and they can be handsome if the rules of good order (chapter 2.9.3) are followed. When, however, the truss members all run in different directions, and consist partly of closed sections, partly of open profiles joined with small gusset plates, then our eyes are bewildered (12.68, *Saikai Bridge near Nagasaki,* span 243 m, built in 1955). What a contrast to the beautiful Japanese landscape.

12.70

12.71

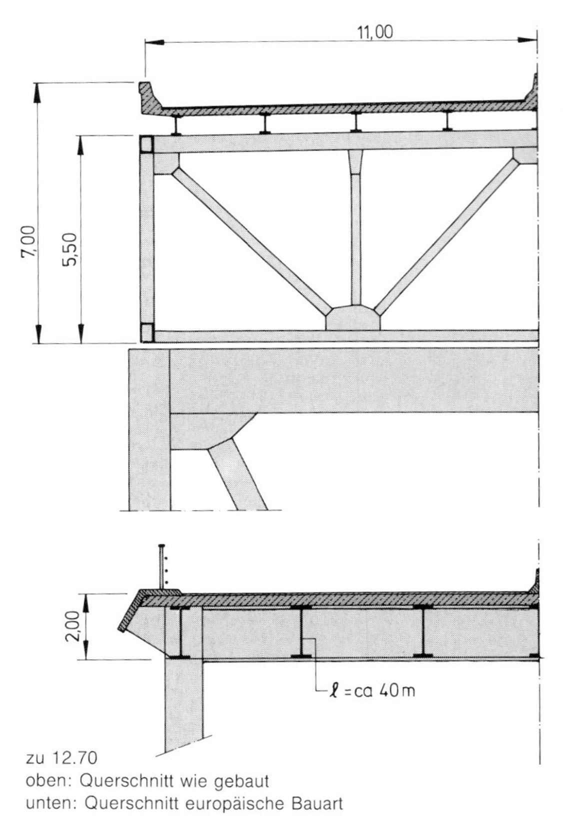

zu 12.70
oben: Querschnitt wie gebaut
unten: Querschnitt europäische Bauart

12.72

12.73

12.74

12.70/12.71 New River Gorge Bridge.
12.72 Seine-Brücke La Roche–Guyon.
12.73 Rhombenfachwerk zwischen Bogenrippen.
12.74 Flache Querstäbe zwischen den Bogen (Vierendeel).

12.70/71 New River Gorge Bridge, longest arch span.
12.72 Seine bridge La Roche-Guyon.
12.73 Rhombic bracing between the arch ribs.
12.74 Vierendeel type bracing between the arch ribs.

12.71). Er hat eine Spannweite von 510 m, und die 22 m breite Fahrbahn liegt 268 m über dem Fluß. Bei solchen Abmessungen ist das Stahlfachwerk die geeignete Bauart. Von der Ferne wirkt der Bogen feingliedrig und elegant. Die Hohlprofile der Ständer haben einen kräftigen Anlauf, sie haben Abstände bis zu 42,50 m und tragen die Fahrbahn mit einem 5,50 m hohen Fachwerk, um die Wind-Angriffsfläche klein zu halten. Mit einer Fahrbahntafel europäischer Art hätte man die Windlasten kleiner halten und das Aussehen verbessern können (siehe Querschnitte).

The widest and tallest arch truss was recently built across the *New River Gorge* in West Virginia, USA (12.70 and 12.71). It has a span of 510 m, a 22 m wide deck and rises 268 m above the river. For such dimensions, the truss is the best suited type of structure, and it looks fine-membered and elegant from a distance. The box sections of the columns are strongly tapered and are 42.50 m apart so that a truss girder was chosen to carry the roadway deck with the intention of reducing the wind attack area. A European type of deck structure would, however, result in even smaller wind loads and a better appearance (compare cross sections in 12.70).

12.6. Bogen über der Fahrbahn

Im Flachland hilft der Bogen über der Fahrbahn, große Spannweiten mit kleiner Bauhöhe zu bewältigen. Diese Bogenbrücken können schön gestaltet werden, wie die von N. Esquillan 1932 über die *Seine bei La Roche-Gyon* erbaute Brücke zeigt (Bild 12.72). Der Sichelbogen spannt 161 m weit und trägt das dünne Band der Fahrbahn schwebend leicht. Die Brücke wurde leider im Krieg zerstört und nicht wieder aufgebaut.
Für die in der Gestaltung schwierige Aufgabe, die Bogenrippen gegen Seitenkräfte und gegen Ausknicken zu sichern, zeigen die Bilder 12.73 und 12.74 zwei gute Beispiele. Beide *Brücken führen über den Twenthe-Kanal* in

12.6. Arches above the roadway deck

The arch above the deck makes it possible to bridge large spans with a small depth, often needed in flat country. Such bridges can be handsome like the *Seine bridge near La Roche-Guyon,* designed by N. Esquillan 1932 (12.72). The sickle-shaped arch spans 161 m and carries the thin deck strip which appears to float through the air. It is a pity that the bridge was destroyed by the war and has not been rebuilt.
It is difficult to find good looking solutions for the bracing of the two arch ribs against wind and buckling. Two good examples of bracing are shown in 12.73 and 12.74. Both these *bridges cross the Twenthe Canal* in Holland. The

12.75

12.76

12.77

12.75 Brücke in Tréguier, Bretagne.
12.76/12.77 Kaiserlei Brücke über den Main in Offenbach.

12.75 Bridge in Tréguier, Brittany.
12.76/12.77 Kaiserlei Bridge across the Main in Offenbach.

Holland. Bei der ersten wurde ein feingliedriges Rhomben-Fachwerk gewählt – nur zwei Stabrichtungen, kein verstärkter Endrahmen. Bei der zweiten Brücke genügen flache Querriegel mit variabler Breite (Spannweiten 67 m, Breite zwischen den Bogen 8 m, Bogenhöhe 13 m).
Am elegantesten ist es, wenn die Bogen frei bleiben, wie bei der *Kanada Brücke in Tréguier,* Bretagne (Bild 12.75).
Je breiter die Brücke ist, um so weniger kann man Windverbände über der Fahrbahn vertreten. So wurde die *Kaiserlei-Brücke über den Main* bei Offenbach mit Recht ohne oberen Verband gebaut, indem zwei Stahlrohre (∅ 2 m) mit einem horizontalen Blech (1 m breit) zu einem in Querrichtung genügend steifen Bogenträgern verbunden wurden (Bilder 12.76 und 12.77, Ing. H. Homberg, Baujahr 1961–1964). Der Fluß wird mit einem kühnen Sprung von

first has a thin-membered rhombic lattice work, only two directions for the crossed bars and no thick end-frame. On the second, flat cross bars, which increase in width towards the arch ribs – were sufficient. The bridges have spans of 67 m, width between the arches 8 m, rise of the arches 13 m.
It is more elegant to leave the arch ribs free as at the *Canada Bridge in Tréguier,* Brittany (12.75).
The wider the bridge, the less wind bracings above the roadway can be accepted. Therefore it was reasonable to build the *Kaiserlei Bridge* across the Main near Offenbach without any bracing (12.76 and 12.77, engineer H. Homberg, built 1961–1964). The arches obtained transverse stiffness through joining two steel tubes ∅ 2 m with a 1 m wide steel plate in between. The river is cleared in one bold jump of 220 m width, the slender deck hangs from

12.78

12.79

12.78/12.79 Donaubrücke Schwabelweis.

12.78/12.79 Schwabelweis Bridge across the Danube near Regensburg.

220 m Weite fast spielend überwunden, die schlanke Fahrbahntafel hängt an dünnen Stangen. Die Fahrbahn trägt mit 36 m Breite sechs Spuren und zwei außerhalb der Aufhängung verlaufende Gehwege.
Die 1982 fertiggestellte Donaubrücke Schwabelweis bei Regensburg (Bilder 12.78 und 12.79) hat Bogen mit einem breiten rechteckigen Kastenprofil, die besser aussehen.
Eine andere Lösung für die Sicherung der Bogen gegen Wind und Knicken wurde bei der *Fehmarnsundbrücke* gefunden: Die beiden Bogen wurden zueinander geneigt und im Scheitel verbunden (Bilder 12.80 bis 12.82, Berater Arch. G. Lohmer). Die Brücke trägt Straße und Eisenbahn, die Bogen sind trotz der beachtlichen Spannweite von 248 m schlank geblieben (1,90 × 3,30 m), weil die geneigten, sich kreuzenden Hängeseile durch Fachwerkwirkung die Biegemomente des Bogens verringern.

thin steel bars. The 36 m wide roadway has six lanes and two pedestrian lanes outside the hangers.
The bridge across the Danube in Schwabelweis near Regensburg, finished 1982 (12.78 and 12.79), has arches with a broad rectangular box section which look even better.
The *Fehmarnsund Bridge* (12.80 to 12.82) shows another way to secure the arches against wind and buckling: the two arch ribs are leaning against each other and join in the crown. The bridge carries rail and road traffic. The arches are slender in spite of the large span of 248 m and the heavy live load (the size of the steel box is 1.90 × 3.30 m) because the inclined, crossing hangers reduce the bending moments by truss action.
A single central arch was chosen for the *Izumi-Otsu Bridge* in Osaka, Japan (12.83, built in 1976, span 175 m).

12.80 bis 12.82 Fehmarnsundbrücke.

12.80 to 12.82 Fehmarnsund Bridge.

12.80

Links wären ein bis zwei Öffnungen mehr besser gewesen.

On the left side it would have been better to have more bridge openings.

12.81

12.82

Safety against buckling is ensured by broad steel plate hangers which are fixed to the deck girders and hold the arch by their transverse flexural stiffness.
Another arch bridge with inclined hangers is the *Tomoegawa Bridge in Chichibu,* Japan (12.84). It leaps across the valley with a span of 171 m. Arch rib, cross bars and deck beam have almost the same thickness and the result is a lack of clarity of function. The situation also leaves the question of why the arch has not been placed underneath the deck, propped against the steep slopes of the valley.
Very large spans can be mastered with trussed arches. G. Lindenthal's Hell Gate Bridge in New York was the first of this type, built in 1916 with 305 m span length. It became the model for further similar bridges like the *Sydney Harbour Bridge* with 503 m span (12.85 and 12.86). J. C. Bradfield asked for bids in 1924 but the bridge was not

12.83 Izumi-Otsu Brücke, Osaka.
12.84 Tomoegawa Brücke, Japan.

12.83 Izumi-Otsu Bridge near Osaka, Japan.
12.84 Tomoegawa Bridge, Japan.

12.83

12.84

In Japan wurde für die *Izumi-Otsu-Brücke* in Osaka ein Mittelträger-Bogen gewählt (Bild 12.83, Baujahr 1976, Spannweite 175 m). Er ist dadurch gegen Knicken gesichert, daß breite Blechträger als Hänger in die Fahrbahnträger eingespannt sind, die durch ihre Biegesteifigkeit den Bogen in Querrichtung halten.
Eine weitere Bogenbrücke mit sich kreuzenden geneigten Hängern ist die *Tomoegawa-Brücke* in Chichibu, Japan (Bild 12.84). Sie überspannt das Tal mit 171 m Weite. Bogen, Querriegel und Balken sind etwa gleich dick, dadurch fehlt der Brücke die Klarheit der Funktionen. Die Situation läßt auch die Frage offen, warum der Bogen bei den steilen Talhängen nicht unter der Fahrbahn angeordnet wurde.
Mit *Fachwerkbogen* können sehr große Spannweiten bewältigt werden. Ein erstes Beispiel ist G. Lindenthals Hell

finished before 1932. Its fame is world-wide especially because of its beautiful surroundings and more recently due to the vicinity of the Sydney Opera House. The arch is hinge-supported at the bottom chord, the chords are braced with vertical posts and falling diagonals. Both chords are connected transversely by wind trusses. All bracing truss members have open profiles with the exception of the arch chords. One feels a bit threatened by the confusing jumble when driving up to the bridge (12.87).
Arches stiffened by a beam were built for the German autobahn as early as in 1935 and were well designed. The bridge across the *Rhine-Herne-Canal* in the Ruhr area with a span of 140.40 m is a good example (12.88 and 12.89). The slender beam plate girder is aided by thin arch ribs which are braced with rectangular cross bars (Vierendeel girder). Two bridges stand close together. The junction of

12.85 Sidney Harbour Brücke.
12.86 Brücke und Oper, Sidney.
12.87 Sidney Harbour Brücke, von der Fahrbahn aus gesehen.

12.85 Sydney Harbour Bridge.
12.86 Sydney, bridge and Opera House.
12.87 Sydney Harbour Bridge as seen from the road.

12.85

12.86

Gate Bridge in New York, die 1916 mit 305 m Spannweite Vorbild für weitere Brücken dieser Art wurde, so für die von J. C. Bradfield 1924 ausgeschriebene und 1932 vollendete *Sidney Harbour Bridge* mit 503 m Spannweite. Sie wurde schon allein durch ihre schöne Lage und die Nachbarschaft zur Oper weltberühmt (Bilder 12.85 und 12.86). Der Bogen ist am Untergurt gelenkig gelagert, die Gurte sind mit Pfosten und fallenden Diagonalen verbunden. In beiden Gurtebenen sind Windverbände eingebaut. Mit Ausnahme der Gurte bestehen alle Stäbe aus offenen, vergitterten Profilen. Man erschrickt über das Gewirr, wenn man auf die Brücke zufährt (Bild 12.87).
Versteifte Stabbogen aus Stahl wurden für die deutschen Autobahnen schon etwa 1935 in guter Gestaltung gebaut, so die *Rhein-Herne-Kanalbrücke* im Ruhrgebiet mit 140,40 m Spannweite (Bilder 12.88 und 12.89). Der

12.87

12.88/12.89 Rhein-Herne-Kanalbrücke.
12.90 Vorbildliche Gestaltung der Auflagerung eines Stabbogens.

12.88/12.89 Bridge across the Rhine-Herne-Canal.
12.90 Good shape of the bearing seat of a tied arch.

12.88

12.89

12.90

schlanke Balken wird durch dünne Bogenrippen unterstützt, die mit Querriegeln (Vierendeel-Verband) ausgesteift sind. Zwei Überbauten stehen nebeneinander. Die Verbindung von Bogen und Balken am Auflager ist für die damals noch genietete Konstruktion vorbildlich gelöst (Bild 12.90).

Dank der Schweißtechnik können solche Brücken heute viel eleganter gestaltet werden. Der *Donaubrücke Straubing* sieht man die große Spannweite von 200 m und die Tragfähigkeit für 100-t-Fahrzeuge nicht an, so schlank ist der Balken und so dünn sind die Bogenrippen (Bilder 12.91 und 12.92) (Baujahr 1975–1977, Balkenhöhe 1,70 m, Bogenrippe 1,25 × 0,80 m, Pfeilhöhe 31,20 m). Der Windverband, nur aus sich kreuzenden Diagonalen, wirkt auch von der ca. 15 m breiten Fahrbahn aus luftig und leicht. Nur schade, daß das Ende der Brücke, die Ver-

arch and beam and the bearing on the abutment are exemplary for the period when riveted structures were still used (12.90).

Thanks to welding technology, such bridges can nowadays be designed to be a good deal more handsome. Looking at the *Danube bridge* at Straubing (12.91 and 12.92) one would not assume that its span is 200 m and its capacity is laid out for 100 ton vehicles, so slender is the beam and so thin the arch rib (depth of plate beam 1.70 m, arch rib 1.25 × 0.80 m, rise of arch 31.20 m). The wind bracing composed of crossed diagonal members is lofty and light when seen from the roadway. It is a pity, however, that the junction of beam and arch at the end of the bridge is not visible as in 12.90.

Several such arches in sequence are usually unsatisfactory (12.93). A deck bridge with continuous beams would

12.91/12.92 Donaubrücke Straubing.

12.91/12.92 Bridge across the Danube in Straubing.

12.91

12.92

einigung von Balken und Bogen, nicht über einer offenen Auflagerbank gezeigt wird.
Die *Wiederholung mehrerer Stabbogen* hintereinander befriedigt in der Regel nicht (Bild 12.93). Eine Deckbrücke mit Durchlaufträgern wäre hier vorzuziehen, zudem sie kaum mehr Bauhöhe benötigen würde.
Die Wiederholung kräftiger Bogen über der Fahrbahn macht zwar auch keine Freude, erlaubt jedoch die Überfahrt über den *Drac in Grenoble* mit sehr kleiner Bauhöhe und entsprechend kurzen Rampen (Bild 12.94).
Ein sehr transparentes Bild bieten die feingliedrigen Fachwerkbogen der *Rogue River Brücke* an der pazifischen Küste in *Oregon,* USA (Bild 12.95). Die Spannweiten der Bogen nehmen zu, bis der große Sprung mit dem über die Fahrbahn sich erhebenden Bogen gewagt wird. Der Wechsel von Vollwand- zu Fachwerkbogen fällt aus der

be preferable here, and they would not require more depth.
Nor is the sequence of several strong arches above the deck very pleasing, but it makes it possible to cross a river with a very small construction depth and this reduces the length of the ramps: bridge over the *Drac River* in Grenoble (12.94).
A very transparent view is offered by the fine-membered truss arches of the *Rogue River Bridge* on the Pacific Coast in Oregon, USA, (12.95). The spans of the arches increase up to the point where the great jump with the arch rising above the deck is ventured. The change from plate girder arches to trussed arches goes almost unnoticed from a distance. The massive tapering piers emphasize the contrast to the thinness of the steel structures. The proportion between arches under the deck and arch above the deck is well chosen.
A conceptually peculiar structure is the *Milwaukee Harbour Bridge* in Wisconsin, USA (12.96). The combination of a strong beam and a thin arch is not convincing. This is caused by the proportions. Looking at the depth of the beam one questions if the arch above the deck was necessary at all, as the beam should be supported by struts from below to the sixth points of the span. The beam of the Danube bridge (12.91) has a depth of $\ell/85$, here the depth is $\ell/40$.
Again and again proportions and order decide whether the aesthetic quality of a bridge has an immediate appeal.

12.7. Frames and strut girders

When describing the overpass bridges, I touched on the different types of frames which are in some way related to arches. The transition from arch to frame can be flowing, as on the *Glemstal Bridge* near Stuttgart (12.97 and 12.98) and it can have the shape of an arch but has the function of a frame because it is loaded in the central portion only, so that the thrust line deviates considerably from the axis of the girder causing large bending moments (Adviser W. Tiedje). The spreading of the legs towards the ground strengthens the expression of stability.

12.93

12.94

12.95

12.93 Wiederholung von Stabbogen.
12.94 Brücke über den Drac in Grenoble.
12.95 Rogue River Brücke in Gold Beach, Oregon, USA.

12.93 Repetition of arch stiffened beams.
12.94 Bridge across the Drac in Grenoble.
12.95 Rogue River Bridge in Gold Beach, Oregon.

12.96 Milwaukee Harbour Brücke, USA.

12.96 Milwaukee Harbour Bridge, USA.

12.96

Ferne kaum auf. Die massiven, sich nach oben zuspitzenden Pfeiler betonen den Kontrast zur Dünne der Stahlstabwerke. Die Proportion zwischen dem Bogenteil unter der Fahrbahn und dem Teil darüber ist gut gewählt.
Ein in der Konzeption eigenartiges Bauwerk ist die *Milwaukee Harbour Brücke* in Wisconsin, USA (Bild 12.96). Das Zusammenwirken von starkem Balken und dünnem Bogen kommt hier jedoch nicht überzeugend zum Ausdruck. Dies liegt wohl an den Proportionen. Man fragt sich bei der Dicke des Balkens, ob der über dem Balken liegende Bogen überhaupt noch nötig ist, wenn der Balken durch Streben von unten bis etwa zu den Sechstelpunkten der Spannweite unterstützt wird. Bei der Donaubrücke (Bild 12.91) hat der Balken eine Höhe von $\ell/85$ der Spannweite, hier $\ell/40$.
So sind es immer wieder Proportionen und Ordnung, die für den sofort ansprechenden Ausdruck ästhetischer Qualität entscheidend sind.

12.7. Rahmen- und Sprengwerkbrücken

Schon bei den Überführungs-Bauwerken haben wir die Rahmenform kennengelernt, die dem Bogen verwandt ist. Es gibt manchen Übergang vom Bogen zum Rahmen, so die *Glemstalbrücke bei Stuttgart* (Bilder 12.97 und 12.98), die Bogenform hat und doch als Rahmen wirkt, weil nur der Mittelbereich belastet ist, was zu großen Abweichungen der Stützlinie der Kräfte von der Trägerachse und dadurch zu großen Biegemomenten führt (Berater Prof. W. Tiedje). Die Spreizung der Bogenrippe zum Grund hin stärkt den Ausdruck der Stabilität.
Doch betrachten wir zuerst Rahmenbrücken mit kurzen Stielen, die dazu benützt werden, um die Feldmomente durch Einspannmomente klein zu halten. So kann eine

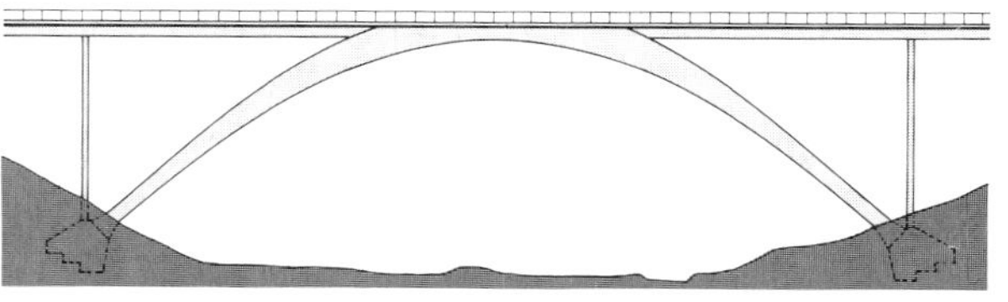

zu 12.97

But let us first look at frames with short legs which are used to reduce positive bending moments by negative moments due to the fixity at the legs. This makes it possible to obtain considerable slenderness of the frame girder – similar to continuous beams with strong haunches. The *Sordo Bridge* near Ambri in the Ticino is a typical example, its depth in the middle of the 58 m span is only 1.15 m (12.99). The height of the frame legs, hinge supported at the bottom, is only half visible.
The legs of *Rosenstein Bridge* over the Neckar in Stuttgart-Bad Cannstatt are hidden in the retaining wall of the river banks (12.100). The road and navigation regulations required that the depth of the box girder be kept below 1,65 m over 2/3 of the span length of 68 m, i. e. $\ell/41$. This made a depth of 4.05 m necessary at the leg. The side walk cantilevers 2.05 m.

12.97

12.97/12.98 Glemstal-brücke Schwieberdingen.
12.99 Sordo-Brücke im Tessin.
12.100 Rosensteinbrücke in Stuttgart-Bad Cannstatt.

12.97/12.98 Glems viaduct Schwieberdingen.
12.99 Sordo Bridge in the Ticino.
12.100 Rosenstein Bridge over the Neckar in Stuttgart-Bad Cannstatt.

12.98

12.99

12.100

12.101 Schweden-brücke Wien.
12.102 Neckarbrücke Beihingen.

12.101 Schweden Bridge in Vienna.
12.102 Bridge over the Neckar in Beihingen.

12.101

12.102

große Schlankheit des Rahmen-Riegels erreicht werden, wie beim durchlaufenden Balken mit Vouten. Die *Sordo-Brücke* bei Ambri im Tessin mit 1,15 m Bauhöhe in der Mitte der 58 m Spannweite ist ein typisches Beispiel (Bild 12.99). Die Höhe der unten gelenkig gelagerten Rahmenstiele ist nur zur Hälfte sichtbar.

Bei der *Rosensteinbrücke* über den Neckar in *Stuttgart-Bad Cannstatt* sind die Stiele in der Ufermauer versteckt (Bild 12.100). Die Bedingungen für Schiffahrt und Straße erzwangen auf 2/3 der 68 m langen Spannweite eine Bauhöhe von nur 1,65 m = $\ell/41$, was am Stiel eine Bauhöhe von 4,05 m bedingte. Der Gehweg kragt 2,05 m aus.

Die *Schwedenbrücke* über den Donaukanal *in Wien* hat kurze V-förmige Stiele, die nach beiden Seiten mit großen Radien in den dreifeldrigen Riegel übergehen (Bild 12.101). Bei 55,40 m Spannweite ist der Riegel in der Mitte nur 1,40 m, am Stiel 2,60 m hoch. Solche Schlankheiten werden durch die Rahmenwirkung erleichtert.

Die *Neckarbrücke Beihingen* (Bild 12.102) zeigt, wie bei Rahmenbrücken Seitenöffnungen mit sehr kleiner Bau-

The *Schwedenbrücke* over the Danube Canal in Vienna has short V-shaped uprights, which pass over into the 3-framed spanning member with large radii (12.101). With a span of 55.40 m the spanning member is only 1.40 m high in the middle and 2.60 m at the upright. The slenderness achieved is enhanced by the frame effect.

The *Neckar bridge in Beihingen* (12.102) shows how such frame bridges allow short side spans with a very small depth for underpasses of roads along the banks. The lack of symmetry at the legs is well overcome in this case by different angles of inclination of the leg edges.

The leg can be split up into two struts in V-shape, thereby relieving the main span even more. The *Brielse Maas Bridge,* west of Rotterdam, is a fine example of this type of support (12.103 and 12.104). For spans of 80.50 + 112.50 + 80.50 m, the box girder has a depth of 2.50 m at the ends and in the middle, and of 4 m at the struts, i. e. 1/45 and 1/28 of the main span. The line of the lower edge proves again that a stretched curve with moderate changes of depth is favourable for the appearance of such bridges. The inclination of the struts, their slight in-

12.103

12.104

12.105

höhe zur Unterführung von Uferstraßen angeschlossen werden können. Die Unsymmetrie an den Stielen ist hier mit unterschiedlicher Neigung der Stielkanten gut gelöst.
Den Rahmenstiel kann man in zwei Stäbe in V-Form auflösen und damit die Hauptöffnung weiter entlasten. Die *Brielse Maasbrücke* westlich von Rotterdam ist ein wohlgelungenes Beispiel für diese Stützform (Bilder 12.103 und 12.104). Ergeben sich Spannweiten von 80,50 + 112,50 + 80,50 m, hat der Balkenriegel am Ende und in der Mitte nur 2,50 m, an den Stielen 4 m Höhe, also 1/45 bis 1/28 der Hauptspannweite. Die Führung des Untergurtes beweist wieder, daß eine gestreckte Linie mit mäßiger Änderung der Trägerhöhe für das Aussehen solcher Brücken günstig ist. Die Neigung der Stiele, ihre von unten nach oben leicht zunehmende Dicke und die gelenkige Lagerung auf einem sehr flachen Pfeiler sind gut gewählt. Leider wurden bei nur 25 m Fahrbahnbreite drei Kastenträger gewählt, zwei hätten bei größeren Auskragungen genügt.
N. Esquillan, der wohl als erster die V-Stützen anwandte,

crease of thickness from bottom to top and the hinged bearing on a flat slab are well chosen. One regrets only that three box girders were chosen to provide the 25 m width of the roadway; two boxes and wider cantilevers would have been better.
N. Esquillan, who was probably the first to use V-shaped legs, has chosen a peculiar frame-shape for a railroad bridge over a wide stretch of the *Rhône* in *La Voulte* (12.105). Each of the five 60 m long frames stands by itself. The gap between the V-shaped legs is closed by a simple beam because such frames cannot be connected without joints over several spans.
The most audacious and most elegant frame bridge was built by the Finnish engineer M. Ollila in Turku; it is the *Myllysilta Bridge* (12.106). For a span of 71.20 m it has a depth of only 0.86 m in the centre and of 2.70 m at the beginning of the leg structure ($\ell/83$ to $\ell/25$). This slenderness was made possible by a high degree of fixity with a long structure which includes pedestrian underpasses along the banks (12.107). The 20 m wide deck is carried by two 5.30 m wide box girders and 3.14 m wide cantile-

12.103/12.104 Brielse Maasbrücke bei Rotterdam.
12.105 Eisenbahnbrücke über die Rhône in La Voulte.

12.103/104 Bridge over Brielse Maas near Rotterdam.
12.105 Railroad bridge across the Rhône in La Voulte.

12.106 Mühlebrücke in Turku, Finnland.
12.107 Turku-Brücke, Ansicht und Schnitte.

12.106 Myllysilta Bridge in Turku, Finland.
12.107 Elevation and cross section of the bridge in Turku.

12.106

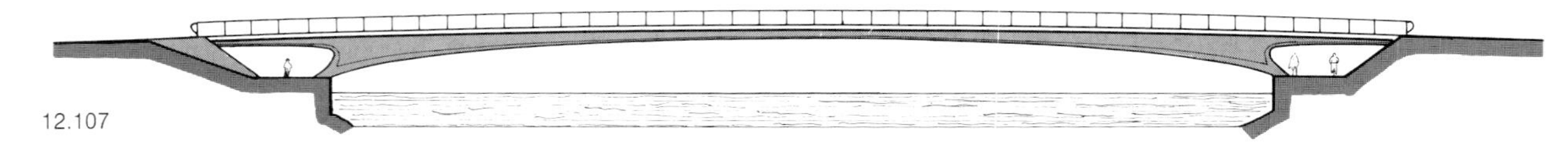
12.107

hat eine eigenwillige Rahmenform für eine *Eisenbahnbrücke* über die breite Rhône bei *La Voulte* gewählt (Bild 12.105). Jeder der fünf 60 m weit gespannten Rahmen steht für sich, das V der Pfeiler wird oben mit einem Einfeldbalken geschlossen, weil man solche Rahmen nicht fugenlos über mehrere Öffnungen zusammenhängen kann.
Die kühnste und eleganteste Rahmenbrücke baute der Finne M. Ollila in *Turku, die Myllysilta* = Mühlebrücke, die bei 71,20 m Spannweite in der Mitte nur 0,86 m und an der Einspannung nur 2,70 m Bauhöhe hat ($\ell/83$ bis $\ell/25$) (Bild 12.106). Diese Schlankheit wurde durch eine breite Einspannzone ermöglicht, durch die noch Uferwege hindurchgeführt wurden (Bild 12.107). Die 20 m breite Brücke wird von zwei 5,30 m breiten Kastenträgern getragen, die obere Platte kragt je 3,14 m aus. Die Brücke wirkt wie ein Strich. Vor Nachahmung wird gewarnt – man muß hierfür ein großer Könner sein!
Das vom Holzbrückenbau abgeleitete *Sprengwerk* wurde in den letzten Jahrzehnten wiederholt für Talbrücken verwendet. Eine sehr strenge Form wählte E. Schubiger für eine *Brücke im Val Nalps* in Graubünden, Schweiz (Bild 12.108). Eine Bogenbrücke hätte besser zur Gebirgslandschaft gepaßt.
Mit 116 m Spannweite überbrückt dieses stählerne Sprengwerk ein tiefes Waldtal (Bild 12.109, *Kinki Expressway, Japan*). Die Stiele werden nach unten fast zu dünn, die Querriegel stören. Die Fahrbahn liegt in der Kurve, so daß das Gesims verschieden weit auskragt, was am Schatten abzulesen ist.
Das bisher größte Sprengwerk überbrückt die *Sfalassa-Schlucht* der Autobahn Salerno–Reggio Calabria (Bild 12.110) in 250 m Höhe über dem Fluß. Die Spannweite von 376 m wird durch die schrägen Streben in 108 + 160 + 108 m unterteilt, so daß für den stählernen Kastenträger 6,40 m Höhe genügte. Die beiden Streben-Stäbe spreizen sich von 6,30 m Abstand oben am Kasten auf 25 m am Fuß des Pfeilers, ihre Dicke nimmt nach unten zu, obwohl sie aus Montagegründen unten gelenkig

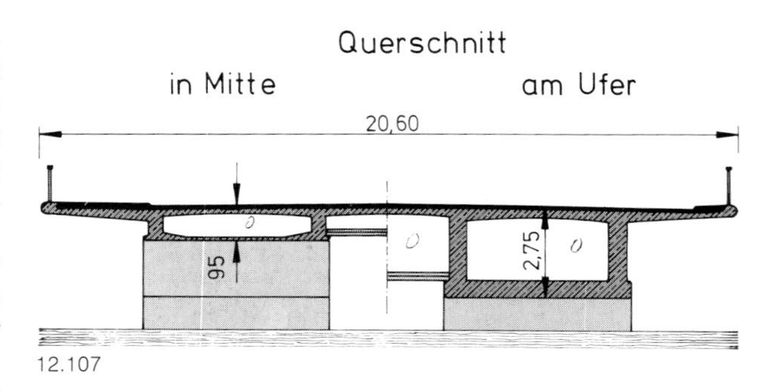

12.107

vers. The bridge looks streamlined. But do not try to imitate it; to do so one has to be a master, fully aware of all possible influences like creep of concrete etc.
The frame with inclined legs or struts as derived from old timber bridges was recently used several times to build viaducts. The bridge in the *Val Nalps* in the Grisons, Switzerland, designed by E. Schubiger, has a very severe and rigid form (12.108). An arch bridge would better match the alpine scenery.
The steel frame shown in illustration 12.109 bridges a deep valley in wooded mountains with a span of 116 m. It is on the *Kinki Expressway* in Japan. The struts become almost too thin towards the abutments and the bracing in between is a disturbing feature. The route is curved so that the width of the cantilevering deck varies over the straight beams; this is revealed by the shadow.
The largest strut frame built to date bridges the *Sfalassa Gorge* for the autostrada Salerno–Reggio Calabria (12.110). The deck is 250 m above the river. The span of 376 m is subdivided by the inclined struts into 108 + 160 + 108 m so that 6.40 m depth was sufficient for the steel box girder. The two struts spread transversely from a width of 6.30 m at the girder to 25 m at the footing of the pier, their thickness increases from top to bottom in spite of the fact that they were hinged at the base for the erection procedure. The sturdy piers are visually suitable

12.108 Brücke im Val Nalps, Schweiz.
12.109 Brücke im Kinki Expressway, Japan.
12.110 Brücke über die Sfalassa-Schlucht, Süditalien.

12.108 Bridge in Val Nalps, Switzerland.
12.109 Bridge on the Kinki Expressway in Japan.
12.110 Bridge across the Sfalassa gorge, Southern Italy.

12.108

12.109

12.110

12.111 Viadukt in Martigues, Südfrankreich, Spannweite 210 m.
12.112 Maury River Brücken, Virginia.

12.111 Viaduct in Martigues, Southern France.
12.112 Maury River Bridges, Virginia, USA.

12.111

12.112

gelagert sind. Die kräftigen, aber zu hellen Pfeiler sind hier optisch günstig, um die mit vorgefertigten Spannbetonbalken konstruierten, bis 47 m weit gespannten Seitenöffnungen von dem kühn-leichten Stahltragwerk zu trennen. Man hätte nur den Sprung in der Trägerhöhe verdecken sollen, indem der Gruppenpfeiler bis zum Gesims hochgeführt worden wäre. Die rote Farbe der Stahlbrücke paßt in diese südliche Landschaft.

In *Martigues,* zwischen Marseille und Arles, wurde ein weit gespanntes Sprengwerk mit Stahlkastenprofilen zwischen eine ganz anders konzipierte Spannbeton-Talbrücke hineingesetzt (Bild 12.111). Die beiden passen leider nicht zusammen, doch betrachten wir hier das Sprengwerk. In der Ansicht sind die veränderlichen Dicken des Balkens und der Streben wohl gewählt, gut ist auch, daß die Streben ein geschlossenes Kastenprofil haben. Die nach unten abnehmende Breite der Streben, die fast auf einen Punkt ausläuft, ist allerdings widernatürlich und nur dem Ingenieur verständlich, der weiß, daß die breite Fahrbahntafel die quer zur Brücke gerichteten Kräfte bis zu den Betonpfeilern abtragen kann.

In USA werden alljährlich Preise für schöne Gestaltung von Brücken ausgegeben. 1978 wurden die *Maury River Brücken bei Lexington, Virginia,* damit ausgezeichnet (Bild 12.112). Diese Zwillingsbrücken sind wohl neuartig, die schönheitliche Qualität läßt aber zu wünschen übrig. Sind die Streben in der Proportion zum Balken nicht zu dünn, und mußten sie wohl deshalb mit den vielen Querriegeln ausgesteift werden, die irgendwie störend wirken? Die dünnen, hohen Pfeiler im Tal wirken steif und passen nicht zu den zierlichen Sprengwerken.

for separating the approach bridges, which have p. c. beams with span lengths of 47 m, from the bold and light steel structure, but their colour is too bright. The change in depth between the steel and concrete girders should have been concealed behind the face wall of the pier. The red colour of the steel bridge fits the southern landscape well.

In *Martigues,* between Marseille and Arles, there is a strutted steel frame with a narrow box girder and a large span placed between a concrete viaduct of a completely different design concept (12.111). The two types of bridges do not match each other but it is worth looking at the steel frame. In elevation, the variable depths of beam and struts are well chosen and it is good that the struts have the same rectangular single-cell box section as the beam. The decreasing width of the struts which taper almost to a point-bearing is, however, unnatural and can only be understood by engineers who know that the wide deck slab can carry all transverse loads to the piers.

In the USA, prizes for beautiful steel bridges are awarded every year. In 1978, the *Maury River Bridges* near Lexington, Virginia, were honoured with such a prize (12.112). These bridges are innovative as far as shape is concerned, but their aesthetic quality leaves much to be desired; are the struts not too thin in proportion to the beam? This thinness made the many transverse bracing bars necessary which have a disturbing effect. The tall and narrow pier walls look stiff and do not match the graceful lightness of the frames.

13. Schrägkabelbrücken

13. Cable-stayed bridges

Die ersten großen Schrägkabelbrücken wurden *in Düsseldorf* etwa ab 1952 gleichzeitig für drei Rheinübergänge geplant. Dabei sollte eine *»Brückenfamilie«* entstehen, indem diese drei Brücken nach einem Grundkonzept zu entwerfen waren, und zwar mit Schrägkabeln in Harfenform (vgl. Kapitel 4.3.). Diese Idee des Architekten F. Tamms wurde verwirklicht (Bild 13.1).

Die *Nordbrücke (Theodor-Heuss-Brücke)* Bild 13.2) hat zwei Pylonenpaare, an denen der Stahlbalken mit je drei parallelen Kabeln über Spannweiten von 108 + 260 + 108 m aufgehängt ist. Der Abstand der Aufhängepunkte ist 36 m, dies bedingte eine Balkenhöhe von 3,12 m. Die Gehwege liegen außerhalb der Pylone und Kabel und kragen 3,95 m aus. Das hell angestrichene Gesimsband ist nur 60 cm hoch. Die 41 m hohen Stahlpylone sind sehr schlank (1,90 m längs, 1,55 m quer) und stehen frei, also ohne die früher üblichen Querriegel (Bild 13.3). Bei 26,60 m gesamter Breite der Fahrbahn stehen die Pylone in einem Abstand von 17,60 m.

The first large cable-stayed bridges were planned simultaneously, beginning in 1952, for three crossings of the River Rhine in Düsseldorf. The aim was to build a "family of bridges" by designing these three bridges acording to the same concept, namely using harp-shaped stay cables (compare 4.3). This idea of the architect F. Tamms was put into practice (13.1).

The *North Bridge* (Theodor-Heuss-Brücke) (13.2) has two pairs of pylons, the steel box beam is suspended from each of them by three parallel cables on both sides to span 108 + 260 + 108 m. The distance between the suspension points is 36 m which necessitated a depth of beam of 3.12 m. The sidewalks are outside the pylons and cables and cantilever 3.95 m. The brightly painted fascia is only 60 cm deep. The steel pylons, 41 m high, are very slender (1.90 m longitudinal, 1.55 m transverse) and stand free without cross beams which were commonly used a few years earlier (13.3). The pylons have a tranverse distance of 17.60 m for a total deck width of 26.60 m.

13.1 Die Düsseldorfer Brückenfamilie.

13.1 The "Düsseldorf Bridge Family".

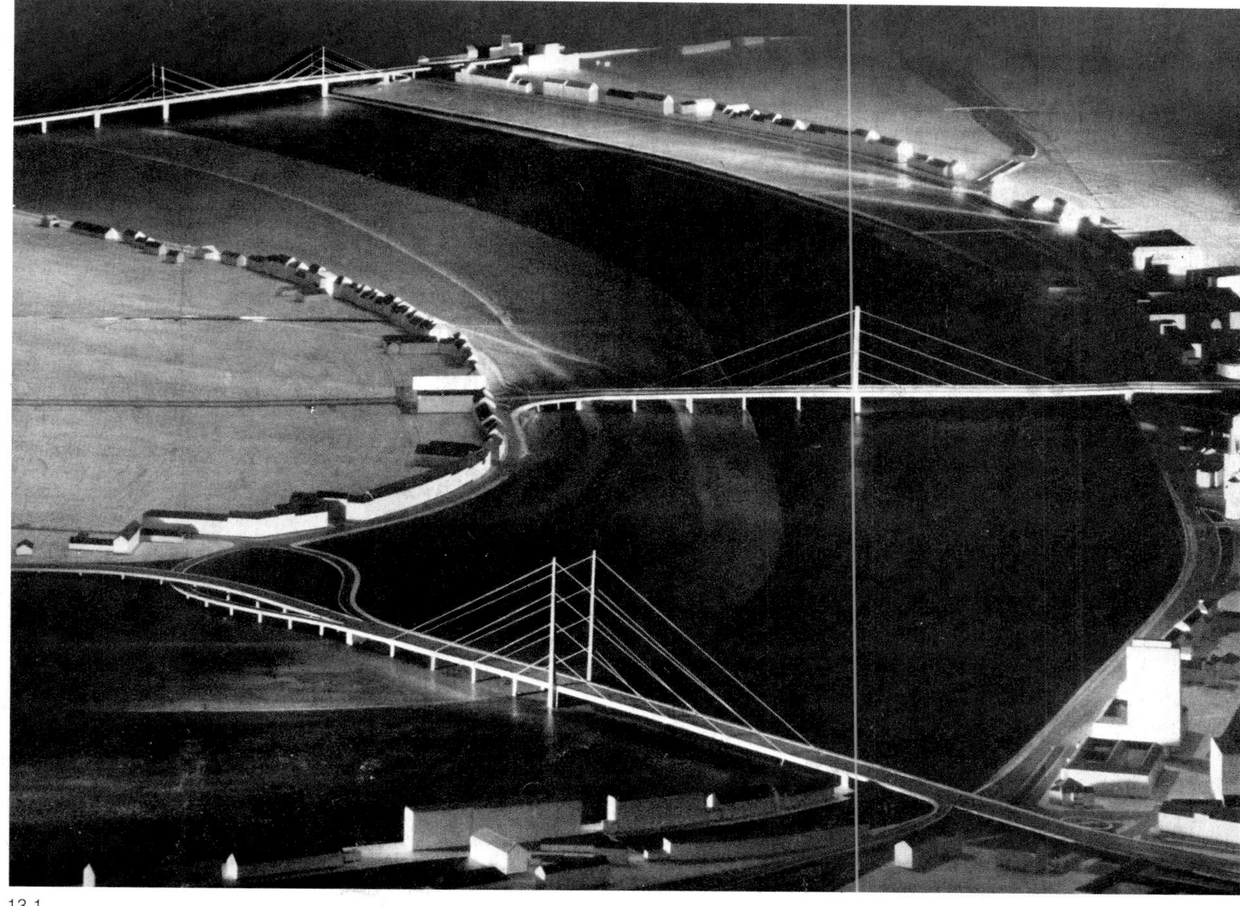

13.1

13.2

13.3

13.2 Die Nordbrücke über den Rhein.
13.3 Schrägsicht der Nordbrücke.
13.4 Die Kniebrücke über den Rhein.
13.5 Kragkonsolen für die Kabelverankerung.

13.2 The North Bridge across the Rhine.
13.3 Skew angle view of the North Bridge.
13.4 The Knee Bridge across the Rhine.
13.5 Consoles for anchoring the cables.

Die anschließende Flutbrücke, ein fünffeldriger Balken mit je 72 m Spannweite hat die gleiche Balkenhöhe wie die Strombrücke, ist aber durch einen Gruppenpfeiler getrennt, den man heute fortlassen würde.
Die *Kniebrücke* ist aus städtebaulichen Gründen einhüftig (Bild 13.4). Die 320 m weit gespannte Stromöffnung wurde an einem am linken Rheinufer stehenden Pylonenpaar mit vier parallelen Kabeln aufgehängt. Jedes Kabelpaar ist an Pfeilern der Flutbrücke verankert, was die Aufhängung in der Hauptöffnung sehr steif macht. So konnte der Balken mit 3,40 m Höhe sehr schlank gehalten werden, obwohl die Aufhängepunkte 64 m Abstand haben. Die Fahrbahnplatte kragt 3,70 m weit aus, das Gesims ist 60 cm hoch.
Nach den Erfahrungen an der Nordbrücke hat man die Pylonen und die Aufhängung der Kniebrücke außerhalb

The adjacent bridge over the floodland – five-span continuous beams with 72 m spans – has the same beam depth as the main bridge, but is separated by massive so-called group piers which we would omit these days.
The *Kniebrücke* (Knee Bridge) was planned as unsymmetric for urbanistic reasons (13.4). The 320 m long main span is suspended with 4 parallel cables to one pair of pylons, standing on the left bank of the Rhine. Each pair of cables is anchored to two steel columns (∅ 2.50 m) carrying the floodland bridge, this direct anchoring makes the suspension in the main span quite stiff. This meant that the steel girder with a depth of 3.40 m could be kept very slender in spite of 64 m distance between suspension points. The deck cantilevers 3.70 m, the fascia is 60 cm deep.
Due to experience gained at the North bridge, the towers

13.4

13.5

der Fahrbahn angeordnet. Da man trotzdem eine Auskragung wollte, mußten die Kabel in schrägliegenden Kragkonsolen verankert werden (Bild 13.5).

Die insgesamt 114 m hohen Stahlpylone sind ungewöhnlich schlank, was durch die Kanten des T-förmigen Querschnitts noch betont wird. Die inneren Kanten sind lotrecht, die äußeren haben quer einen Anlauf von 5,20 m Breite am Fuß auf 3,40 m am Kopf und in Längsrichtung von 4,20 m auf 3 m. Sie stehen auf einem Fundament, das auf der Geländehöhe abschließt – also ohne Sockel oder Pfeiler.

Die Verankerungen der Kabel in den Stützen der Flutöffnungen sind in ausbetonierten Stahlrohren mit 2,50 m Durchmesser untergebracht. So ist die ganze Brücke äußerst einfach gestaltet. Den Übergang zu den Spannbeton-Rampenbrücken vermitteln Gruppenpfeiler, die nötig

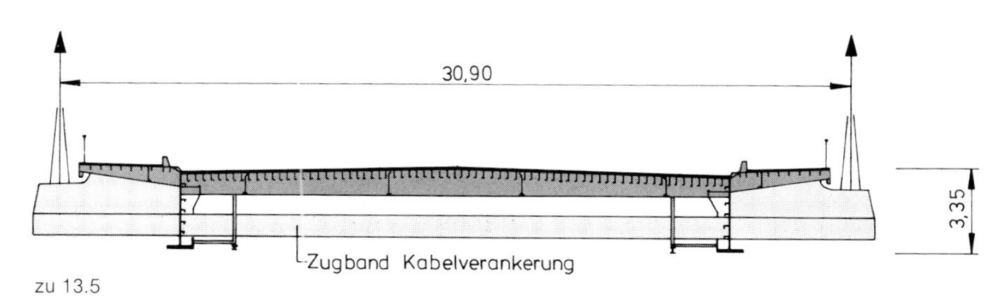

zu 13.5

13.6/13.7 Oberkasseler Rheinbrücke.

13.6/13.7 The Oberkassel Rhine Bridge.

13.6

13.7

wurden, weil die Querschnitte beider Brücken zu verschieden sind.
Die dritte der Düsseldorfer Brückenfamilie, die *Oberkasseler Rheinbrücke,* war am schwierigsten zu entwerfen, weil sie neben einer Behelfsbrücke gebaut und dann um 47 m in Flußrichtung in ihre richtige Lage eingeschoben werden mußte (Bilder 13.6 und 13.7). Deshalb wurde nur *ein* Pylon in der Mitte der gesamten Länge von 520 m angeordnet. Die vier Kabel sind symmetrisch zum Pylon, so daß die Stützen im Flutgelände für Eigengewicht, also für das Verschieben, nicht gebraucht wurden. Die Mittelaufhängung bedingte einen torsionssteifen Hohlkasten, 22 m breit und 3,10 m hoch. Die insgesamt rund 40 m breite Fahrbahnplatte kragt auf Konsolen rund 8 m weit aus. Der Pylon ist über der Fahrbahn 100 m hoch und hat in beiden Richtungen Anlauf.

and cables had been arranged here outside the side walks. In spite of that we still wished to cantilever the deck over the steel girder, and therefore inclined consoles were needed for placing the cable anchorages (13.5).
The steel pylons, 114 m high, are unusually slender, and this slenderness is even accented by the edges of the T-shaped cross section. The inner edges are vertical, the outer edges taper transversely from 5.20 m at the ground level to 3.40 m on top and longitudinally from 4.20 m to 3 m. They stand on a foundation which levels out on the ground, without any footing or pier in between.
The whole bridge is extremely simple in its shape. The transition from the steel bridge to the prestressed concrete approach bridges is again made with group piers because the cross sections of the two bridges vary too greatly.
The third of the Düsseldorf bridge family, the *Oberkassel*

13.8

13.9

Die Stadt Düsseldorf ist mit Recht stolz auf ihre wohlgestaltete Brückenfamilie.
Die erste Schrägkabelbrücke mit einem A-Pylon war die *Severinsbrücke über den Rhein in Köln* (Bild 13.8). Sie hat einen ziemlich hohen Balkenträger, weil die Abspannung nur bis wenig über die Mitte der 302 m weiten Hauptöffnung hinausreicht, so daß 121 m bis zu den Uferstützen frei gespannt sind. Die Bauhöhe des Balkens variiert von 3,20 m am Brückenende bis 4,60 m in der Mitte, indem die Fahrbahn mit R = 22 000 m und der Untergurt mit R = 36 000 m ausgerundet wurden. Der Balken-Kastenträger liegt im Querschnitt weit außen, weil die schräg einlaufenden Kabel erst außerhalb des Radwegs im 3 m breiten Gehweg verankert werden konnten. Die Auskragung blieb dadurch mit 2,20 m klein. Die Gesimshöhe beträgt 75 cm.

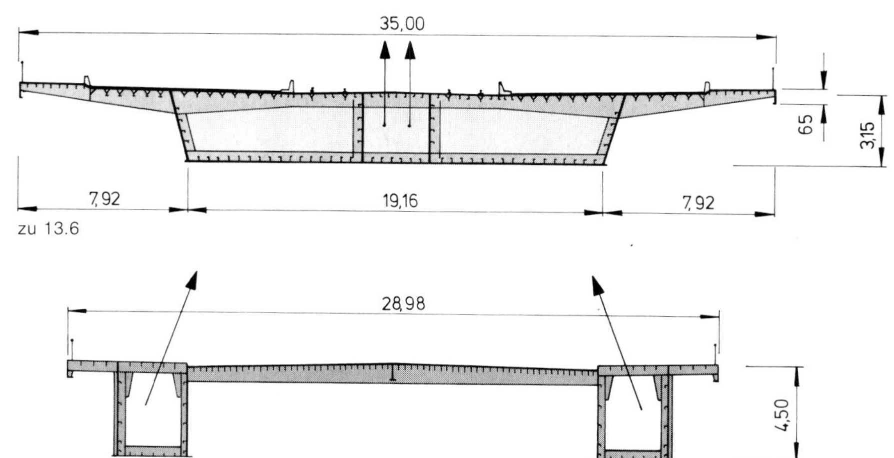

zu 13.6

zu 13.8

Bridge was the most difficult to design because it had to be built beside an auxiliary bridge and then moved 47 m in the direction of the river to reach its final position (13.6 and 13.7). For this reason, only one pylon was chosen in the middle of the 520 m length. The four cables are symmetrical to the pylon so that the columns in the floodland were needed neither for the dead load nor during the shifting process. The suspension along the centre line with cables in one plane made a box girder necessary with high torsional rigidity, 22 m wide and 3.10 m deep. The almost 40 m wide deck slab cantilevers 8 m wide on consoles. The pylon has a height of 100 m above the roadway and is tapered in both directions.
The city of Dusseldorf is justly proud of her harmonious "Bridge Family".
The first cable-stayed bridge with an A-shaped tower was the *Severins Bridge* across the Rhine in Cologne (13.8). It has rather deep box girders because the suspension reaches scarcely over the middle of the main span so that 121 m span free from the last cable support to the columns on the bank. The depth of the beam varies from 3.20 m at the abutment to 4.60 m in the middle of the main span by different curvature of the deck (R = 22 000 m) and of the bottom edge (R = 36 000 m). In the cross section, the box girder is close to the margin because the cables were an-

13.8 Severinsbrücke über den Rhein in Köln.
13.9 Der A-Pylon der Severinsbrücke.

13.8 Severins Bridge across the Rhine in Cologne.
13.9 The A-shaped pylon of the Severins Bridge.

13.10

13.11

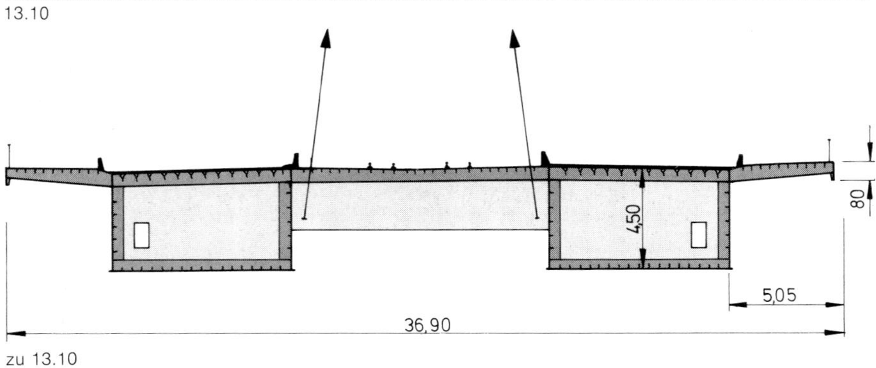

zu 13.10

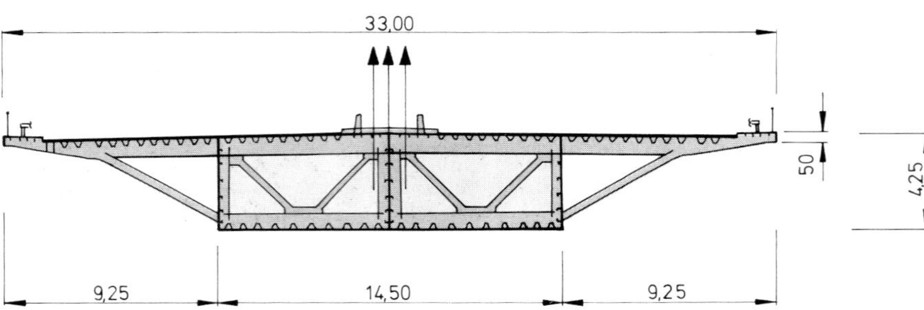

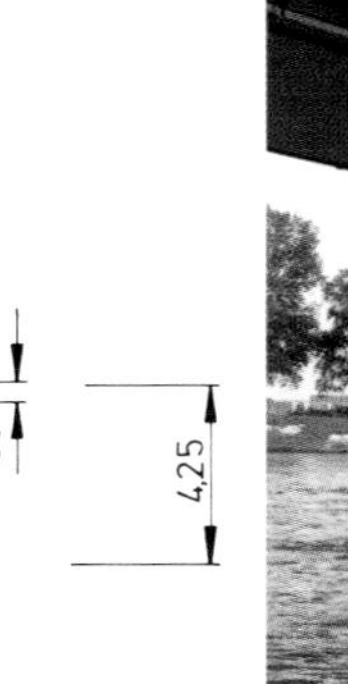

zu 13.12

13.12

13.10/13.11 Der A-Pylon der Rheinbrücke Mannheim.
13.12 Rheinbrücke Speyer – Untersicht.

13.10/13.11 The A-shaped pylon of the Mannheim Rhine bridge.
13.12 Speyer bridge seen from the river bank.

Der sehr kräftige, nur 77 m hohe Stahlpylon steht nahe am linken Rheinufer auf einem (gegen den Willen der Berater) in den Proportionen etwas zu klein geratenen Pfeiler (Bild 13.9).

Bei der zweiten *Rheinbrücke in Mannheim* entstand ein schmaler A-Pylon (Bilder 13.10 und 13.11), weil die in der Mitte der Fahrbahn geführte Straßenbahn schon innerhalb der 287 m weit gespannten Hauptöffnung abtaucht und so Kastenträger neben der Straßenbahn zweckmäßig waren, in denen die Kabel verankert sind. Die Straßenbahn fährt durch den Pylon hindurch.

Einen A-Pylon für Kabel in einer vertikalen Ebene (Mittelaufhängung) hat die *Rheinbrücke Speyer* (Bilder 13.12 und 13.13). Die 275 m weite Stromöffnung ist auch hier von nur einem Pylon aus mit vier Kabeln aufgehängt, die hinter dem Pylon parallel verlaufen und erst am Ende der

chored outside the bicycle path within the 3 m wide walkways. Therefore the cantilever width remained small with 2.20 m. The fascia is 75 cm deep.

The steel tower is rather sturdy, 77 m high, and stands close to the left river bank on a pier which is too small in proportion to the steel tower (against the consultant's advice!) (13.9).

For the second bridge across the *Rhine in Mannheim* (13.10 and 13.11), a narrow A-shaped tower was designed because the tracks for the street-car line had to be placed in the middle, and these tracks start to descend within the 287 m long main span, so that the box girders with the cable anchors had to be arranged just outside these tracks. The street-cars go through the legs of the tower.

The *Rhine bridge in Speyer* (13.12 and 13.13) has a single A-shaped tower carrying cables in one vertical plane only.

13.13

13.14

Brücke verankert sind. Die Neigung dieser Rückhaltekabel ist für das »Stabilitätsgefühl« zu flach. Die Mittelaufhängung bedingt einen torsionssteifen Kastenträger, der mit 14,50 m Breite schmal gehalten ist. Die 32,50 m breite Fahrbahntafel wird von Streben und Konsolen getragen. Der Betonpfeiler unter dem A-Pylon wirkt wie ein Fremdkörper, man hätte die dort abzunehmenden Kräfte an zwei Stahlstützen geben können, wie sie weiter hinten zur Stützung der langen Flutbrücke stehen. Die rote Farbe der Kabel wirkt erfrischend.
Zu den frühen Schrägkabelbrücken mit Mittelaufhängung gehört auch die *Harmsenbrug* bei Brielle, westlich Rotterdam, deren 108 m weit gespannte Hauptöffnung dank der zwei Schrägkabel mit nur 1,80 m Bauhöhe bewältigt wurde (Bild 13.14). Die Betonpfeiler sind durch dicke, runde Dalben gegen Schiffsanprall geschützt.

The 275 m long main span is held by four backstay cables, connected to anchors at the end of the bridge. The inclination of these back stay cables is therefore too flat to give a "feeling of stability". The central suspension requires a box girder which is here rather narrow, 14.50 m wide. The 32.50 m wide deck is cantilevered with struts and cross beams. The concrete pier underneath the A-tower looks like a foreign body; one could have transferred the bearing forces there with two steel columns like those carrying the side spans further back. The red colour of the cables is refreshing.
The *Harmsen Bridge* near Brielle, west of Rotterdam (13.14), belongs also to the early cable-stayed bridges with central suspension.
It was possible to master the span of 108 m with a depth of only 1.80 m, thanks to the two stay cables. The somewhat

13.13 Rheinbrücke Speyer.
13.14 Harmsenbrug, westlich Rotterdam.

13.13 Rhine bridge near Speyer.
13.14 Harmsen Bridge west of Rotterdam.

13.15

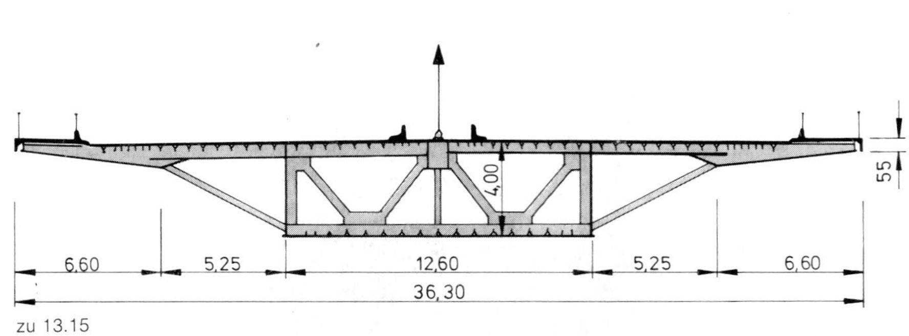

zu 13.15

13.15 Rheinbrücke Bonn–Nord.
13.16 Pylone und Seile von der Fahrbahn aus gesehen.

13.15 Rhine bridge in Bonn North.
13.16 Bonn North, pylons and stay ropes from roadway.

Die erste Schrägseilbrücke mit vielen Seilen in engem Abstand von nur ca. 3 m (in Höhe der Fahrbahn) ist die *Rheinbrücke Bonn-Nord* (Bilder 13.15 bis 13.17). Die Aufhängung beginnt erst 35 m vom Pfeiler entfernt, und die Seilanker im Pylon sind auf eine große Höhe verteilt, so daß ein dreieckiges »Fenster« am Pylon von Seilen frei bleibt. Die im Mittelstreifen stehenden Pylone haben nur längs einen Anlauf, weil die kleine Breite in Querrichtung oben für die Seilanker gebraucht wird. Der Balken, ein Kastenträger, ist mit 4 m ziemlich hoch, aber mit nur 12,60 m Breite für die 36 m breite Fahrbahntafel schmal, die entsprechend weit auskragenden engen Querträger der orthotropen Platte sind mit Druckstreben unterstützt. Das Gesims ist mit nur 55 cm Höhe für die Größe dieser Brücke zu schwach. Die Flußpfeiler sind dank des schmalen Kastenträgers kurz, mit kräftigem allseitigem Anlauf

13.16

13.17

13.18

13.17 Rheinbrücke Bonn–Nord, Untersicht.
13.18 Brücke über den Albert-Kanal bei Godsheide.

13.17 Bonn North seen from underneath.
13.18 Bridge across the Albert Canal near Godsheide.

gut geformt, und die Naturstein-Vormauerung beweist wieder ihre wohltuende Ausstrahlung.
Der gleiche Ingenieuer (wie für Bonn-Nord) entwarf die Brücke über den *Albert-Kanal bei Godsheide* in Belgien mit je zwei freistehenden Pylonen für Außenaufhängung (Bild 13.18). Die Brücke kreuzt den Kanal schiefwinklig, so daß die Uferstraße zwischen den rechtwinklig zur Brükkenachse stehenden Pylonen durchgeführt werden konnte. Die Konstruktion ist einfach und klar, aber es fehlt jede Verfeinerung der Gestalt. Die Pylone haben keinen Anlauf, die Anker der Seile sind am glatten Balkensteg außen wie kleine Kästchen »angeklebt«, was wenig überzeugt.
Eine Sonderstellung nimmt die *Rheinbrücke Neuwied* ein, weil sie zwei Arme des Rheins überbrückt und die Insel dazwischen zur Aufstellung eines längsgestellten A-Py-

primitively shaped concrete piers are protected against ship collision by circular dolphins.
The first cable-stayed bridge with many stays in close spacing of only about 3 m (at the roadway level) is the *Rhine bridge Bonn North* (13.15 to 13.17). The suspension begins 35 m outside the pier, and the anchors of the ropes are spread over the upper half of the tower so that a "triangular window' remains free of ropes at the pylon. The pylons stand in the median of the freeway and are tapered in the longitudinal direction only because the full small transverse width was needed for the anchors.
The box girder with 4 m is rather deep but with 12.60 m width relatively narrow for the 36 m wide deck. The closely spaced cross beams of the orthotropic plate had therefore to be supported by inclined struts. The fascia, 55 cm deep, is a bit weak for the size of this bridge. Thanks to the

13.19

13.20

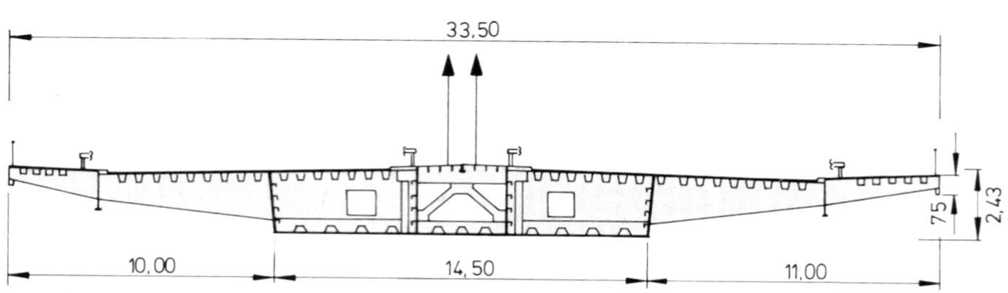

zu 13.19

13.19 Rheinbrücke Neuwied von oberstrom.
13.20 Rheinbrücke Neuwied von unterstrom aus.
13.21 Neuwied – Schrägsicht.

13.19 Neuwied from upstream.
13.20 Rhine bridge in Neuwied from downstream.
13.21 Neuwied, skew angle view.

lons benutzt wurde. Seine Längssteifigkeit erlaubte, beide Stromöffnungen mit Kabeln in der Mittelebene an diesem Pylon aufzuhängen (Bilder 13.19 bis 13.21).
Jedes Pylonenbein steht auf einem Pfeiler in Flußrichtung, auf dem die ziemlich breiten, jedoch niedrigen Kastenträger zur Aufnahme der Torsionsmomente außen gelagert sind. Der schlanke Balken verschwindet fast unter dem durch seine helle Farbe betonten Gesimsband. Die roten Seile sind aus der Ferne gegen den Himmel kaum zu sehen.
Vor dem linken Inselpfeiler mußte eine Treppe für einen Schäfer gebaut werden, der auf der Insel Schafe hält. Aus dieser harmlosen Aufgabe wurde ein Architekturobjekt gemacht, das wie ein Fremdkörper wirkt.

13.21

13.22

13.22 Donaubrücke Bratislava.
13.23 Aussichtskanzel auf dem Pylon.

13.22 Danube bridge in Bratislava.
13.23 Viewing platform on top of the pylon.

Bei der *Donaubrücke in Bratislava,* CSSR, wurde der Pylon nach hinten geneigt und steil abgespannt (Bild 13.22). Die Spannung im Ausdruck der Brücke wird dadurch gesteigert. Die Kabel in der Stromöffnung sind ungewöhnlich flach. Am Untergurt der Kastenträger sind Gehwege angebracht. Auf dem Pylon ist ein Aussichts-Café, das mit Aufzügen in den Pylonenbeinen erreicht wird (Bild 13.23). Die Kabel sind nebeneinander über einen Querriegel im Pylonenkopf geführt.
Mehrfach sind Schrägkabelbrücken über Schiffahrtswege für Ozeanschiffe gebaut worden, die lichte Durchfahrtshöhen von 40 bis 60 m und entsprechend lange Rampenbrücken bedingen.
Überraschend kühn wirkt die *Erskine Brücke* über die Mündung des Clyde-Flusses *bei Glasgow* (Bild 13.24). Die 305 m weit gespannte Hauptöffnung ist mit einem fla-

13.23

narrow box girder, the piers are short, well shaped by strong tapering and once again the masonry facing proves what an agreeable effect it can have.
The same engineer (of Bonn North) designed the bridge across the *Albert Canal near Godsheide* in Belgium with two pairs of free-standing pylons for suspension along the edges of the deck (13.18). The bridge crosses the canal at a skew angle, allowing the road along the bank to pass between the two pylons which stand rectangularly to the bridge axis. The structure is simple and clear but lacks any refinement of form. The pylons are not tapered, the anchors of the stay ropes are inside small casings which look as if they are "pasted" to the plain web of the beam – not very convincing.
The *Rhine bridge in Neuwied* occupies an exceptional position because it has to span two wide branches of the river Rhine, and the island in between was used to erect a longitudinally oriented A-shaped tower. Its longitudinal stiffness allowed the hanging up of the deck of both spans to this tower with cables in a central plane (13.19 to 13.21).
Each leg of the tower stands on a pier with sufficient transverse length to support the wide box girder including torsional action forces. The slender box beam almost disappears behind the bright fascia beam. The red stay ropes can scarcely be seen against the sky from a certain distance.
In front of the left pier, a staircase had to be built for a shepherd who keeps sheep on the island. This very simple functional task was turned into an architectural feature which does not seem to belong to the rest of the bridge.
At the *Danube bridge in Bratislava,* CSSR, the pylon leans backwards and is held by steep back-stay cables (13.22). The tension in the expression of the bridge is thereby strengthened. The cables of the main span are unusually flat. Walkways run along the bottom edges of the box girder. There is a sightseeing café on top of the pylon which can be reached by elevators inside the tower legs (13.23). The cables go side by side over saddles on a cross beam on top of the pylon.
Several cable-stayed bridges had to be built over navigation channels for ocean-going ships which require a clear-

13.24 Erskine Brücke bei Glasgow.
13.25 Brücke über die Loire-Mündung bei St. Nazaire.

13.24 Erskine Bridge near Glasgow.
13.25 Bridge across the mouth of the Loire near St. Nazaire.

13.24

zu 13.24

13.25

chen Kastenträger überspannt, der von den beiden Pylonen aus mit je nur einem Kabel in der Mittelachse unterstützt wird. Der Eindruck der Kühnheit entsteht vor allem durch die in beiden Richtungen (längs und quer) beinahe zu große Schlankheit der Pfeiler unter den ebenfalls sehr schlanken Pylonen.
Die bisher größte Brücke dieser Art führt in 61 m Höhe über die *Loire-Mündung bei St. Nazaire* (Bild 13.25). Die Spannweiten sind 158 + 404 + 158 m. Hier wurden die Vorteile der fächerartigen Anordnung vieler Kabel mit Außenaufhängung genutzt. Durch die geringe Breite der Fahrbahn von nur 12 m konnten die schmalen A-förmigen Pylone auf geschlossene Massivpfeiler gestellt werden, die neben den profilierten Doppelpfeilern der Rampenbrücken allerdings plump wirken. Die weiß-rote Flugwarn-Bemalung der Pylone hätte man vermeiden müssen.

ance of 40 to 60 m height and therefore need long ramp bridges.
Surprisingly bold looking is the *Erskine Bridge* over the mouth of the Clyde river near Glasgow (13.24). The 305 m long main opening is bridged by a 3.25 m deep flat box girder which is supported by only one cable from each tower in the centre plane. The expression of boldness is mainly due to the almost excessive slenderness (in both directions) of the piers and columns.
The biggest bridge of this kind so far bridges the mouth of the *Loire near St. Nazaire* at a height of 61 m (13.25). The spans are 158 + 404 + 158 m. The advantages of the fan-type arrangement of many stays and of the outside suspension were made use of here. Due to the small width of only 12 m, the A-shaped pylons could be placed on massive closed piers which, however, look clumsy com-

13.26

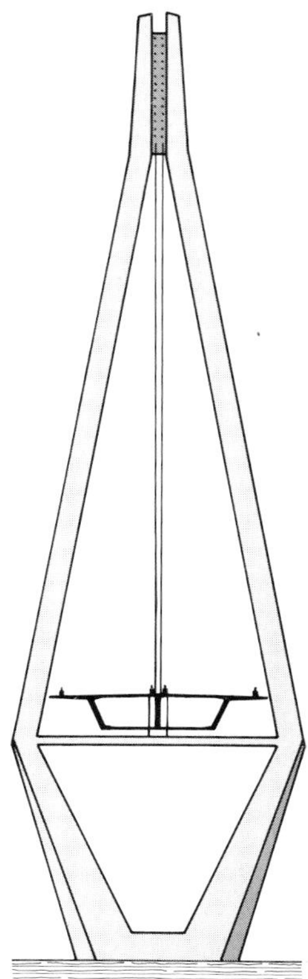

13.28

13.27

13.26/13.27 Köhlbrandbrücke Hamburg.
13.28 Pylon der Faröbrücke, Dänemark.

13.26/13.27 Köhlbrand Bridge in Hamburg.
13.28 Pylon of Farö Bridge in Denmark.

Die S-förmige Trassierung der rund 3,50 km langen Brücke ist wohltuend, der Autofahrer erhält so einen Ausblick auf die Hauptbrücke.
Bei der *Köhlbrandbrücke* in Hamburg führte die hohe Lage zu einer eigenartigen Pylonenform (Bilder 13.26 und 13.27). Die Stiele des stählernen A-Pylons sind unter dem Kastenträger der Fahrbahn stark nach innen abgewinkelt, damit der Massivpfeiler darunter schmal werden konnte. Dem natürlichen Kraftfluß wird hier Gewalt angetan.
Die gleiche Aufgabe wurde für die *Farö-Brücke* in Dänemark mit einem Betonpylon besser gelöst, indem die Abwinkelung bis fast zum Wasser reicht und dort direkt auf dem schmalen Fundamentpfeiler steht. Bei solchen Formen kommt es sehr auf ausgewogene Proportionen an, so hier auf das Anschwellen der Breite der unteren Stiele (Bild 13.28) (1982 im Bau).

pared to the two-leg and profiled piers of the approach bridges. The red and white stripes on the pylons for aircraft warning should have been avoided.
The S-shaped alignment of the 3.50 km long bridge in plan is beneficial for the driver, he gets a view of the bridge during his approach.
At the *Köhlbrand Bridge in Hamburg* the high level situation led to a peculiar shape of the steel towers (13.26 and 13.27). The legs of the towers are abruptly bent inward underneath the deck in order to allow a narrow concrete pier. The natural flow of forces is badly violated.
The same task was solved better at the concrete towers of the *Farö Bridge* in Denmark. The change of direction of the tower legs under the deck is moderate because the inclination extends almost down to the water level, reaching a narrow foundation *base* (13.28). In such cases, well-bal-

13.29

13.30

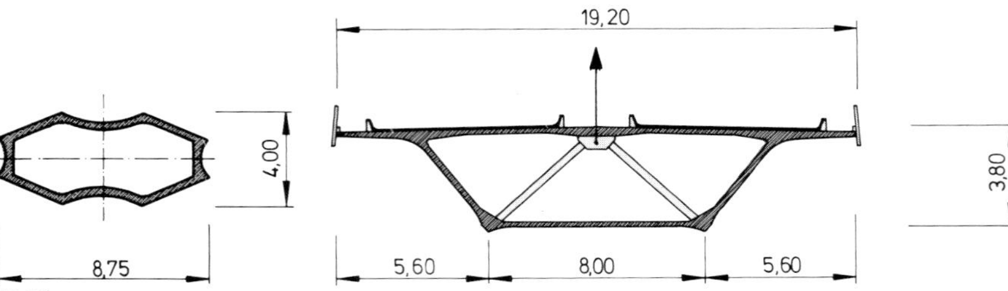

13.32

13.31

13.29 bis 13.31 Seinebrücke Brotonne.
13.32 Pfeiler-Querschnitt.

13.29 to 13.31 Brotonne Bridge over the Seine.
13.32 Brotonne, cross section of piers.

Die hier beschriebenen Hochbrücken haben Stahlträger. Die erste Brücke dieser Art aus Spannbeton wurde nahe der Seine-Mündung mit Spannweiten von 143 + 320 + 143 m und einer lichten Durchfahrtshöhe von rund 52 m gebaut, die *Brotonne-Brücke* (Bilder 13.29 bis 13.31). Ihr gestalterischer Vorzug liegt darin, daß ein 3,80 m hoher und unten nur 8 m breiter Kastenträger über alle Öffnungen hinweg einheitlich durchgeführt wurde. Dieser Träger eignet sich für die Mittelaufhängung mit vielen Kabeln, die wie bei der Rheinbrücke Bonn-Nord angeordnet sind. Der schmale Kastenträger erlaubt unter den Pylonen und unter den Rampenbrücken schmale Pfeiler, 8,75 m breit, die zudem in günstiger Weise profiliert sind (Bild 13.32). So entstand ein überzeugend geschlossenes Brückenbild. Schade ist nur, daß die Geländerpfosten außen am Gesims angebracht sind.

anced proportions and suitable tapering are important for good appearance (under construction in 1982).
The high-level bridges so far described have steel girders. The first high-level bridge with prestressed concrete girders was built close to the mouth of the Seine river with spans of 143 + 320 + 143 m and 52 m vertical clearance; it is the *Brotonne Bridge* (13.29 to 13.31). Its excellence in design is attributable to the fact that a 3.80 m deep and at the bottom only 8 m wide box girder with inclined webs is uniformly carried through over all spans of the long bridge. This box girder is suitable for suspension along the centre line with many cables which are arranged similarly to those on the Rhine bridge Bonn North. The narrow box beam also allows narrow piers under the towers as well as along the approach spans, where they are 8.75 m wide and in addition profiled in a favourable way (13.32). A convincing

13.33

13.33 Die Brücke über den Maracaibo See in Venezuela.

13.33 Bridge across the Maracaibo Lake in Venezuela.

Bei den Schrägkabelbrücken aus Spannbeton muß man eigentlich mit der von R. Morandi schon 1957 entworfenen *Brücke über den Maracaibo-See* in Venezuela beginnen. Morandi hatte im Wettbewerb eine Hauptbrücke mit 400 m Lichtweite vorgesehen, wobei der Balken mit nur je einem Kabel von zwei Pylonen aus aufgehängt werden sollte. Dies war Utopie. Ein Konsortium mehrerer Firmen arbeitete den Entwurf um, es wurden fünf Hauptöffnungen mit je 235 m Abstand der Pylonentische gewählt, die nach Morandi-Art geformt sind (Bild 13.33). Ein 5 m hoher Kastenträger wird in 80 m Abstand von der Pylonenachse mit dem einen Kabelpaar aufgehängt, das in einem schrägliegenden, massigen Querträger verankert ist. Der Kastenträger ist außerdem in etwa 22 m Abstand von der Achse mit V-förmigen Streben unterstützt. Zwischen diesen mächtigen Kragarmen wurde die Öffnung mit einem schlanken 46 m langen Einhängeträger geschlossen. Ein großer Aufwand an Gerüsten und Geräten war nötig, um diese zweifellos für den Laien imposante Brücke zu bauen.

Im Hinblick auf die Gestaltung ist diese Brücke lehrreich. In der reinen Ansicht (Bild 13.34) sehen die Pylonentische einfach und gut proportioniert aus, wenngleich das Pylon-Dreieck über dem Balken im Verhältnis zu den unteren Teilen zu klein ist. Sieht man den Pylon jedoch schräg an (Bild 13.35), dann geht die Einfachheit verloren, und der untere Teil wirkt schwer und verwirrend gegenüber dem einfachen oberen Teil. Auch die Schwere des Balkens ist drückend und paßt nicht zu einer Hängekonstruktion.

Die gleiche Aufgabe – eine mehrfeldrige Schrägkabelbrücke mit je 235 m Spannweite – kann man heute mit den in Bild 13.36 dargestellten Pylonen lösen, wenn statt der einzelnen Kabel viele über die Länge verteilte Kabel gewählt werden, die den Balken unterstützen, der deswegen dünn werden kann.

Unter dem Eindruck der Maracaibo Brücke entstand später die Brücke über den *Paraná-Fluß bei Chaco Corrientes* mit 245 m Spannweite der Hauptöffnung (Bild 13.37). Die Vereinfachung der Stützung an den Pylonen ist wohltuend. Je zwei Kabelpaare gehen von den Pylonen aus und halten den hier fugenlosen Balken auch im mittleren Bereich der Spannweite.

appearance was obtained. It is only a pity that the posts of the railings were attached outside the fascia face and that large dampers were installed in the median to stop resonance oscillation of the cables.

Dealing with p. c. cable-stayed bridges, one should begin with the bridge across Lake *Maracaibo* in Venezuela, designed in 1957 by R. Morandi, Rome. In the competition, Morandi had planned one main span of 400 m, the beam being suspended by only one pair of cables from each tower. This was utopia. A consortium of several German contractors made an alternative design with five spans of 235 m, but keeping the Morandi-type towers with deck "tables" (13.33). A 5 m deep box girder is supported 80 m outside the tower axis by one pair of cables which is anchored in a massive cross beam at the angle of inclination of this cable. The box beam is further supported by V-shaped struts, 22 m apart from the tower axis on both sides. The central gap between these mighty cantilevers is closed by dropped-in beams, 46 m long. Considerable expenditure for construction equipment was necessary to build this bridge which is undoubtedly impressive for laymen.

With regard to architectural design, this bridge is instructive. The pylon tables look simple and well-proportioned in the pure elevation (13.34), though maybe the triangle of the pylon above the deck is too small in relation to the lower structure. However, if one views the bridge from an oblique angle (13.35), its simplicity is lost and the lower part looks heavy and entangled compared to the upper part. The heaviness of the box beam is oppressive and does not suit a suspended structure.

The same task of building a multispan cable-stayed bridge can be solved by towers as shown in 13.36. If instead of the single cable, a large number of stays distributed along the length of the span are chosen, this gives the beam continuous support so that it can be very thin.

Later, the bridge across the *Paraná river near Chaco Corrientes* was built with the Maracaibo bridge in mind (13.37). It has a main span of 245 m. The simplification of the struts at the towers is relieving. Two pairs of cables emerge from the tower heads on each side and support the continuous beam in the central portion as well.

13.34 Maracaibo: Ansicht einer Hauptöffnung.
13.35 Schrägansicht des Pylonentisches.
13.36 So einfach könnten die Pylone sein.
13.37 Paraná Brücke bei Chaco-Corrientes, Argentinien.

13.34 Maracaibo, view of a main span.
13.35 View of a pylon table.
13.36 So simple could the pylons be.
13.37 Paraná bridge near Chaco Corrientes, Argentina.

13.34

13.35

13.36

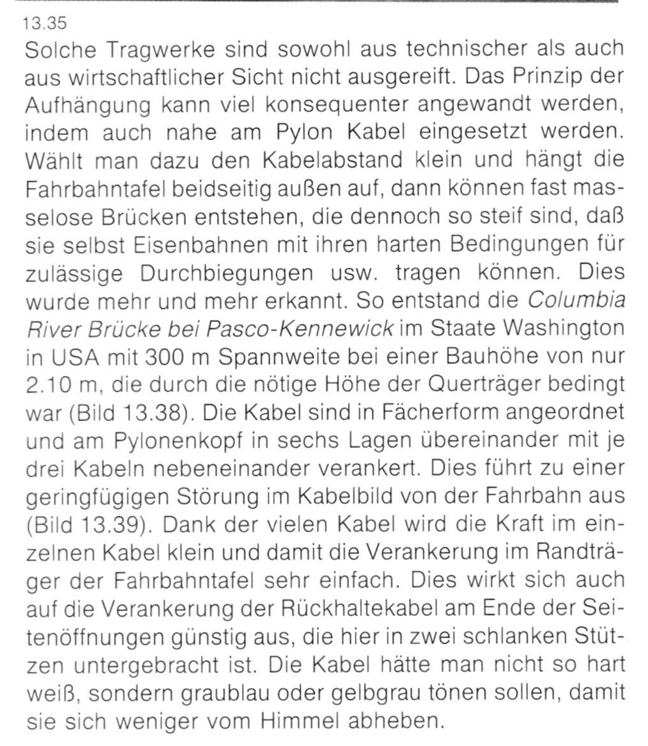

Solche Tragwerke sind sowohl aus technischer als auch aus wirtschaftlicher Sicht nicht ausgereift. Das Prinzip der Aufhängung kann viel konsequenter angewandt werden, indem auch nahe am Pylon Kabel eingesetzt werden. Wählt man dazu den Kabelabstand klein und hängt die Fahrbahntafel beidseitig außen auf, dann können fast masselose Brücken entstehen, die dennoch so steif sind, daß sie selbst Eisenbahnen mit ihren harten Bedingungen für zulässige Durchbiegungen usw. tragen können. Dies wurde mehr und mehr erkannt. So entstand die *Columbia River Brücke bei Pasco-Kennewick* im Staate Washington in USA mit 300 m Spannweite bei einer Bauhöhe von nur 2.10 m, die durch die nötige Höhe der Querträger bedingt war (Bild 13.38). Die Kabel sind in Fächerform angeordnet und am Pylonenkopf in sechs Lagen übereinander mit je drei Kabeln nebeneinander verankert. Dies führt zu einer geringfügigen Störung im Kabelbild von der Fahrbahn aus (Bild 13.39). Dank der vielen Kabel wird die Kraft im einzelnen Kabel klein und damit die Verankerung im Randträger der Fahrbahntafel sehr einfach. Dies wirkt sich auch auf die Verankerung der Rückhaltekabel am Ende der Seitenöffnungen günstig aus, die hier in zwei schlanken Stützen untergebracht ist. Die Kabel hätte man nicht so hart weiß, sondern graublau oder gelbgrau tönen sollen, damit sie sich weniger vom Himmel abheben.

Such structures are insufficiently mature, both from a technical and economical point of view. The principle of suspension can be used with more consequence by also arranging cables close to the towers. If small spacings of the cables and the suspension in two planes along the edges are chosen, then bridges can be built almost massless but, nevertheless, so stiff that they can carry railroads and fulfil the strict regulations governing admissible deformations. The *Pasco-Kennewick bridge* across the Columbia river in the State of Washington, USA, was designed along these conceptual lines (13.38). It has a main span of 300 m and a beam depth of only 2.10 m which was governed by the necessary depth of the transverse beams. The cables have the fan-shaped arrangement and are anchored in the tower head in 6 layers and 3 rows. This leads to a small disturbance in the configuration of the cables as seen from the roadway (13.39). Thanks to the great number of cables, the force in each cable is small and so the anchorage in the deck is simple. The vertical uplift component of the back-stay cables was provided by slender concrete columns. It would have been better not to wrap the cables in a tape of such a bright white colour, but in a tape of grey-blue or a grey-yellow colour so that they would not stand out so much against the sky.
Good order of the cables at the tower is important for the

13.37

13.38

13.39

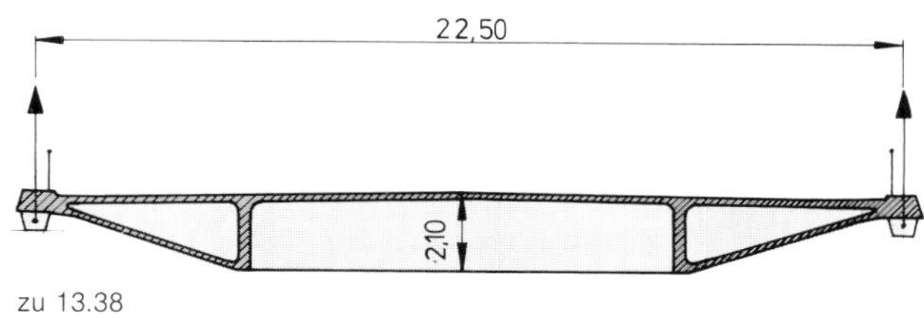

zu 13.38

13.40

13.38 Columbia River Brücke in Pasco-Kennewick, die alten Fachwerkbrücken im Hintergrund stören das Bild.
13.39 Die Pylone und Kabel von der Fahrbahn aus gesehen.
13.40 Unordnung der Kabel durch Verschwenken in horizontale Lage am Pylon.

13.38 Columbia River Bridge in Pasco-Kennewick, Washington, the old truss bridge in the background spoils its appearance.
13.39 Pylons and cables seen from the roadway.
13.40 Disorder of cables by swivelling into a horizontal layer at the pylon.

13.41 Günstige Wirkung der Kabel bei A-Pylonen.
13.42 Ungünstige Wirkung des ⅄-Pylons, von der Fahrbahn aus gesehen.
13.43/13.44 ⅄-Pylon bei Rheinbrücke Flehe.

13.41 Good appearance of the cables at A-shaped towers.
13.42 Unfavourable effect of ⅄ -shaped tower when seen from the roadway.
13.43/13.44 ⅄-shaped tower of Rhine bridge in Flehe.

13.41

13.42

13.43

Die Ordnung der Kabelanker in den Pylonen ist für das gute Aussehen dieser Brücken wichtig. Die Kabel beginnen am Rand der Fahrbahn in einer Linie hintereinander, entsprechend sollten die Kabel am Pylon in einer Linie übereinander enden. Bei A-Pylonen kann diese Linie etwa in der Neigung des Pylonbeins liegen. Verschwenkt man die Kabel in eine horizontale Lage, dann entstehen unschöne Überschneidungen, siehe Bild 13.40.
Der Autofahrer erfährt eine Schrägkabelbrücke wohl am schönsten, wenn sich die Kabelscharen von beiden Rändern der Brücke im Kopf eines A-Pylons vereinen und mit den leicht windschiefen Kabelebenen an ein schützendes Zelt erinnern. Bild 13.41 gehört zu einem Entwurf des Verfassers für die *Rheinbrücke Flehe* bei Düsseldorf, die mit dem in den Bildern 13.43 und 13.44 gezeigten ⅄-Pylon mit Mittelaufhängung gebaut wurde.

appearance of such bridges. The cables are set out along a line along the edges of the deck, and they should end along a vertical line at the tower head. At A-shaped towers, this line can have an inclination which is roughly parallel to the tower leg. If the cables are spread transversely in one layer, then unpleasant crossings show up as in 13.40.
Driving over such bridges, one will surely find most pleasing those cable-stayed bridges which have A-shaped towers with cables along the outside of the roadway uniting at the tower heads and forming a tent-like space (13.41). This illustration is of a design which the author made for the *Flehe Bridge* over the Rhine near Dusseldorf, which was actually built with a ⅄-shaped pylon and with central suspension (13.43/13.44). Although this pylon may be impressive when seen from a distance, its thick slanted legs give no pleasure to anyone driving over the bridge.

13.44

13.45 Modell der Brücke über die Straße von Messina, ℓ = 1350 m, Entwurf Gruppo Lambertini, 1. Preis im Wettbewerb 1970.

13.45 Model of the bridge across the Straits of Messina, Italy. Design of Gruppo Lambertini with main span of 1350 m, first prize in competition of 1970.

13.45

Auch wenn der Pylon – von der Ferne betrachtet – imponieren mag, für den über die Brücke Fahrenden sind die dicken, schrägen Pylonenbeine kein Genuß (Bild 13.42). Die Schrägkabelbrücke mit vielen Kabeln ist selbst für größte Spannweiten der guten alten Hängebrücke wirtschaftlich und technisch weit überlegen. Dies mag vom ästhetischen Standpunkt aus zu bedauern sein, die Vorteile sind jedoch so groß, daß mehr und mehr auch größte Spannweiten mit Schrägkabelbrücken überspannt werden. Für die Überbrückung der etwa 3,5 km breiten *Straße von Messina* zwischen Sizilien und Calabrien wurde in einem Wettbewerb schon 1970 eine solche Brücke mit 1350 m Spannweite für Eisenbahn und Straße vorgeschlagen (Bild 13.45). Für diese Brücke wird nun ein Entwurf mit 1800 m bearbeitet, wobei der stählerne Kastenträger nur rund 8 m hoch werden muß (ℓ/220). Bei solch

Even for the longest spans the cable-stayed bridge with many stays is technically and economically superior to the suspension bridge. This may be regrettable from an aesthetic point of view, but the advantages are so important that more and more cable-stayed bridges will be chosen even for the longest spans. In a competition held as early as 1970 for crossing the 3.5 km wide *Straits of Messina* between Sicily and Calabria we proposed a bridge of this type with 1350 m span for railroad plus highway traffic (13.45). For this bridge a design with 1800 m main span was made recently and it was found that an 8 m deep steel box girder would be sufficient (slenderness ratio ℓ/220). Thanks to such a high degree of slenderness, bridges with such enormous spans can blend in with the landscape and can even look graceful, in spite of their large dimensions.

13.46

13.48

13.47

13.46 Ganterbrücke der Simplonstraße im Gegenlicht.
13.47 Die kühn gekrümmte Seitenöffnung.
13.48 Im prallen Sonnenlicht.

13.46 The Ganter Bridge on the Simplon Pass road against sunlight.
13.47 The daring looking curved side span.
13.48 In bright sunlight.

13.49

13.50

13.51

13.49 Mit dunkel gefärbten Spannscheiben und Pfeilern.
13.50/13.51 Vom oberen Brückenende aus gesehen.

13.49 With dark coloured stay walls and piers.
13.50/13.51 Seen from the upper end of the bridge.

großer Schlankheit werden selbst Brücken mit derart großen Spannweiten harmonisch in der Landschaft stehen und können sogar grazil wirken.
Eine der eigenwilligsten Brücken der letzten Jahre muß zu den Schrägkabelbrücken gerechnet werden, auch wenn die Kabel in einer dünnen Betonscheibe eingeschlossen sind. Dies ist die *Ganterbrücke* der neuen Simplonstraße oberhalb Brig, die von Chr. Menn entworfen wurde. Die Straße überquert das tiefe Tal in einem S-Bogen. Von der 700 m langen Brücke verläuft nur das 174 m lange Mittelstück der Hauptöffnung gerade, die 127 m langen Seitenöffnungen liegen schon in den Kurven mit 200 m Radien. Keine leichte Aufgabe! Menn löste sie, indem er die schlanken Kastenträger mit flachen Scheibenbändern aus Spannbeton an den hohen Pfeilerköpfen aufhängte. Diese Scheiben konnten im Grundriß gekrümmt werden und so in den Seitenöffnungen den Kurven folgen. Die bis zu 150 m hohen Pfeiler ragen über die Fahrbahn hinaus und tragen die Aufhängescheiben. Ein kräftiger Riegel schließt das Portal.
Die im Gegenlicht aufgenommenen Bilder (13.46 und 13.47) rufen Begeisterung hervor, insbesondere die 127 m frei gespannte Kurve fasziniert. Sieht man die Brücke jedoch im prallen Sonnenlicht (Bild 13.48), dann erschrickt man wegen der brutalen Wirkung der großen hellen Betonflächen gegenüber der Berglandschaft. Dies ist wieder ein Beispiel für die große Rolle der Farbe in der Landschaft, besonders das Hellgrau des Betons. Wenn die Scheiben und Pfeiler dunkel gestrichen würden, ginge eine günstigere Wirkung von ihnen aus (Bild 13.49).
Sieht man sich die Brücke von ihrem Ende aus an, dann wird deutlich, daß die Pfeiler zuwenig Anlauf in Querrichtung haben und dadurch sehr steif wirken, die Profilierung ist auch zu schwach. Der Eindruck bleibt zwiespältig trotz der verdienten Bewunderung für die Kühnheit und Neuartigkeit der Struktur (Bilder 13.50 und 13.51).

A highly individual bridge was built recently which must be considered as a stayed bridge, although the cables are inside a thin concrete wall. It is the *Ganter Bridge* on the new Simplon Pass route above Brig in the Wallis which was designed by Chr. Menn (13.46 and 13.47). The road crosses the valley with S-shaped curves and only a 174 m long portion is straight for the main span of the bridge. The 127 m long side spans lie in curves with 200 m radius. No easy task! Menn solved it by hanging the slender box beam back to pier extensions above the deck with cables inside thin concrete walls. These thin walls could be curved in plan because the radial forces of the curved concrete stays are in equilibrium with the corresponding forces of the curved cables. One of the piers reaches a height of 150 m above ground. A heavy cross beam joins the two pier heads.
Looking at the photos 13.46 and 13.47, taken against the light, one can be enthusiastic about this bridge; the 127 m wide curved side span is particularly fascinating. However, if the same bridge is seen in bright sunlight (13.48), one is surprised by the brutal effect of the large bright concrete facade in front of the dark background of the mountains. This is again an example of the important role which colour plays in the landscape, especially the ugly grey of concrete faces (13.49). If in this case the thin concrete wall and the piers were painted dark, the appearance of the bridge would be improved. If one looks at the bridge from its end, one is bound to notice that the piers have too little taper transversely and therefore appear stiff. The recess of the profile is also far too small. The bridge leaves one in two minds although it arouses well-deserved admiration for its innovative and daring structure (13.50 and 13.51).

14. Hängebrücken

In England und Frankreich wurden im 19. Jahrhundert die ersten größeren Hängebrücken gebaut. Sie sind gekennzeichnet durch massige gemauerte Pylone und sehr filigrane Hängewerke, meist mit dünnstabigen Fachwerken als Versteifungsträger. Nur wenige dieser alten Hängebrücken stehen noch, zum Teil verstärkt oder umgebaut. Als Beispiel sei die 1834 mit 273 m Spannweite kühn über das tiefe *Saanetal in Fribourg* erbaute Hängebrücke gezeigt (Bild 14.1, Federzeichnung von K. F. Schinkel). Sie mußte etwa 1930 abgebrochen werden.
Den Durchbruch zu großen Spannweiten für schwere Lasten schaffte der aus Thüringen stammende John A. Roebling in USA durch seine Erfindung, große Kabel am Ort der Brücke aus parallelen Drähten zu »spinnen«. 1855 eröffnete Roebling die erste Eisenbahn-*Hängebrücke,* die mit 250 m Spannweite die tiefe Schlucht unterhalb der *Niagara Fälle* überspannt (Bild 14.2). Sie war zweigeschossig – oben Eisenbahn, unten Straßenfahrzeuge – mit Schrägseilen und hölzernen Fachwerken ausgesteift. Diese weltweit bewunderte Brücke erfüllte ihre Aufgabe bis 1897 und wurde nur abgebrochen, weil die Eisenbahnlasten schwerer wurden.
John A. Roebling krönte sein Werk mit der 488 m weit gespannten *Brooklyn Brücke* über den East River in New York, deren Fertigstellung 1883 er selbst nicht mehr erlebte. Die mit Granit-Quadern gemauerten Pylone werden noch lange von diesem Meister der Brückenbaukunst zeugen (Bilder 14.3 und 14.4).
Wegen dieser Brücke galt die USA lange Zeit als das Land der großen Hängebrücken. An die Stelle der Stein-Pylonen traten bald Stahlpylonen in oftmals von Architekten beeinflußten Formen, wie die gotisierenden Pylone der *St.*

14. Suspension bridges

The first large suspension bridges were built in England and France in the 19th century. Their characteristics are massive masonry pylons and filigree suspension structures, in most cases with thin-membered stiffening trusses. Only very few of them still stand, some of them strengthened or reconstructed. For example, the suspension bridge crossing the deep *Saane Valley in Fribourg,* built in 1834 with a 273 m span, is shown in 14.1, a pen and ink drawing of K. F. Schinkel (famous Berlin architect). It was taken down in 1930.
The breakthrough to long spans designed for heavy loads was accomplished in the USA by John A. Roebling, a native of Thuringia, by his invention to "spin" large cables from parallel wires on site. In 1855 Roebling was able to open the first suspension bridge for railroads which had a span of 250 m over the deep gorge below the *Niagara Falls* (14.2). It had two decks, the upper for railroad, the lower for highway traffic, and was stiffened by inclined stay ropes and by timber trusses. This bridge gained world-wide admiration and fulfilled its task until 1897, when it was taken down because the railroad loads had increased too much.
John A. Roebling crowned his work with the 488 m span of the *Brooklyn Bridge* across the East River in New York However, he did not live to see it completed in 1883. The pylons from granite ashlar masonry will testify to the art of this masterbuilder for many years to come (14.3 and 14.4). Against this background, the USA became the land of large suspension bridges for many years. Soon the masonry pylons were replaced by steel pylons with shapes often influenced by architects such as the gothic pylons of the *St. John's Bridge in Portland,* Oregon (14.5). For quite

14.1 Saanetalbrücke bei Fribourg, Schweiz 1834.

14.1 Suspension bridge across Saane Valley in Fribourg, Switzerland, 1834.

14.1

14.2

14.2 Roeblings Hängebrücke über die Schlucht der Niagara-Fälle, 1855.
14.3 Brooklyn Brücke über den East River, New York 1883, Bild aus dem Jahr 1912.

14.2 Roebling's suspension bridge across Niagara Falls, 1855.
14.3 Brooklyn Bridge over the East River, New York, 1883. Photograph from 1912.

14.3

14.4

14.5

14.6

14.4 Brooklyn Brücke, Bild mit der heutigen Skyline New Yorks.
14.5 Beispiel »architektonischer« Pylonenformen.
14.6 Pylon der alten Delaware River Brücke Philadelphia.

14.4 Brooklyn Bridge against to day's Skyline of New York.
14.5 Example of architectural shaping of bridge towers.
14.6 Tower of the old Delaware River Bridge in Philadelphia.

Johns Brücke in Portland, Oregon (Bild 14.5). Die Verbindung der beiden die Kabel tragenden Pylonenstiele mit sich kreuzenden Diagonalen war dann wiederholt zu finden, so bei der ersten *Delaware River Brücke* in Philadelphia (Bild 14.6).
Der Schweizer O. H. Ammann überschritt als erster die 1000-m-Marke der Spannweiten mit seiner *George Wa-*

a while bracing of the two tower legs with crossing diagonals was in fashion as at the first *Delaware River Bridge in Philadelphia* (14.6).
The Swiss engineer O. H. Ammann was the first to pass the 1000 m mark for the main spans with his *George Washington Bridge* across the Hudson River in New York (ℓ = 1067 m, built in 1929–1932, 14.7). The architectural advi-

14.7

14.8

14.9

14.7 George Washington Brücke über den Hudson, New York, 1932
14.8 Vom Architekten geplante Granit-Verkleidung.
14.9 Nach Anbau des zweiten Geschosses.

14.7 George Washington Bridge across the Hudson River, New York, 1932.
14.8 Architect's plan for a granite facing.
14.9 George Washington Bridge after erection of second floor.

shington Brücke über den Hudson River in New York (ℓ = 1067 m, Baujahr 1929–1932, Bild 14.7). Der architektonische Berater hatte einen Granit-Pylon entworfen (Bild 14.8), Ammann baute einen Stahlpylon mit vielen Stahlsäulen, die fachwerkartig miteinander verbunden sind und in den Granit-Mantel hineinpaßten. Der Granitmantel wurde später einfach weggelassen, weil die Zeit solcher Verkleidungen von Ingenieurbauwerken abgelaufen war. Irgendwie hat dieser Pylon, dessen Form nur aus dieser Entwicklungsgeschichte zu verstehen ist, seinen eigenständigen Reiz in seiner Wucht gegenüber dem dünnen Fahrbahnband, das rund 30 Jahre lang ohne Versteifungsträger den starken Verkehr der riesigen Stadt trug. Erst 1962 wurde das zweite Geschoß mit dem hohen Fachwerk-Versteifungsträger angefügt (Bilder 14.9 bis 14.11). Die Schönheit der Brücke hat dadurch sehr gelitten.

sor had designed a granite masonry tower (14.8). Ammann built a steel tower composed of many steel columns braced with crossing diagonals fitting into the granite mantle. In the end the granite lining was simply omitted because the era of facing and hiding engineering structures had closed. The structure of this tower can only be understood from the history of its development, but it owes its individual appeal by its ponderosity and vigour in contrast to the thin deck ribbon which carried the heavy traffic of this giant city without a stiffening truss for over 30 years. It was not until 1962 that the second deck and the deep stiffening truss were added (14.9 to 14.11). The beauty of this bridge suffered a lot as a result.
A short time after the construction of the George Washington Bridge, the *Golden Gate Bridge* in San Francisco was built in 1933–1935 with a main span of 1280 m (14.12). For

14.10

14.11

14.10 Im Morgennebel.
14.11 Von der Fahrbahn aus gesehen.

14.10 In morning haze.
14.11 On the bridge deck.

Kurz nach der George Washington Brücke wurde 1933–1935 die *Golden Gate Brücke* in San Francisco mit 1280 m Spannweite gebaut (Bild 14.12). Sie galt lange als achtes Weltwunder, und es ist ein großes Erlebnis, aus der Ferne zu sehen, wie sie an ihren verhältnismäßig dünnen Kabeln hängend die große Weite des »Goldenen Tores« überspringt. Das mit Wolkenkratzern gespickte San Francisco im Hintergrund gibt den richtigen Maßstab.
Die Türme der Stahlpylone sind in ihrer Dicke dreimal abgestuft und an jeder Stufe mit einem Querriegel verbunden. Die Höhen der Stufen und der Querriegel nehmen nach oben ab. Die schmückenden Zutaten, wie die Rippen auf den Querriegeln, beleben das Bild, ohne den Ingenieur zu verletzen (Bilder 14.13 und 14.14). Das freche Rot paßt gut in die dortige weiträumige Landschaft.
In Deutschland gab es um diese Zeit keine größere echte

a long while, it was considered the eighth wonder of the world. It is a grand experience to see how this bridge floats suspended by relatively thin cables across the wide expanse of the Golden Gate. The City of San Francisco with its cluster of skyscrapers in the background provides the right scale.
The towers of the steel pylons are recessed three times in thickness and are braced with deep transverse beams at each recession. The height of the steps and the depth of the beams decrease upwards. Ornamentation such as the ribs on the cross beams enliven the appearance of the bridge though not to the detriment of the engineer (14.13 and 14.14). The fresh red colour is well-suited to the wide scenery.
At this time – around the 1930's – there was no large genuine suspension bridge in Germany. The old bridges

14.12

14.13

14.12 Golden Gate Brücke mit San Francisco im Hintergrund.
14.13 Golden Gate Brücke, vom Frisco-Ufer aus gesehen.
14.14 Die Pylone von der Fahrbahn aus.
14.15 Die Pylone der Rodenkirchener Brücke.
14.16 Rheinbrücke Köln–Rodenkirchen.

14.12 Golden Gate Bridge with San Francisco in the background.
14.13 Golden Gate Bridge from the Frisco banks.
14.14 The towers from the roadway.
14.15 The pylons of the Rodenkirchen Bridge.
14.16 Bridge across the Rhine in Cologne-Rodenkirchen, 1938.

14.14

14.15

26.40

3.30

zu 14.16

14.16

14.17/14.18 Die gut geformten Aufhängepunkte, rechts Modell zur Prüfung der Form.
14.19 Bronx Whitestone Brücke, New York.

14.17/14.18 Well-shaped anchors for the hanger ropes.
14.19 Bronx Whitestone Bridge, New York.

14.17

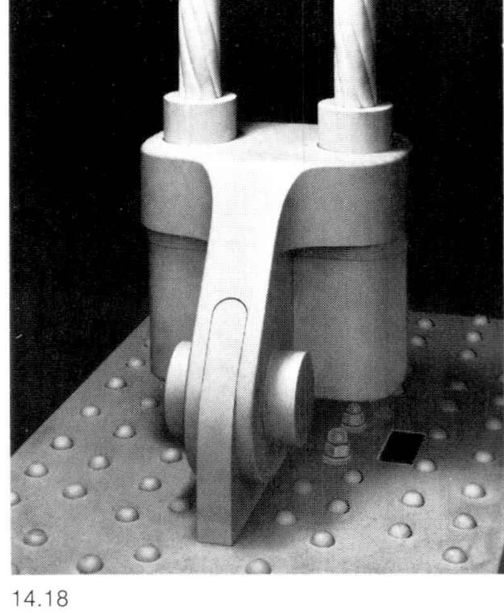
14.18

Hängebrücke. Die alten Kölner Rheinbrücken (Deutz und Mülheim) waren in sich verankerte Hängebrücken und hatten entsprechend hohe Kastenträger. Erst der Bau der Autobahnen brachte die Gelegenheit mit der 378 m weit gespannten *Rheinbrücke Rodenkirchen* (Bild 14.16). Ihr Versteifungsträger ist vollwandig und nur 3,30 m hoch, er liegt in der Kabelebene und schließt die Brücke außen ab. Die vertikalen Steifen gliedern die große Blechfläche in liegende Rechtecke. Die Stahlpylone stehen auf mäßig hohen, aber breiten Pfeilern mit Muschelkalk-Mauerwerk. Die Türme sind oben mit einem rechteckigen Riegel zu einem Rahmen verbunden und durch vertikale Rippen belebt (Bild 14.15). Die Kabelsattel sind in einfachster Form darüber angebracht und übertragen die Kabellasten. Alle Einzelteile sind hier liebevoll gestaltet, selbst die Nieten wurden geordnet und die Aufhängepunkte ausgeformt

across the Rhine in Cologne were self-anchored and had therefore heavy and deep box girders. The construction of the autobahn network provided the opportunity to build a real suspension bridge namely the *Rhine bridge, Rodenkirchen*, with a main span of 378 m (14.16). The plate stiffening girders, 3.30 m deep, are positioned in the cable planes and form the borders of the bridge. The vertical stiffeners give a flat rectangular pattern to the large web faces. The steel towers stand on fairly low but wide piers of limestone masonry. The tower legs are connected on top with a rectangular cross beam forming a portal frame; both are enlivened by vertical ribs (14.15). The saddles for the cables are of very simple shape, sit on top and distribute the enormous loads. All details were designed with care, even the rivets were placed in good order and the anchors of the hangers were modelled pleasingly (14.17 and

14.19

14.20

14.21

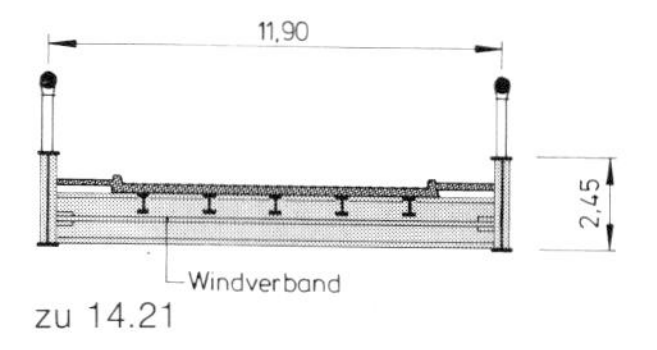

zu 14.21

14.22

14.20 Entwurf für einen Pylon der Elbe-Hochbrücke.
14.21 Einsturz der Tacoma Brücke.
14.22 Bronx White-stone Brücke, Schönheit durch Fachwerk gestört.

14.20 Design of a tower for Elbe high-level bridge, 1939.
14.21 Collapse of Tacoma bridge.
14.22 Bronx White-stone Bridge spoiled by truss stiffening.

(Bilder 14.17 und 14.18). Die Brücke wurde 1944 durch Bomben zerstört und dann in gleicher Form wiederaufgebaut, jedoch mit einem geschweißten Versteifungsträger, wodurch die den Maßstab bildenden Nietbilder verlorengingen.
Die schlanken, vollwandigen Versteifungsträger dieser Brücke gefielen und wurden bald nachgeahmt, so bei der *Bronx-Whitestone Brücke* in New York (Bild 14.19) und bei der *Tacoma-Narrows-Brücke* im Staate Washington. Die erste Brücke wurde eine der schönsten Hängebrükken, nicht zuletzt durch die gut gestalteten Stahlpylone. Der Verfasser hatte damals ähnliche Pylone für die geplante Elbe-Hochbrücke Hamburg entworfen (Bild 14.20) – als Gegenvorschlag zu von Hitler persönlich gewünschten Granitpylonen in Form römischer Triumphbogen!
Die vollwandigen Versteifungsträger hatten aber bei diesen hoch über weiten Wasserflächen gelegenen Brücken böse Folgen: Der Wind versetzte sie durch Wirbelbildung in gefährliche Schwingungen, die bei Resonanz so große Amplituden erreichten, daß die Tacoma-Brücke 1940 einstürzte (Bild 14.21). Die Bronx-Whitestone-Brücke wurde mit einem aufgesetzten Fachwerkträger verstärkt (Bild 14.22), der die Schönheit dieser Brücke verdirbt.
Das Tacoma-Unglück hatte Folgen für die Gestaltung der späteren Hängebrücken: Die Amerikaner sahen die Lösung in 10 bis 12 m hohen Fachwerk-Versteifungsträgern mit unteren und oberen horizontalen Verbänden, so daß große Biege- und Torsionssteifigkeiten entstanden, durch die den vom Wind erregten Kräften Widerstand geleistet wird.
Nach diesem Konzept wurde 1957 die *Mackinac Straits Brücke* im Staat Michigan mit 1140 m Spannweite mit einem 11,60 m hohen und 21 m breiten Fachwerk-Kastenträger für eine nur 15 m breite Fahrbahntafel gebaut (Bil-

14.18). The bridge was destroyed by bombs in 1944 and rebuilt in the same shape but with a welded plate girder thereby loosing the scale-giving patterns of the rivets.
The slender plate girders of this bridge were considered pleasing and were soon imitated, e. g. at the *Bronx Whitestone Bridge* in New York (14.19) and at the *Tacoma Narrows* Bridge in the State of Washington, USA. The former turned out to be one of the most beautiful suspension bridges mainly due to its well-designed steel towers. The author had at that time designed similar steel towers for a suspension bridge in Hamburg (14.20) as a counter proposal to a granite tower which Hitler had personally designed in the form of a Roman triumphal arch!
The plate stiffening girders had unfortunate consequences at these suspension bridges with the deck at a high level above wide open water; wind made them oscillate and as a result of resonance these oscillations reached such great amplitudes that the Tacoma Bridge collapsed in 1940 (14.21). The Bronx Whitestone Bridge was stiffened by trusses on top of the plate girders, spoiling the beauty of this bridge (14.22).
The Tacoma disaster had consequences for the design of all following suspension bridges. The American bridge engineers saw the solution in 10 to 12 m deep stiffening trusses with wind bracings at top and bottom, resulting in a high degree of flexural and torsional stiffness in order to resist the wind actions which cause oscillations.
In 1957 the *Mackinac Straits Bridge* in the State of Michigan was built, following this concept. It has a main span of 1140 m, a truss box girder 11.60 m deep and 21 m wide, to carry a 15 m wide roadway slab (14.23 and 14.24). The aesthetic quality characteristic of suspension bridges had suffered considerably as a result of this type of stabilization against wind oscillation. In the centre of the main span the

14.23/14.24 Mackinac Straits Brücke im Staat Michigan, USA, 1957.
14.25 Tacoma Narrows Brücke im Staat Washington, USA.
14.26 Tacoma Fachwerke von unten.
14.27 Zweite Delaware River Brücke in Philadelphia.

14.23/14.24 Mackinac Straits Bridge in Michigan, USA, 1957.
14.25 Tacoma Narrows Bridge in Washington, USA, as rebuilt.
14.26 Tacoma trusses from underneath.
14.27 Second Delaware River Bridge in Philadelphia.

14.23

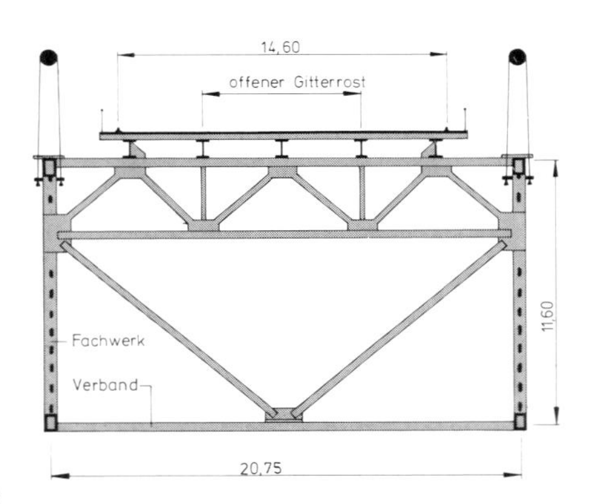

zu 14.23

14.24

der 14.23 und 14.24). Die der Hängebrücke eigene schönheitliche Qualität hat durch diese Art der Stabilisierung gegen Windschwingungen erheblich gelitten. Die Kabel berühren in der Mitte der Hauptöffnung fast die Fahrbahn. Es sieht besser aus, wenn sich das Kabel auch dort deutlich abhebt, das heißt, es sollte wenigstens 4 bis 5 m über der Fahrbahn liegen, auch wenn die Pylone dadurch ein wenig höher werden müssen. Diese Bemerkung gilt ebenfalls für die meisten der folgenden Brücken.
Die *Tacoma-Narrows-Brücke* wurde in ähnlicher Weise wieder aufgebaut (Bilder 14.25 und 14.26). Hier sind die Fachwerkstäbe ziemlich dünn, meist mit vergitterten Profilen – ein unruhiges Gewirr von Stäben.
Die zweite *Delaware River Brücke* in Philadelphia, die auch nach Tacoma gebaut wurde, hat wenigstens einen niedrigeren Fachwerkträger mit geschlossenen Profilen,

cables almost touch the deck; it would look better if the cables were to stay clear of the deck at this point, e. g. 4 to 5 m above it, even if this meant that the towers had to be a bit higher. This comment is also valid for most of the following bridges.
The *Tacoma Narrows Bridge* was rebuilt with similar trusses (14.25 and 14.26). The truss members are thin, most of them with latticed profiles – a worrying tangle of bars.
The second *Delaware River Bridge* in Philadelphia, which was also built after Tacoma, has a less deep truss with members from closed sections. Consequently it still retains something of the slenderness which is characteristic of suspension bridges. Moreover the pylons have a good and simple form (14.27).
The *Verrazano Narrows Bridge* across the gateway to New York belongs to this series (14.28). It was designed by

uhiger wirken und noch etwas von der Schlankheit
n, die Hängebrücken eigen sein müßte. Auch die Py-
n haben eine gute, einfache Form (Bild 14.27).
ese Reihe gehört auch die 1964 fertiggestellte *Verra-
Narrows Brücke* an der Einfahrt nach New York, die
Erbauer der George Washington Brücke, O. H. Am-
n, entworfen hat. Sie ist zweigeschossig und hat etwa
hohe Fachwerk-Versteifungsträger. Sie hielt mit
3 m Spannweite für einige Zeit den Rekord, zeigt aber
ts Neues, der Pylon ist durch den großflächigen obe-
Riegel sogar kopflastig (Bild 14.28).
Verirrung in die großen Fachwerkträger griff auch auf
pa über, so bauten die Engländer 1965 die zweite
cke über den Firth of Forth nördlich von Edinburgh mit
amerikanischen Gewirr von Fachwerkstäben
14.29). Hier haben die Stahl-Pylone sehr schlanke

14.27

14.28 Verrazano Narrows Brücke New York, 1964.

14.28 Verrazano Narrows Bridge, New York, 1964.

14.28

Stiele (leider ohne Anlauf), die mit einem einfachen Fachwerk aus sich kreuzenden Diagonalen verbunden sind, deren Dicke in guter Proportion zu den schlanken Stielen steht. Auch die Form des Pfeilers am Fuß der Pylone überzeugt. Im Hintergrund ist ein Teil der alten Forth-Eisenbahn-Brücke zu sehen.

Eine Eigenart der Forth Road Bridge sei noch erwähnt: Die Verankerung der Kabel ist hier in den Untergrund versenkt, so daß die sonst üblichen großen Ankerblöcke entfallen (Bild 14.30). Die Bogen an den Pfeilern passen allerdings nicht zur Hauptbrücke.

Schon 1953 habe ich aus dem Tacoma-Unglück andere Schlüsse gezogen als die amerikanischen Brücken-Ingenieure: Die Windkräfte, welche die gefährlichen Schwingungen erzeugen, sollte man verhüten und ihnen nicht durch die Steifigkeit der großen Fachwerke begegnen, die zudem die Windlasten vergrößern. Durch eine windschnittige Formgebung des Brückendecks, an dem die Windströmung keine Wirbel bilden kann, ist dies zu vermeiden. Gleichzeitig können die vom Wind auf die Brücke einwirkenden Windlasten erheblich reduziert werden [44]. Die gefährliche Torsionsschwingung kann man außerdem dadurch verhindern, daß die Fahrbahn an nur einem Kabel aufgehängt wird. So entstand die Monokabel-Hängebrücke. Ich ließ am National Physical Laboratory in Teddington bei London *Windkanalversuche* mit solchen flachen, windschnittig geformten Decks machen, die bewiesen, daß man damit auch bei zwei Kabeln aerodynamische Stabilität erzielt. Gleichzeitig wurden schon 1953 geneigte Hänger zur Erzielung einer versteifenden Fachwerkwirkung vorgeschlagen.

Der erste Entwurf einer solchen vollkommen neuartigen Hängebrücke wurde 1960 für die *Tejo-Brücke in Lissabon* gemacht und von einem europäischen Firmen-Konsor-

O. H. Ammann, the engineer of the George Washington Bridge, and was finished in 1964. It has two decks and an 8 m deep stiffening truss. For a short time it held the record for spans with 1298 m but it has no innovations and the head of the tower is even too heavy.

The mistaken concept of deep trusses also spread to Europe; in 1965 the British built the road bridge across the *Firth of Forth* north of Edinburgh with the American clutter of truss members (14.29). The steel towers have very slender but untapered legs which are braced with crossing diagonals, and their slenderness is in good proportion to the slender legs. The shape of the pier at the foot of the tower is also convincing. In the background one can see a part of the old Forth Rail Bridge.

A peculiarity of the Forth Road Bridge should also be mentioned: the abutment for anchoring the cables is underground so that the usual massive anchor blocks are avoided (14.30). The arch-shaped bracing of the piers does not, however, fit the main bridge.

As early as 1953, I drew other conclusions from the Tacoma disaster to those of the American bridge engineers; my idea was to prevent the creation of wind forces which cause the dangerous oscillations, and not to counteract them by additional stiffness of big truss box girders which even increase wind loads. This can be realized by aerodynamic shaping of the bridge deck so that the wind stream cannot form eddies. Simultaneously the reaction forces caused by the wind (static wind loads) can be reduced considerably [44]. The dangerous torsional element of the oscillation can further be prevented by suspending the deck from one cable only. The monocable suspension bridge was created along these conceptual lines.

I had wind tunnel tests made at the National Physical Laboratory in Teddington near London with flat, aerodynam-

14.29

14.30

14.29 Forth Straßenbrücke in Schottland.
14.30 Forth Straßenbrücke, Verankerung der Kabel im Boden.

14.29 Forth Road Bridge in Scotland.
14.30 Forth Road Bridge, cable anchorage in ground.

tium angeboten (Bild 14.31). Aus hier nicht darzulegenden Gründen wurde die Brücke in der amerikanischen Bauart mit Fachwerken gebaut (Spannweite 1104 m) Bild 14.32).
Während der Windkanalversuche am NPL in Teddington mit meinen neuen Querschnitten waren Versuche für die Severnbrücke mit Fachwerkträgern im Gang. Nachdem meine günstigen Ergebnisse bekannt wurden, stellte man den Entwurf der Severnbrücke um. Dabei wurde der für die weiteren englischen Hängebrücken typische Querschnitt mit einem flachen Hohlkasten und etwa im oberen Drittel der Kastenhöhe auskragenden dünnen Gehwegplatten entwickelt (Bild 14.33). Die *Severnbrücke* in Wales wurde so die erste Hängebrücke dieser neuen Bauart, sie ist 990 m weit gespannt, der Kastenträger ist 3 m hoch und zwischen den in Längsrichtung bis zu 30° gegen die

ically shaped deck sections of this type and the tests proved that in this way aerodynamic stability can also be obtained with two cables without stiffening trusses. Moreover, in 1953, I also proposed inclined hangers to achieve stiffening by their truss action.
The first design for such a completely new type of suspension bridge was made in 1960 for the *Tagus Bridge in Lisbon* and tendered by a consortium of European construction firms (14.31). The bridge was, however, built the American way for reasons which cannot be explained here (span 1104 m, 14.32).
During my wind tunnel tests at the NPL in Teddington with my new cross sections, there were tests for the Severn Bridge going on with models of the truss type. After the favourable results of my tests became known, the design for the Severn Bridge was changed. A cross section with a flat hollow box girder and with thin fin-shaped cantilevers for walkways at the upper third of the depth were developed which became characteristic for modern English suspension bridges (14.33).
The *Severn Bridge* in Wales thus became the first suspension bridge based on this new concept. It has a main span of 990 m, the box girder is 3 m deep and 22.90 m wide between the hangers which have inclinations of up to 30° in the longitudinal direction (completed 1966). The steel columns of the pylons are slender and braced with rather deep cross beams, but they are disturbing due to their size which is too large compared to the small task they have to fulfil.
The cross beam above the deck could easily be omitted it the columns were slightly broader and tapered. The columns stand directly on the flat top of a low pier, leaving one with the impression that a bit more shaping is needed. In this way a new idea for avoiding dangerous wind forces

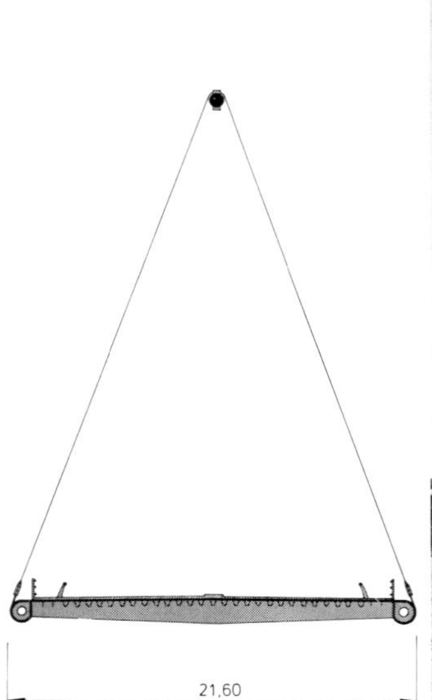

zu 14.31

14.31

14.32

14.31 Entwurf einer Monokabel-Hängebrücke mit windschnittiger Fahrbahn für die Tejo Brücke, Lissabon 1960.
14.32 Tejo Brücke Lissabon wurde in amerikanischer Art so gebaut.

14.31 Design of a monocable suspension bridge with aerodynamically shaped deck section across Tagus River, Lisbon, 1960.
14.32 Tagus Bridge in Lisbon, built the American way.

Vertikale geneigten Hängern 22,90 m breit (Fertigstellung 1966). An den schlanken Stahlpylonen stören die hohen rechteckigen Querriegel über und unter der Fahrbahn, sie wiegen mit ihren großen Flächen zu schwer im Vergleich zu ihren geringen Aufgaben. Der Riegel über der Fahrbahn kann entfallen, wenn man die Pylonenstiele geringfügig breiter macht und ihnen etwas Anlauf gibt. Das unvermittelte Aufsitzen der Stahlstiele auf dem oben flachen Betonpfeiler läßt den Wunsch nach einem gestalteten Übergang offen.
Eine neue Idee für die Zähmung der Windkräfte führte so zu einer neuen Gestaltform der Hängebrücken, die das Hängende wieder leicht, fast schwebend macht.
Im Jahr 1961 ergab sich bei der Ausschreibung der 500 m weit gespannten *Rheinbrücke Emmerich* (nahe der holländischen Grenze) eine zweite Gelegenheit, die Monoka-

led to a new type of suspension bridge and made the suspended deck once again light and floating.
In the year 1961, there came a second chance for me to offer a monocable suspension bridge with a flat deck as tenders were sought for the *Rhine bridge in Emmerich* (near the Dutch border). Together with G. Lohmer we made the design shown in 14.34 which was bid about 15% cheaper than the one which was actually built. This bridge has stiffening trusses in which the members were at least well-ordered and it does not have lower wind bracing (14.35).
The monocable bridge was considered as "too innovative" by our German authorities, and so the chance was lost to be the first to realize a good idea of a German engineer in Germany, instead of allowing the advantage to go to others. The A-shaped towers were elegantly tapered

14.33

14.33 Severnbrücke, die erste Hängebrücke neuer Bauart (1962–1966).

14.33 Severn Bridge, Wales, first suspension bridge of the modern type, 1962–1966.

belbrücke mit flacher Fahrbahn anzubieten. Es entstand der in Bild 14.34 dargestellte, gemeinsam mit G. Lohmer ausgearbeitete Entwurf, der um rund 15% billiger angeboten war als der später ausgeführte. Dieser hat Fachwerk-Versteifungsträger, die wenigstens eine schöne Anordnung der Diagonalen aufweisen und keinen unteren Verband haben (Bild 14.35).
Die Monokabelbrücke war den deutschen Behörden »zu neuartig«, so wurde die Chance verspielt, eine von einem deutschen Ingenieur stammende Idee zuerst in Deutschland zu verwirklichen und diesen Vorsprung nicht anderen zu überlassen. Die A-Pylone waren elegant geformt mit einer Kante in der Mitte der Außenfläche und mit Gelenken am Fuß, durch die eine längsbewegliche Lagerung des Kabelsattels auch für die Montage unnötig wurde. Kein Querriegel stört, weil die Fahrbahntafel am Pylon hängend durchläuft und nicht durch eine Fuge unterbrochen und auf dem Querriegel gelagert ist. Die gesamte Brückenbreite von 23 m ist zwischen den Pylonen durchgeführt. Dies war mein schönster Entwurf.
Im Jahr 1964 wurde die *Lillebeltbrücke in Dänemark* (Bild 14.36) bei 600 m Spannweite mit einem Fachwerkträger ausgeschrieben. Während der Ausschreibung wurde der Entwurf aufgrund meiner Intervention geändert und die Brücke mit einem flachen Hohlkasten, 2,75 m hoch und 28 m breit, mit »Windnase« und mit senkrechten Hängern gebaut. Die Pylone wurden – wie schon zuvor bei der Seinebrücke Tancarville – mit Beton gebaut, was später fast zur Regel wurde, weil sie viel billiger sind als Stahlpylone und auch schlank gestaltet werden können. Ihre Form ist einfach, kein unnötiger Querriegel über der Fahrbahn, leichter Anlauf der Stiele. Auch hier sind die Kabel in einer im Boden liegenden Platte verankert, wobei die Auflast der Rampenbrücke mit benutzt wurde.

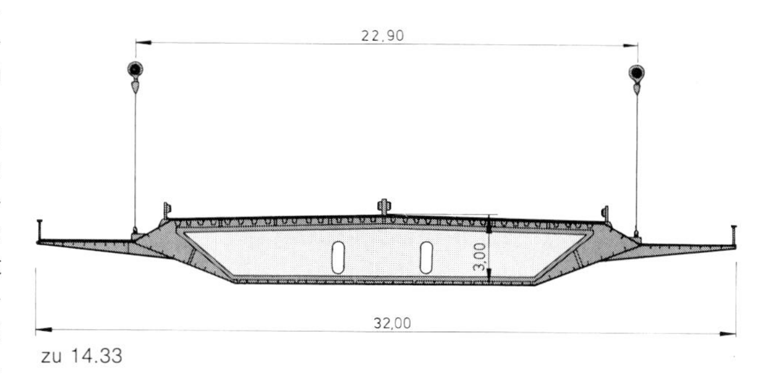

zu 14.33

with an edge along the middle of the face. They had a foot hinge which made it possible to omit the movable bearings of the cable saddle on the top normally needed for erection movements with fixed towers. No cross beam disturbs, because the deck is also suspended by hangers at the tower and not, as in other bridges, interrupted by a joint and resting on a cross beam. The total deck width of 23 m passed through the pylon so that its edges were not interrupted. It was my most beautiful design.
In 1964, tenders were sought for the *Lillebelt Bridge* in Denmark (14.36), based on a design with stiffening trusses. The design was changed during the tender period after my intervention and the bridge was built with a flat box girder, 2.75 m deep and 28 m wide. It got a triangular wind nose and vertical hangers. The pylons were constructed with concrete like those of the Seine Bridge in Tancarville

14.34

14.35

14.34 Entwurf Leonhardt-Krupp-Lohmer für die Rheinbrücke Emmerich, 1961.
14.35 Rheinbrücke Emmerich – ausgeführt mit Fachwerkträger

14.34 Design of Leonhardt-Krupp-Lohmer for Rhine bridge in Emmerich, 1961.
14.35 Rhine bridge Emmerich built with stiffening truss.

Der Erfolg mit der Severn Brücke brachte den Ingenieuren von Freeman, Fox and Partners zwei weitere Gelegenheiten zur Anwendung der flachen, windschnittigen Querschnitte: zuerst bei der 1973 fertiggestellten *Bosporusbrücke* in Istanbul (Bild 14.37), bei deren Größe (1074 m Spannweite) im Verhältnis zur kleinmaßstäblich gebauten Stadt die »Dünne« des Fahrbahnbandes und der Stützen in den Seitenöffnungen besonders wichtig war. Eine Hängebrücke amerikanischer Bauart mit 10 bis 12 m hohen Fachwerkträgern würde das Stadt- und Landschaftsbild sehr stören. Die Fahrbahn liegt 64 m über dem Wasser. Die Stahlpylone sind 165 m hoch, in den unteren Stielen sind öffentliche Aufzüge für Fußgänger, denn der Gang über diese Brücke mit der großartigen Aussicht auf die romantische Stadt ist ein großes Erlebnis.
Die zweite Gelegenheit brachte die *Humber-Brücke,* die

some time before. Concrete towers are now the rule for such bridges, because they are much cheaper than steel towers and can be equally slender. The shape of the Lillebelt towers is simple, no unnecessary second cross beam above the deck and a slight taper of the legs. The cables are again anchored in a long concrete block underground, also making use of the weight of a part of the access bridges.
The success of the Severn Bridge gave the engineers of Freeman, Fox and Partners two further opportunities to apply the flat wind-shaped cross sections: first at the *Bosporus Bridge in Istanbul* which was completed in 1973 (14.37). Considering its size with a main span of 1074 m, the thinness of the deck and the slenderness of the towers were important to suit the relatively small scale of the city's buildings. A suspension bridge of the American type with

14.36

14.37

14.36 Lillebelt-Brücke, Dänemark, 1964–1966.
14.37 Bosporus-Brücke, Istanbul.

14.36 Lillebelt Bridge, Denmark, 1964–1966.
14.37 Bosporus Bridge in Istanbul, Turkey.

mit 1410 m Spannweite den derzeitigen Rekord hält (Bild 14.38). Sie überquert die Humber-Mündung verhältnismäßig niedrig, weil dort keine Ozeanschiffe verkehren. Um so beherrschender sind die 152 m hohen Betonpylone, die hier drei wenigstens niedrige Querriegel über der Fahrbahn haben. Ein Anlauf der Pylonenstiele würde bei solchen Höhen den Ausdruck wesentlich verbessern.
Anläßlich eines Entwurfs für eine Brücke in Vancouver wurden am NPL in Ottawa unter meiner Anleitung weitere Windkanalversuche gemacht mit dem Ergebnis, daß der in Bild 14.39 dargestellte Querschnitt mit einer unsymmetrischen dreieckigen Windnase die günstigsten Windbeiwerte ergibt. Vor allem konnte gezeigt werden, daß es bei diesen Windnasen nicht nötig ist, einen unten auf ganze Breite geschlossenen Kasten anzulegen, der Querschnitt kann unten weitgehend offenbleiben, was beachtliche Er-

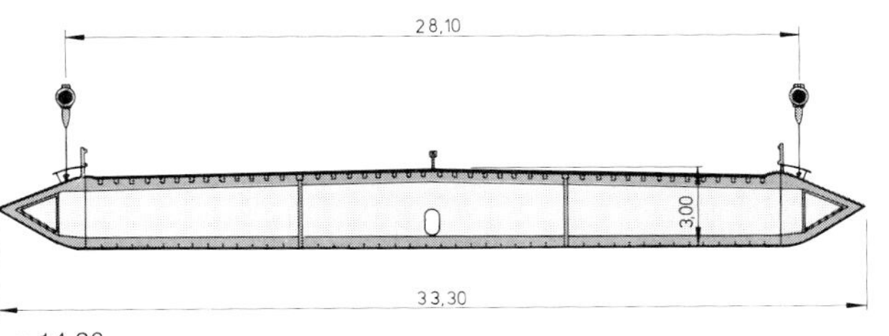

zu 14.36

10 to 12 m deep trusses would have spoiled the charming scenery. The deck level is 64 m above the water. The steel pylons are 165 m high.

14.38 Humber Brücke, England, größte Spannweite, 1980
14.39 Günstigster Querschnitt für aerodynamische Stabilität.
14.40 Moselbrücke Wehlen.

14.38 Humber Bridge, England. Longest span, 1980.
14.39 Most favourable deck section for aerodynamic stability.
14.40 Moselle bridge in Wehlen.

14.38

14.40

sparnisse ergibt. Bei diesem Querschnitt ist eine Neigung der Hänger für die Stabilität nicht nötig, sie verkleinert jedoch die Biegemomente in Längsrichtung.
Ich habe diese Entwicklung geschildert, weil sie zeigt, wie sehr die Gestaltung solcher Brücken vom »Stand der Technik«, das heißt von unserem Wissen um actio und reactio abhängig ist. Die neue Bauart hat sich in Europa rasch durchgesetzt, nicht jedoch in anderen Teilen der Welt. Die größten Hängebrücken mit Spannweiten bis zu 1700 m werden in Japan über den Inlandsee von der Hauptinsel Honshu zur großen Insel Shikoku gebaut – leider in veralteter amerikanischer Bauart, selbst die Querträger der zweigeschossigen Brücken sind noch Fachwerke.
Natürlich sind außer den spektakulären Großbrücken auch zahlreiche kleinere Hängebrücken mit interessanter, zum

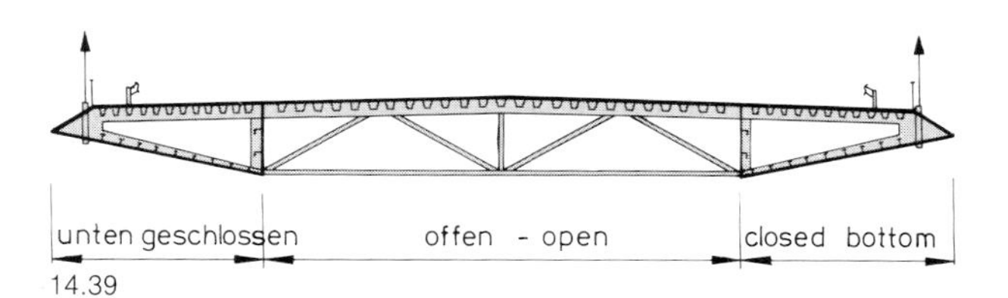

14.39

The second opportunity came with the *Humber Bridge* which presently holds the world record for span with 1410 m (14.38). It crosses the mouth of the Humber at a rather low level because no ocean-going ships pass there. The 152 m high concrete towers dominate; they have

14.41

three relatively slender cross beams to brace the legs, though with this great height they would look a good deal better with a taper at the outer faces.
On the occasion of designing a bridge for Vancouver, further wind tunnel tests were made at the NPL in Ottawa under my direction. It was found that the cross section shown in 14.39 with an unsymmetric triangular wind nose rendered the lowest wind coefficients. It was proven that for such wind noses it was not necessary to have a closed bottom over the total width; rather a great portion of the cross section can remain open which means a considerable saving. With this cross section it is not necessary to incline the hangers to achieve wind stability; it would however, decrease the longitudinal bending moments.
I have described this development because it shows how much the design of such bridges depends upon the state-of-the-art, this means upon the state of our knowledge about action and reaction. This new type of suspension bridge has been accepted in Europe but not in other parts of the world. The largest suspension bridges with spans up to 1700 m are being built in Japan from Honshu to Shikoku across the Inland Sea, though unfortunately with designs of the obsolete American type. Even the transverse girders of the double deck bridges are trusses.
Of course, there are also many smaller suspension bridges besides these spectacular large ones, some of them very simply and well designed. In Norway there are several bold suspension bridges, stiffened with I-shaped rolled section beams. Only one similar bridge of this kind may be shown here, the bridge over the *Moselle in Wehlen* (14.40), built in 1946. Its fine shape is in harmony with the small wine-growing village and the lovely Moselle valley and this is mainly due to the slender stiffening beam from a rolled section.
The *Cologne Mülheim Bridge* across the Rhine deserves to be mentioned (14.41). Originally a self-anchored suspension bridge, it was rebuilt after the war in 1951 as a ground-anchored true suspension bridge. The hangers are anchored outside the plate stiffening girder at consoles which carry the walkways. By this arrangement the 3.40 m deep stiffening girder was placed sufficiently far behind the 80 cm deep fascia beam and hereby into its shadow. The walkways go around the legs of the pylons.
An unusual bridge was built in 1955 by B. Birdsall of the firm Roebling, the *San Marcos Bridge* in El Salvador (14.42). The main girders are composed of ropes only. The ropes along the deck are stressed and create a truss action together with the upper suspended ropes and the crossing diagonals. The weight of the deck stiffens the rope truss. The upper cables must be sufficiently high above the deck.

Teil sehr einfacher Gestaltung gebaut worden. So stehen in Norwegen mehrere kühne Hängebrücken, die nur mit einem I-Walzträger ausgesteift sind. Stellvertretend sei nur eine solche Brücke hier gezeigt, die *Moselbrücke Wehlen* (Bild 14.40), die 1946 errichtet wurde und mit ihrem schlanken Versteifungsträger maßstäblich gut zu dem Weindorf und der lieblichen Mosellandschaft paßt.
Auch die nach dem Krieg 1951 als echte Hängebrücke wiederaufgebaute *Rheinbrücke Köln–Mülheim* verdient Erwähnung (Bild 14.41). Die Hänger sind außerhalb des Versteifungsträgers in Konsolen verankert, die gleichzeitig den Gehweg tragen. So konnte der 3,40 m hohe Versteifungsträger unter dem 80 cm hohen Gesims in den Schatten verdrängt werden. Die Gehwege sind um die Pylone herumgeführt.
Eine ungewöhnliche Brücke baute B. Birdsall der Firma Roebling 1955 in El Salvador – die *San Marcos Brücke* (Bild 14.42). Die Hauptträger bestehen nur aus Seilen. Die entlang der Fahrbahn geführten Untergurtseile sind gespannt und sichern so, zusammen mit dem Gewicht der Fahrbahntafel, die Fachwerkwirkung der sich kreuzenden Hängeseile. Die oberen Kabel müssen dabei genügend hoch über der Fahrbahn liegen.

14.41 Rheinbrücke Köln–Mühlheim.
14.42 San Marcos Brücke in San Salvador, Seilfachwerk.

14.41 Rhine bridge in Cologne-Mühlheim.
14.42 San Marcos Bridge in San Salvador, rope truss.

14.42

Literatur/Bibliography

[1] L. Klages, Grundlagen der Wissenschaft vom Ausdruck. 9. Auflage Bonn 1970.
[2] D. Hume, On the Standard of Taste. London 1882
[3] P. F. Smith, Architektur und Ästhetik. Stuttgart 1981. Original: Architecture and the Human Dimension. London 1979
[4] I. Kant, Kritik der Urteilskraft.
[5] J. Paul, Vorschule der Ästhetik. München 1974
[6] H. Schmitz, Neue Phänomenologie. Bonn 1980
[7] H. P. Bahrdt, Vortrag Hannover, Stiftung FVS Hamburg 1979
[8] R. Keller, Bauen als Umweltzerstörung. Zürich 1973
[9] R. Arnheim, Art and Visual Perception. Berkeley/Cal. 1954. Deutsch: Kunst und Sehen. Berlin 1978
[10] J. W. Goethe, Farbenlehre. Stuttgart 1979
[11] I. Szabó, Anfänge der griechischen Mathematik. Berlin 1969
[12] R. Wittkower, Architectural Principles in the Age of Humanism. London 1952. Deutsch: Grundlagen der Architektur im Zeitalter des Humanismus. München 1969
[13] H. Kayser, Paestum. Heidelberg 1958
[14] L. Puppi, Andrea Palladio. Stuttgart 1977
[15] L. Charpentier, Die Geheimnisse der Kathedrale von Chartres. Köln 1974
[16] M. Strübin, Das Villard Diagramm. In: Schweizer Bauzeitung 1947, S. 527
[17] A. M. Studer, Architektur, Zahlen und Werte. In: Deutsche Bauzeitung, Heft 9, Stuttgart 1965
[18] J. G. Helmcke, Ist das Empfinden von ästhetisch schönen Formen angeboren oder anerzogen. In: Heft 3 des SFB 64 der Universität Stuttgart 1976 S. 59–66; siehe auch »Grenzen menschlicher Anpassung«. In: IL 14, Universität Stuttgart. 1975
[19] E. Grassi, Die Theorie des Schönen in der Antike. Köln 1980
[20] E. Torroja, Logik der Form. München 1961
[21] H. Tellenbach, Geschmack und Atmosphäre. Salzburg 1968
[22] C. T. Grimm, Rationalized Esthetics in Civil Engineering. In: ASCE-Journal of Struct. Div. New York 1975
[23] C. Borgeest, Das Kunsturteil. Frankfurt 1979. Und: Das sogenannte Schöne. Frankfurt 1977
[24] T. P. Tassios, Relativity and Optimization of Aesthetic Rules for Structures. In: IABSE Congress Report. Zürich 1980
[25] B. Heydemann, Auswirkungen des angeborenen Schönheitssinnes bei Mensch und Tier. In: Natur, Horst Sterns Umweltmagazin, Heft 0, 1980
[26] H. Kayser, Harmonia Plantarum. Basel
H. Kayser, Akróasis. Die Lehre von der Harmonik der Welt. Basel/Stuttgart 1976
[27] N. Humphrey, The Illusion of Beauty. In: Perception Bd. 2, 1973
[28] D. E. Berlyne, Aesthetics and Psycho-Biology. New York 1971
[29] R. Venturi, Complexity and Contradiction in Architecture. New York, 1966
[30] A. Seifert, Ein Leben für die Landschaft. Düsseldorf-Köln 1962
[31] K. Lorenz, Acht Todsünden der zivilisierten Menschheit. München 1973
[32] E. Fromm, Haben oder Sein. Stuttgart 1976
[33] A. Peccei, Die Zukunft in unserer Hand. Wien, München 1981
[34] A. von Thimus, Die harmonische Symbolik des Altertums. Köln 1968–1976
[35] H. Lorenz, Trassierung und Gestaltung von Straßen und Autobahnen. Wiesbaden 1971
[36] W. Tiedje, Die Autobahn als Kunstwerk. München 1942
[37] H. Heufers und W. Schulze, Neuartige Oberflächengestaltung mit farbigen Zuschlägen. In: Betonwerk- und Fertigteil 9. Wiesbaden 1980
[38] H. K. Schlegel, Häuser und Farben. Herausgeber: Arbeitskreis Werkkunst im Maler- und Lackiererhandwerk, Stuttgart 1982
[39] K. Schaechterle und F. Leonhardt, Fahrbahnen der Straßenbrücken. Erfahrungen, Versuche und Folgerungen. In: Die Bautechnik 1938, S. 306 ff.
[40] T. Horn, Gedeckte Holzbrücken, Zeugen alter Holzbaukunst. Klagenfurt 1980
C. v. Mechel, Hölzerne Brücken in der Schweiz. Basel 1803
[41] J. K. Natterer, In: IABSE Structures C-11/79 Bridges, IVBH Zürich
[42] E. Mörsch, H. Bay und F. Leonhardt, Brücken aus Stahlbeton und Spannbeton. 6. Auflage. Stuttgart 1958
[43] H. Wittfoth, Triumpf der Spannweiten. Düsseldorf 1972
[44] F. Leonhardt, Die Entwicklung aerodynamisch stabiler Hängebrücken. In: Die Bautechnik 1968, Hefte 10 und 11 Berlin 1968

Bücher zur Ästhetik der Brücken
Books on aesthetics of bridges

[45] F. Hartmann, Ästhetik im Brückenbau. Leipzig und Wien 1928
[46] K. Schaechterle und F. Leonhardt, Die Gestaltung der Brükken. Berlin 1937
[47] O. Faber u. a., The Aesthetic Aspect of Civil Engineering Design Six Lectures, The Institution of Civil Engineers, London 1945 and 1975
[48] J. Démaret, Esthétique et Construction des Ouvrages d'Art. Paris 1948
[49] E. B. Mock, The Architecture of Bridges. New York 1949
[50] K. Hoshino, Gestaltung von Brücken. Stuttgart 1972
[51] D. B. Billington, Robert Maillart's Bridges. The Art of Engineering. Princetown 1979
[52] Y. Tahara Chairman Japanese IABSE group, Manual for Aesthetic Design of Bridge. Tokio 1982

Index

Brücken nach Namen der Orte, Flüsse, Täler. Angaben der Ingenieure und Architekten, welche für den *Entwurf* (nicht für die Ausführung) verantwortlich waren, soweit diese dem Verfasser bekannt waren. Für Irrtümer oder Lücken wird um Entschuldigung gebeten.
Die erste Ziffer gibt die Bildnummer, die zweite die Seitenzahl an.

Bridges according to names of location, rivers or valleys. Names of engineers and architects responsible for the *design* (not for construction) as far as known to the author, I offer my apologies for any errors or omittances.
First figure indicates the number of illustration, second the page number.

I

J

K

L

H

I

J

K

N

O

N

S

S

T

T

Bildnachweis/Photograph Credits

Alinari, Rom 7.10/7.11/7.12/8.15. Ammann und Withney, New York 14.28. Anderson, Rom 8.16. Bänzinger, Zürich 11.136. Campenon Bernard, Paris 11.46/11.48/11.51/11.119 11.120/11.122/11.125/13.28/13.30/13.31. CFEM, Paris 10.3/11.36. Wim Cox, Köln 13.9. Ray Delvert, Villeneuve 12.10/12.13. Deutsche Bundesbahn, Frankfurt 12.80/12.81. Dyckerhoff und Widmann, Hamburg 11.2/11.13/11.54/11.109. H. Egger, Graz 9.10. Fotostudie Hoppe, Düsseldorf 14.35. Fox and Freemann, London 11.33/11.55/11.56. W. Friedli, Zürich 12.22. Gerlach, Wien 11.140/11.142/12.101. Highway Dept., Perth 8.43/8.44/11.62. Philipp Holzmann 11.47. Bernd Jansen, Düsseldorf 7.16. Krupp Stahlbau 11.57/11.58/11.105/12.91/ 12.92. Mauritius 13.26/14.4/14.12/14.13. Ch. Menn, Zürich 7.44/7.47/11.87/11.88/11.143/12.20/. 13.46/13.47. W. Miesel in Fa. Wayss und Freytag 11.42/11.104. J. K. Natterer, München 8.36. Polensky und Zöllner 11.83/11.84/11.86/11.24/ 11.133/13.26. Reinbeck, Stuttgart 12.85. H. Richter, Asperg 12.97. Stadt Düsseldorf 10.21. K. D. Steinkamp, Wilhelmshaven 11.127. Stephan, Köln 11.34. Strabag, Köln 10.7. Strenger, Osnabrück 9.56/10.5. Thorbecke, Lindau 11.80. Valoire, Blois 7.34. H. Walendy, Stuttgart 8.18. Wayss und Freytag 11.47. Weizsacker, Stuttgart 12.98. Wex 14.37. Wittfoth 8.45. Yvon, Paris 7.26/7.36. Alle übrigen Abbildungen stammen aus dem Archiv des Verfassers.